火灾调查科学与技术

2024

HUOZAI DIAOCHA KEXUE YU JISHU

全国火灾调查技术学术工作委员会编写

图书在版编目（CIP）数据

火灾调查科学与技术. 2024 / 全国火灾调查技术学术工作委员会编写. -- 天津 : 天津大学出版社, 2024. 12. -- ISBN 978-7-5618-7899-6

Ⅰ. TU998.12

中国国家版本馆CIP数据核字第2025Z2Y849号

出版发行 天津大学出版社
地　　址 天津市卫津路92号天津大学内（邮编：300072）
电　　话 发行部：022-27403647
网　　址 www.tjupress.com.cn
印　　刷 廊坊市瑞德印刷有限公司
经　　销 全国各地新华书店
开　　本 889mm×1194mm　1/16
印　　张 16.25
字　　数 542千
版　　次 2024年12月第1版
印　　次 2024年12月第1次
定　　价 88.00元

《火灾调查科学与技术2024》编委会

前　言

改革转隶以来，火灾调查工作已成为消防救援机构从火灾中吸取教训、堵塞漏洞、补齐短板、完善机制的重要手段，也是各级政府加强事中事后监管和确保消防安全责任落实的有力抓手。国家消防救援局党委高度重视火灾调查工作，在工作机制、技术装备、人才储备等方面均有明显改进和加强。大力推动火灾调查技术学术发展，不断提升火灾调查业务水平和科技含量，成为当前和今后一个时期消防工作的重要课题。

全国火灾调查技术学术工作委员会作为国家消防救援局主管的学术组织，具有自身的独特优势和极高的学术影响力，一直以来在各位专家、委员的齐心协力和担当作为下，充分发挥了学术交流平台的作用，对推动火灾调查事业发展提供了有力的技术支撑。《火灾调查科学与技术》论文集作为委员会的重要出版物，聚焦火灾调查新科技、新理念、新思路，从火灾调查与处理、火灾防控与治理、火灾调查装备与技术、火灾调查案例与分析等方面进行了交流和共享，在全国火灾调查人员交流业务、展示成果、传播文化方面始终发挥着重要作用。本论文集在征稿过程中，共收到全国 31 个消防救援总队的近 100 篇论文。为确保论文质量，编委会专门邀请多位火灾调查专家进行审稿，从中遴选出“新能源火灾调查”“火灾调查工作发展与思考”“火灾调查科学研究及应用”等多个专题共 49 篇优秀论文汇编成册。

当前，火灾调查事业蓬勃发展，新观念、新思想、新方法、新成果不断涌现。《火灾调查科学与技术》论文集将着眼于行业前沿动态，融汇先进科学技术，继续坚持“专业”“精益”“创新”理念，为全国火灾调查人员搭建文化交流平台，也希望大家能够一如既往地支持和参与全国火灾调查技术学术工作委员会的工作，为《火灾调查科学与技术》论文集奉献更多高质量论文，共同为火灾调查事业的发展建言献策、助力加油！对长期以来关心支持全国火灾调查技术学术工作委员会工作的各级领导和火灾调查技术人员，编委会全体人员在此致以由衷的感谢。本次所选录论文若有疏漏和不妥之外，敬请广大读者批评指正。

全国火灾调查技术学术工作委员会
《火灾调查科学与技术 2024》编委会
2024 年 11 月于天津

目　录

火场勘验技术及方法

典型案例调查与分析

新能源火灾调查

新能源汽车火灾调查案例分析

张加伍

（临沂市消防救援支队，山东 临沂 276037）

摘 要：本文通过对本地发生的21起典型新能源汽车火灾调查案例进行剖析，分析了新能源汽车起火诱因：外部原因和车辆自身原因都可能引发新能源汽车火灾，车辆自身存在电气设备故障、电气线路故障和电池包故障是常见的车辆起火原因，尤其是动力电池及其电池包故障是导致新能源汽车发生火灾的关键诱因。

关键词：消防安全；火灾调查；新能源汽车；热失控；起火原因

近年来，新能源汽车引发的火灾急剧增加，暴露出生产、销售、使用、停放、充电、管理、回收等环节存在的不足，特别是电池本质安全水平不高、产品质量把控不严、不规范改装维修行为屡禁不绝、停放充电设施供需矛盾突出。新能源汽车火灾事故及时开展起火原因调查并进行深度剖析和延伸调查，对指导消防安全综合监管和应急救援工作十分重要。

1 新能源汽车概念及发展

工业和信息化部《新能源汽车生产企业及产品准入管理规则》[1]所指“新能源汽车”，是指采用新型动力系统，完全或者主要依靠新型能源驱动的汽车，包括纯电动汽车、插电式混合动力（含增程式）汽车和燃料电池汽车等。

近年来，新能源汽车产业发展迅猛。2023年全年，我国新能源汽车产量达985.7万辆，销量达949.5万辆，产销均稳步大幅增长，市场占有率达31.6%。与此同时，新能源汽车保有量及配套产业大幅增长。公安部最新统计，截至2023年年底，我国新能源汽车保有量达2 041万辆，占汽车总量的6.07%。

2 新能源汽车起火诱因

新能源汽车种类较多，结构各异，但组织架构均以新能源系统、动力控制和驱动系统等为主。以保有量最高的纯电动汽车为例，其关键部件包括电池、充电端口、DC/DC转换器、电动牵引电机、车载充电器、电力电子控制器、热系统（冷却）、牵引电池组、电动变速箱等（如下图1）[2]。

张良、尹亮等[3][4][5]等通过开展实体火试验和整车燃烧试验平台，对新能源汽车火灾危险性进行了研究并开展了多例大空间场所不同热失控（引燃）触发方式的整车火灾试验，对电池包内热失控过程、整车燃烧过程、烟气蔓延和过火痕迹进行了阐释。基于其组织架构和工作原理，新能源汽车在生产、销售、使用、停放、充电、管理、回收等环节均存在起火可能。特别是动力电池是作为汽车能源系统的核心，其在全气候环境下工作性能和安全性随时间动态演变，是导致新能源汽车出现起火问题的关键诱因[3]。刘振刚等[9]通过分析归纳新能源汽车火灾危险性主要有动力电池、高压线路、低压线路、热管理系统、充电系统、电机和电控；故障表现形式为内短路、外短路、固定带熔断、全线过热、热烧蚀（氧化）、元器件损坏、电池热管理故障和电池热失控；火灾产生的原因为工艺缺陷、超期使用、外来物、误操作、飞线、不同厂家部件不匹配、充电管理和线路布置不合理。

作者简介：张加伍，男，汉族，学士，山东省临沂市消防救援支队高级专业技术职务，一级消防指挥长。主要从事火灾事故调查工作。联系地址：山东省临沂市兰山区 北城新区汶河路92号 临沂市消防救援支队，邮政编码：276037。联系电话：（0539）8965698；传真：（0539）8965616。电子邮件信箱：linyifire@163.com。

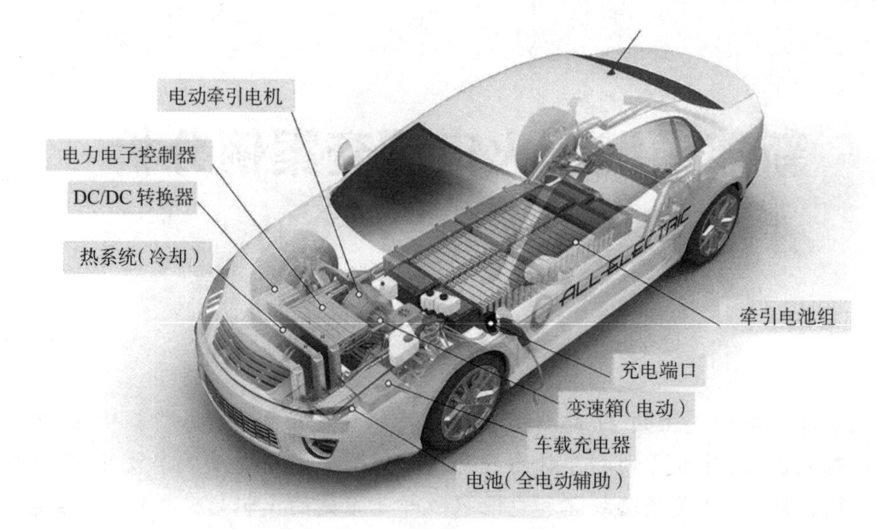

图 1　纯电动汽车结构组成(图源见文献 2)

以下以 2019 年 2 月至 2024 年 5 月期间,临沂市消防救援机构出警处置和火灾调查的部分案例为例,对新能源汽车火灾发生原因予以剖析。其中,外部原因引发汽车发生火灾 6 起,车辆自身原因引起 15 起(电气设备故障 2 起,电气线路故障 1 起,电池包故障引发 12 起)。

表 1　临沂市消防救援机构出警处置和火灾调查部分案例(2019 年 2 月至 2024 年 5 月)

起火(事故)时间	发生地点	车辆状态	起火(事故)原因
2019 年 2 月 22 日	临沭县	停放未充电	人为纵火引发火灾
2022 年 5 月 4 日	临沭县	停放未充电	动力机舱内电气故障起火
2022 年 9 月 22 日	沂水县	停放未充电	电池包发生电气故障起火
2023 年 1 月 18 日	沂水县	新车运输中	运输车辆机械故障引发车辆火灾
2023 年 4 月 10 日	沂南县	停放未充电	电池包发生电气故障起火
2023 年 5 月 19 日	沂南县	行驶中	电气故障引起电池包冒烟、爆炸
2023 年 7 月 12 日	费县	停放未充电	电池包发生电气故障起火
2023 年 9 月 17 日	沂南县	充电中	电池包发生电气故障起火
2023 年 11 月 24 日	蒙阴县	停放未充电	不排除电气设备故障引发火灾

续表

起火(事故)时间	发生地点	车辆状态	起火(事故)原因
2023 年 11 月 28 日	河东区	行驶中	车辆第二排右侧座椅加热故障引发火灾
2023 年 12 月 1 日	蒙阴县	停放未充电	电池故障引发火灾
2024 年 1 月 9 日	莒南县	停放未充电	外来火源引发火灾
2024 年 1 月 30 日	平邑县	停放未充电	外来飞火引发起火
2024 年 2 月 8 日	河东区	停放未充电	维修(电焊)引发火灾
2024 年 2 月 14 日	沂南县	停放未充电	遗留火种引发火灾
2024 年 4 月 4 日	临沂高新技术开发区	慢速充电	动力电池右后方电池热失控
2024 年 4 月 18 日	沂南县	快速充电	动力电池右后方高压线路故障
2024 年 5 月 3 日	沂河新区	停放未充电	电池包发生电气故障引发车辆底部冒烟
2024 年 5 月 18 日	河东区	停放未充电	后备箱下方低压线路故障
2024 年 5 月 22 日	兰山区	停放未充电	动力电池包中部故障起火
2024 年 5 月 31 日	临沭县	停放未充电	电池包发生电气故障引发车辆底部冒烟

2.1 车辆自身原因

调查结果表明，新能源车辆自身存在电气设备故障、电气线路故障和电池包故障是常见的起火原因，尤其是动力电池及其电池包故障是导致新能源汽车发生火灾的关键诱因。

2.1.1 电气设备故障引发火灾

2023年11月24日，山东省蒙阴县一新能源汽车停放中发生火灾。辖区消防救援大队经调查询问、现场勘验、调取车辆后台数据等，确定起火原因为不排除电气设备故障引发火灾。2023年11月28日，山东省临沂市河东区一新能源汽车行驶中发生火灾。辖区消防救援大队经调查询问、现场勘验、监控视频分析、调取车辆后台数据与厂家情况说明等，确定起火原因为车辆第二排右侧座椅加热故障引发火灾。

图2 电气设备故障引发火灾

2.1.2 电气线路故障引发火灾

2022年5月4日，山东省临沭县一新能源汽车停放时发生火灾。辖区消防救援大队经调查询问、现场勘验、监控视频分析、调取车辆后台数据、物证鉴定[6]、专家技术支持等，确定起火原因为动力机舱内电气故障起火。

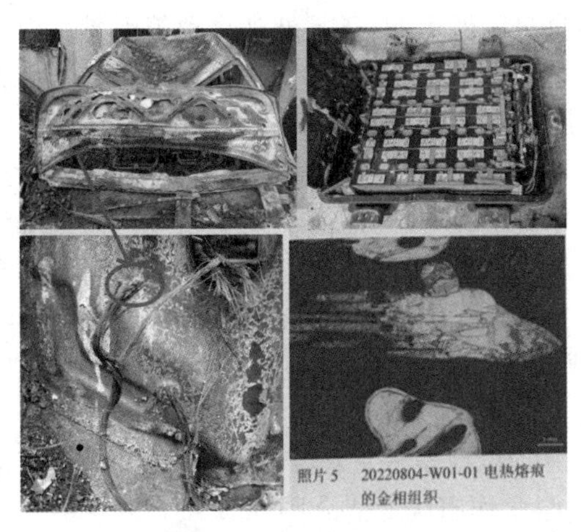

图3 电气线路故障引发火灾(图源见文献6)

2.1.3 电池包故障引发火灾

调查表明，新能源汽车电池包故障是占主流的起火原因，尤其是动力电池及其电池包故障是导致火灾的关键诱因。发生时段，可能在车辆行驶中，也可能在停放状态，且停放中充电占多数。充电过程中，不管快速充电还是慢速充电，都有发生案例。

部分案例：2022年9月22日，山东省沂水县一新能源汽车停放中发生火灾。辖区消防救援大队经调查询问、现场勘验等，确定起火原因为电池包发生电气故障起火。2023年4月10日，山东省沂南县一停车场内新能源汽车发生火灾。辖区消防救援大队经调查询问、现场勘验等，确定起火原因为电池包发生电气故障起火。2023年7月12日，山东省费县一新能源汽车停放中发生火灾。辖区消防救援大队经调查询问、现场勘验等，确定起火原因为电池包发生电气故障起火。2023年9月17日，山东省沂南县一新能源汽车充电中发生火灾。辖区消防救援大队经调查询问、现场勘验等，确定起火原因为为电池包发生电气故障起火。2023年12月1日，山东省蒙阴县一新能源汽车停放中发生火灾。辖区消防救援大队经调查询问、现场勘验、监控视频分析等，确定起火原因为电池故障引发火灾(如图4)。

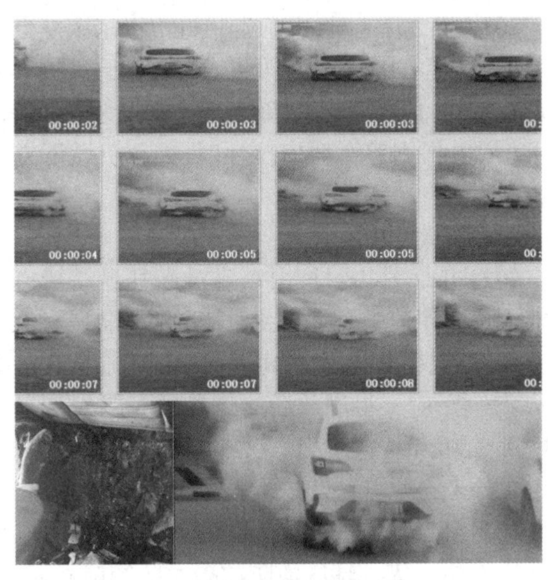

图4 电池包故障引发火灾

2.1.4 电池包故障引发冒烟事故(车辆未起火)

调查还发现，有些新能源汽车电池包发生故障时尽管未发生火灾(如图5)，但已经出现了车辆异响、电池包冒烟等异常状况甚至伴有爆炸声。

部分案例：2023年5月19日，山东省沂南县一新能源汽车行驶中车辆底部出现异响，停车查看时发现电池包冒烟、有爆炸声。辖区消防救援大队经调查询问、现场勘验等，确定起火原因为为电池包发生电气故障引起。2024 年 5 月 3 日，山东省临沂市沂河新区一新能源汽车停放中车辆底部冒烟。辖区消防救援站及时出警处置。经调查了解，起火原因为电池包发生电气故障引起（如图 5）。2024 年 5 月 31 日，山东省临沭县一新能源汽车停放中车辆底部冒烟。辖区消防救援站及时出警处置。经调查了解，起火原因为电池包发生电气故障引起。

图 5　电池包故障引发冒烟事故

2.2　外部原因引发火灾

2.2.1　违章动火作业引发火灾

2024 年 2 月 8 日，山东省临沂市河东区发生一起新能源轻型封闭式货车火灾。辖区消防救援大队经调查询问、现场勘验等，确定起火原因为电焊引发火灾（用电焊固定车厢内拉环时，火花引燃下方可燃物引发）。

2.2.2　遗留火种引发火灾

2024 年 2 月 14 日，山东省沂南县界湖街道一新能源汽车停放中发生火灾。辖区消防救援大队经调查询问、现场勘验等，确定起火原因为遗留火种引发火灾（曹 ×× 将燃放后的烟花纸壳踢入该车车头底部，烟花纸壳复燃引发火灾）。

2.2.3　外来火源引发火灾

2024 年 1 月 9 日，山东省莒南县一新能源汽车停放中发生火灾。辖区消防救援大队经调查询问、现场勘验、监控视频分析等，确定起火原因为外来火源引发火灾（车辆前方下侧杂草明火引燃）。

2.2.4　运输车辆故障引发

2023 年 1 月 18 日，山东省沂水县高速路段发生一起车辆火灾，运输车辆及车上新能源汽车均过火。辖区消防救援大队经现场勘验、监控视频分析、技术鉴定[7]等，确定起火原因为运输车辆机械故障引发火灾（货车挂车第二桥右端车轮轴承发生故障引发车辆起火）。

2.2.5　纵火

2019 年 2 月 22 日，山东省临沭县一新能源汽车停放中发生火灾。辖区消防救援大队经与公安机关协作调查、现场勘验、监控视频分析、技术鉴定等，确定起火原因为人为纵火引发火灾（嫌疑人将衣物塞入车底后引燃进而引发车辆起火，如图 6）。

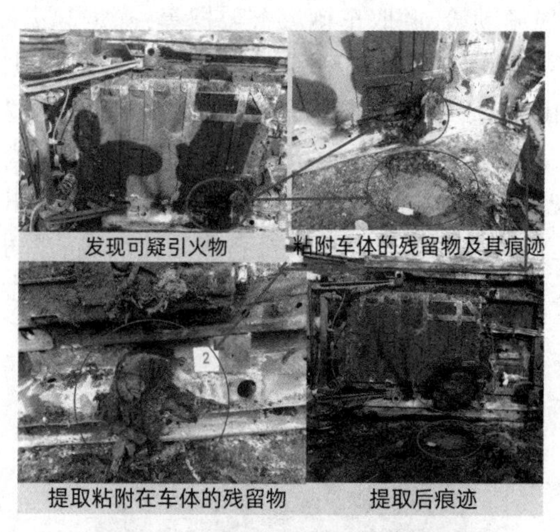

图 6　外部原因（纵火）引发火灾

3　新能源汽车火灾事故调查认定

新能源汽车火灾调查实践中，应从燃烧类型、火灾发展速度、火焰及烟雾特征、是否具有电气火灾现场特点等方面，及时开展调查询问、现场勘验、视频分析、技术鉴定，综合分析认定火灾原因。

3.1　首先明确火灾性质

火灾调查人员到场后，首先要了解报警人员、第一发现人员，访问知情人和车主，查阅周边视频监控，以此确定车辆起火的过程和性质，判断车辆着火是因自身问题引起，还是外来火源等引燃。现场勘验不符合车辆自身起火进而引发火灾的，要引起警惕。应及时启动与公安机关协作调查机制，分别从外围环境和车辆自身方面展开调查和勘验，寻找外来火源引发的蛛丝马迹。尤其是现场勘验应细致全面，起火部位和起火点要彻底扒掘，起火车辆要全面勘验尤其是车辆底盘要仔细检查，必要时将车辆起吊，查找与起火部位、起火物、引火源等可能对应的痕迹。火灾原因认定应在火灾现场勘验、调查询问以及物证鉴定等环节取得证据的基础上，进行综合分析，科学作出认定结论[8][9]。

3.2 按程序开展调查

从以上案例分析得出，外部原因和车辆自身原因都可能引发新能源汽车火灾。调查中，应把握如下新能源汽车火灾的特征，按程序开展起火原因调查。

3.2.1 新能源汽车火灾痕迹特征

新能源汽车火灾痕迹的分析判断要区别因构造不同而形成的差别。由于动力电池体积较大，为节省空间，通常把电池大面积平铺于汽车底盘下面，或采取分体方式安装于车辆的不同可用空间。当电池包一处发生故障时，往往会影响到其他部位。受电池包设计形式、空间布置、通风（与氧气接触）的影响，形成类似两个或多个火点的表现形式。电池或车身的变形会对电池不同部位受力点产生破坏，也表现为多点燃烧的痕迹[10]。实践中，对这些火点（故障点）出现的次序判断非常困难，更不能以多起火点来简单判断为放火案件。

火灾在机舱内的蔓延方式也与传统内燃机汽车不同。以从驾驶室向发动机舱燃烧蔓延，在前机舱盖上形成的痕迹相比为例，电动汽车机舱盖未过火烧蚀部分呈现以车辆前部为底边的三角形痕迹[11]。这是因为纯电动汽车机舱内，中间两个金属部件（DC—DC 变换器和电机控制器）阻碍了这个蔓延过程，而使火势从机舱内的两侧分别向前部蔓延。而混合动力汽车在机舱内布置发动机的同时，还会增加电机、发电机等部件，其火灾蔓延方式更与传统内燃机汽车不同。

3.2.2 动力电池热失控火灾特征

动力电池热失控是目前引发新能源汽车火灾事故的主要原因，电池以及长时间燃烧对火灾痕迹的影响非常大。整车烧损痕迹呈现两头重、中间轻的特征，燃烧最严重的部位为动力电池部分或驾驶室内；电池模组及单体呈现向早期热失控模组或单体挤压变形的痕迹。电池包的烧损程度根据电池包壳体的变形、变色程度和缺失程度来判断，电池模组和单体的形状变化呈现向早期故障模组或单体挤压变形的痕迹。

张良等[3]对动力电池热失控引发火灾的燃烧蔓延特征、烟气蔓延特征和典型痕迹特征进行了研究，结果表明：车辆底盘位置的电池包首先有烟气生成，烟气浓度逐渐增大，颜色由白色变为黑色且浓度较高时开始有火焰喷出；燃烧过程由底盘向车头和车尾蔓延，烟气火焰通过底板处的空隙向乘员舱内部蔓延，一旦封堵被烧破，车内 CO 等有毒气体的浓度在短时间内便达到致命浓度；且受限空间内更具危险性、电池包呈喷射状燃烧并伴有局部爆炸、猛烈燃烧阶段产烟较轻、现有的驻车条件起火车辆殃及邻车具有必然性等。

3.2.3 电气火灾特征明显

新能源汽车内动力电池、铅酸蓄电池都在使用，一个在车底、一个在机舱内，电路布置交错，增加了电气系统火灾分析的复杂性。同时，动力电池是由许多电池单体（模块）串并联组成的，一个单体（模块）的损坏，并不会使整个电池组完全失去电力，不会完全影响整个电池包的电量输出。这些特征又与传统电气火灾痕迹特征不一致[12]。因此，火灾调查实践中发现，高压线路包括正常行驶中不带电的充电线路都可发现多处短路痕迹，并分布在不同位置，分析研究短路发生的时序和鉴定熔痕的性质显得尤为重要[13]。

参考文献

[1] 工业和信息化部关于修改 <新能源汽车生产企业及产品准入管理规定> 的决定（工信部令 [2020] 第 54 号），2020.7.24.

[2] 新能源汽车的工作原理及主要结构，https://afdc.energy.gov/vehicles/how-do-all-electric-cars-work，2022.9.19

[3] 张良 张得胜 陈克 赵祥 肖凌云，动力电池热失控引发电动汽车火灾的典型特征研究 [J]，中国安全生产科学技术. 2020，16（07）：94-99.

[4] 尹亮，张良，刘激扬，王宗存，鲁志宝，叶继红，魏瑞超，陈伟，基于实体火试验的新能源轿车库防火设计问题探讨 [J]，消防科学与技术，2024，43（03）：314-319.

[5] 张良 张得胜 陈克 赵祥 鲁志宝 刘振刚，基于模组加热的新能源汽车火灾试验研究 [J]，安全与环境学报，2023，23（10）：3600-3605.

[6] 应急管理部消防救援局天津火灾物证鉴定中心鉴定书，编号：20220804 [R]，天津：2022.6.6

[7] 山东交通学院司法鉴定中心鉴定意见书，鲁交院司鉴 [2023] 痕鉴字第 J28 号 [R]，济南：2023.2.23

[8] 张加伍 李洋 崔高超主编，火灾痕迹物证与专项火灾事故调查 [M]，济南：山东大学出版社，2024.3，130-136

[9] 刘振刚 张得胜 陈克 张斌 王鑫，电动汽车火灾危险性及其鉴定技术的研究 [J]，消防技术与产品信息. 2018，31（07）：33-37.

[10] 高明泽 张良 张得胜 鲁志宝，三元动力锂离子电池组热失控火灾危险性，2019，38（12）：1786-1789.

[11] 张得胜 张良 陈克 刘振刚 高占斌，电动汽车火灾原因调查研究 [J]，消防科学与技术，2014，33（09）：1091-1093.

[12] 孙璇，王婉娣，李引擎，等，全尺寸汽车火灾实验 [J]，清华大学学报，2010，50（7）：1090-1093.

[13] 应急管理部消防救援局编著，火灾调查与处理. 高级篇 [M]，北京：新华出版社，2021.1.

浅谈电动汽车火灾的主要证据要素

王　磊

（乐山市消防救援支队，四川　乐山　614000）

摘　要：随着电动汽车的兴起和充电桩的增多，国内也陆续发生多起电动汽车火灾事故。本文通过一起电动汽车火灾原因的调查和相关证据要素的提取，从电气线路故障、电池自身故障、外力导致电池故障等方面分析新能源电动汽车火灾事故原因，然后通过询问调查、电池管理信息调查、现场环境调查、外观调查、内部结构调查、内部系统调查、电池拆解等方法勘验火灾事故现场，最后阐述新能源电动汽车火灾事故相关物证鉴定方法。给从事火灾调查工作的人员提供较成熟的做法和思路，指导今后的类似火灾的调查和处理工作。

关键词：新能源汽车；电池包；模块；视频分析

1　火灾基本情况

2023 年 12 月 18 日 15 时 05 分左右，位于乐山市市中区马铺路 123 号的某品牌新能源汽车发生火灾。火灾主要烧毁某某牌精灵新能源汽车一辆，过火面积约 5 平方米，无人员伤亡。据统计，直接经济损失为 205 716.00 元。

1.1　现场勘验情况

勘验情况：2023 年 12 月 18 日 15 时 05 分，乐山市消防救援支队指挥中心接到报警：位于乐山市市中区马铺路 123 号的某品牌新能源汽车发生火灾。火灾扑灭后，乐山市市中区消防救援大队对火灾现场进行封闭保护，并在该车身上张贴《封闭火灾现场公告》。乐山市市中区消防救援大队负责组织对火灾现场进行勘验，勘验在自然光下进行，使用向心法进行勘验，勘验情况记录如下。

1.1.1　环境勘验

火灾现场位于乐山市市中区马铺路 123 号，一辆某品牌新能源汽车整车烧烧毁，该车辆停放于马铺路（东北 - 西南走向）道路东侧公共停车位（停车位编码：B200466），西北侧为中盛圆山小区，东南侧为乐山市市中区人力资源和社会保障局，东北面和西南面均为马铺路道路，南面乐山市检察院 T 字路口处有一球形机公安天网摄像头。

1.1.2　初步勘验

对某品牌新能源汽车进行勘验，该车全部过火，车头朝向东北方，现场仅剩车辆整体框架、轮毂以及拆解下的电池；车辆前后四个轮胎均呈现靠近车辆底盘处轮胎胶圈烧毁炭化严重，由内向外炭化痕迹逐渐减轻，前轮轮毂近车头一侧外形完好，靠近车辆中部一侧炭化、熔融较重；对车辆侧面进行勘验，车身钢板变色程度整体由下至上逐渐减轻，近车底处钢板受高温严重变色变形，车身顶部钢板仅有烟熏痕迹；车辆内可见大量掉落玻璃渣，座椅靠背仅剩钢架结构，座椅下部仍残存有部分可燃泡沫结构残骸，车辆内饰从上到下熔融及炭化痕迹逐渐减弱。

1.1.3　细项勘验

对某品牌新能源汽车底盘进行勘验，车辆底盘整体安装一块电池包组，该车电池包整体为长方形，长宽高约为 1.4 米 x1.2 米 x0.2 米，电池包外壳因过火呈黑色，外部散落烧焦黑色颗粒，电池外壳电源动力连接输出处附着有析出白色晶体，电池包中部隆起高于四周且在隆起中心处有两处破损。由于火灾现场无专业条件对电池包进行拆解勘验，勘验人员联合在场相关技术人员将电池包组运输至成都 4s 店，后续再对起火车辆电池包进行专项勘验。

作者简介：王磊（1985—），男，汉族，乐山市消防救援支队综合指导科副科长，中级专业技术职务，一级注册消防工程师、中级注册安全工程师，主要从事消防监督检查、火灾调查工作，单位地址：四川省乐山市市中区肖坝路 119 号，邮编：614000，电话：13419400351，电子邮箱：358055721@qq.com。

1.1.4　专项勘验

对底盘电池进行专项勘验,电池包金属上盖基本完好,盖板前部有一不规则烧蚀破裂

孔洞,现场对电池进行拆解,电池包内部已完全烧毁,该电池包是由三个电池组组成,从前至后分别是一个小模组和两个大模组,电池组上部由三根铜排将三个电池模组连接到电池包模块。对模组进行拆解,105 电芯两侧凹陷,两侧的 104、106 电芯靠近 105 电芯侧均呈现向 105 电芯处膨胀突起,提取 105 电芯为 1 号物证,提取电池模组连接铜排为 2 号物证,提取电池模块底板为 3 号物证,提取盖板前部不规则烧蚀破裂孔洞为 4 号物证。

2　起火时间、起火点及原因认定

2.1　起火时间的认定

根据:1. 据 119 指挥中心接警,报警时间为 2023 年 12 月 18 日 15 时 05 分 20 秒;2. 据天网监控视频显示,15 时 04 分 05 秒(时间已校对,与北京时间一致)汽车底部出现第一次弧光闪烁,随后一股白烟从车辆右后方底部冒出,15 时 05 分 42 秒,车辆前部

底盘出现明黄色火光。结合火灾发展规律,综合认定起火时间为 2023 年 12 月 18 日 15 时 04 分许。

2.2　起火部位的认定

根据:(一)据现场勘验,汽车内部可见大量掉落玻璃渣,座椅靠背仅剩钢架结构,座椅下部仍残存有部分可燃泡沫结构残骸,车辆内饰从上到下熔融及炭化痕迹逐渐减弱;车身钢板变色程度整体由下至上逐渐减轻,近车底处钢板受高温严重变色变形,车身顶部钢板仅有烟熏痕迹;车辆前后四个轮胎均呈现靠近车辆底盘处轮胎胶圈烧毁炭化严重,前轮轮毂近车头一侧外形完好,靠近车辆中部一侧炭化、熔融较重;车辆底部电池已完全烧损呈黑色;(二)据天网监控视频显示,汽车底部出现第一次弧光闪烁,随后一股白烟从车辆右后方底部冒出;3. 据王某(乐山某某 4s 店维修站站长,第一报警人)询问笔录:“大概 15 点左右,车辆底部开始冒烟,一股火冲出来”。据此综合认定起火部位位于汽车底盘处。

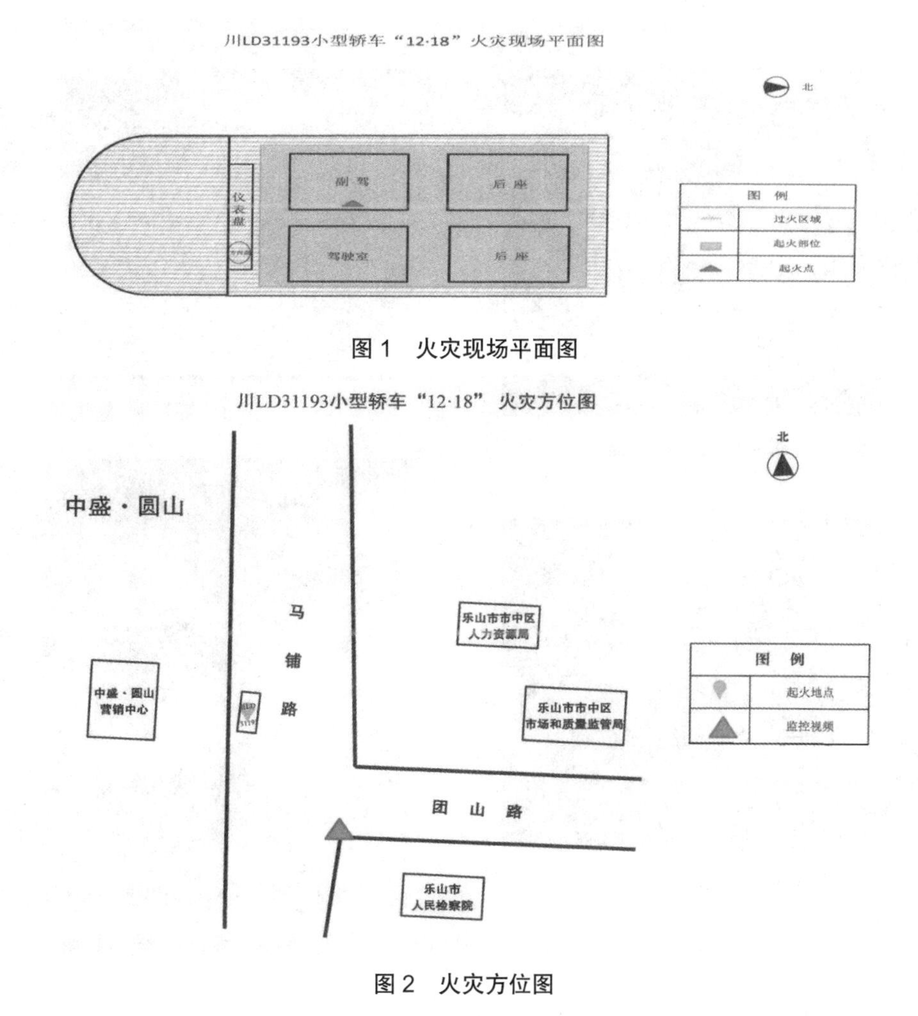

图 1　火灾现场平面图

图 2　火灾方位图

2.3　起火点的认定

根据：（一）据现场勘验，汽车底部底盘处整面安装有三元锂电池组，电池内外完全过火，烧损严重；（二）据车主徐某某提供的拍摄照片，火灾发生前车辆主驾驶座正对的仪表盘显示“动力池热失控，请立即远离车辆，拨打救援电话”的提示字样；（三）据天网监控视频显示，车辆底部发生第一次弧光闪烁后伴随有大量白烟冒出，与三元锂电池发生热失控现象一致。

据此综合认定起火点位于汽车底盘处电池位置。

图 3　重点部位照：车头轮胎

图 4　重点部位照：车辆内饰座椅车架

图 5　重点部位照：电池包

图 6　细目照：析出白色结晶盐

图 7　细目照：电池包内部完全烧毁

图 8　细目照：电池模块

图 9　细目照：电芯拆解定位照

图10 细目照:1号物证(电芯)

图11 细目照:2号物证(铜排)

图12 细目照:3号物证(电池模块底板孔洞)

图13 细目照4号物证(电池包上盖板孔洞)

2.4 起火原因的认定

据现场勘验、视频监控以及证人证言,认定起火原因为汽车电池热失控引燃周边可燃物引发火灾。主要依据有:(一)据车主徐某某提供的拍摄照片,2023年12月18日12时49分,车辆主驾驶座正对的仪表盘显示“动力电池热失控,请立即远离车辆,拨打救援电话”的提示字样;(二)据车主徐某某提供的手机截图,2023年12月18日14时41分,收到推送信息“动力电池过热提醒”;(三)据现场勘验,汽车底部为汽车底盘,整体均被三元锂电池覆盖。整块锂电池完全过火,烧损严重,锂电池最外层金属上盖有高温烧蚀孔洞,拆开锂电池,发现电池内部铜排断裂,断裂处有高温烧蚀痕迹。(四)据天网监控视频显示,2023年12月18日15时04分05秒,汽车底部出现第一次闪光,闪烁迅速,白亮灼眼,与弧光放电爆闪现象特征吻合。闪光之后一股白烟迅速从车辆右后方底部冒出,随后车辆底部靠车尾处向两边冒出大量白烟,白烟不断增多并向车头蔓延扩散;15时05分42秒,汽车底部冒出一股黄色火焰,并伴随有白烟呈向下冲击状冒出,随后火光消失;15时06分04秒,汽车头左前方冒出一股黄色火焰;15时07分34秒,车辆前后均被火焰和浓烟包围,进入全面燃烧状态。以上火灾发展蔓延现象,符合锂电池内部热失控故障导致火灾的特征。据《应急管理部四川消防研究所司法鉴定中鉴定意见书》(编号:应急消川研司鉴中心[2023]物鉴字第1009号),提取送检的2-1#样品(2号物证,锂电池内部铜排)和4-1#样品(4号物证,锂电池最外层有烧蚀孔洞的金属上盖)为电热熔痕样品。

3　主要证据要素

3.1　视频监控影像资料

调查人员四周查看摄像头设置位置,确定重点监控部位,协调公安部门调取监控视频,

提取具有分析价值的视频 2 段,并形成了视频分析报告。根据相关信息,对视频进行时差比对,提取的天网视频 与北京时间一致。11 时 50 分 48 秒,汽车首次出现有白烟从车辆底部大量冒出。15 时 04 分 05 秒,汽车底部出现第一次弧光闪烁,随后一股白烟从车辆右后方底部冒出。15 时 05 分 41 秒,汽车前部底盘出现明黄色火光。15 时 06 分 50 秒,汽车 进入全面燃烧状态。综合以上信息,结合火灾发展规律,综合分析认定起火时间为 2023 年 12 月 18 日 15 时 04 分许。

图 14　调取的监控视频:11 时 50 分 48 秒,汽车首次出现有白烟从车辆底部大量冒出

3.2　电动车公司系统后台数据

据车主徐某某提供的拍摄照片，火灾发生前车辆主驾驶座正对的仪表盘显示“动力

池热失控,请立即远离车辆,拨打救援电话”的提示字样。大多电动车公司互联网系统后台会存储汽车运行及电池使用过程中的电子监控数据,火灾调查人员在调取相应数据时,工作人员查询显示起火时间段系统故障,电子数据的提取方法及处理运用是一个非常关键的要素,后续四川总队已专门组织骨干赴相关公司学习。

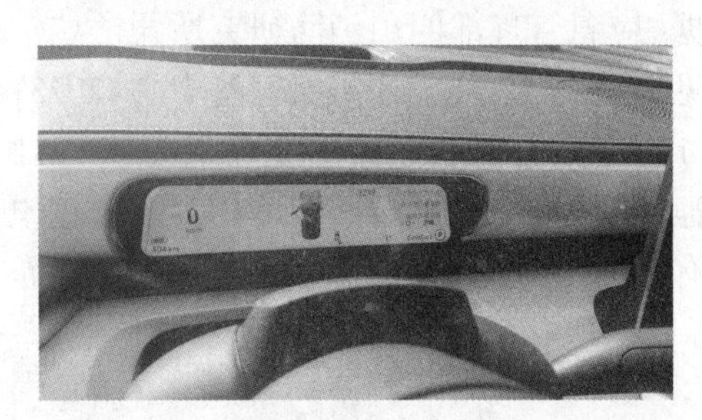

图 15　仪表盘显示“动力池热失控,请立即远离车辆,拨打救援电话”的提示字样

图 16　系统后台会存储汽车运行及电池使用过程中的电子监控数据,显示动力电池过热,可能发生严重危险

3.3　鉴定报告的运用

调查人员共送检验 4 件物证,在水冰板和电池板上盖上鉴定出电热熔痕。

3.4　其余常规证据

包括首警到场处置人员、相关当事人及见证群众的询问笔录及视频资料。

4　证据的运用

新能源电动汽车火灾事故起火原因是认定需要先排查外部因素,在未发生恶意放火或者未发生交通事故和碰撞事故时,才能从自燃地角度判断新能源电动汽车的电路以及电池是否存在安全隐患。新能源电动汽车火灾事故起火点的认定可以先结合目击人员的笔录以及监控视频信息调查对应部位,然后再结合车身和车内实际情况对起火点综合判断,起火点是准确判断事故责任的主要依据之一。

新能源电动汽车火灾事故起火时间的认定可以根据报警信息确定，119 指挥中心若未接到报警则可以根据事故周围监控以及报警和第一现场目击人员的笔录确定事故时间,正常情况下新能源电动汽车火灾事故起火时间可以准确判断。

不是每一起新能源汽车火灾的证据要素都完整齐全,但是证据之间应相互佐证,相辅相成,形成证据链闭环,火灾调查才经得起推敲,才能做到事实清楚、证据确实充分,经得起历史的检验。火灾事故调查人员必须有条理地从外到内逐层根据火灾痕迹调查火灾事故原因、起火点和时间,内部因素导致火灾则需要对电池原因、认为原因、其他原因进行分析,外部因素导致火灾则需要对车轴现场和外部进行详细勘验,这样才能为新能源电动汽车火灾事故责任认定提供准确依据。

一起新能源公交车火灾的调查与体会

杨 云

（海口市消防救援支队，海南 海口 570203）

摘 要：随着国家激励政策不断出台以及电动技术不断成熟，纯电动汽车使用的方便性将接近现在的燃油汽车，市场占有率不断提高，安全问题也日益突出，特别是起火事件备受社会关注。本文阐述一起新能源公交车火灾调查经过，并引申出锂离子电池热失控诱因分析和关于产品缺陷的深度调查体会，为今后类似火灾的调查工作提供借鉴。

关键词：纯电动；公交车；火灾调查

石油短缺、环境污染、气候变暖是全球汽车产业面临的共同挑战，电动汽车已经成为汽车产业的未来发展趋势，一些国家和地区已经公布停售燃油汽车的时间表，可以预见未来电动汽车的保有量将达到汽车总量的25%甚至更高。我国部分城市已实现城市公交车的纯电动化率达50%以上，纯电动公交车数量呈持续上涨趋势。公交车是民众出行的公共交通工具，它的起火事件备受社会关注，是民生保障领域需要解决的重要问题。笔者对一起纯电动公交车火灾调查经过进行分析，并阐述有关隐患问题深度调查情况，为类似车辆火灾调查工作提供参考。

1 火灾基本情况

2023年8月27日1时16分许，某市公交车充电场站一辆正在充电的纯电动公交车起火。火灾造成5辆纯电动公交车不同程度烧损，无人员伤亡，直接财产损失统计为60万元。火灾发生后，属地消防救援机构成立调查组，并通知公安机关到场，展开事故调查工作。

2 火灾调查情况

2.1 火灾现场勘验

2.1.1 环境勘验

起火场所位于某市公交车充电场站内，其入口位于西侧，东侧为空地，北侧为公交车停车区域，南侧为车辆充电区域，给充电桩供电的配电房位于充电场站的东南侧，车辆充电区域南北长52.5 m、东西宽14.6 m，占地面积为766.5 m^2，该区域由立柱隔开，分为三个区域，即第一个区域设置2个充电桩，第二个区域设置8个充电桩，第三个区域设置5个充电桩，总共有15个充电桩。其中，第二个区域有明显过火，该区域有5辆纯电动公交车过火，其他区域均为完好，未见过火。

2.1.2 初步勘验

对第二个充电区域进行勘验，该区域南北长28 m、东西宽14.6 m，占地面积为408.8 m^2。该区域共停放5辆纯电动公交车，自北向南依次编号为1~5号车（图1）。以3号纯电动公交车为中心，从车辆外观来看，车身长约10.5 m、宽约2.5 m，其两侧外壳油漆脱落严重，对应的南、北方向相邻车辆（2、4号车）外壳油漆脱落逐渐减轻；3号车车尾发动机舱门烧毁严重，其他相邻车辆尾部舱门烧损逐渐减轻。从车辆内部来看，3号车前挡风玻璃完全脱落，相邻车辆前挡风玻璃部分脱落；3号车后视镜及其车头的液晶显示屏烧损程度较重，其他相邻车辆较轻。正对车辆尾部观察，3号车左侧充电接口连接充电枪（图2），充电枪从4号充电桩B枪口引出。4号充电桩朝向3号车一面过火，液晶屏完全烧毁，其他三面未见过火。

作者简介：杨云（1979—），男，汉族，海南省海口市消防救援支队，高级专业技术职务，多年从事火灾事故调查工作。地址：海南省海口市兴丹路2号，570203。电话：0898-65230053。邮箱：1660768043@qq.com。

图 1　3 号车整体过火变色

图 2　3 号车充电口连接充电枪

2.1.3　细项勘验

对 3 号车车尾部进行细项勘验，发动机舱门完全脱落，内部线路绝缘完全烧毁，铝质构件完全熔化。车尾部后舱一共布置 6 个电池箱（图 3）。左上方 B1 电池箱金属外壳整体过火（图 4），外观鼓胀严重，油漆完全脱落，呈现暗红色变色痕迹，电池内部电芯排列不整。后舱高压线至 B1 电池箱接头螺帽处未见故障痕迹。B2 电池箱位于 B1 电池箱下方，外壳鼓胀、变色较 B1 电池箱减轻，电池内部电芯排列相对完整，高压铜线至 B2 电池箱接头未见明显故障痕迹。B3、A1、A2、A3 电池箱均为轻微烧损，构件外壳相对完整，高压铜线完好，电气线路绝缘层残存。B1 电池箱的支撑框架弯曲变形，其他电池箱框架未见变形，框架变色痕迹自上向下逐渐减轻。

2.1.4　专项勘验

专项勘验 3 号车 B1 电池箱，发现模组之间有明显的烧残、变形痕迹，B1 电池箱内电芯单体炭化严重，电芯呈松散状，裸露出的铜箔有破损、开裂痕迹。勘验 4 号充电桩，发现充电桩电源连接线绝缘层完好，未见明显过火，其开关处于合闸状态，内部电路板未见故障痕迹。对位于起火场所东南侧充电桩配电房的配电盘进行勘验，发现其处于开闸状态，未见故障痕迹。

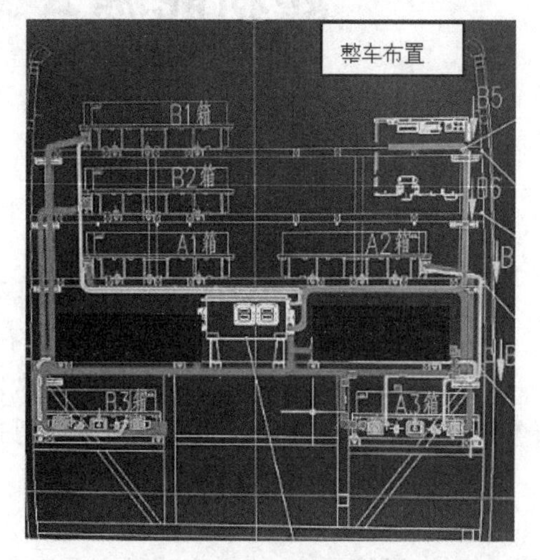

图 3　电池箱整体排列图

图 4　尾部左上方 B1 箱

2.2　调查询问

询问报警人（当天充电场站值班人员）得知，他在对公交车充电场站巡逻过程中，发现 3 号车充电时自动断电“跳枪”，随后不久就听到“嘭”的一声，即看到 3 号车车尾附近有火光，立即拨打 119 报警，当时手机的时间为 1 时 16 分。

2.3　视频分析

充电场站监控视频显示，停放在第二个区域 4 号充电桩一侧的 3 号公交车尾部区域出现爆闪（图 5），并伴随有爆炸声，与第一目击者陈述的情况一致。

图5 3号车尾部有亮白光爆闪后出现白色烟雾和明火

2.4 电子数据分析

经调取车辆远程监控数据并分析,以每10秒上传一次数据计算,1时16分31秒许,B1电池箱的电芯温度、电压以及绝缘电阻出现异常值(图6和图7)。经调取充电桩管理方火灾发生当天起火车辆充电数据并分析,3号车8月27日0时08分开始充电,充电时SOC为56.4%,起始电流为49.5 A,充电期间最高电流为84.8 A,1时16分25秒结束充电,结束充电时车辆SOC为94%,充电桩“跳枪”充电结束不到1分钟即发生火灾,充电过程中实际充电电压、电流未见异常。

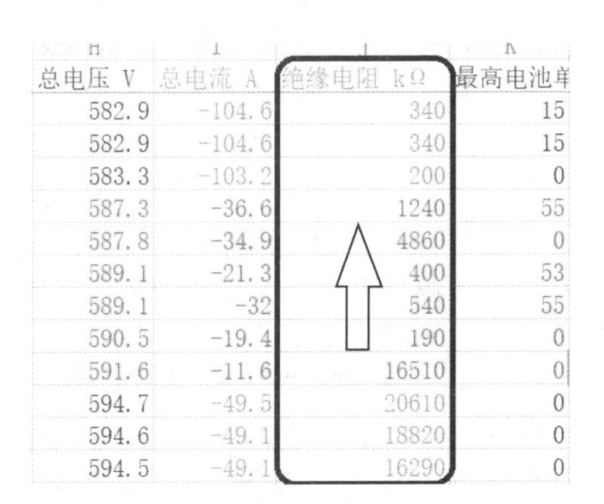

总电压 V	总电流 A	绝缘电阻 kΩ	最高电池单
582.9	-104.6	340	15
582.9	-104.6	340	15
583.3	-103.2	200	0
587.3	-36.6	1240	55
587.8	-34.9	4860	0
589.1	-21.3	400	53
589.1	-32	540	55
590.5	-19.4	190	0
591.6	-11.6	16510	0
594.7	-49.5	20610	0
594.6	-49.1	18820	0
594.5	-49.1	16290	0

图6 电池箱绝缘电阻迅速降低

1	数据时间	正向单体	正向单体	正向采样点1温度(℃)
20	2023/8/27 1:19	255	4.17	125
21	2023/8/27 1:18	255	4.17	125
22	2023/8/27 1:18	255	4.17	125
23	2023/8/27 1:18	255	4.17	125
24	2023/8/27 1:18	255	4.17	125
25	2023/8/27 1:18	255	4.17	125
26	2023/8/27 1:18	255	4.17	125
27	2023/8/27 1:17	255	4.17	125
28	2023/8/27 1:17	255	4.17	125
29	2023/8/27 1:17	255	4.17	125
30	2023/8/27 1:17	255	4.16	125
31	2023/8/27 1:17	255	4.14	125
32	2023/8/27 1:17	255	4.14	125
33	2023/8/27 1:16	255	4.13	125
34	2023/8/27 1:16	255	4.13	117
35	2023/8/27 1:16	255	4.13	84
36	2023/8/27 1:16	255	4.13	58
37	2023/8/27 1:16	255	4.14	36
38	2023/8/27 1:16	255	4.14	36
39	2023/8/27 1:15	255	4.14	36

图7 电芯温度迅速升高

2.5 其他证据分析

气象部门出具起火当天该区域的气象信息,显示当天天气晴朗,无雷击现象;且起火前未见人为破坏的可疑行径,公安机关排除放火嫌疑。

3 起火原因认定

3.1 起火时间认定

根据视频监控显示,1时16分许停放在第二个区域4号充电桩一侧的3号公交车尾部后舱上方有火光。根据场站值班人员陈述,在对公交车场站巡逻过程中发现起火,然后拨打119报警,报警时间为1时16分许。根据车辆远程监控后台数据显示,3号公交车在1时16分许的温度、电流、绝缘电阻及电压值陆续出现异常。综合判定起火时间为2023年8月27日1时16分许。

3.2 起火部位认定

从监控视频分析可知,3号车尾部后舱顶部最先出现火光。从现场勘验分析可知,3号车整体过火,相邻两侧车辆均是部分过火;3号车尾部过火严重,相邻两侧车辆尾部过火逐渐减轻;只有3号车尾部正对的4号充电桩烧损较重,其他充电桩未见明显过火。目击者证实3号车尾部后舱最先起火。综合认定起火部位为3号公交车尾部后舱。

3.3 起火点认定

从监控视频分析可知,最先出现火光的位置与B1电池箱的位置一致。现场勘验B1电池箱,发现其较其他电池箱烧损严重,支撑B1电池箱的框架变形较其他部位严重。从远程监控后台数据分析可知,B1电池箱最先出现故障异常。综合分析,认定起火点位于3号公交车尾部后舱B1电池箱。

3.4 起火原因认定

(1)可以排除放火嫌疑,根据监控视频分析和公安机关意见,火灾前无可疑人员在现场活动。

(2)根据监控视频和气象报告证据分析,可以排除雷击引发火灾。

(3)可以排除充电设备故障引发车辆起火,根据现场勘验证实,充电设备及其充电线路无电气故障痕迹;充电设备的后台监控数据显示,3号车充电过程中无电流、电压异常现象,结束充电时SOC为

94%,并未处于过充状态。

(4)认定起火原因为 3 号车尾部后舱 B1 电池箱内电芯发生故障导致热失控引燃周围可燃物。

①从监控视频分析可知, 1 时 16 分许 3 号车尾部后舱出现明显的爆闪,爆闪中心有明显的亮白光,之后火光迅速收缩,持续时间为毫秒级,同时伴随有爆炸声;爆闪减弱的同时,尾部区域冒出大量白色烟雾,随即后舱上部出现明火,符合锂离子电池热失控特征。

②从远程监控后台数据分析可知,火灾前出现 B1 电池箱绝缘电阻故障报警,其在 30 秒时间内从 20 610 kΩ 降至 190 kΩ,不同模组间的 147# 及 165# 电芯同时出现电压降至 0 V,绝缘电阻降低,大电池温度从 36 ℃升高至 125 ℃,经模组结构对比,出现异常的电芯单体为集流体背靠背安装(图 8 和图 9),同时出现电压降低等现象,符合模组间电芯单体短路特征。

图 8　电池箱模组排列

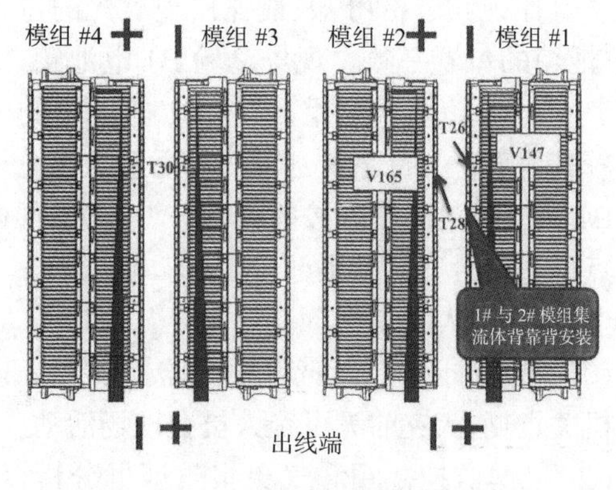

图 9　故障模组示意图

4　调查体会

这起火灾处置较为及时,没有造成重大的社会影响,但与一年前的另一起同型号同批次公交车火灾起火原因相似,引起了调查组和有关部门的关注——车辆动力电池是否存在质量缺陷? 针对产品缺陷的深度调查由此展开。深度调查组由国家消防科研所、工信部、产品质量缺陷中心以及部分高校专家组成。笔者参与了部分深度调查工作,协助开展现场复勘、数据分析、电池解剖、记录抽查、失效试验等一系列深度调查工作,践行了火灾调查的科学、严谨和高效要求。

4.1　从事故车辆电池数据查找相似性

初步验证两起公交车火灾事故原因具有以下相似性。

一年前事故车辆也是 10 m 快充型纯电动公交车, 2017 年购置后,因动力电池续航里程不足等故障原因,于 2022 年 6 月进行了换电整改,更换的电池参数为 576 V/240 A·h/138.2 kW·h 锰酸锂电池,6 个箱体分两路并联。换电后行驶约 2 万千米发生火灾,发生火灾时处于行驶状态。车辆远程数据显示,起火前后舱左侧下部一电池箱绝缘电阻迅速下降,20 秒后车辆出现绝缘电阻报警(最高等级报警),电池温度从 30 ℃急剧升高至 109 ℃,最高温升 79 ℃,同时 2 号模组多个电池单体电压降低至 0 V,3 号模组的多个电池单体同样出现电压降低, 30 秒内车速降低为 0,整车高压断电。两个模组同时出现电压降低,判断为电芯间短路。

本文论述的 3 号车购置年份、更换电池时间、电池型号与一年前事故车辆相同,除于停止充电状态下起火外,起火特征也是两个模组同时出现电压降低,判断为电芯间短路。

调查组分析,两起火灾事故发生热失控的电池箱均为相邻的不同模组电芯之间发生短路,起火原因具有相似性。

4.2　从电池全生命周期剖析致灾因素

深度调查组复勘火灾现场和未起火的同型号同批次车辆,现场对尾部后舱电池箱进行拆卸,查看内部电芯和线路设计情况,确定是否存在违反技术标准和明显故障问题。

(1)抽查电池箱安装情况,发现部分电池箱的铭牌标识不规范,属于生产环节的问题。

(2)查看同型号同批次车辆的维保记录,发现火灾发生前 45 天进行了同型号车辆的“渗硅油和充电口断胶套”问题排查和整改,有 7% 的车辆存在上述问题并整改完毕,但起火的 3 号车当时未发现此类问题。

（3）调查组采取“飞行检查”方式，直奔电池生产厂家，检查电池生产线，查看生产工艺和质量管理有关问题。

4.3 通过失效试验验证事故发生诱因

电池生产厂家通过“加满硅油状态下热失控试验”验证了动力电池故障点与3号车起火原因认定的准确性；通过失效试验证明，电池箱假设在硅油全充满情况下具有阻燃、隔热、绝缘等作用，发生单个电芯热失控并迅速传导至其他模组电芯的可能性较低，说明相邻模组之间存在摩擦、挤压受力的情形。

调查组委托某高校火灾实验室，通过“无BMS监控状态下过充失效试验”，证明该型号电池可能存在温度监测滞后的设计缺陷。

4.4.1 BMS温度监测失效试验目的

3号车动力电池每个模组有12个电芯模块，模组成方壳形状，每个模组热电偶只有2个，一旦某个发生热失控的电芯模块距离热电偶较远，难以准确监测12个电芯模块的温度，即导致温度数据上传滞后，热管理早期预警失效，不能及时切断大电流充电，进而因过充导致热失控。

4.4.2 BMS温度监测失效试验过程简介

从12个芯组上拆解4个芯组，开展0.5~3 C恒流充电试验，试验过程中对电芯温度、电流、电压进行监测。试验发现，在没有BMS保护下，电芯因过充触发热失控，进而导致壳体爆裂、烟雾喷出。以壳体破裂为热失控起始时刻，电芯热失控的时空规律如下：电芯温度在几分钟时间内上升到200 ℃左右，然后壳体爆裂，电流骤降但不为零，电压基本不变，此时电芯状态与正常涓流充电状态相仿；电芯热失控持续几分钟后，电流和电压突然骤降为零，表明电芯内部因热失控损伤程度扩大，导致电路断路。

5 结语

车辆火灾深度调查可用于多起类似事故共性分析，剖析事故的深层次、根源性的问题症结，以便采取更为精准的防控措施，预防事故再次发生。发生火灾事故后，涉事生产企业应从本质安全入手改进产品研发和生产；车辆运营企业应全面更换不合格动力电池；相关单位应吸取教训、消除隐患，建立和完善事故预防和应急联动机制。一次火灾事故的深度调查，对新能源汽车全链条监管是一次负责任的调查，也是维护公共安全的必要之举。

参考文献

[1] 刘振刚. 汽车火灾原因调查 [M]. 天津：天津科学技术出版社，2008.

[2] 林烨，黄国忠，肖凌云，等. 基于深度调查的电动汽车火灾原因分析技术 [J]. 消防科学与技术，2021，40(1)：145-148.

[3] 张得胜，张良，陈克，等. 电动汽车火灾原因调查研究 [J]. 消防科学与技术，2014，33(9)：1091-1093.

[4] 贾广华，刘宏星. 纯电动公交车自燃火灾事故调查 [J]. 消防科学与技术，2010，29(7)：647-649.

[5] 中华人民共和国应急管理部. 火灾原因认定规则：XF 1301—2016[S]. 北京：中国标准出版社，2016.

[6] 中华人民共和国应急管理部. 火灾现场勘验规则：XF 839—2009[S]. 北京：中国标准出版社，2009.

储能系统火灾事故调查要点与防治措施

夏提克·买根

（阿克苏地区消防救援支队，新疆　阿克苏　843200）

摘　要：储能系统可以平衡能源的供给与需求，可以显著提升能源的利用效率，是非常重要的可再生能源，并且也得到日益广泛的应用。但是，在储能系统运行的过程中，会由于受到各种内外部因素的影响而留下安全隐患。一旦发生火灾事故，会带来无法预计的损失。所以，需要充分重视储能系统的火灾事故调查工作，采取科学的调查方法，抓住调查要点。基于此，找到起火原因，做好火灾事故的防治措施，进而降低火灾事故的发生概率。本文对储能系统火灾事故调查要点与防治措施进行分析。

关键词：储能系统；防治措施；火灾事故；调查要点

作为新型电力系统中的重要组成部分，储能系统可以有效地改善我国的能源新业态，促进碳达峰、碳中和目标的全面贯彻落实。然而，因为在储能系统运行过程中会受到运维管理工作不到位与自身安全性能不达标等问题的影响，进而引发火灾事故。一旦发生火灾事故，会带来极大损失。所以，需要加强储能系统火灾事故调查，从而找到火灾事故的发生原因，制定有针对性的防治措施，以此来增强储能系统的可靠性与安全性，更加高效地利用能源、节约能源，保护人们的生命财产安全。

1　电化学储能电站火灾事故统计

1.1　统计结果

根据不完全统计，最近 5 年来，全球范围内发生的储能电站起火爆炸事故大概 36 起。具体情况如下图 1：

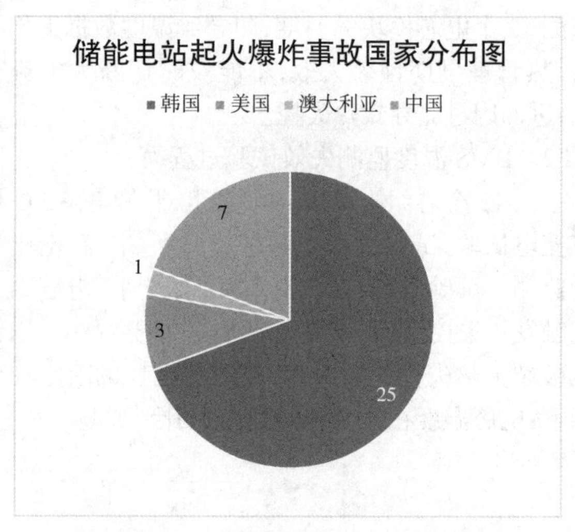

图 1　储能电站起火爆炸事故国家分布图

在 36 起储能电站起火爆炸事故中，有 27 起事故的电池类型是三元电池，另外 9 起是磷酸铁电池，如下图 2。

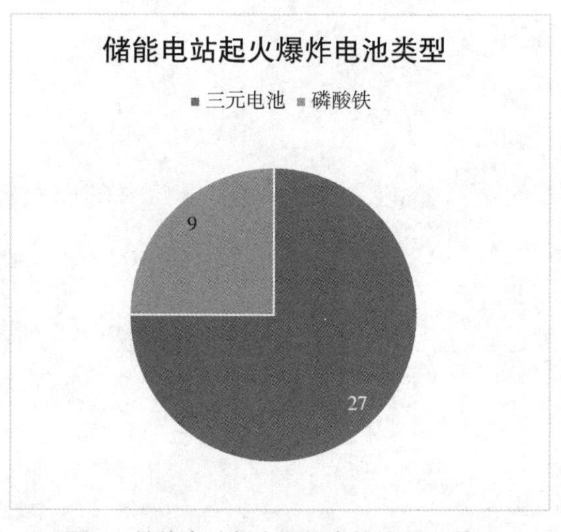

图 2　储能电站起火爆炸事故的电池类型

在 36 起事故中，有 21 起属于电池在充电与充电休止状态下发生的；有 2 起引发了人员伤亡事故；有 1 起事故是人为导致的。

作者简介：夏提克·买根（1989—），男，哈萨克族，阿克苏地区消防救援支队，初级专业技术职务，主要从事火灾事故调查工作，阿瓦提县花园西路 43 号，843200

统计结果表明，锂离子电池储能安全属于一种世界性难题，而且三元材料系统更加容易引发火灾事故，极易会在系统充电过程中或是处于休止状态时发生火灾事故，事故会面临燃爆与人员伤亡的风险。

1.2 具体案例分析

以北京“4·16”事件为例，在2021年4月16号，北京市丰台区南四环集美大红门直流光充电站突然发生起火爆炸事故。事故导致2人受伤、3人死亡，伤亡惨重。事故起因主要是南楼的电池起火，引发南北楼地沟气体发生扩散，最终造成北楼气体发生爆炸。现场航拍情况如下图3：

图3 北京“4·16”事件现场航拍情况

南楼起火的原因是电池发生漏液引发起火，在过热之内发生短路，最终引发热失控。在南北楼的中间存在一条地道，该地道是连接电池组之间的电缆。在南楼的电池发生热失控时，电解液发生挥发分解，导致大量易燃易爆气体经由地道进入北楼，且达到燃爆的极限。在电气火花的作用下，北楼的电池系统持续处于供电状态，其中包括充电桩与光伏系统，最终导致北楼发生爆炸，带来严重的损失。经过调查研究发现，“4·16”事故的储能电池系统的模组具有巨大结构设计问题，模组特别容易发生断裂，导致电化学腐蚀和漏液情况的发生，这也引起了火灾事故早期的燃烧。在4月16号12时17分，北京市119指挥中心接到起火警情后，调派47辆消防车与200多名消防员前往现场进行处置。现场处置情况如图4。在23时40分，现场的明火被彻底扑灭，现场进行冷却降温处理。

图4 北京“4·16”事件现场处置情况

此外，国内外很多储能电站也采购了与北京“4·16”事件相同的储能电池系统，进而引发多起火灾事故，对人们的生命财产安全带来严重损害。

2 储能系统火灾事故的危害分析

2.1 火势蔓延速度快

对于储能系统，尤其是离电池储能系统而言，电池是其核心部位，在发生火灾事故以后，火势会快速地发生蔓延。究其根本原因，即为电池内部会包含很多的可燃物质，例如，正负极材料与电解液等[1]。在高温条件下，这些物质特别容易会发生化学反应，进而加速火势的蔓延。除此以外，电池内部如果发生异常，比如，过充、短路与过放等，可能会引发热失控的情况，从而加剧火势蔓延。通常状况下，储能系统中的电池会采用密集排列的方式，如果一个电池着火，极易会发生连锁反应，导致整个储能系统的电池发生火灾，加速火势的蔓延，加大灭火难度。

2.2 产生大量烟雾与有害气体

在储能系统火灾事故中会产生很多的浓烟与有害气体，这些气体主要是因为电池内部的可燃物质发生燃烧而产生的，其中会含有大量的有毒、有害物质，进而会干扰救援人员的视线，造成救火人员无法清晰地分辨火源与火势，增大救援难度，影响到救援工作的顺利开展。而且，这些有害气体会经由救援人员的呼吸道进入体内，损害其身体健康，更有甚者，还会对其生命安全构成严重威胁。

2.3 事故原因较为复杂

一般状况下，储能系统火灾事故的原因会非常复杂，涉及多个因素。首先，电池的质量问题是重要因素之一。例如，在电池的生产过程中，如果选用的材料质量较差、采用的制作工艺不科学等，可能会导致电池存在安全隐患。其次，储能系统的设计问题。假如储能系统的设计不科学，例如，存在电池阻排列过密以及散热不良等情况[2]，会增加火灾事故的发生概率。另外，运行环境也是重要的影响因素。比如，在面对潮湿、高温等不良环境时，可能会导致电池性能受到损害，加大发生火灾事故的概率。储能系统火灾事故的原因较复杂，因此会加大火灾调查的难度。在调查工作中需要对多方面因素进行考虑，加强综合性的分析与判断。需要收集与整理更多相关的数据，要求调查人员具备高超的技能与丰富的经验等。基于此，才可以更加快速、准确地找到事故发生的原因，采取更加科学的防治措施，保证储能系统的安全运行。

3　储能系统火灾事故调查要点

3.1　事故现场勘查

在储能系统火灾事故调查工作中，调查人员需要做好事故现场的勘查工作，以获取第一手资料，掌握火灾事故的真相。首先，调查人员要认真地观察事故的现场，掌握起火位置、火势的蔓延方向与灭火以后的现场情况等。在此基础上，能够初步判断火灾的发生原因，比如，电气短路、外部火源或者是设备故障等。此外，也能够掌握火灾在系统中的传播途径，基于此，制定科学的火势控制方案。其次，调查人员要严格地检查事故现场的设备，例如，电器设备与储能设备等，观察设备的变形、损坏与颜色变化等情况，以判定火灾事故对设备带来的影响。此外，需要对烧毁的部件与设备残骸等物证进行收集，从而为后续的鉴定工作奠定良好基础。第三，调查人员要全面了解火灾事故现场的环境条件，例如，通风状况与温度湿度等，以此一来，可以了解环境条件对火灾事故带来的影响，以提升勘查工作的有效性。

3.2　系统设计和运行数据分析

在储能系统火灾事故调查过程中，调查人员要加强对于系统设计和运行数据的分析，从而找到火灾事故的原因。首先，调查人员要获取有关的资料，比如，储能系统的设计文档以及施工图纸等，以掌握系统的基本结构、安全设施与设备的配置状况。需要加强对于设计文档的严格审查，判断系统设计是否达标，是否存在安全隐患等。其次，调查人员需要收集并且整理储能系统的运行数据，其中包括故障报警运行的记录与监控数据等，加强对于数据的分析，全面地掌握储能系统的参数变化与运行状况[3]。要对系统运行过程中存在的异常波动与故障报警记录等进行充分关注，以此作为依据，判断火灾事故的发生原因。第三，调查人员要严格审查储能系统的维护记录，了解对于储能系统的维护周期、内容与效果，判断系统是否存在维护工作不到位等情况。如果维护记录不够规范或者是存在缺失，可能无法及时地发现和处理设备故障，提高火灾事故的发生概率。

3.3　监控记录回溯

一般状况下，在储能系统中都会配备健全的监控系统，以此对系统的运行状况与参数的变化进行记录。为了做好火灾事故调查工作，调查人员要回溯监控记录。首先，调查人员要获取储能系统的监控记录，例如，数据记录与视频录像等，基于此，了解或灾事故发生前后的系统与设备运行情况。其次，调查人员要认真地分析监控记录，找到与火灾事故具有密切关联的重要信息，密切地关注系统存在的异常运行状态，了解操作人员的行为等。通过监控记录判断火灾事故是否因为系统异常运行而引起的。第三，调查人员要回放监控记录，了解操作人员是否存在操作不当等行为，判断火灾事故是否因为操作人员的操作失误而引起的，基于此对事故责任进行判定。

3.4　人员调查与取证

在储能系统发生火灾事故以后，调查人员要对现场人员进行调查，以进行取证，判断火灾事故的起因。首先，调查人员要加强对现场人员的询问，向现场人员员询问在事故发生时的见闻，对现场人员的操作行为与应急处理措施给予充分关注，以此来获取相关的资料，更好地分析事故的原因。其次，调查人员要收集并且整理和火灾事故具有密切关联的证据材料，例如，火灾现场的照片、视频与操作记录等[4]，以了解火灾事故的发生情况，判定火灾事故的发生原因。第三，在人员调查与取证工作中，调查人员要充分保护现场人员的合法权益与隐私，防范不必要纠纷的发生。

4　储能系统火灾事故的防治措施

4.1　优选储能系统，保证安全性能

通常状况下，储能产品本身的安全情况也是引发储能系统火灾事故的首要原因，因此，需要加强对于储能系统的科学选择，保证系统的安全性能。需要严把产品的质量关，保证所选系统的使用性能与质量达到国家制定的有关标准，可以满足实际的使用需求，有效防范火灾事故的发生。

首先，在储能系统中会使用很多电池，电池的使用寿命、类型与质量水平等会在很大程度上影响到储能系统的安全性能，如果电池发生安全隐患，或者是存在缺陷或老化腐蚀等情况，都会对电池的安全性造成破坏，进而引发火灾事故的发生。通常状况下，电化学储能系统中常用的电池包括三元锂电池、铅酸电池以及磷酸铁锂电池等。其中，在储能系统中应用最为广泛的是磷酸铁锂电池，因为该类电池有着很强的安全性能。

其次，在选择储能产品时，需要全面考虑产品的

热管理设计功能与温度监控设计功能等[5]，确保系统具有强大的以上两项功能，在此前提下，才可以在运行过程中有效监控电池及其周围其他风险点的温度情况，对电池的危险源进行预判，以更好地消除安全隐患，降低火灾事故的发生概率。另外，当前，我国大部分储能产品都会具温度监控功能，可以实时地监控电池中电芯的温度变化状况。一些重要的零部件也会设计过温保护功能，一旦设备或者电路的温度升高到超出预设阈值时，就能够自动启动过温保护功能，利用电流限制或者是切断电源等方式进行降温，以防范储能系统电池组件持续过热情况的发生。

第三，储能系统与产品需要具备良好的火灾消防功能，可以有效抑制电池热失控的情况，可以对热失控电池引发的火灾进行扑救，以达到多级防护的目的，防范火灾事故的发生。

4.2 利用先进技术，保证系统安全

当前，很多储能系统在实际使用中依然会采用传统的防护技术与报警技术，不能够早期对系统的安全运行状态作出预警，在此情况下，极易会发生热失控的情况，导致火灾事故的发生。为了解决问题，需要基于主动安全、本体安全与被动防御安全三大层面入手，创建健全的储能系统安全维护体系。需要利用先进技术，制定科学的方案，以增强储能系统的安全性能，加强对其的安全管理。

首先，在本体安全方面，需要做好对于储能系统内部电池的安全设计工作，采用科学先进的新型材料与工艺，不断地优化重要环节。例如，电芯原料、制造工艺与检测使用等，以保证质量水平，降低安全风险。

其次，在主动安全方面，需要灵活地运用大数据技术与人工智能技术、计算机技术等，做好分析与检测工作，进行模拟、评估，以全面地掌握储能系统电池由电芯至PACK演化的整个过程[6]，对系统的安全状态与电池情况进行预判，从而从源头上入手，有效防范热失控情况的发生。

第三，在被动防御安全方面，需要灵活地运用多种不同类型的自动化设备与技术，例如，联动控制技术、消防报警控制主机与防护技术等，对储能系统的火灾事故进行准确判断，进行多级预警，防范预热失控蔓延情况的发生。例如，在防控工作中要实现储能系统、自动灭火系统以及联动控制系统等的良好融合，进行优化配置，以更好地发挥系统的作用，实时地探测安全隐患，提升储能系统的安全运行水平。而且，一旦发生安全事故，也能够马上控制火势的蔓延，及时扑救火灾。

4.3 强化运维管理，制定管理计划

在储能系统运行过程中，运维管理人员需要充分发挥自身的重要价值，加强对于储能系统的运行维护与管理。需要制定科学的储能系统运维管理计划，采取有效的措施防范火灾事故的发生，减少带来的经济损失以及人员伤亡事故。

首先，运维工作人员要做好日常的运维管理工作，定期对设备与系统的状态进行检查。另外，要监督与控制设备和系统的实时状态，提前发现安全隐患，及时地消除安全隐患，从而防范故障事故的发生，避免因为设备故障而引发火灾事故。

其次，加强对于故障的检修。运维管理人员要及时地检修储能系统与设备，及时地发现设备存在的故障，并且进行维修，以尽快解决故障，使得储能系统与设备得到良好的运行。

第三，运维管理人员要做好对于储能系统与设备的巡视检查工作，对系统的运行状态进行认真地巡视检查，以更加及时、准确地发现异常，找到故障、处理故障，保证储能系统的安全、稳定运行，有效延长期使用寿命。

第四，为了可以充分做好运维管理工作，需要加强对于运维管理人员的技能培训，需要制定健全的岗位培训计划。通过培训教育全面提升运维人员的专业能力，增强其应急处理能力，使其可以利用所学知识妥善地解决故障，使得系统与设备可以更快地恢复运行，保证运行的安全性。

5 结语

综上所述，在储能系统火灾事故调查工作中，调查人员要做好事故现场的勘查工作、人员调查与取证、系统设计与运行数据分析以及监控记录回溯等工作。抓住这些调查要点，从而准确地判断火灾事故的发生原因。在此基础上，采取有效的防治措施。例如，优选储能系统，保证安全性能；利用先进技术，保证系统安全；强化运维管理，制定管理计划。从而提升储能系统火灾事故调查工作水平，及时、准确地找到火灾的发生原因，采取科学的防治措施，保证储能系统的安全、稳定运行。

参考文献

[1] 孟庆庚. 储能系统火灾事故调查与防治对策 [J]. 消防科学与技术,

2023,42(1):142-145.

[2] 周会会,黄中杰,张亮,刘敏,杨旭. 储能系统危险性分析及灭火技战术 [J]. 中国人民警察大学学报,2023,39(4):73-76.

[3] 朱江,张宏亮. 锂电池储能系统火灾危险性及防范措施 [J]. 武警学院学报,2018,34(12):43-45.

[4] 崔一君,王德伟. 锂离子电池储能系统的消防安全研究 [J]. 中国设备工程,2023(3):92-94.

[5] 陈瑞,唐森,卜建军,边彦军. 电化学储能系统消防策略研究 [J]. 今日消防,2023,8(11):66-68.

[6] 罗斯,钟园军. 固定式电化学储能系统消防技术规范标准研究 [J]. 消防界(电子版),2022,8(20):17-19.

一起锂离子电池火灾事故调查与分析

刘永吉

（鞍山市消防救援支队，辽宁 鞍山 114001）

摘 要：本文通过对一起典型的锂离子电池在充电过程中引发的火灾事故进行调查，并对在调查询问、现场勘验、检验鉴定等火灾调查工作中获取的证据进行分析，认定由于锂离子电池BMS系统发生故障导致电池过充电，致使电池发生热失控，进而造成火灾事故发生，并详细分析锂离子电池过充电引发热失控的机理，以期为同类火灾事故调查提供参考和借鉴。

关键词：火灾；过充电；热失控；故障机理

1 引言

目前，随着我国新能源技术的高速发展，各种新能源产品得到了广泛应用。锂离子电池因具有输出电压高、能量密度高、循环寿命长、自放电率低、质量轻、体积小、环境污染小等优势，成为主要的动力电池产品。锂离子电池在我国发展迅速，产量呈几何级数增长，其主要应用在消费电子产品、电动汽车、电动自行车、储能电站等领域，且有明显加速发展的趋势。尤其是在电动汽车、电动自行车领域，随着我国对环境保护的日益重视和鼓励扶持发展低碳环保新能源技术，锂离子电池得到了广泛使用。但由于使用不当、改装维修不当、电池老化等原因导致锂离子电池火灾时有发生，当电池数量、电池组容量成倍增长时，锂离子电池火灾的危险性也极大提高。本文通过对一起锂离子电池在充电过程中发生热失控而导致火灾事故的案例进行调查，对过充电引发热失控的机理进行分析，在认定起火原因的同时，也对锂离子电池发生热失控的诱发原因进行分析，从而为以后调查此类火灾事故提供参考和借鉴。

作者简介：刘永吉（1971—），男，汉族，辽宁省鞍山市消防救援支队，高级专业技术职务，主要从事火灾事故调查工作。地址：辽宁省鞍山市铁东区园林路249号，114001。电话：13842299198。邮箱：LYJ980722@126.com。

2 案情简介及自然情况

2.1 案件简介

2022年5月2日14时45分许，某电动自行车电瓶充装站发生火灾，火势迅速蔓延，将该电瓶充装站的充电间、办公休息室及存放的锂离子电池、办公生活用品等全部烧毁，同时该电瓶充装站室外停放的多辆电动自行车被烧毁或烧损。火灾涉及多方当事人，在当地造成一定的社会影响。

2.2 火灾现场的自然情况

该电瓶充装站为单层彩钢结构建筑，坐西朝东，南北长11.1 m、东西宽4.6 m。其室内南北方向分为两个房间，南屋为充电间，北屋为办公休息室，两屋间墙壁靠东设有一门（只有门框，未安装房门）。该充装站主要业务是向各外卖平台的骑手出租电动自行车的锂离子电池，电池及充电器由业主于某提供，骑手拿电量不足的电池到充装站更换充满电的电池。火灾发生时，充电间内北墙处有9个锂离子电池正在充电，且充电间内西墙距地面1.8 m靠近北墙处有一配电箱，该配电箱分别引出3路供电线路，一路向上引至棚顶为室内照明供电；一路向下引至距地面1 m沿西墙向南敷设，连接4个墙壁插座；另一路向下引至距地面1 m沿北墙向东敷设，连接9个墙壁插座，通过这些墙壁插座连接充电器为锂离子电池充电。充电间电气线路敷设示意图如图1所示。

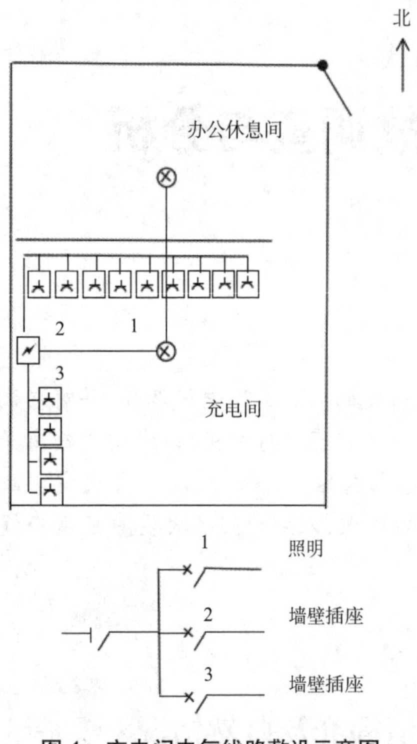

图 1　充电间电气线路敷设示意图

3　火灾事故的调查情况

3.1　调查询问

火灾事故调查询问情况见表 1。

表 1　火灾事故调查询问情况

被询问人	职业	反映火灾及相关情况(现象)
于某	电瓶充装站业主	5 月 2 日 14 时 45 分左右,外出买饭回到充装站门外时,听见充电间内“咕咚”一声,同时看到有骑手从办公休息室中跑出,并说电池着火了。于某就冲进充电间,看到充电间门右侧(北墙西侧)第 6 块电池冒出很大的烟,特别呛人,并有喷射状的火焰,火苗有 20 cm 高,随即就去关闭墙壁上的空气开关,当时烟大呛人,睁不开眼睛,即使想往外拎电池,但已经无法着手,就跑出来找灭火器,但因充电间里全是烟,无法再进去
迟某	电瓶充装站工作人员	起火当时有 9 块 72 V 的锂离子电池在北墙地面处充电,当时在充装站外听到充电间内“咣”的一声,就喊于某,于某跑进去拉闸断电,头发都烧了,然后于某出来取灭火器,由于烟太大已经进不去,进户电源电压为 220 V

续表

被询问人	职业	反映火灾情况(现象)
刘某	锂电池经营部业主	经营范围是锂离子电池的组装和销售,从其他单位购进电芯,然后进行组装,再装到白钢箱内制成锂离子电池,并进行销售。锂离子电池为 72 V,由 20 块电芯串联组成,每块电芯电压为 3.6 V
于某某	美团骑手	5 月 2 日 14 时 50 分左右,正在办公休息室内沙发上休息,突然听见充电间内发出跟汽车按喇叭差不多大的声音,电池就爆炸了,看见充电间北墙处正在充电的电池冒黑烟,瞬间火就喷射起来,就赶紧跑出去
高某某	美团骑手	5 月 2 日 14 时 50 分左右,正在办公休息室内正门口处沙发上坐着休息,听到充电间内“砰”一声响,然后就看见充电间北墙处正在充电的电池冒烟,紧接着就喷火了,一下火就着起来了,就急忙跑了出来

综上调查询问情况,四名火灾发现人虽然所处位置不一致,但是发现火灾的时间基本一致,并且发现起火时的现象也相差不大,即先听到声响,然后看见冒烟,接着就开始喷射火焰。这种燃烧现象与锂离子电池热失控产生的燃烧现象是完全吻合的。

3.2　现场勘验

3.2.1　起火部位认定

经现场勘验,火灾现场存在如下燃烧蔓延痕迹:①办公休息室靠西墙由南至北摆放的沙发、茶台、电冰箱等生活用品,烧毁程度南重北轻,呈由南向北燃烧蔓延痕迹;②办公休息室西墙彩钢板,南侧变形变色重于北侧;③充电间与办公休息室的彩钢板间隔墙,南面(充电间侧)变形变色重于北面(办公休息室侧);④充电间内沿北墙向东敷设的电源线路,铜丝裸露,绝缘层和护套全部烧毁;⑤充电间内沿西墙向南敷设的电源线路,北半部分铜丝裸露、绝缘层和护套烧毁,南半部分电线的绝缘层和护套未被火烧;⑥充电间内顶棚中间南北方向有一木梁,该梁北半部分被火烧断掉落,南半部分炭化残存。起火部位燃烧痕迹如图 2 所示。

图2 起火部位燃烧痕迹

上述燃烧蔓延痕迹表明，办公休息室内火势由南向北蔓延，充电间内火势由北向南蔓延，并且充电间与办公休息室的彩钢板间隔墙充电间侧变形变色重于办公休息室侧，证明火是由充电间内北侧开始向周围蔓延的。结合调查询问获取的证人证言，可知充电间的北墙处最先发出声响、冒烟、喷射火焰。现场勘验和调查询问获得的证据相互印证，由此认定起火部位为充电间内北墙处。

3.2.2 起火点认定

经现场勘查，发现充电间内北墙处地面由东至西依次摆放9个72 V锂离子电池（白钢外壳长0.23 m、宽0.17 m、高0.33 m，内装20个串联的铝壳方形电芯）。其中，由东向西数第6个锂离子电池内上部几块电芯铝壳全部烧毁熔化，其他电池内电芯铝壳局部熔化且仍有残留；该电池上部BMS全部烧毁，其他电池上方BMS系统（Battery Management System，电池管理系统）炭化残存；该电池的白钢外壳短边立面上部有一开口宽0.09 m、高0.058 m的“V”形豁口，豁口边缘有多个熔珠，其他电池的白钢外壳未发现熔痕。由此可见，该电池烧毁程度最重，与业主于某的证言能够相互印证，因此认定起火点为充电间内北墙处由东向西数第6个锂离子电池。起火点处锂离子电池烧损残骸如图3所示。

图3 起火点处锂离子电池烧损残骸

3.2.3 起火时间认定

经调查，支队指挥中心接警时间为5月2日14点48分（北京时间），由此可排除两位骑手于某某、高某某提供的14点50分许听到异响的起火时间（估计时间）。业主于某外出买饭于14点45分回到充装站并在站外听到响声，就开始进入火场关电源、救火、再出来寻找灭火器，然后才打电话报警，这段时间为2~3分钟，结合支队指挥中心的接警时间，于某听到响声的时间应该最接近起火时间，因此认定起火时间为5月2日14点45分许。

3.3 检验鉴定

火灾调查人员提取了充电间内北墙处最先起火的锂离子电池残骸、充电器残骸、电源线路及墙壁插座残骸，并进行熔痕性质鉴定。技术鉴定结论如下：充电器的充电线路上的电熔痕为二次短路熔痕；电源线路未发现有鉴定价值的痕迹；充电器电源插头与墙壁插座残骸间未发现有鉴定价值的痕迹。

3.4 引发火灾机理

3.4.1 锂离子电池充电工作原理

该锂离子电池工作电压为72 V，由20块电芯串联组成，每块电芯电压为3.6 V；充电器输入电压限制为176~264 V、输出电压为84 V，连接到220 V市电进行充电。锂离子电池充电工作原理如图4所示。

3.4.2 BMS系统保护控制工作原理

锂离子电池在充电过程中，由锂离子电池配置的BMS系统对电压、电流、温度等参数进行保护控制，防止电池出现过电压充电、过电流充电、过温充电以及各电芯间不平衡充电等电滥用情况出现，以免造成电芯发生热失控现象。当电压、电流、温度等工作参数超出允许范围时，BMS系统控制接触器断开，对锂离子电池进行保护。当BMS系统发生故障时，因无法判定电池是否满充，不能采取保护动作，会使电池持续过充电，从而出现热失控风险。BMS系统保护工作原理如图5所示。

3.4.3 锂离子电池发生热失控引发火灾机理

锂离子电池发生热失控是指因各种诱因引发锂离子电池内部局部或整体的温度急剧上升，产生的热量不能及时释放而大量聚集，并诱发链式反应，致使电池内部产生高压，并导致冒烟、起火。

锂离子电池热失控诱因主要表现在以下方面：①机械外力作用导致电池内隔膜损坏，造成内部短路，引发热失控；②外部高温造成电池内部隔膜损坏

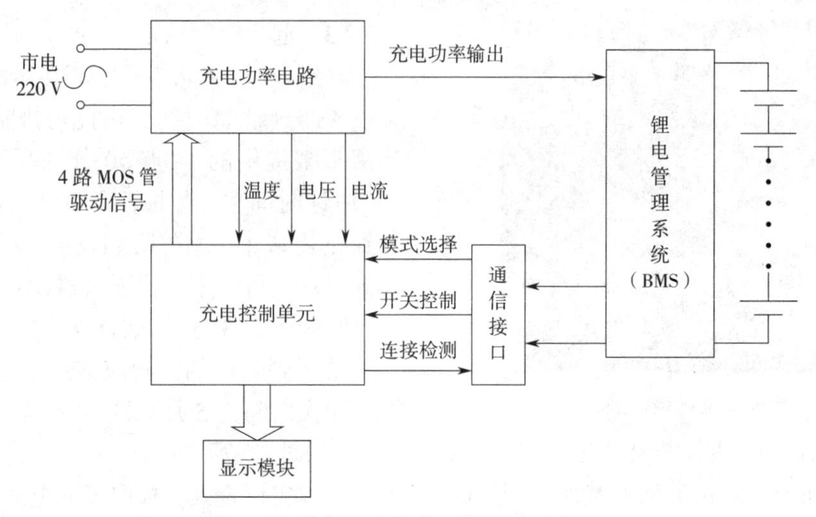

图 4　锂离子电池充电工作原理示意图

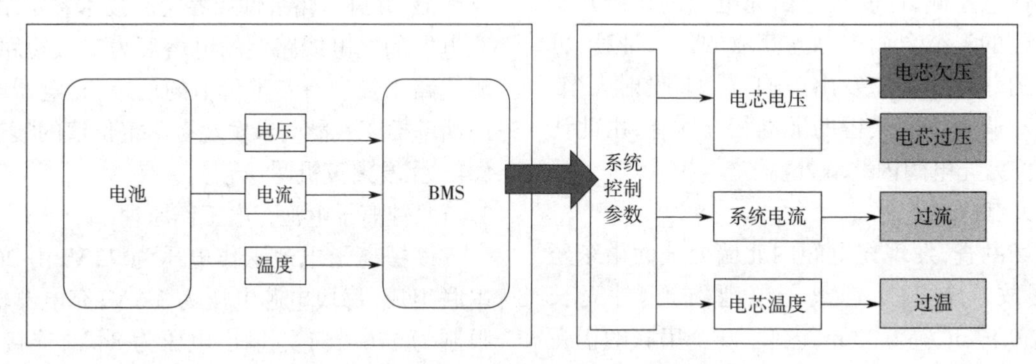

图 5　BMS 系统保护工作原理示意图

熔化，发生内部短路，引发热失控；③过充电导致电池正、负极上发生放热反应和锂枝晶引发内短路，共同引发热失控；四是电池外部短路和自发内短路引发热失控。

锂离子电池发生热失控后，电池内部温度迅速上升，可导致电池电解液等可燃物质起火而引发火灾。

3.5　起火原因认定

（1）排除机械外力作用造成热失控引发火灾的可能。

经调查及勘查，发现充电间北墙处由东向西数第 6 个锂离子电池在日常使用及充电过程中未发生受到机械外力作用情况，因此排除该原因造成热失控引起火灾的可能。

（2）排除外部高温作用造成热失控引发火灾的可能。

经现场勘查，发现最先起火的锂离子电池周边未发现高温物体、高温热源等，故排除外部高温作用造成热失控引发火灾的可能。

（3）排除电源线路及充电线路短路造成热失控引发火灾的可能。

根据鉴定结论，即充电器的充电线路上的电熔痕为二次短路熔痕，电源线路未发现有鉴定价值的痕迹，充电器电源插头与墙壁插座残骸间未发现有鉴定价值的痕迹，结合锂离子电池在充电过程中电源线路及充电线路若发生短路，短路电流作用到电源端且受空气开关保护的实际，故排除电源线路及充电线路短路造成热失控引发火灾的可能。

（4）排除自发内短路造成热失控引发火灾的可能。

经查阅相关资料，发现自发内短路源于制造过程中的污染和缺陷，一般情况下，污染或缺陷需要几天甚至几个月时间的孕育过程，才能发展成为自发的内短路。而该锂离子电池连续使用时间在一年以上，同时检验鉴定结论也没有该方面的参考意见，故经综合分析，排除自发内短路造成热失控引发火灾的可能。

（5）认定起火原因为充电过程中锂离子电池发生热失控引发火灾。

经调查，证人证言反映的发现最初起火时的燃烧现象(冒黑烟、喷射火焰),与锂离子电池热失控起火特征相吻合。

4 结语

本文对一起典型的锂离子电池在充电过程中发生热失控而引发的火灾事故案例进行调查分析,火灾调查人员严格按照《火灾现场勘验规则》《火灾原因认定规则》等相关规定要求开展工作,通过对调查询问、现场勘验、检验鉴定等工作中获取的证据进行细致的分析,并运用排除法最终认定了起火原因,程序合法、逻辑缜密、符合火灾事故事实。同时,对锂离子电池充电工作原理、BMS 系统保护控制工作原理、锂离子电池发生热失控引发火灾机理等进行了分析论述,比较详细地阐述了锂离子电池充电过程中由于过充电造成热失控引发火灾的原理,为今后同类火灾事故的调查提供了参考和借鉴。

参考文献

[1] 王鹏. 动力锂电池火灾起火特征初探 [J]. 消防科学与技术, 2019, 38(4): 599-601.
[2] BLOMGREN G E. The development and future of lithium ion batteries[J]. Journal of the electrochemical society, 2017, 164(1):5019-5025.
[3] 应急管理部消防救援局. 火灾调查与处理(中级篇)[M]. 北京:新华出版社,2021.
[4] 饶球飞,甘卫锋. 电动自行车起火风险分析和起火特征研究 [J]. 消防科学与技术, 2023, 42(11):1597-1602.
[5] 王西滨. 锂电池火灾的预防措施和扑救选用灭火剂研究 [C]// 中国消防协会. 消防科技与工程学术会议论文集, 2016: 481-483.
[6] 宫金秋. 镍钴锰锂电池的热安全性及改性研究 [D]. 合肥:中国科学技术大学,2018.
[7] 应急管理部消防救援局. 火灾调查与处理(高级篇)[M]. 北京:新华出版社,2021.

一起新能源汽车换电站火灾调查案例分析

魏　聪

（江门市消防救援支队，广东　江门　529000）

摘　要：本文综合利用调查询问、现场勘验、监控视频分析、电子数据分析等技术手段，对一起新能源汽车换电站火灾事故进行调查分析，在准确认定火灾原因的基础上，引发对此类新兴充换电场所火灾调查的思考。

关键词：新能源；换电站；火灾调查；电子数据分析

1　引言

2023 年 6 月 25 日 14 时许，广东某地一座新能源汽车换电站发生火灾，造成该换电站内部设备及部分锂电池烧损，火灾未造成人员伤亡。由于新能源汽车换电站在国内外尚属新兴产业，此类场所火灾在国内还极为少见，笔者在发表本论文前，尚未查询到关于换电站场所火灾调查案例的相关文章。因此，对该火灾案例深入开展调查分析，对该产业未来安全发展和火灾事故调查具有一定的参考价值。

2　现场勘验和调查询问

2.1　换电站基本情况

发生火灾的新能源汽车换电站可容纳 13 块新能源汽车锂电池包，电池总容量为 500~1 250 kV·A，换电站面积规模约占 4 个车位大小，可实现 5 min 内完成新能源汽车换电流程，用户可在车内通过自助方式体验智能一键换电过程，如图 1 所示。

起火换电站共设 6 个区域，其中 A 区为停车平台；B 区为电池仓，由左、右两个电池仓和中间的电池提升机组成，左侧电池仓储存 6 块电池，右侧电池仓储存 7 块电池；C 区为驻留区；D 区为设备间，包含充配电柜、水冷柜、网络机柜；E 区为控制间，包含主控柜、工具和备件储存区、专员休息场所；F 区为坡道，主要为车辆进出停车平台的缓冲区域，如图 2 所示。

图 1　起火换电站外观（从东南方向往西北方向拍摄）

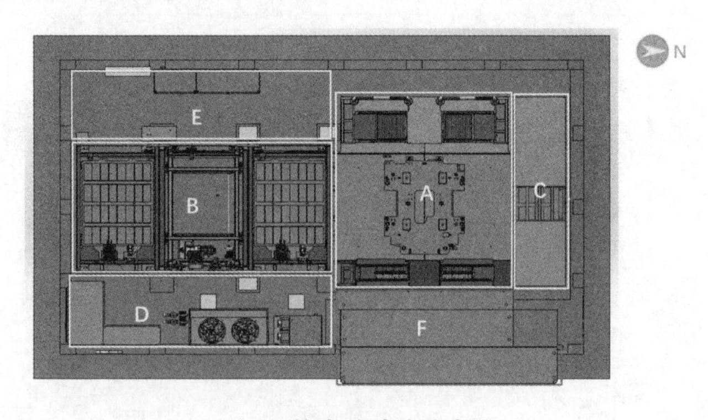

图 2　换电站功能分布图

2.2　调查询问

2023 年 6 月 25 日 11 时许，换电站东面卷帘门被一辆正在倒车的汽车撞坏，车企总部指派维护人员到场处置，维护人员到场后，发现卷帘门无法上升，为避免用户预约下单后到场无法换电，13 时许维护人员操作控制系统将电池仓内 13 块电池的电接口拔出，使系统显示无法预约；14 时左右维护人

作者简介：魏聪（1990—），男，广东省江门市消防救援支队，科长，主要从事火灾事故调查工作。地址：广东省江门市蓬江区跃进路 96 号，529000。电话：13702402119。邮箱：363169834@qq.com。

员闻到有烟味，立刻从换电站的南侧玻璃门进入停车平台，闻到有刺鼻的异味，并听到很响的连续爆炸声，且发现停车平台东南角靠近进入电池仓的门附近有烟气冒出，随后撤离报警。

2.3 现场勘验

起火的新能源汽车换电站外观整体结构完好，屋顶东南角烧损缺失；南墙彩钢板上部被烧损缺失，下部完好；西墙、东墙、北墙彩钢板上部均有轻微烟熏痕迹。换电站内部整体过火，停车平台有明显烟熏痕迹，停车平台与电池仓隔板被烧损脱落，上部彩钢板被烧变色呈橙红色，顶部岩棉装修材料部分被烧毁脱落，烧毁程度由南向北逐渐减轻；驻留区内北侧广告墙纸受热熔化脱落，未见过火痕迹，如图 3 所示。

控制间上方彩钢板受热变形变色严重，被烧损程度呈现东重西轻，下方控制柜等设备有明显烟熏痕迹。设备间内配电柜、水冷柜、网络机柜等设备烧毁程度呈现上重下轻、西重东轻；电池仓区域整体过火严重，顶部岩棉装修材料烧毁脱落，电池仓内电池包及金属框架被烧变形变色严重，呈现以电池仓为中心向四周燃烧的蔓延痕迹，如图 4 和图 5 所示。

图 3 换电站内部过火情况（停车平台由东往西拍摄）

图 4 换电站内部过火情况（停车平台由北向南拍摄）

图 5　设备间(左)和控制间(右)过火情况

调查人员将换电站外墙彩钢板拆除,保留电池仓。发现电池仓共设两个电池架,南侧电池架有 7 块锂电池,北侧电池架有 6 块锂电池。按照换电站控制系统编号,北侧电池架电池包由上至下依次编号为 1~6 号,南侧电池架电池包由上至下依次编号为 7~13 号,如图 6 所示。

南侧电池架内 8、9 号电池包铝质外壳烧毁严重,8 号电池包底部铝壳被烧穿,其内部电芯掉落在 9 号电池包电芯上;9 号电池包铝质上盖被烧穿,内部电芯裸露,外壳金属熔融物滴落流淌至 10 号电池包上部,并与 10 号电池包粘连在一起无法分离。另外,1、2 号电池包烧损程度较轻,4、7、11 号电池包有部分烧损痕迹,3、5、6 号电池包外壳有烟熏过火痕迹,12、13 号电池包有烟熏痕迹,未见明显过火痕迹,如图 7 和图 8 所示。

对电池包进行勘验,发现 9 号电池包铝质外壳烧损程度最严重,上、下铝质外壳均被烧穿,烧穿面积约 1.5 m^2;8 号电池包烧损程度次之,烧穿面积约 0.75 m^2。

图 6　换电站内电池仓情况及电池编号

图 7　南侧电池架(左)和北侧电池架(右)内电池过火情况对比

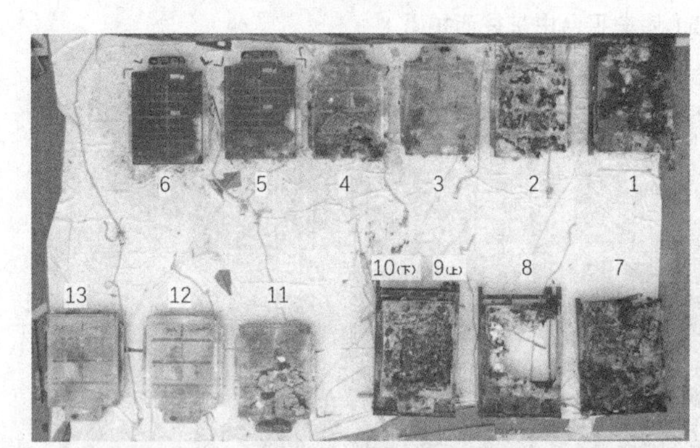

图 8　电池包过火情况对比(其中 9 号电池包与 10 号电池包粘连)

图 9　9 号电池包过火情况

勘查还发现,9 号电池包左上角电芯残骸被烧变形呈现从四周向中心点挤压现象,挤压中心点下部铝盖熔化,电芯由挤压中心点向下塌陷,如图 9 所示。

对照电池包结构图,对 9 号电池包内电芯排列情况进行还原,发现挤压中心点变形最严重的电芯为 S15 电池模组中 175 号电芯,如图 10 所示。

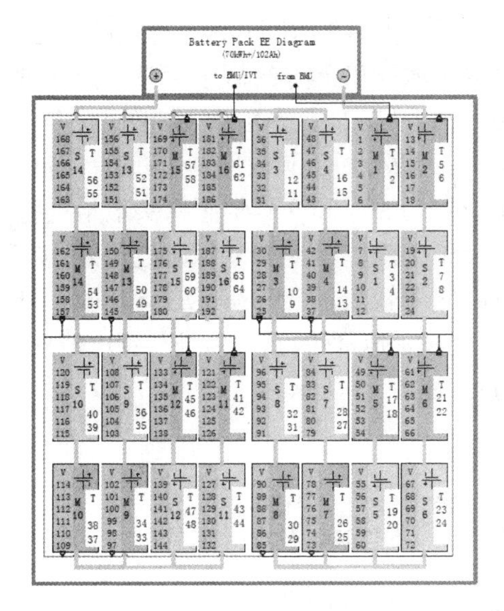

图10　电池包结构图（左）、未过火电池包照片（中）和9号电池包残骸照片（右）

提取175号电芯所在模组及相邻模组电芯残留物对比发现，175号电芯由两个绕组并联而成，正极极耳为铝质材料，已完全熔化并滴落到电池底部，负极极耳为铜质材料，出现部分熔融缺失，电池包内其他电芯未发现极耳及电芯缺失现象，如图11和图12所示。

图11　提取175号电芯与相邻模组电芯对比（175号电芯挤压变形最严重）

图12　175号电芯负极部分缺失
（与负极极耳缺失部分相对应）

综上所述，通过现场勘验和物证分析可以认定最早起火部位位于换电站电池仓内，起火点位于9号电池包S15电池模组中175号电芯处。

3　监控视频及电子数据分析

3.1　监控视频分析

由于换电站监控主机全部烧毁，且监控视频尚未上传云端，故换电站内部及外部监控均无法提取。调查人员在火灾现场周边提取到治安监控视频、道路监控视频5个，均为外围视频。通过对监控视频进行校准和分析，可以获取换电站外部最早冒烟的准确时间为2023年6月25日14时05分许；从火灾烟气特征来看，初期产生烟气速度快，且为大量白色浓烟，符合锂电池热失控特征。

3.2　电子数据分析

新能源汽车换电站作为新兴产业，其内部各种设备介质储存了大量的电子数据，且多数数据均存储在网络云端，为火灾调查提供了大量电子数据证据。本案中，虽然因维修卷帘门等原因，维护人员在起火前一小时断开了电池数据连接线，无法提取到起火时电池内部的实时数据，但通过提取事故前的各类数据并分析，仍然可以为认定火灾原因提供证据。

3.2.1　用于证明起火时间和起火部位的数据

电池包泄压口上方的烟感探头报警记录显示：14 时 05 分，1 号、2 号、3 号、8 号和 9 号烟感探头几乎同时报警，故分析起火时间为 14 时 05 分前后；处于最低位置的 3 号和 9 号烟感探头最早报警，故分析起火点位于南侧电池架 9 号电池包处；烟感探头报警时间间隔较短，表明起火初期产气发烟现象发生突然，且蔓延速度快，这些特征与锂电池热失控特征相吻合，如图 13 所示。

告警描述	告警级别	告警类型	类型编号	产生时间
8 支路本地烟感告警	2级告警	设备告警	1300419	2023/06/25 14:05:06
充电仓湿度上限报警	2级告警	设备告警	1300187	2023/06/25 14:05:08
1 支路本地烟感告警	2级告警	设备告警	1300412	2023/06/25 14:05:12
#8电池仓烟雾报警	3级告警	设备告警	1300155	2023/06/25 14:05:12
#1电池仓烟雾报警	3级告警	设备告警	1300148	2023/06/25 14:05:12
消防报警	3级告警	设备告警	1300137	2023/06/25 14:05:12
9 支路本地烟感告警	2级告警	设备告警	1300420	2023/06/25 14:05:13
#9电池仓烟雾报警	3级告警	设备告警	1300156	2023/06/25 14:05:13
2 支路本地烟感告警	2级告警	设备告警	1300413	2023/06/25 14:05:14
3 支路本地烟感告警	2级告警	设备告警	1300414	2023/06/25 14:05:14
#3电池仓烟雾报警	3级告警	设备告警	1300150	2023/06/25 14:05:14
#2电池仓烟雾报警	3级告警	设备告警	1300149	2023/06/25 14:05:14

图 13　电池仓内烟感探头报警数据

此外，换电站内还设置了温度、湿度传感器，从温度、湿度数据来看，电池仓区域温度最早出现异常。14 时 04 分 42 秒电池仓室内温度开始上升，30 秒内从 34.3 ℃升至 39.6 ℃，与最早起火区域位于电池仓内且环境升温速度快的线索相吻合，如图 14 所示。

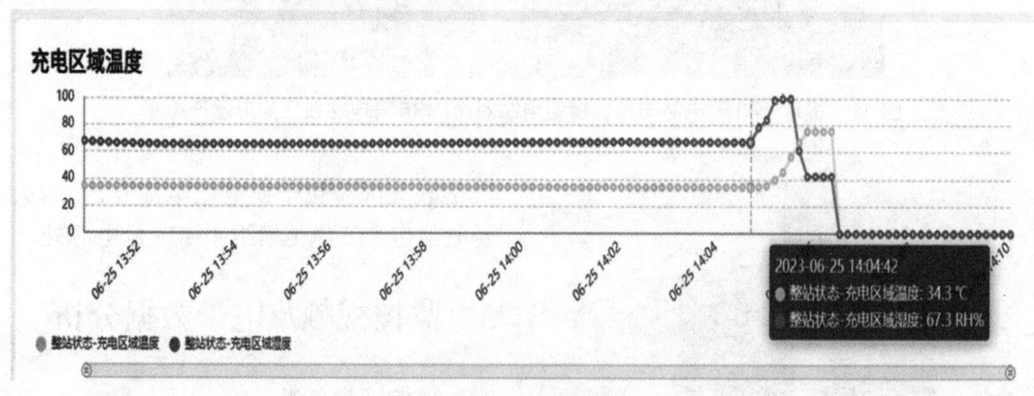

图 14　电池仓温湿度表

3.2.2　用于印证起火点的数据

提取电池仓内所有电池包的数据进行分析，发现 13 时 10 分许，因换电站维护需要，电池数据线被拔出，各电池电芯数据均停留在起火前约 1 小时的时间点。12 时 30 分开始，9 号电池包内单体电压差开始出现缓慢上升现象，虽然未达到系统预警阈值，但电压上升趋势并未停止，且电压最高的电芯为 175 号电芯，表明 175 号电芯在起火前 1 小时 30 分左右开始出现热失控故障，如图 15 所示。

1	时间	电池编码	总电压	soc	电流	最高单体电压	最高单体电压电芯编号	最低单体电压	最低单体电压电芯编号	单体电压差	全量单体电芯电压数据	最高pack温度	最高温度探针位置
398	2023-06-25 13:06:32	P0079340/	398.3	87	-100.7	4162	175	4144	109	18	4153,4153	33	62
399	2023-06-25 13:06:42	P0079340/	398.6	87	-98.9	4163.999	175	4144.999	109	19	4155,4155	33	62
400	2023-06-25 13:06:52	P0079340/	398.6	87	-100.3	4163.999	175	4147	88	16.999	4155,4154	33	62
401	2023-06-25 13:07:02	P0079340/	398.8	88	-99.6	4167	175	4149	109	18	4158,4157	33	62
402	2023-06-25 13:07:12	P0079340/	398.9	88	-98.1	4168	175	4149	88	19	4158,4158	33	62
403	2023-06-25 13:07:22	P0079340/	399.3	88	-98.6	4168.999	175	4150	88	18.999	4159,4159	33	62
404	2023-06-25 13:07:32	P0079340/	399.2	88	-97.1	4170	175	4152	109	18	4160,4160	33	62
405	2023-06-25 13:07:42	P0079340/	399.3	88	-96.6	4171	175	4152	109	19	4162,4161	33	62
406	2023-06-25 13:07:52	P0079340/	399.3	88	-95.1	4171.999	175	4154	88	17.999	4163,4163	33	62
407	2023-06-25 13:08:02	P0079340/	399.6	88	-95.5	4174	175	4155	88	19	4164,4164	33	62
408	2023-06-25 13:08:14	P0079340/	399.6	89	-93.4	4174	175	4157	109	17	4165,4164	33	62
409	2023-06-25 13:08:22	P0079340/	399.7	89	-92.6	4175	175	4157	109	18	4166,4166	33	62
410	2023-06-25 13:08:32	P0079340/	399.8	89	-90.7	4176.999	175	4159	109	17.999	4167,4167	33	62
411	2023-06-25 13:08:42	P0079340/	399.8	89	-89.5	4176.999	175	4159	109	17.999	4169,4168	33	62
412	2023-06-25 13:08:52	P0079340/	400.1	89	-90	4179.999	175	4160.999	109	19	4170,4170	33	62
413	2023-06-25 13:09:02	P0079340/	400.2	89	-88.2	4179.999	175	4160.999	109	19	4170,4170	33	62
414	2023-06-25 13:09:12	P0079340/	400.2	89	-89.1	4181	175	4162	78	19	4172,4171	33	62
415	2023-06-25 13:09:22	P0079340/	400.4	90	-88.5	4181	175	4163.999	109	17.001	4173,4173	33	62
416	2023-06-25 13:09:32	P0079340/	400.4	90	-87.8	4183	175	4165	109	18	4174,4173	33	62
417	2023-06-25 13:09:42	P0079340/	400.6	90	-84.7	4184	175	4166	109	18	4176,4175	33	62
418	2023-06-25 13:09:52	P0079340/	400.6	90	-84.5	4184.999	175	4167	109	17.999	4176,4176	33	62
419	2023-06-25 13:10:02	P0079340/	400.6	90	-84.2	4186	175	4167	109	19	4177,4177	33	62
420	2023-06-25 13:10:12	P0079340/	400.8	90	-82.7	4186	175	4168.999	109	17.001	4178,4178	33	62
421	2023-06-25 13:10:22	P0079340/	400.9	90	-81.3	4187	175	4170	109	17	4180,4179	33	62

图 15 电池包电芯数据一览表

3.2.3 用于排除起火诱因的电子数据

换电站云端储存了每一块电池的全生命周期数据，如使用时间、充电次数、充电量、行驶里程、电量电压等数据，每一块电池在进入电池仓前，均会进行电池包上、下表面的拍照留存，如图 16 所示。通过分析以上数据，可以判断电池包在进仓前处于正常状态，且上、下表面无刮碰等痕迹，可排除因机械外力导致热失控。

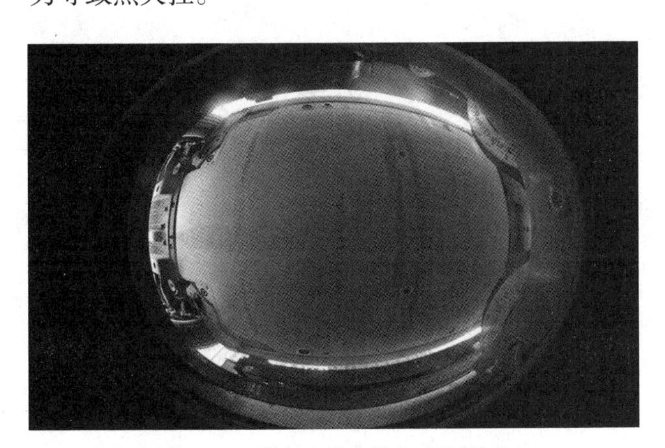

图 16 9 号电池进仓前下表面照片

4 火灾原因认定

4.1 起火时间的认定

综合换电站外围监控视频及内部各类电子数据证据，认定起火时间为 2023 年 6 月 25 日 14 时 05 分。

4.2 起火部位(起火点)的认定

综合现场勘验、电子数据分析证据，认定起火部位位于换电站电池仓内，起火点位于 9 号电池包 S15 电池模组的 175 号电芯处。

4.3 起火原因的认定

根据现场勘验、调查询问、电子数据分析和视频分析等证据，综合认定起火原因为 9 号电池包 S15 电池模组 175 号电芯热失控引发火灾。

5 几点思考

笔者在参与本案调查过程中，通过与车企、换电站相关技术专家深入交流探讨，对新能源汽车换电站火灾事故调查有了进一步认识和思考体会。

5.1 注重电子数据分析的应用

新能源汽车换电站涉及电子数据种类多、记录详细，调查过程中应尽可能获取各类电子数据。通过对电子数据的分析，不仅能够为起火时间、起火点和起火原因的认定提供科学客观的证据，多数情况下还能寻根溯源，查明发生火灾的诱因，为后期责任划分提供线索和证据。

5.2 邀请专业技术人员参与调查

换电站火灾现场勘验可能涉及相关产品的设计原理以及工作原理，无论是换电站技术人员、车企技术人员，还是电池厂商技术人员，均能在调查过程中提供大量的参考信息，解读相关设备设施的技术参数，提升火灾事故调查效率。

5.3 做好火灾调查成果的转化

在本案调查过程中，笔者发现该第二代换电站在消防安全设计上存在需要改进完善的地方，与相关厂商、技术人员就自动灭火设施的设置与工作逻辑、自动报警系统设置、电池封装设计等方面进行了深入沟通交流，部分意见和建议在新一代产品中得到采纳和应用，进一步提升了新能源汽车换电站消防安全和汽车安全。

6 结语

新能源汽车换电站作为新兴产业，一旦发生火灾容易引起社会高度关注，换电站火灾涉及多方关系，关乎车企、电池供应商、车辆用户的切身利益，火灾原因调查工作应做到严谨、客观、科学。此外，火灾调查应服务于新兴产业的消防安全，调查中发现的安全隐患等问题，需要深入开展研究、试验和论证，为提升行业消防安全水平、完善行业消防安全标准提供翔实的案例支撑。

参考文献

[1] 应急管理部消防救援局. 火灾调查与处理（高级篇）[M]. 北京：新华出版社，2021.

[2] 梁军. 浅谈大数据在火灾事故调查工作中的应用 [C]// 中国消防协会. 中国消防协会火灾原因调查专业委员会六届一次会议暨学术研讨会论文集，2014：4-6.

[3] 王晓怀. 火灾调查中电子数据的作用分析 [J]. 通讯世界，2020（5）：55-56.

[4] 阮艺亮. 我国新能源汽车起火事故分析与对策 [J]. 汽车工业研究，2019（3）：31-35.

新能源汽车火灾案例及防控对策建议

邰　锋[1],曾东洲[2]
（1. 深圳市消防救援支队,广东　深圳　518000;2. 深圳市城市公共安全技术研究院有限公司,广东　深圳　518000）

摘　要:新能源汽车的快速发展在提供便利的同时,也带来了火灾安全隐患。本文以一起新能源汽车火灾为例,探讨新能源汽车可能引发火灾的风险以及发生火灾时可能存在的特点,并进一步研究对新能源汽车火灾的防控对策,旨在提高新能源汽车的安全性,促进其可持续发展。

关键词:新能源汽车;电池;防控措施;火灾调查

1　引言

根据《新能源汽车产业发展规划(2021—2035年)》和《新能源汽车生产企业及产品准入管理规定》等国家政策性文件,新能源汽车主要有插电式混合动力(含增程式)汽车、纯电动汽车和燃料电池汽车等3种类型。据公安部统计,截至2023年底,全国汽车保有量3.36亿辆,其中新能源汽车保有量达2 041万辆,占汽车总量的6.07%。

新能源汽车在国家各项政策推动下持续发展,建立了较为完善的产业链,具有环保、节能、静音和低成本运营等各项优势,但随之而来的还有火灾风险增大,新能源汽车火灾不仅会造成重大财产损失,甚至可能威胁到人们的生命安全。

2　新能源汽车火灾案例

2023年2月17日12时29分,某市某汽车城内烤漆房一辆正在烤漆的新能源汽车发生起火燃烧,消防救援队伍于13时07分扑灭大火,过火面积约30 m²,无人员伤亡。

2.1　视频勘查

经校准,监控视频显示时间比北京时间慢6分6秒。根据视频勘查,发现起火车辆是在2023年2月17日9时37分15秒开进烤漆房,且在消防救援队伍到达现场前起火单位员工进行了自救,过程如下:员工1首先发现火情,呼叫"着火了!"并指向火场,员工2第一个到场拿出灭火器准备灭火,接着其他员工到场使用灭火器灭火,随后有员工呼喊"电池爆了!电池爆了!"并拿出手机准备报警,12时23分15秒,监控画面中断,如图1所示。

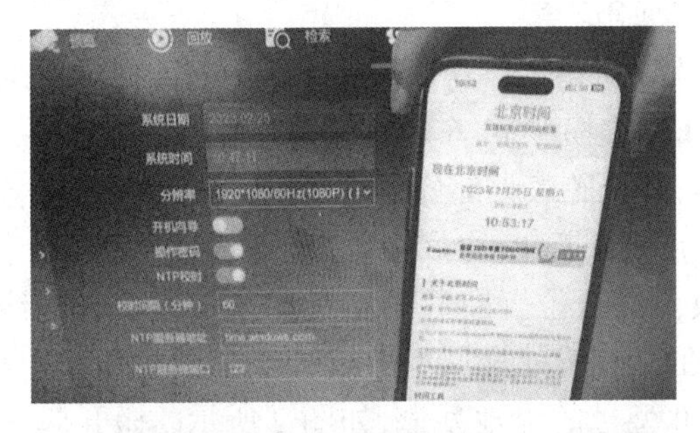

作者简介:邰锋,男,汉族,广东省深圳市消防救援支队,中级专业技术职务,主要从事火灾调查、防火监督等相关领域研究。地址:广东省深圳市福田区红荔路2009号,518000。电话:18820226288。邮箱:tf119@sohu.com。

图 1　监控视频记录

2.2　询问调查

火灾调查人员通过走访报警人、第一个到场扑救火灾人员，并制作询问笔录，根据询问笔录得到 2 个关键信息：一是起火车辆于 2023 年 2 月 13 日发生交通事故，导致车辆右侧剐蹭，车辆右侧钣金需全面维修；二是第一个到场扑救火灾人员称在利用灭火器进行灭火时，发现火是从车身底下冒出来的。

2.3　勘验调查

经现场勘验，发现起火车辆为新能源纯电动汽车，车辆烧损严重，车辆 4 个车门及前行李厢盖完全烧熔，4 个轮毂大部分烧熔，仅剩下车架。车辆停放在一层金属板上，金属板残留若干部件残骸，在车辆停放金属板位置左后轮处发现电气残骸和电线残骸，在左前轮处金属板上发现 4 个圆柱体，规格为 21700 型号的电池残骸，如图 2 所示。搬开起火车辆底部金属板，烤漆房地面残留铝块，铝块呈流淌状，铝块残留位置位于 4 个车轮下方，左后轮下方残留铝块比其余三个车轮下方的流淌面积大。

图 2　新能源汽车车辆燃烧残骸

对车辆底部进行勘验，发现车辆底部为电池包，电池包左前侧有一缺角，电池包内部电芯裸露。将电池包与车辆分离，并打开电池包外壳，发现电池包左前角缺失，电池包泄压阀位于电池包左后侧与右后侧。电池包内部有 4 个电池模组排列，电池模组由左向右依次编号为 1、2、3、4 号电池模组，其中 1、4 号电池模组为小模组，2、3 号电池模组为大模组，除 1 号电池模组过火烧损外，其余 3 个电池模组均为烟熏，1 号电池模组前后烧损严重，中间部位基本完好，将 1 号电池模组左前侧电池残骸标为 8 号，左后侧电池残骸标为 9 号（图 3），对电池包 1~4 号模组电压进行测量，1 号模组电压为 1.715 V，2 号模组电压为 85.3 V，3 号模组电压为 86.7 V，4 号模组电压为 78.4 V。

图 3 车辆电池模组残骸

2.4 车辆数据提取

新能源汽车通常配备有 OBD(On-Board Diagnostics,车载自动诊断系统)接口或其他专用的数据接口,可以通过连接车载诊断设备或特定的软件读取这些数据,也可以通过汽车制造商提供开放的 API 接口经认证和授权后访问车辆的后台数据,或通过远程监控和管理平台实时监控、提取车辆数据。

结合事故车辆烧损情况,调查人员联系了汽车制造商,提取事故车辆近两个月的后台数据,主要包括车辆状态数据、行驶数据、动力系统数据、环境数据和故障诊断数据等,分析事故发生前车辆近一周的后台数据,未发现电压、电流、温度有异常变化和故障报警情况,如图 4 所示。

VIN	数据采集时间	车辆状态	充电状态	运行模式	车速(km/h)	累计里程(km)	总电压(V)	总电流(A)	SOC(%)	DC-DC状态	挡位	制动力	驱动力	绝缘电阻(kΩ)	电机个数
	2023/2/17 9:20	启动	未充电	纯电	1	22195	336.5	11.1	14	工作	R挡	无	有	4130	1
	2023/2/17 9:20	启动	未充电	纯电	3	22195	337.1	6.8	14	工作	D挡	无	无	4130	1
	2023/2/17 9:19	启动	未充电	纯电	0	22195	337.3	2.9	14	工作	R挡	无	有	4580	1

电机序号	电机状态	电机控制器温	电机转速(r/m	电机转矩(N/n	电机温度(°C)	控制器输入电	控制器直流母	定位状态	经度	纬度	最高电压电池	最高电压电池	电池单体电压	最低电压电池	最低电压电池	电池单体电压
1	耗电	20	-7	22	19	337	6	有效			1	48	3.508	1	7	3.502
1	耗电	19	21	106	20	337	37	有效			1	24	3.514	1	7	3.51
1	耗电	19	-7	22	19	337	1	有效			1	24	3.52	1	7	3.516

定位状态	经度	纬度	最高电压电池	最高电压电池	电池单体电压	最低电压电池	最低电压电池	电池单体电压	最高温度子系	最高温度探针	最高温度值(°	最低温度子系	最低温度探针	最低温度值(°	最高报警等级	通用报警
有效			1	48	3.508	1	7	3.502	1	7	20	1	1	19	无故障	
有效			1	24	3.514	1	7	3.51	1	5	20	1	1	19	无故障	
有效			1	24	3.52	1	7	3.516	1	5	20	1	1	19	无故障	

图 4 车辆后台数据

2.5 物证鉴定

对车辆停放金属板位置左后轮处发现的电气残骸和电线残骸、左前轮处金属板上发现的电池残骸、车辆底部电池包内 1 号电池模组左前侧电池残骸和左后侧电池残骸等 6 个残骸进行提取送检,根据《电气火灾痕迹物证技术鉴定方法 第 1 部分:宏观法》(GB/T 16840.1—2008)从检材中提取 8 个样品,并通过体视显微镜、视频显微镜进行观察;根据《电气火灾痕迹物证技术鉴定方法 第 4 部分:金相分析法》(GB/T 16840.4—2021)对样品进行金相分析。

鉴定结果显示,电池包内 1 号电池模组左前侧电池残骸、8 号锂电池残骸具有热失控痕迹特征。对该电池进行检验分析,发现其金属壳有破损痕迹,泄压阀破损,隔膜烧损炭化,锂电池表面有喷溅熔珠(图 5)。

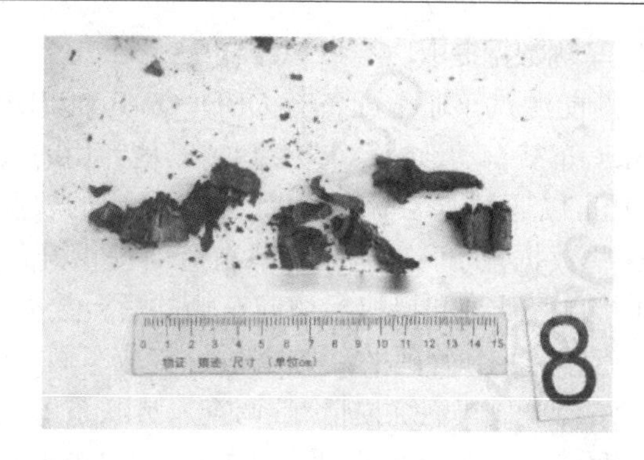

图 5　锂电池残骸分析过程

2.6　综合认定

新能源汽车自燃通常都是因为电池组发生热失控,进而引发爆炸燃烧,由于电池包内部电芯通常为 330~380 V 的高压直流电,一旦电池包因外力发生变形,就可能导致电池电芯短路,进而瞬间发生爆炸起火。

通过视频画面发现,第一个到场员工看见火苗从车底冒出,车辆在火灾前发生交通事故导致车辆右侧剐蹭,1 号电池模组烧损和异常电压情况,8 号锂电池存在电热作用引发的热失控痕迹特征等综合分析,认定起火车辆的起火原因为底部电池包热失控起火引燃周边可燃物蔓延成灾。

3　新能源汽车火灾特征

锂电池是新能源汽车最常见的电池类型,其种类可分为钴酸锂电池($LiCoO_2$)、镍钴锰酸锂电池(NMC)、镍钴铝酸锂电池(NCA)、磷酸铁锂电池(LFP)和钛酸锂电池(LTO),锂电池内部主要结构包括正极、负极、隔膜、电解液及外壳等五部分(图 6),锂电池的正极集流体通常是铝箔,负极集流体是铜箔,充电时锂离子由正极向负极运动而嵌入石墨层中,放电时锂离子从石墨晶体内负极表面脱离移向正极。锂电池发生火灾时具有以下特点。

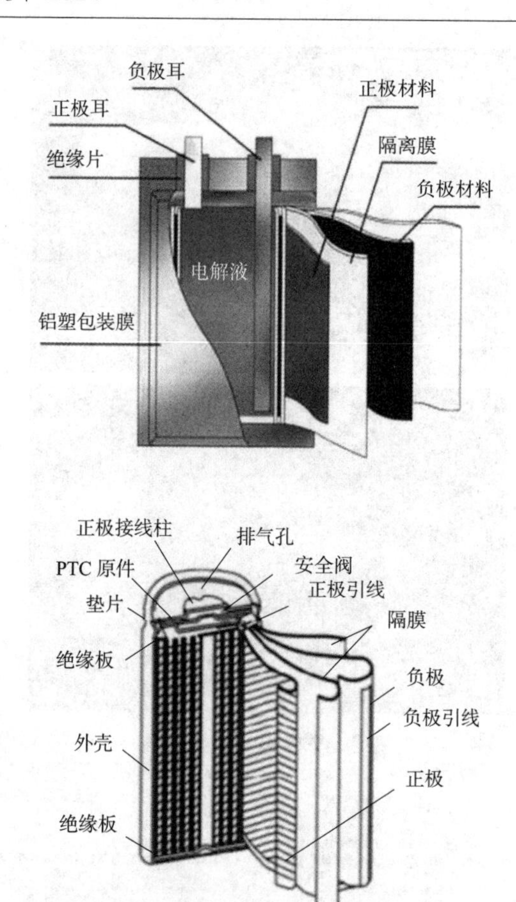

图 6　锂电池内部结构示意图

3.1　燃烧温度高

传统汽车的汽油起火后燃烧温度可达 500 ℃,而新能源汽车火灾的温度取决于多种因素,包括电池类型、火灾持续时间、火灾引发的原因等,其温度可达 1 000 ℃甚至更高,且电池火焰的喷射距离最远可达 5 m,燃烧时伴有大量喷射物喷溅,这足以使车辆完全烧毁,并可能对周围环境造成严重影响。

3.2　燃烧速度快

锂电池火灾突发性强,在燃烧时会释放大量的能量,从冒烟到起火时间很短,而且电池热失控传播速率呈递增趋势,电池燃烧起来几分钟内整个电动汽车就会完全燃烧直至变成灰烬。

3.3　火场环境复杂

锂电池燃烧同时伴随有甲苯、苯乙烯、一氧化碳、氟化氢、氰化氢等有毒气体的释放。

3.4　易发生复燃

电池着火前后产生的大量热量不会随着明火被扑灭而迅速散发,其内部仍处于高温状态且极易复燃,因此明火扑灭后仍需要在现场长时间观察电池状况。

3.5 扑救难度大

新能源汽车火灾应使用专门用于扑救电池火灾的灭火器材，如二氧化碳灭火器或金属火灾灭火器。新能源汽车使用的锂电池通常具有较高的能量密度和化学活性，一旦发生火灾，可能会释放出大量能量，并产生剧烈的热量以及释放出有毒气体或腐蚀性物质，对扑救人员和环境构成威胁。

4 新能源汽车火灾防控对策建议

4.1 加强行业部门监管

在新能源汽车行业持续发展的关键期，建议每年要求进行强制性车辆年检，合理规定年度检验项目范围，可分为外观检验及电检；制定新能源汽车相关的产品标准和技术规范，确保新能源汽车的安全性、环保性和性能达到规定的要求，并加强对新能源汽车生产厂商的资质认证。

4.2 提高灭火救援效能

消防救援部门可针对此类新兴行业火灾制定科学有效的应急预案，开展专项灭火实战训练，学习新能源汽车火灾相关知识和各类场景灭火救援技战术，研发、配置专用防护装备和灭火设施设备，并与新能源汽车制造商和相关行业建立紧密合作，共同研究和制定应对新能源汽车火灾的应急措施。

4.3 优化电池设计

电池安全设计是新能源汽车火灾防控的关键之一，新能源汽车电池的设计需满足《电动汽车用动力蓄电池安全要求》(GB 38031—2020)、《电动汽车安全要求》(GB 18384—2020)、《电动客车安全要求》(GB 38032—2020)等国家标准。电池系统是新能源汽车中最脆弱的组件之一，电池可能因为过度充电、过度放电、充电不当、内部故障或损坏而发生火灾。过充电状态下电池含有较高的能量，剧烈的热失控产生的温度也较高，造成电池褶皱严重，铝极耳熔毁缺失，内部铝箔集流体熔化使得极片粘连严重。过充电会使电池热失控过程中产生大量可燃气体，内部压力急剧升高，胀破电池铝塑包装，强大的气流甚至可能撕裂集流体(图 8)。

可通过采用高强度和耐高温的材料强化电池包装，增加电池与其他部件的隔离，设置过充电保护和过放电保护功能，设置快速断路器迅速切断故障状态时电池与车辆其他部件之间的连接，设置外部冷却系统及时散热并降低电池温度等一系列措施防止电池火灾的发生和扩散蔓延。

图 8 锂电池热失控残骸

4.4 智能预警监控

锂电池处于最佳的工作状态的前提是电池温度始终保持在 15~35 ℃，当温度过高时，电池内部的化学反应速率会增加，这可能导致电池的损耗加剧，甚至发生过热，引发火灾或爆炸；当温度过低时，电池的电荷转移速率会减慢，导致电池性能下降，甚至可能无法正常工作。为保障锂电池温度始终处于最佳工作状态，防止温度异常变化引发故障起火，可进一步加强电池温度传感器和电池热管理系统的研究应用。

4.4.1 电池温度传感器

温度传感器可以获取电池的温度信息，并将采集到的信息传输给终端设备。车辆内部的电子屏幕会显示电池的实时温度，并依据电池温度阈值判定可能出现的危险，及时向驾驶员发送预警信号。还可利用计算机编程工具对电池在车辆行驶中出现的各种异常情况进行实时监控，实现电池高温自动化监控。

4.4.2 电池热管理系统

电池热管理系统可以分为电池冷却系统、加热元件和热交换器等模块，对温度进行严格的控制，根据情况将温度调节到合理的范围内，确保温度的稳定性。在低温状态下，其提供热源，进行加热处理；在高温状态下，其提供冷源，进行散热处理。将不同类型的电池模块及相应的散热管理部件相结合来控制锂电池温升，可提高锂电池充电效率和安全性。

4.5　加装车载集成灭火系统

综合车辆性能、重量、续航、空间等因素考虑，新能源汽车内部难以采用适用于建筑的常规灭火系统，可选择加装瓶组式高压细水雾灭火系统，在空间有限的前提下确保局部单体电池发生热失控后的电池包安全，通过独立式感烟火灾探测器、感温火灾探测器或可燃气体探测器等前端设备对电池包进行实时监测，当监测到烟雾颗粒、温度异常升高或是可燃气体浓度升高时，能够快速响应，自动释放灭火剂，及时有效地控制新能源汽车初起火灾。

4.6　定期开展火灾隐患排查

制定新能源汽车日常安全监督检查指引，用户可根据指引对电池系统、配电系统、高压线束等定期进行排查，防止出现过充、过放、内部短路、过温、因外部冲击导致的受损等问题，保障车辆内部的电控系统处在平稳运行状态，从根源上遏制火灾的发生。

参考文献

[1]　隋鑫，刘飞，周彪. 动力用锂离子电池火灾特征与安全管理研究 [J]. 船电技术，2022，42（10）：5-10.

[2]　阮艺亮. 我国新能源汽车起火事故分析与对策 [J]. 汽车工业研究，2019（3）：31-35.

[3]　郭斌，刘新华，何瑢，等. 锂离子电池性能衰减与热失控机制研究进展 [J]. 稀有金属，2024，48（2）：225-239.

[4]　张鹤腾，李聪聪. 新能源汽车电池温度传感器研制 [J]. 汽车测试报告，2023（12）：70-72.

[5]　李致远，鲁锐华，余庆华，等. 动力电池热失控特征及防控技术研究分析 [J]. 汽车工程，2024，46（1）：139-150.

[6]　陈静琴. 电动汽车中的锂离子电池热管理系统分析 [J]. 集成电路应用，2023，40（6）：46-47.

[7]　张秉坤，王靖，郭松. 新能源汽车动力电池热管理系统优化研究 [J]. 汽车测试报告，2023（13）：83-85.

[8]　刘煜. 基于贝叶斯网络的车载电池舱智能灭火系统研究 [D]. 西安：长安大学，2019.

一起磷酸铁锂电池车间火灾的延伸调查与分析

谭升华

（上饶市消防救援支队，江西 上饶 334000）

摘　要：本文通过对一起较大影响的磷酸铁锂电池车间火灾进行剖析，通过现场勘验、调查走访、视频分析、电子物证分析等方式，建立了完整的证据体系，对火灾事故进行了准确认定。分析事故的灾害成因，围绕ABC等次电芯梯次利用的主题，就延伸调查处理及防范措施提出建议。

关键词：磷酸铁锂电池；火灾原因调查；火灾延伸调查；电芯梯次利用

1 引言

2023年9月29日，某地一新能源科技有限公司pack车间发生火灾，过火面积约330 m²，主要起火物质为磷酸铁锂电池、包装材料等，直接财产损失超百万元。此起火灾发生在亚运、中秋国庆安保的关键时期，社会影响较大，舆情控制难，辖区政府及时成立了调查组，由市消防安全委员会实施挂牌督办，支队延伸调查组同步开展调查。

2 基本情况

起火建筑为一新能源科技有限公司pack车间，地上1层，钢结构，总建筑面积约2 0000 m²，于2016年12月通过设计审查，2017年7月通过验收，设有室内消火栓、火灾自动报警、自动喷水灭火、疏散指示标志及应急照明、手提式干粉灭火器等消防设施，局部设置自动跟踪射流系统。

pack车间主要用于电池模组的组装与打包，内部设有手/自动线模组区、组装/充放电测试区、模组放置区、打包区、打带/包材放置区，使用性质为丙类生产厂房。

2023年，由于现实需要，在车间的“打带/包材放置区”北侧划分出约400 m²作为售后及铣磨用途，即“售后区、铣磨区”。见图1。

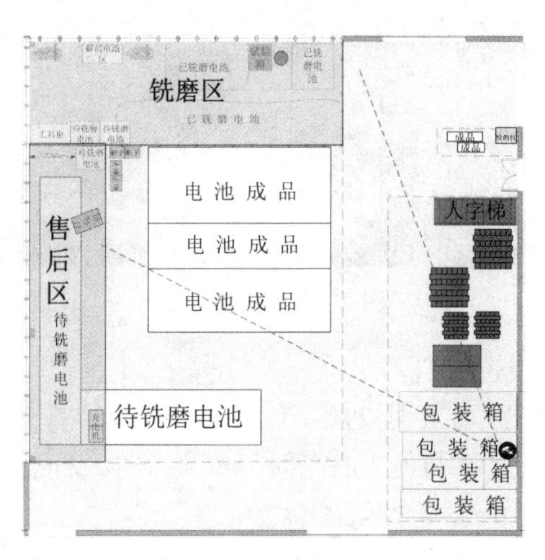

图1 现场平面图

经调查，火灾核心区域为售后区、铣磨区，主要用途为：对客退的磷酸铁锂电池进行检测、评估、铣磨。

3 火灾原因调查情况

3.1 起火时间、部位的调查

经现场勘验、调查走访、视频分析、电子物证分析等，综合认定了起火时间及起火部位。

3.1.1 指挥中心接首警电话时间

2023年9月29日04时54分。

3.1.2 火灾自动报警系统报警记录

2023年9月29日04时26分第一个烟感探测器报警，04时40至04时45分，89个烟感探测器陆

作者简介：谭升华（1987—），男，汉族，江西省上饶市消防救援支队中级专业技术职务，一级注册消防工程师，主要从事火灾调查工作，江西省上饶市信州区吉阳中路119号，334000，TEL：15179006087，E-mail：373523671@qq.com。

续报警。

3.1.3　视频监控拍摄画面

车间内视频监控拍摄到 2023 年 9 月 29 日 04 时 35 分 30 秒许，开始有轻微黑色烟气，随后烟气逐步减少，直至 04 时 46 分 35 秒许，开始有轻微火光；04 时 49 分 43 秒许，再次出现黑色烟气，直至 04 时 50 分 47 秒，出现明火，然后火势增大，蔓延成灾。利用“火察”视频处理系统对监控视频画面进行微变分析，发现 04 时 35 分 30 秒许画面较前后着色部位发生变化，证实有黑色烟气的分析结论 [1]。见图 2。

图 2　监控视频画面

3.1.4　证人证言

2023 年 9 月 29 日 04 时 50 分，正在车间工作的员工张某与他人在车间门口交谈时，发现斜对面的一期 pack 车间有火光。

起火部位属于车间售后区，功能为存放客退 / 不良品磷酸铁锂电池，不同程度存在外观受损、电压异常、容量异常及自放电电流大灯问题。

售后区东侧相邻为铣磨区，功能为对故障电池进行铣磨、拆解，然后按照单体测试结果，分选出不同等次电池，放入不同仓库。

3.1.5　现场痕迹

铣磨区北侧钢架从下往上 3 层均放置的磷酸铁锂电池基本烧损，第 4 层未放置，钢架放置的电池靠近售后区钢架处（西侧）烧损严重。钢架靠近售后区处（西侧）受热变形，钢架放置的部分电池掉落至钢架与铁格栅之间。售后区、铣磨区两侧钢架间的铁格栅烧损变形，铁格栅网受热受重熔融变形，铁格栅柱受热向售后区钢架处（西侧）弯曲变形，售后区钢架第 3 层电池外壳基本烧损，钢架受热受重向下变形；第 2 层电池外壳部分残留，钢架较为完好；第 1 层电池外壳保留较为完好，且外壳处迎火面向北。售后区钢架与铣磨区北侧钢架夹角地面处烧损最严重。见图 3。

图 3　起火部位概貌照

对售后区钢架与铣磨区北侧钢架夹角地面处进行标记，售后区钢架与铣磨区北侧钢架夹角地面处有部分烧损严重的电池（A 处），该处在火灾发生前未放置有电池。售后区钢架置物钢架有较大格栅，第 2 层电池组部分残留，部分电池烧损后从格栅处掉落（B 处），该处正处于烧损最严重的 A 处斜上方。地面掉落的电池北侧有用于包装的纸箱烧损残余（C 处）。电池外观基本烧损，未见标称型号，电池处磷酸铁锂正极、石墨负极、隔膜裸露，未见电解液。A 处电池烧损严重；与 A 处电池相邻的、售后区钢架第 1 层的电池相对完好、外壳保留较为完好，且朝向 A 处电池处的烧损程度最重。对 B 处的空间尺寸进行测量，测得距北墙 226-273 cm、距东墙 500-540 cm、高 60 cm。见图 4。

图 4　起火部位重点照

3.1.6　起火时间、部位认定

综合认定起火时间为 2023 年 9 月 29 日 04 时 35 分许，起火部位为车间距北墙 226-273 cm、距东墙 500-540 cm、高 60 cm 区域,见图 5。

图 5 起火部位

3.2 起火原因的调查

经现场勘验、视频分析,并对起火部位电池状态特征进行细致勘察,结合调查走访工艺流程情况,起火部位处存放的是客退 / 不良品磷酸铁锂电池,放置时长几个月不等,不同程度存在外观受损、电压异常、容量异常及自放电电流大等问题,这些客退 / 不良品磷酸铁锂电池返厂后待维修、测试分选。综合判定起火原因为:起火部位处磷酸铁锂电池故障引发火灾。

4 灾害成因分析

4.1 生产操作不规范,产品存储混乱

经调查,车间功能划分混乱,生产操作不规范,车间内既有生产、打包区域,又设置了售后、铣磨区域,两者之间仅用铁丝网隔断,未进行有效防火分隔。售后区、铣磨区客退 / 不良品磷酸铁锂电池长期放置,未及时进行检测、铣磨、处理。

4.2 制度落实不充分,培训覆盖缩减

经调查,辖区大队于同年 3 月 3 日和 6 月 21 日对该公司工作人员组织了消防疏散演练和基本技能实操实训,但实际参训率不高,培训覆盖面不广,部分基层员工和大部分管理层未参加技能培训。经查看视频监控,员工发现火灾后有使用干粉灭火器跑点行为,但未有效处理初期火灾,未使用室内消火栓灭火,火灾初期应急处置意识和措施欠缺,未落实应急处置程序。

4.3 安全管理不严格,巡查检查不实

经调查,现场未落实消防安全责任人、明白人,消防安全管理制度落实不力,消防设施长期处于无人管理的状态,将消防管理寄托于每月一次的消防设施维护保养,防火检查、巡查未按期开展,灭火和应急疏散预案形同虚设,消防安全管理严重缺失。

4.4 设施维护不得当,自动灭火设置未启动

车间上方设置有自动跟踪射流系统,实际未启动,未发挥自动灭火效果,经调查,由于担心水炮误喷,消防安全管理人员将自动跟踪射流系统人为关闭。查询近 5 个月由第三方技术服务机构出具的消防设施维护保养记录,均显示消防设施设备运行正常,未将车间消防设施存在的实际问题如实记录。

4.5 维修后产品流向,品控问题隐患大

9 月 21 日,辖区一辆新能源客车发生火灾,该客车使用的是与此次火灾同品牌磷酸铁锂电池,起火原因系电池故障引发火灾。经调查,起火客车电池包使用了 4 年,质保期为 5 年,使用过程中仪表盘出现过“电压异常报警”,该电池包于今年 6 月,经厂家技术人员维修后仍在使用,最终导致火灾发生,可见维修后产品仍不同程度存在问题,品控较差。

5 延伸调查建议及成果

5.1 给予消防行政处罚

经调查发现,对于为起火车间提供消防设施维护保养的技术服务机构,辖区大队以“不按照国家标准、行业标准开展消防技术服务活动”为案由进行了调查处理,对该技术服务机构及其直接负责的主管人员给予共计人民币 11 000 元的行政处罚。

5.2 优化布局调整工艺

针对起火车间存在生产操作不规范、产品存储混乱的问题,单位已将售后区从 pack 车间调整至符合安全生产要求、相对独立的仓库。然而,该仓库面积只有 50 m^2,无法满足实际售后 / 铣磨的需求。经过延伸调查组的跟踪研判,企业已将铣磨工艺采取外包的形式转移,该仓库仅做中转使用,彻底解决了该企业此类问题再次发生。另外,对铣磨工艺外包中标企业,跟踪进行技术服务指导,以此起火灾现身说法,规范其工艺流程,并采取了相应的安全防范措施。

5.3 ABC 等次电芯梯次利用

5.3.1 客退 / 不良品返修流程

对于客退的不良品电池(包),首先将之划转到售后 / 铣磨区,进行电池单体的测试与分选,标记后转入铣磨区铣磨拆解:即把金属连接片从电池单体上慢慢的打磨掉,将电池包或电池模组拆分成电池单体,进入测试分选环节。待测试分选的电池单体,经过外观、电压、电池容量、自放电测试,全部合格的判定为 B 等次电芯 [2]。

5.3.2　ABC 等次电芯的判定

A 等次电芯,即为无任何故障的电池单体组成的电池包或电池模组;B、C 等次电芯分别来源于 2 个方面,一是生产线来源,二是客退测试分选来源,其中,生产线中结构损坏或客退测试分选不合格的直接判定为 C 等次,这类产品需用 7% 淡盐水浸泡释放电解液直至没有危害为止;生产线中参数不达标(不影响使用)或客退测试分选合格的判定为 B 等次。见图 6。

电芯分类	存在故障	客退测试分选来源	生产线来源	利用场景
A等次	无	/	参照厚度、K值、电压电阻标准、容量范围、包胶电芯厚度等参数正常	放电电流大 能量密度高 空间要求严场景
B等次	/	经维修 判定为合格的电芯 98%-99%	参数不正常 1%-2%	备电、储能、充换电
C等次	电压、容量异常 自放电过大 外观受损、漏液等	经维修 判定为不合格的电芯	结构损坏	7%盐水浸泡,作废处理

图 6　ABC 等次电芯判定

5.3.3　B 等次电芯危害分析及场景变更

B 等次电芯可能存在可逆容量偏低、循环性能较差、内阻偏高等情况,特征表现为容量衰减快、大电流使用环境下温度上升快、成组后压差变大等[3],具体变现为“电压异常”“机构不稳定”等热失控现象,并可能引发短路、冒烟、着火。

因此,提出场景变更建议,一是折价回收,二是调整使用场景。经延伸调查组跟踪,火灾发生企业已采纳变更建议,对于涉及到 B 等次电芯的批次产品全部回收,并向放电电流小、能量密度较低要求的储能电站、非动力能源用电池储能企业进行售卖、转移。

5.3.4　产业下游监控措施

(1)完善内控机制。为吸取此次火灾事故教训,起火单位技术部门协同销售、法务部门,修订了合同范本,形成机制固定做法,凡是 B 等次电芯的售卖合同,需加附消防安全提示条款:此次销售电芯为 B 品电芯,此类电芯适用于能量密度较小的应用场景,不可用在大电流充放电的场景。

(2)动力电池全生命周期行业展望。2021 年 8 月,工信部等五部委联合印发了《新能源汽车动力蓄电池梯次利用管理办法》(工信部联节〔2021〕114 号)。《办法》对新能源汽车动力电池梯次利用进行了规范,鼓励梯次利用产品应用领域的创新发展,利用企业研发生产适用于基站备电、储能、充换电等领域的梯次产品,采用租赁、规模化利用等商业模式,厘清知识产权和产品安全责任问题,共享出厂技术规格、充电倍率等监控数据信息,评估剩余价值,提高梯次利用效率,提升梯次产品的使用性能、可靠性及经济性[4]。之于起火单位,该企业定位于电芯研发生产与 pack 领域,不涉“动力蓄电池梯次利用或再生利用业务”,不满足《新能源汽车废旧动力蓄电池综合利用行业规范条件》,对于产生的 B 等次采取向下游企业售卖形式转移。

国内梯次利用领域,全行业正加速技术攻关,在做的主要集中在一些头部企业,如宁德时代、中国铁塔等,他们在梯次利用领域主要有三种模式[5]:一是电芯重新组装。将回收的退役动力电池包拆散、性能评估、重新 pack,以 pack 企业承担居多。二是电池模组直接组合,原理和模式一致。三是整包使用。即指在采购退役动力锂电池包后直接使用,不再拆散重组。

另外,做换电模式的车企:蔚来汽车、上汽集团、哪吒汽车等。起火单位在 2023 年发布了“动储一体”产品战略,推出专为换电而生的“无双电池”,宣布开始布局换电领域,目前处于技术对接阶段,计划 2024 年量产。

(3)对消防救援机构的工作建议。一是摸排辖区电芯企业,提高此类型企业的消防监督检查频次;二是重点监管下游“销售对象”企业,加强电芯质量宣传,提升企业的质量主体责任意识;三是辖区消防救援站加大“六熟悉”力度,做好灭火救援针对性准备工作。

参考文献

[1] 邓康，张英，徐伯乐，等. 磷酸铁锂电池组燃烧特性研究 [J]. 中国安全科学学报，2019，29(11)：83-88.

[2] 卓萍，倪照鹏，杨凯，等. 磷酸铁锂方形单体电池受热火灾危险性 [J]. 消防科学与技术，2019，38(2)：280-283.

[3] 柏祥涛，胡易琛，庄卫东. 退役动力电池中磷酸铁锂的回收再生研究进展 [J]. 稀有金属，2020，46(2)：254-264.

[4] 工业和信息化部，科技部，生态环境部，商务部，市场监管总局. 新能源汽车动力蓄电池梯次利用管理办法. 2021.

[5] 王维宙，宋杰，李荐，等. 退役磷酸铁锂材料资源化再利用研究进展 [J]. 化学工业与工程，2021，38(6)：13-22.

一起电动汽车火灾事故的调查与分析

廖建伟

（重庆市涪陵区消防救援局，涪陵　408000）

摘　要：在对一起由内因、外因共同作用导致的锂离子电池汽车火灾的调查中，采取多种方式，如通过视频梳理出的时间轴与 BMS 数据的对比再现了事故过程、电池起火部位理论计算与现场勘验结果的契合、心理测试结果与有关行为人笔录的印证等形成了完整的证据链，最终认定了火灾原因、消除了当事各方的争议，反映出电力知识、BMS 数据辨识和现场勘查等的综合应用对调查工作的重要意义，对电动汽车火灾调查具有借鉴作用。

关键词：锂离子电池；汽车；火灾

1　事故经过

2024 年 3 月 4 日 6 时 20 分许，重庆市某地公交客运公司司机白某上班时发现停放在停车场的电动公交客车（锂离子电池）不能正常启动，检查发现该车仪表盘显示绝缘故障，随即报修。该公司定点维修单位和电池售后单位维修人员先后到场检修，9 时 4 分车辆起火，现场人员扑救未果后于 9 时 10 分报警，火灾造成该车部份受损。

2　起火车辆基本情况

起火车辆为 XX 公司 2018 年生产的电动客车，长 10 500 mm、宽 2 550 mm，动力电池为 XX 公司生产的磷酸铁锂电池。该车由当地失火单位于 2018 年 10 月购置，用于城市公共交通。

3　火灾事故调查情况

事故发生后，消防机构组织客车生产商、电池厂家及当地有关技术人员对事故进行了联合调查。

3.1　调查询问情况

3.1.1　通过对电池厂家技术人员的询问了解到，失火车辆共有 8 个电池包，其中 6 个布置于汽车底盘两侧、2 个位于车辆尾部。4 个电池包一组串联成两个支路后并联供电。先通过高压盒（连接电池系统和“五合一”控制器的设备）送至“五合一”控制器（电车的集成控制设备），再由“五合一”控制器配电至各用电设备。其中支路 1（即总正 1 和总负 1），由 4 个电池包按四→三→二→一的顺序串联组成，其中一为正极出线；支路 2（即总正 2 和总负 2）由 4 个电池包按八→七→六→五的顺序串联组成，其中五为正极出线。系统标称电压 618.24 V，容量 404 Ah。单个电池包电压 154.56 V、电量 31.22 kwh，由 3 列、共计 48 个铝壳体棱柱形电池单体串联组成。电池单体电压 3.22 V。失火车辆已行驶 50 余万公里，电池 SOH79%。

图 1　起火车辆概貌

作者简介：廖建伟（1973—），男，新疆五家渠人，重庆市涪陵区消防救援局，高级工程师，主要从事火灾调查和消防监督管理工作，重庆市涪陵区望江路 1 号，408000，电话 13609477088，邮箱 1548370261@qq.com。

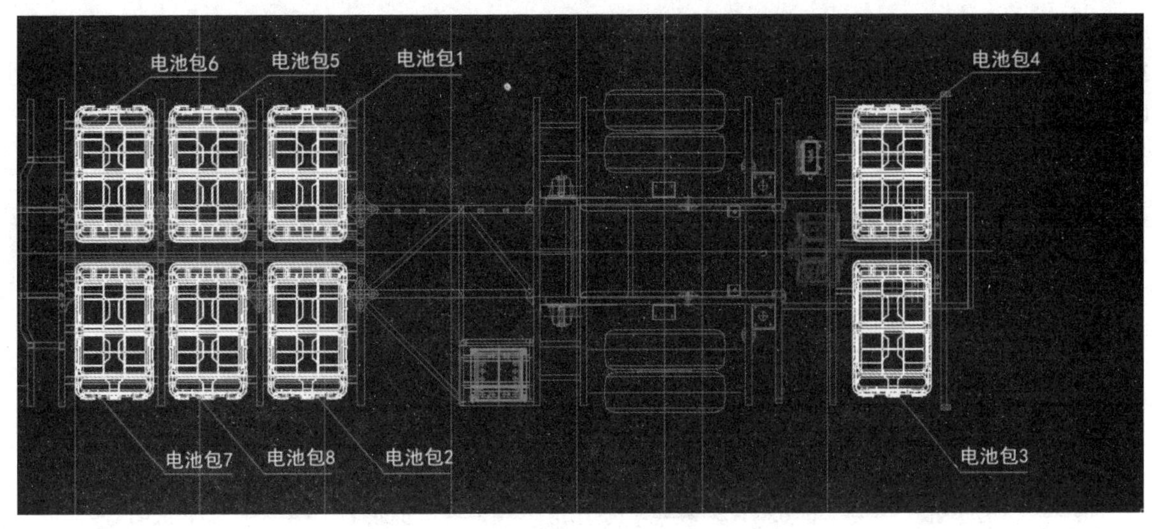

图 2　电池包布置图

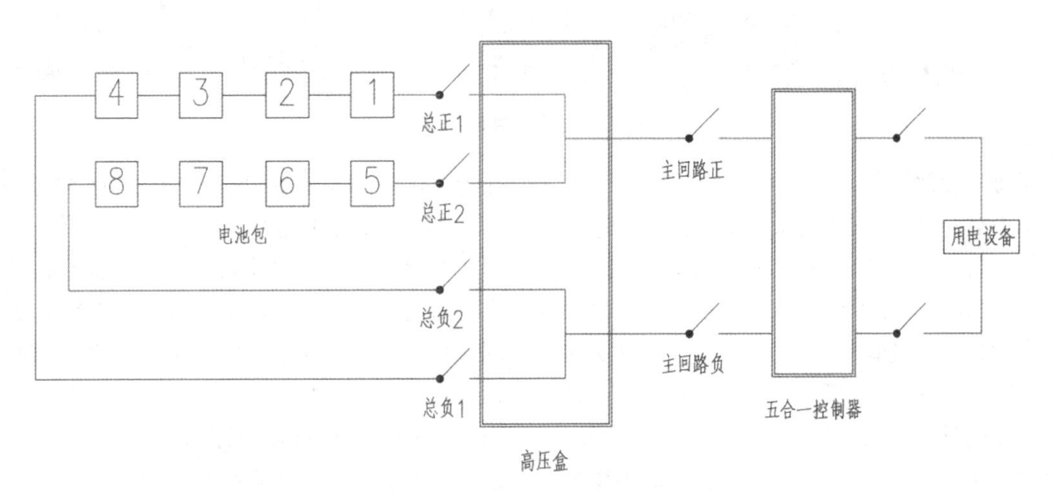

图 3　车辆供电系统示意图

3.1.2　通过对公交司机白某询问了解到，该车于 3 月 3 日正常营运，其 4 号早上 6 时 20 分上班后发现车辆不能正常启动、仪表盘报 4 级故障和绝缘故障，就通知了公司定点维修厂涪陵汽修车。汽修厂维修人员易某于 7 时 30 分左右到场检查后初步判断为锂电池发生故障，于是通知了电池售后单位 XX 公司。电池售后方维修人员杨某等 3 人大约 8 时 55 分到场，在检修过程中，白某听见车辆尾部“砰”的一声后，看见有烟冒出，随后就有了明火。

3.1.3　通过对汽修车维修工易某询问了解到，其来后先用万用表测试了车辆右侧“五合一”控制器绝缘情况，显示正常。然后在检测连接车辆尾部高压盒的电池系统线路总正 1、总正 2、总负 1 和总负 2 的对地电压时，发现总正 1 对地电压为 520 V，总负 1 大约是 100 多伏（具体数值其记不清了），总正 2 和总负 2 对地电压均为 0，于是判断总正 1 和总负 1 回路可能有漏电，就给电池售后方打了电话，并于 8 时左右离开。离开前将从高压盒上拆下的主回路正和主回路负接回，但未将总正 1、总正 2、总负 1、总负 2 四个插口接回。

图 4　高压盒

3.1.4　通过对电池售后方检修人员杨某等询问了解到，其一行 3 人到场后，只有司机白某在场。先用电脑检测未发现故障，在发现总正 1、总正 2、总负 1、总负 2 未插在高压盒接口上后，就将四根线插回，这时电脑检测到电池绝缘故障。接着在后续的检查中听见车尾部中间位置“砰”的一声，随后就看见有烟和火从车尾部电池位置冒出。

3.2　视频监控查看情况

事故发生地无室外视频监控，调查人员调取了公交车内的监控视频，梳理 3 月 4 日早 7 时 30 分至发生事故时的重要事件时间轴如下：

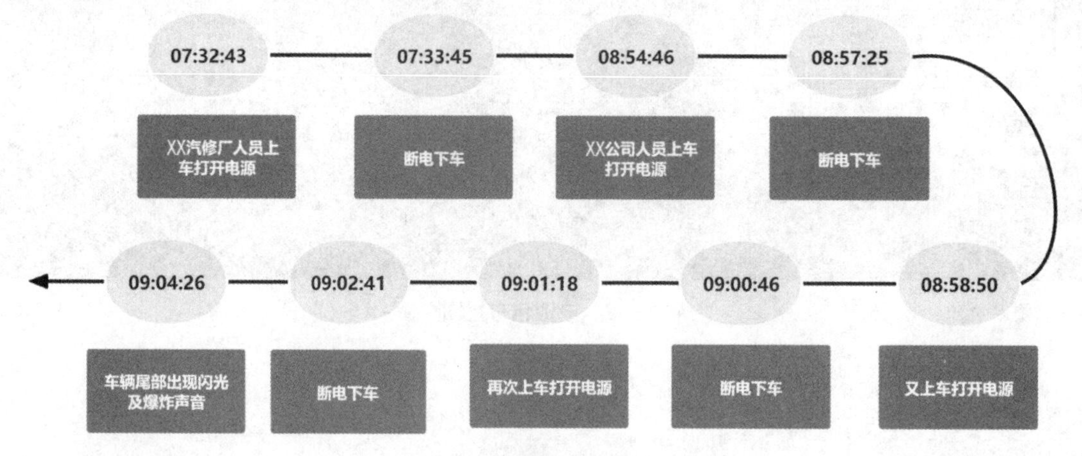

图 5　重要事件时间轴

3.3　BMS 数据调取情况

经调阅 BMS 数据发现，失火车辆正、负对地绝缘值于 3 月 3 日 23 时 43 分 48 秒由正常时的 26 兆欧变为 0，其它如电池总电压、总电流，单体电池最高、最低电压和最高、最低温度均正常，电池 SOC23%（见图 6、图 7）。3 月 4 日 7 时 33 分 33 秒正、负对地绝缘值为 0（汽修厂维修人员查看时），电池总电压、总电流，单体电池最高、最低电压和最高、最低温度均正常，电池 SOC23%（见图 7）。8 时 55 分 56 秒正、负对地绝缘值正常（电池售后人员第一次上车开电），电池总电压、总电流，单体电池最高、最低电压和最高、最低温度均正常，电池 SOC23%（见图 8）。8 时 59 分 02 秒（电池售后人员第二次上车开电，也是 BMS 最后一组数据）正、负对地绝缘值为 0，电池总电压、总电流，单体电池最高、最低电压和最高、最低温度均正常，电池 SOC23%（见图 8）。

datatime	save_time	电池总电压	电池总电流	SOC	单体最高电压	单体最低电压	最高温度	最低温度	正对地绝缘阻值	负对地绝缘阻值
2024/3/3 19:03	43:42.0	621.6	1.7	23	3.259	3.22	35	23	22392	22392
2024/3/3 19:03	43:42.0	621.6	1.7	23	3.259	3.22	35	23	22392	22392
2024/3/3 19:03	43:42.0	621.6	1.7	23	3.259	3.22	35	23	22392	22392
2024/3/3 19:03	43:42.0	621.6	1.7	23	3.259	3.22	35	23	22392	22392
2024/3/3 19:04	44:09.0	621.6	1.6	23	3.259	3.22	35	23	22126	22126
2024/3/3 19:04	44:09.0	620.8	5.2	23	3.255	3.215	35	23	26311	26311
2024/3/3 19:04	44:09.0	620.8	5.2	23	3.255	3.215	35	23	26311	26311
2024/3/3 19:04	44:09.0	620.8	5.2	23	3.255	3.215	35	23	26311	26311
2024/3/3 19:04	44:09.0	620.8	5.2	23	3.255	3.215	35	23	26311	26311
2024/3/3 19:04	44:09.0	620.8	[illegible]	[illegible]	[illegible]	[illegible]	35	23	26311	26311
2024/3/3 19:04	44:09.0	620.8	[illegible]	[illegible]	[illegible]	[illegible]	35	23	26311	26311
2024/3/3 19:04	44:09.0	620.8	5.2	23	3.255	3.215	35	23	26311	26311
2024/3/3 19:04	44:09.0	620.8	5.2	23	3.255	3.215	35	23	26311	26311
2024/3/3 19:04	44:09.0	620.8	5.2	23	3.255	3.215	35	23	26311	26311
2024/3/3 19:04	44:09.0	620.8	5.2	23	3.255	3.215	35	23	26311	26311
2024/3/3 19:04	44:09.0	620.8	5.2	23	3.255	3.215	35	23	26311	26311
2024/3/3 19:04	44:09.0	620.8	5.2	23	3.255	3.215	35	23	26311	26311
2024/3/3 19:04	44:09.0	620.8	5.2	23	3.255	3.215	35	23	26311	26311
2024/3/3 19:04	44:09.0	620.8	5.2	23	3.255	3.215	35	23	26311	26311
2024/3/3 19:05	45:25.0	620.6	13.1	23	3.253	3.213	35	23	25773	25773
2024/3/3 19:05	45:25.0	621.1	4	23	3.257	3.217	35	23	22664	22664

绝缘故障前

图 6　故障前 BMS 数据

3.4　现场勘查情况

3.4.1　失火车辆右侧（乘客上车侧）过火重于左侧，车内部主要为烟熏痕迹。车底盘下部有明显过火痕迹，线路绝缘烧损、多处均有熔痕。车尾部箱盖处于打开状态，最上层放置电池的隔层内有烟熏痕迹，下部隔层内的高压盒、电机控制器、充气机等设备均无过火痕迹，但有大量干粉灭火剂残留。高压盒上的总正 1 和 2、总负 1 和 2，主回路正和负以及直流充电负 7 个接口均未连接插线，MSD 也被拨出。在高压盒旁的铁制车架上有直径约 1 厘米左右的不规则圆形孔洞，孔洞下方有黄色熔珠附着。测量孔洞边缘剩磁为 1.1 mT，其它车架位置剩磁为

datatime	save_time	电池总电压	电池总电流	SOC	单体最高电压	单体最低电压	最高温度	最低温度	正对地绝缘阻值	负对地绝缘阻值
2024/3/3 23:43	48:36.0	624	1	23	3.268	3.232	31	21	0	0
2024/3/3 23:43	48:36.0	624	1	23	3.268	3.232	31	21	0	0
2024/3/3 23:43	48:36.0	624	1	23	3.268	3.232	31	21	0	0
2024/3/3 23:43	56:21.0	624	1	23	3.268	3.232	31	21	0	0
2024/3/3 23:43	56:26.0	624	0	23	3.269	3.232	31	21	0	0
2024/3/3 23:44	56:26.0	624	0	23	3.268	3.232	31	21	0	0
2024/3/3 23:44	56:30.0	624	0	23	3.269	3.232	31	21	0	0
2024/3/3 23:45	56:30.0	624	0	23	3.269	3.232	31	21	0	0
2024/3/3 23:45	56:42.0	624	0	23	3.269	3.232	31	21	0	0
2024/3/3 23:45	56:52.0	624	0	[illegible]	[illegible]	3.232	31	21	0	0
2024/3/3 23:46	56:42.0	624	0	23	3.269	3.232	31	21	0	0
2024/3/3 23:46	56:52.0	624	0	23	3.269	3.232	31	21	0	0
2024/3/3 23:46	56:59.0	624	0	23	3.269	3.232	31	21	0	0
2024/3/3 23:47	56:59.0	624	0	23	3.269	3.232	31	21	0	0
2024/3/3 23:47	57:06.0	624	0	23	3.269	3.232	31	21	0	0
2024/3/3 23:48	57:06.0	624	0	23	3.269	3.232	31	21	0	0
2024/3/3 23:48	57:13.0	624	0	23	3.269	3.232	31	21	0	0
2024/3/3 23:49	57:13.0	624	0	23	3.269	3.232	31	21	0	0
2024/3/3 23:49	57:21.0	623.9	0	23	3.269	3.232	31	21	0	0
2024/3/3 23:50	57:21.0	624	0	23	3.269	3.232	31	21	0	0

绝缘故障后

图 7 故障后 BMS 数据

datatime	save_time	电池总电压	电池总电流	SOC	单体最高电压	单体最低电压	最高温度	最低温度	正对地绝缘阻值	负对地绝缘阻值
2024/3/4 7:33	33:20.0	623.6	1.7	23	3.268	3.232	24	18	0	0
2024/3/4 7:33	33:20.0	623.6	1.7	23	3.268	3.232	24	18	0	0
2024/3/4 7:33	33:20.0	623.6	1.7	23	3.268	3.232	24	18	0	0
2024/3/4 7:33	33:20.0	623.6	1.7	23	3.268	3.232	24	18	0	0
2024/3/4 7:33	33:20.0	623.6	1.7	23	3.268	3.232	24	18	0	0
2024/3/4 7:33	33:20.0	623.6	1.7	23	3.268	3.232	24	18	0	0
2024/3/4 7:33	33:20.0	623.6	1.7	23	3.268	3.232	24	18	0	0
2024/3/4 7:33	33:20.0	[illegible]	1.7	[illegible]	3.268	[illegible]	[illegible]	18	0	0
2024/3/4 7:33	33:20.0	[illegible]	[illegible]	[illegible]	3.268	[illegible]	24	18	0	0
2024/3/4 7:33	33:20.0	623.6	1.7	23	3.268	3.232	24	18	0	0
2024/3/4 8:55	56:17.0	623.8	0	23	3.268	3.233	23	17	50000	50000
2024/3/4 8:55	56:17.0	623.7	0	23	3.268	3.233	23	17	27730	27730
2024/3/4 8:56	00:11.0	623.7	0	23	3.268	3.233	23	17	28139	28139
2024/3/4 8:56	00:11.0	623.7	0	23	3.268	3.232	23	17	28139	28139
2024/3/4 8:57	02:42.0	623.7	0	23	3.268	3.232	23	17	28347	28347
2024/3/4 8:59	02:42.0	623.5	1.5	23	3.267	3.232	23	17	0	0

BMS 最后一次数据

图 8 最后一次 BMS 数据

0.1 mT。车辆尾部右侧的“五合一”控制器，无过火痕迹，MSD 处于接通状态。

检查 7 根高压插线，除总正 2 线路插口内部有过火痕迹外，其它均无过火痕迹。总正 2 插口内铜柱有明显熔融变形痕迹、上黑色橡胶垫烧失，其它部份及线路完好、无过火痕迹。高压盒端总正 2 接口内铜表面有明显烟熏痕迹，但内部完整无熔痕，其它接口无异常。

3.4.2 将位于车辆左、右两侧中后部及尾部的 8 个电池包拆解下来，除电池包三和四为外部壳体边角处小面积变形外，其他 6 个电池包均为靠内侧外部壳体烧蚀变形、内部单体电池部份烧损显露。整体上各电池包为车头侧过火重于车尾侧，电池包八、七、六、五重于其它 4 个电池包。

电池包三为尾部右上角外壳有过火痕迹，电池包四为尾部左上角和前端左下角有过火痕迹，且尾部过火重于前端。将电池包三和四分别打开，电池包三内单体电池除左下角有轻微过火痕迹外，其它未过火。电池包四左数第三列未过火，第二列尾部与第一列电池相邻处有局部过火痕迹，在第一列电池尾部表面有开口向第二列电池的“V”燃烧图痕（见图 9）。将此处电池表面的熔融物剥开可见第一列第十四至十六号电池（电池包尾部）单体过火最重，并向箱体尾部倾斜，电池表面有喷溅的铜熔珠且烧失部份呈倒“V”燃烧图痕（见图 10）。

图 9 电池包表面过火痕迹

图 10　十四至十六号电池单体过火痕迹

4　火灾事故认定

4.1　起火部位认定

询问笔录反映的起火部位与车内视频最先有闪光的位置吻合，结合现场勘验和锂电池燃烧特点，调查人员确定起火点位于车辆尾部的四号电池包第十四至十六号电池单体处。

4.2　起火原因认定

通过初步调查，调查组一致认为是车辆锂电池发生绝缘故障引发了本次火灾事故。但对于电池发生绝缘故障后为什么会起火，出现了不同的意见。因为，该车电池系统和用电设备正负极均有专用线路，即使电池某处发生绝缘故障与车身搭铁，若没有第二个故障点（搭铁点）则不可能形成回路，也就不会引起电池热失控起火。对此，电池厂家及电池售后方认为是汽车电池系统外有关线路搭铁导致第二个故障点进而引发本次事故；车辆厂商及当地公交公司则认为是车辆电池系统本身的第二个故障（搭铁）点引发的本次事故。于是，调查组根据调取的 BMS 数据、监控视频，现场勘查及调查询问和心理测试结果，进行了全面分析。

4.2.1　认定四号电池包第一列第十四至十六号电池单体处发生了绝缘故障并与车身搭铁

（1）现场勘验可见四号电池包内部过火痕迹最重的是第一列第十四至十六号单体电池处，且该处有电弧作用痕迹。

（2）事故前，BMS 数据显示正和负对地绝缘阻值均为 0。

（3）汽修厂易某测量电源总正 1（支路 1 正极）电压为 520 V，总负 1 为 100 V 左右。经查，当时 BMS 数据电池系统总电压为 623.6 V，而支路 1 共串有 192 节电池，则电池单体平均电压约为 3.25 V。由于支路 1 是由电池包按四→三→二→一（正极）的顺序组成，则计算可知测得总正 1 电压为 520 V 时串联的电池为 160 个，正好对应于电池包四过火痕迹最重的第一列第十四至十六节单体电池处。

4.2.2　排除电池内部有第二个故障（搭铁）点

（1）汽修厂易某在测量电池到高压盒的两个支路时，发现支路 1 发生绝缘故障而支路 2 绝缘正常。

（2）总正 2 插口位于电池系统到高压盒回路的最末端，若是电池内部形成短路，则总正 2 插口处不会有电流流过、插口内铜柱不会产生电熔痕。

4.2.3　排除电池系统外部线路有第二个故障（搭铁）点

（1）汽修厂易某笔录证明其测试“五合一”控制器回路时绝缘正常。

（2）BMS 数据显示，在电池支路到高压盒、高压盒到“五合一”控制器有关回路均接通的情况下，正和负对地绝缘阻值均为 0；而在电池支路到高压盒断开、高压盒到“五合一”控制器有关回路接通的情况下，正和负对地绝缘阻值均正常，表明高压盒到“五合一”控制器有关回路绝缘无故障。

4.2.4　认定总正 2 电池端线路插口与车尾部铁架意外搭接为第二个故障（搭铁）点

（1）剩磁数据表明车架孔洞处有大电流通过且孔洞下部烧蚀面上附着的黄色熔珠表面光亮、颜色鲜黄，表明熔珠形成不久。

（2）总正 2 线路插口内铜柱熔融变形，而高压盒总正 2 和其它接口内表面完整，无熔融变形痕迹。表明总正 2 线路插口内铜柱熔融变形痕迹不是由于接触电阻过大所致。

（3）有关笔录证明此前未发生过拉弧事故，也未发现此处车架有孔洞。

（4）通过分析电池系统二个支路电路的相关连接形式，在满足总负 1 和总负 2 插接在高压盒上时，总正 2 与车架的搭接点可与四号电池包与车架的搭接点形成如图故障回路，引发本次事故。

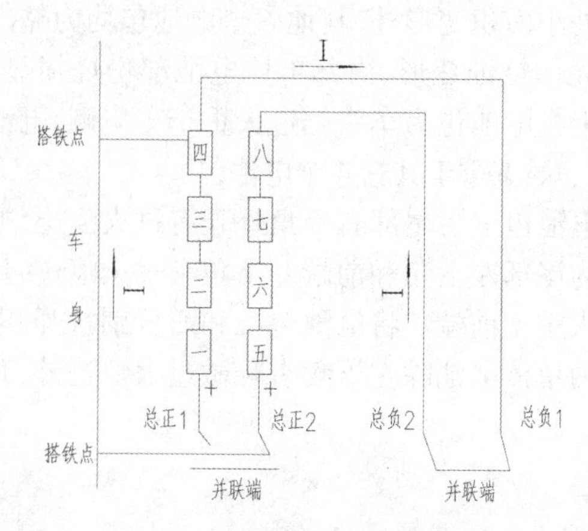

图 11　搭铁后形成的故障回路

4.2.5 认定尾部车架孔洞系电池售后方杨某等在维修过程中,不慎将总正2线路插口与车架意外搭接所致

(1)高压盒主回路正和主回路负上有干粉附着痕迹,其它接口上无干粉附着痕迹(图12);电池系统的总正1插口以及主回路正、主回路负插口内有干粉附着痕迹(图13)。结合有关BMS数据,表明总负1和总负2插接在高压盒上;总正1及主回路正、主回路负未插接在高压盒上。

图12 高压盒接口上干粉附着痕迹

(2)汽修厂易某笔录证明其在检测拔插总正2线路时无异常。

(3)BMS有关数据显示,电池售后方杨某等来后在检测过程将未连接的总正2线路插接到了高压盒上,此过程中公交车司机白某在场,但其未听到杨某等人说过总正2插接异常。

图13 电池系统插口内干粉附着痕迹

(4)对电池售后方杨某以"谁的行为导致拉弧"为目标问题进行的心理测试结果表明,杨某为行为人。

综合相关证据,调查人员最终认定火灾原因系电池售后方杨某等在维修过程中,不慎将总正2线路插口与车尾部铁架意外搭接,此时电池系统支路的总负1和总负2线路连接在高压盒上,于是形成由车架搭接点→电池包四搭铁点→总负1→总负2→电池包八、七、六和五→总正2→车架搭接点的故障回路,导致电池发生热失控起火。因电池包四在第十四至第十六号电单体处搭铁而接触电阻较大,故首先出现气压泄放、冒烟、喷射火和爆炸等现象。

5 调查体会

5.1 电动汽车火灾调查中要注重发挥BMS数据的作用,拓展其与询问笔录、现场勘验记录等证据的关联性。如本次火灾调查中,我们就通过BMS数据中正、负对地绝缘值在不同时间点上数值的变化,对有关笔录和现场勘验中关于高压盒线路的连接状态及维修人员杨某等人的检测过程存在矛盾的地方进行了印证,辨别了真伪。

5.2 在当事人笔录缺乏相关证据印证的情况下,要善于用心理测试技术进行辅助判断。本次火灾中由于车架上拉弧产生的孔洞是引发本次事故的第二故障点,而事故前汽修厂和电池售后方的工作人员检修过程中的不当行为都可能导致总正2线端插口对车架拉弧。在没有更多证据佐证的情况下,调查人员对主要怀疑对象电池售后方杨某进行了心理测试,测试结果验证了调查人员的推断。

5.3 要熟练掌握现场勘验这一火灾调查的看家本领,用痕迹分析、还原事故的发生和发展过程。本次事故的发生,其要件之一就是总负1和总负2线路要插接在高压盒对应接口上。因为,只有在这种状况下才可能形成图11中的故障回路而引发火灾。调查人员到达现场时,插接在高压盒上的7根线路已被全部拔出。若如此,一是第二故障点只可能发生电池系统支路1内部;二是其它电池包不会在四号电池包着火后,紧接着发生类似的燃烧现象;三是不会出现总正2插口等过火痕迹特征。于是,调查人员又仔细对相关线路进行了勘验,发现了高压盒接口、电池系统线路的插口上部份有干粉附着痕迹,结合电池售后方杨某的检修过程及BMS有关数据,认定了失火时总负1和总负2线路插接在高压盒上。

参考文献

[1] 杨云:《一起纯电动汽车火灾的调查及思考》[J],消防科学与技术,2021 年,总第 40 卷第 312 期.

[2] 张玉斌:《浅析新能源电动汽车火灾调查方法》[J]. 消防科学与技术, 2020, 39(10): 1456-1458.

[3] 薛洁:《浅谈火灾原因调查询问过程中的心理提问》[G],火灾调查技术,2014 年.

火灾调查工作发展与思考

查原因与追责任分段工作初探

赵术学

（海南省消防救援总队，海南 海口 057000）

摘　要：火灾调查与处理工作涉及火灾认定与追责问责，对制定预防措施、压实工作责任、防范类似灾害产生有重要影响。本文通过分析当前调查工作存在的诸如利用法律解释争夺主导权、通过组织架构掌控调查权、利用淡化技术分化参与权、通过过程控制实现表达权等问题，提出查原因和追责任依次分别进行的“两段制工作法”，并论证分段工作的科学性和可行性，为改革相关工作提供借鉴。

关键词：消防；火灾调查；事故处理；责任追究；两段制工作法

1　引言

火灾是一类常见的灾害。查明火灾原因、确定火灾性质、落实责任追究对于制定预防措施、压实工作责任、防范类似灾害具有重要意义。

依据有关规定，并结合工作实践，我国城乡大多数一般火灾由属地消防救援机构进行调查处理。这部分火灾很少涉及政府和部门工作人员的责任，更不会涉及刑事责任，所以调查处理工作遇到的困难较少，暴露出来的问题也相对较少。有亡人、社会影响的一般火灾和较大以上火灾分别由各级政府或国务院组织或授权组织成立调查组进行调查处理。这些火灾往往涉及属地政府和部门责任，各方博弈难以避免，一些问题随之暴露。

2　主要问题

离不开追责问责的火灾调查处理工作通常由调查组完成前期的原因认定和责任框定。查原因和追责任的相关调查工作同步进行时，技术、法律、行政等各方力量交织，组成调查组的各个部门都希望调查结果于己有利，以争权避责、控权减责为目的的不良博弈愈发明显。

2.1　利用法律解释争夺主导权

对消防救援机构拥有怎样的火灾调查处理权问题，目前观点大体分为4类。

一是认为，依照《消防法》，消防救援机构是唯一具有火灾原因调查权的法定机构，且全面拥有处理权。其理由是《消防法》第51条明确规定，消防救援机构有权根据需要封闭火灾现场，负责调查火灾原因，统计火灾损失；第64条规定，过失引起火灾尚不构成犯罪的，处10日以上15日以下拘留，可以并处500元以下罚款，情节较轻的处警告或者500元以下罚款；第68条规定，人员密集场所发生火灾，该场所的现场工作人员不履行组织、引导在场人员疏散的义务，情节严重，尚不构成犯罪的，处5日以上10日以下拘留；第72条规定，违反本法规定，构成犯罪的，依法追究刑事责任。另外，《消防安全责任制实施办法》第28条规定，因消防安全责任不落实发生一般及以上火灾事故的，依法依规追究单位直接责任人、法定代表人、主要负责人或实际控制人的责任，对履行职责不力、失职渎职的政府及有关部门负责人和工作人员实行问责，涉嫌犯罪的，移送司法机关处理。由此可见，除军事设施、矿井地下部分、核电厂、海上石油天然气设施以及法律、行政法规对森林、草原的消防工作另有规定的火灾外，消防救援机构是唯一具有火灾原因调查权的法定机构，并且可以通过罚款、拘留、移送等实现对火灾的处理。

二是认为，依照《消防法》并结合《安全生产法》

作者简介：赵术学，男，满族，海南省消防救援总队，火灾调查高级专业技术职务，长期从事火灾调查工作。地址：海南省海口市龙昆南路170号，570100。

《生产安全事故报告和调查处理条例》等，消防救援机构对全部火灾具有法定的火灾原因调查权，对部分火灾拥有火灾事故处理权，对属于生产安全事故等的火灾不具有处理权。其理由是《消防法》尽管赋予了消防救援机构火灾原因调查权，但未明确规定消防救援机构对所有火灾拥有处理权；相反地，安全生产相关规定明确了事故调查处理的相关内容。火灾事故作为生产安全事故中的一种可能类型，应该依照安全生产的相关规定进行处理。

三是认为，根据有关法律规章规定，消防救援机构仅对部分火灾具有火灾原因调查权，对生产安全事故火灾等不具有原因调查权；在处理权上，仅对具有原因调查管辖权的部分火灾具有相应的处理权，对其他火灾则无处理权。其理由是火灾事故是生产安全事故中的一种类型。根据《安全生产法》第 2 条，只有当有关法律、行政法规对消防安全另有规定时才从其规定。言外之意，当有关法律、行政法规对消防安全没有规定时，应当适用安全生产的有关规定。《消防法》等法律、行政法规没有对"生产经营性火灾的调查处理"做出相应规定，所以生产经营性火灾应该按照《安全生产法》《生产安全事故报告和调查处理条例》等规定进行调查处理。上海是持这种观点的典型。

四是认为，消防救援机构既没有火灾处理权也不唯一具有火灾原因调查权。其理由是《消防法》第 2 条规定，消防工作坚持政府统一领导；第 3 条规定，国务院领导全国的消防工作；第 4 条规定，国务院应急管理部门对全国的消防工作实施监督管理，县级以上地方人民政府应急管理部门对本行政区域内的消防工作实施监督管理。《消防安全责任制实施办法》同时规定，发生造成人员死亡或产生社会影响的一般火灾事故和较大、重大、特别重大火灾事故的，分别由县级、市级、省级人民政府、国务院或国务院授权有关部门负责组织调查处理。由此可见，消防救援机构理论上仅对没有亡人、没有社会影响的一般火灾拥有调查权，如果坚持政府统一领导，基本上没有什么实际调查权和处理权。以上 4 类观点对比见表 1。

表 1　消防救援机构火灾调查处理权分类表

观点类型	原因调查权	火灾处理权
第一类	全部拥有	全部拥有
第二类	全部拥有	部分拥有
第三类	部分拥有	部分拥有
第四类	基本没有	基本没有

注：全部拥有是指依据《消防法》对除军事设施、矿井地下部分、核电厂、海上石油天然气设施以及法律、行政法规对森林、草原的消防工作另有规定外的全部。

4 类观点各有理由，在法律理解上的差异为争夺主导权和分化参与权提供了争辩空间。

2.2　通过组织架构掌控调查权

法律解释存在争议空间，为利用组织架构掌控调查权提供了法律支持。

独特的组织架构为政府部门尤其是应急管理部门实际获取调查主导权提供了行政优势。

从政府层面来讲，政府希望又快又好地完成调查处理任务，以便把后续不良影响或间接损失降到最低。在政府既可以亲自组织调查也可以授权某个部门代为组织调查的情况下，单纯从事务分工来讲，按照"谁主管、谁负责"的惯例，政府通常更愿意把火灾调查工作的组织权交给消防救援机构。

问题在于，应急管理部门是正式的政府组成部门，消防救援机构是"条块结合、以条为主"的特殊机构。尤其在国家层面，国家消防救援局由应急管理部管理，个别地方也出现了任命应急管理部门主要负责同志兼任当地消防救援队伍"第一政委"的情况。至少在目前看来，"应急管着消防"的认识在某些地方政府较为常见。在这种情况下，同级的应急和消防从政府争取火灾调查权时，消防方面显得越发被动。

此外，对特别重大火灾等严重火灾进行调查时，国务院通常授权国务院安委会或直接授权应急管理部牵头组织，因此从国家层面来看，应急管理部实质上占据了调查权优势。在现有体制下，有些地方参照上级做法，加上当地应急主动争取，应急管理部门代表政府牵头组织火灾调查的现象逐渐增多。

通过组织架构掌控调查权的首要表现是想办法从政府拿到牵头权，然后便是想办法在调查组内部加强自己的力量。牵头权或主导权的归属主要体现在组长或副组长的任命上，内部力量的加强主要体现在调查组内设的各小组组长、组员或聘请外部专家上。现有情况已经表明，在某些火灾调查工作的组织中，调查组组长、副组长、小组组长、成员安排，甚至外部专家聘用等方面均出现了明显竞争。

有的部门从政府争取不到调查主导权，便退而谋求调查参与权，有的当不上组长便想当副组长、当不上副组长便想当小组组长、当不上小组组长就想多安插几个人参与到组织中，实在不行就通过外聘专家的方式为自己“代言”，有的部门到调查现场指导工作的领导级别特高，这些“积极表现”或为权力争夺，其中目的难与推责、避责撇清关系。

2.3 利用淡化技术分化参与权

火灾原因调查是火灾调查与处理的关键基础。《消防法》明确规定，消防救援机构有权根据需要封闭火灾现场，负责调查火灾原因。与此同时，其他任何法律并未授予其他任何部门、组织机构等拥有该项调查的负责权。该立法充分考虑并尊重了火灾原因调查的专业性，因此把这项专门工作的实施主体赋予消防救援机构，这也意味着消防救援机构是调查火灾原因的唯一责任主体。

该立法的考虑符合火灾调查专业的特殊性。从专业教育历史沿革来看，原中国人民武装警察部队学院于1988年首次招收火灾调查专业专科生，当时是干部生，两年制；1989年招收火灾调查专业本科生，为与专科区分，本科生的专业名称为火灾原因技术鉴定；1998年最后一届火灾原因技术鉴定专业以及其他消防本科专业全部并入消防工程专业；2002年恢复火灾调查专业本科生招收，新的专业名称为火灾勘查；2003年以后均按照火灾勘查专业招生。直至目前，我国高等教育中开设火灾勘查专业的仅有两所高校，一所是脱胎于原中国人民武装警察部队学院的中国人民警察大学，另一所则是中国消防救援学院，其他高校均未开设该专业。从专业代码来看，火灾勘查专业代码为083107TK，“TK”是指特设布控，意味着未经特殊批准无权开设，这也是目前全国仅有两所高校能够开设该专业的主要原因。从技术力量分布来看，新中国成立以来我国的火灾调查力量全部集中在消防队伍中，这就解释了为什么包括军事设施、航空航天等特殊领域在内的一些特殊火灾也需要消防来协助调查的主要原因。一直以来，我国的火灾调查专家在消防岗位上奋力耕耘，全部疑难复杂火灾均得到及时调查和准确认定，一代又一代的消防火灾调查技术人才得到接续培养，充分彰显了消防火灾调查的独特魅力和技术权威，这是消防火灾调查无法替代的事实。

问题在于，近年来尤其是消防机构改革以来，消防火灾调查的技术权威日益淡化。分析原因发现，一方面的原因是科学技术尤其是视频监控和电子数据的运用给传统的火灾调查分析提供了便捷有力的新途径，“不看痕迹看监控”“不找起火点找数据”的现象一时兴起，“调查认定起火原因原则上必须首先认定起火点”“围绕起火点找起火物和点火源”“看痕迹、读痕迹是火灾调查的灵魂”等传统火灾调查认知哲学在很大程度上被颠覆，包括一些消防火灾调查专业人员在内都错误地认为不学火调也会搞火调，这给消防火灾调查技术权威淡化提供了认识基础。另一方面的原因是受改革后消防火调机构编制缩减和人才流失等多方面因素影响，老一辈火调专家跑火场的次数越来越少，而新一代技术骨干没跟上来，各地基层一线火调力量薄弱，很多调查认定缺乏科学证据支撑，各方对消防火调认定结论的质疑此起彼伏，这给消防火灾调查技术权威淡化提供了现实借口。在前述两方面原因的基础上，随着追责问责越发严厉，各有关部门针对火灾调查主导权和参与权的博弈日益激烈，“消防没什么特殊的”“火灾调查不是消防的专利”等淡化消防火灾调查技术权威的论调一度高涨，这给消防火灾调查技术权威淡化提供了舆论气场。

多因一果，淡化技术实质上分化了参与权。法律明确规定的、过去由消防负责的火灾原因调查工作正在被分化参与，通过参与干预、维护所谓的自身利益是主要目的。

2.4 通过过程控制实现表达权

调查结论最终以调查报告的形式体现，争取主导权和参与权的目的是影响调查报告，并进而通过获得批复的调查报告实现规避或减轻责任的最终表达。拿到主导权或参与权后，围绕调查报告做文章的博弈几乎充斥在整个调查过程中。

首先是调查组组长“定调”。调查之前组长要开会，调查过程中随时要开会，撰写调查报告过程中也要开会，整个工作结束后还得开个会。开会的目的是部署工作、掌握情况、调整方向、推进进度、得出成果。但如果组长本身来自可能被追责的某个部门或者受到其他可能被追责的某个部门等的影响，组长的主观认识及态度表达则易对调查产生影响。这些影响既可以是宏观方向性的，也可以是微观具体性的。在任何组织中，服从都被定义为第一要务，所以组长对调查的影响不可估量。有时尽管组长没有偏向的本意，但有些调查组成员依然会猜测或揣摩其意见并按此执行。

其次是五花八门的“规定”。有的部门或调查组负责人想办法压制不利于其意志实现的其他权力，遂采取各种各样的手段尽量对某些应然权利进行限制，即使这些权利是明文法定的也不例外。如在某调查中，当消防方面想依法调查某个部门、某个单位的某相关事项以查明火灾原因时，调查组却以

“需要开具调查函方可开展调查”为由对消防的法定调查权进行限制。此种情况或属个例，但其体现的调查环境恶化情况却淋漓尽致。

最后是字字较真的“严谨”。为了一个调查报告，各种力量的博弈全部集中在此，并毫不掩饰地据理力争。有的坚持调整段落次序，目的是把本部门的责任往后写，把其他部门的责任往前写，以便给人他重己轻的感觉；有的在生产安全事故定性无法改变的情况下刻意强调是火灾事故，所以创造出了“生产安全火灾事故”的定性新名词；有的把自己部门及相关人员的责任一笔带过，对他人的责任描述却不惜笔墨，“严谨”的背后实际上是针对责任的意志表达。

3 分段工作的科学性和可行性

利用法律解释争夺主导权、通过组织架构掌控调查权、利用淡化技术分化参与权、通过过程控制实现表达权等，这些问题不同程度地存在于某个层面、某些地区及有关部门的相关工作环节上，并有日益加重的趋势。采取查原因与查责任分段工作的方法可有效解决上述问题。所谓分段工作法，是指调查火灾时针对查原因和查责任的相关工作分段依次展开，而不是同步进行。工作依次展开、报告单独呈现是分段工作的主要特征。

3.1 分段工作符合法律规定和工作逻辑

《消防法》规定，消防救援机构有权根据需要封闭火灾现场，负责调查火灾原因，统计火灾损失。封闭火灾现场的一个目的是维护现场安全，避免发生意外；另一个目的是维持现场原状，为接下来的调查工作提供必要条件。

火灾发生后，负责接警灭火的是消防，负责现场处置的是消防，接下来负责调查火灾原因的还是消防，这既是法律的明确规定，也完全符合职能对口、效率优先的分工原则。

法律没有规定查原因和查责任必须同步进行。同时，严谨的问责应当基于清晰的事实，而事实的呈现离不开全面认真的原因调查。正因为火灾原因所包含的起火诱因、起火原因和灾害成因能够完整揭示火灾事实，所以调查火灾的第一步应当是依靠现场查明原因，其次才是基于火灾原因和事故性质并结合履职情况来确定相应责任。因此，先查原因后查责任既符合法律规定又符合工作逻辑。

3.2 分段工作可有效减少不正当的干扰

火灾原因调查获取证据的主要途径有调查询问和现场勘验。调查询问离不开现场印证，现场勘验通常按照环境勘验、初步勘验、细项勘验和专项勘验的基本步骤围绕现场而展开，其中“看痕迹”是勘验工作的灵魂。火灾现场本来凌乱复杂，有些痕迹物证微小脆弱，即便是专业的现场调查者也需要格外小心地保护现场，生怕破坏现场影响调查。如果查原因和查责任同步进行，进入现场的人就很杂。一些非专业的现场勘验工作者随便进出现场，势必对原因调查工作带来干扰，也容易对现场本身造成破坏。

另外，查原因主要依靠科学技术，查责任主要依靠行政法律，两者的思维方式和工作风格迥然不同。当查原因和查责任同步进行时，行政和法律对技术调查进行干扰的风险就会加大。更严重的是，面对严格的追责问责，某些部门为了规避责任、保护“自己人”，不可避免地会借助行政干预和法律辩解对火灾原因的调查与认定施加影响。

实行分段工作后，把火灾现场交给消防机构，让原因调查不受干扰，使责任追究根基扎实，查原因和查责任分段实施、分开进行、分别接受社会监督，各自对自己的调查工作负责，不正当的干扰将有效得到遏制。

3.3 分段工作在实践中具有现实可行性

首先，火灾发生后，消防火调人员依法及时赶赴现场开始收集有关信息和线索，之前到场的消防救援人员能为他们提供有用信息，火灾原因调查工作实质上已经展开，无须等待报告批复后才能成立调查组开展工作，后期根据需要补充调查力量，这既是现实通行做法，也与火灾调查工作的及时性原则相吻合。

其次，火灾扑灭后，火灾现场的控制权在消防。消防救援人员将现场全部移交给消防火调人员，从法律上有法可依，从程序上无缝对接，在操作上简单易行，能有效避免非专业人员进入现场带来危险、造成破坏。

再次，火灾原因调查需要火灾当事人配合，火灾当事人也希望看到真相。查原因和查责任同步进行时，给当事人的感受是“有罪推定”。即不论火灾原因是什么、火灾性质是什么，当事人肯定有罪，这让火灾当事人很反感。实行分段工作，让当事人看到真相、接受事实，为后期追责问责让人心服口服奠定牢固基础。因此，分段工作法具有可靠的民意支持。

最后,查原因和查责任分段工作、按序展开,消防火调人员提交火灾原因调查报告并对报告负责,通过同行评价或专业质询的火灾原因调查报告可获得批复并进行公开,公开后的火灾原因调查报告接受社会监督,经受住了考验的报告可为接下来围绕诱因、起因和成因的全面追责提供有力支撑。后期的火灾责任调查报告经评价或质询通过批复后公开,公开后接受社会监督。两个报告、两个评价或质询、两个公开、分别接受社会监督,这种分段工作法展现的清晰流程能够最大限度地满足参与权、知情权和监督权,因此能够得到社会最广泛的支持。

4 结语

当前的火灾调查与处理工作确实存在问题。在严肃追责问责无法回避的情况下,在围绕推责避责博弈无法禁绝的情况下,查原因和查责任依次分开实施的分段工作法能够有效防止不良竞争,尽量避免不当干预,从而最大限度保证依法、科学、公正、公开。

参考文献

[1] 公安部消防局.《消防安全责任制实施办法》释义与解读 [M]. 北京:中国社会科学出版社,2018.

基于火灾并案调查的事前预防路径探讨

舒慧慧[1]，陈　琨[2]

（1.南昌市消防救援支队，江西　南昌　330038；2.江西省消防救援总队，江西　南昌　330025）

摘　要：本文针对锂离子电池火灾多发特点，结合典型火灾调查，从并案调查的角度延伸调查车用动力锂离子电池梯次利用产业火灾风险，在推动消除产业火灾风险的同时，提出构建以火灾风险辨识强化起火物消防管理为重点，以服务火灾事前预防为目的的火灾风险并案调查新思路，并从法制、机制、力量三个维度探讨其实现路径，以期为新时代消防工作顶层设计建言献策。

关键词：火灾；事前预防；并案调查；风险

1　引言

火灾是人类社会发展的"副产品"，具有鲜明的社会属性。不同时期的火灾与当时的技术、产业、人员活动特点等社会经济背景密切相关，如20世纪90年代发生的以深圳市致丽玩具厂火灾（87人死亡）为代表的劳动密集型企业类火灾，21世纪初发生的以河南洛阳东都商厦火灾（309人死亡）、深圳舞王俱乐部火灾（43人死亡）为代表的公共娱乐场所火灾，21世纪10年代以来多发的以上海市胶州路教师公寓火灾（58人死亡）为代表的外墙保温材料、冷库保温材料火灾等。党的二十大要求"推动公共安全治理模式向事前预防转型"，这为新时代消防工作指明了发展方向。海恩法则指出，每一起严重事故的背后，必然有29次轻微事故和300起未遂先兆以及1 000起事故隐患。笔者认为，火灾调查的过程其实就是认知、辨识火灾风险的过程。小火灾事故调查尤其值得特别关注，这有利于新型产业火灾风险的早期认知。因此，只有做好火灾事故调查工作，才能科学、全面地辨识、认知经济产业发展、调整中的火灾风险，科学有效地推动经济产业统筹发展与安全的关系，实现宏观层面的"事前预防"，这相对社会单位层面的"检查预防"更符合行政管理效率原则。本文结合典型锂离子电池（以下简称锂电池）火灾事故调查案例，从并案延伸调查的角度剖析锂电池梯次利用产业火灾风险，并提出火灾风险调查的事前预防模式构建思路，供广大消防同仁研究思考。

作者简介：舒慧慧（1983—），女，江西省南昌市消防救援支队大院大队，中级专业技术职务，主要从事基层防火工作。地址：江西省南昌市丽景路777号，330038。邮箱：Fireren119@163.com。

2　锂电池火灾并案调查案例

商用锂电池从1991年问世以来，已经历了很多的变化，但基本上都是基于上述三位的研究成果而来。轻巧、可充电且能量强大的锂电池已被广泛应用于手机、笔记本电脑、电动汽车、电动自行车、户外移动电源等各种产品，深度嵌入人类社会生活的各领域。由此，因锂电池引发的火灾事故也日益增多。尽管如此，锂电池作为一项伟大技术发明，不可能因噎废食，只能是不断进行技术优化创新，以求性能与安全的兼顾。笔者认为，锂电池火灾的多发不能全部归责于锂电池本身，与之配套的产业政策、管理机制方面或许存在更多的问题。

2.1　典型火灾案例

2.1.1　电动自行车锂电池火灾

2022年10月22日，江西南昌某技工学校学生公寓发生火灾（图1），过火面积约18 m²，造成1人死亡、1人受伤。该火灾是由寝室内电动自行车充电过程中锂电池电芯短路发生热失控，引燃周边可燃物所致。火灾延伸调查发现，起火车辆为车主委托某店铺仿制组装而成。2022年3月，该车的动力锂电池因故障送广西南宁某新能源公司返厂维修；

9月，又因电池存在故障送到组装店铺维修。车主在被告知电池无法维修的情况下，鉴于更换电池成本太高，坚持要维修。组装店铺人员维修电池模组后测试能充电即通知车主取车。发生火灾当晚，该电动自行车曾在学校公共充电桩重复充电5次，均因充电桩系统检测到充电车辆充电功率异常而被自动停止充电。因此，车主擅自把车辆推入寝室充电，导致发生火灾。该车的动力锂电池组在火灾发生前，就已经存在电池外壳鼓包、3个电池单体欠压的现象（图2）。

图1　电动自行车火灾现场

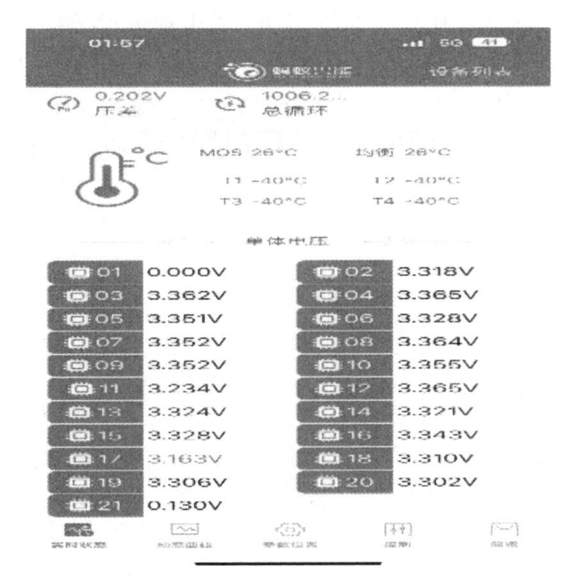

图2　电池数据异常

2.1.2　新能源客车锂电池火灾

2023年9月21日，江西上饶一辆新能源客车磷酸铁锂电池包发生火灾。经调查，起火车辆已使用4年，起火电池包质保期为5年，火灾发生前2个月因使用过程中仪表盘出现过“电压异常报警”，经返厂维修后继续使用，最终导致火灾发生。火灾发生时，车辆正在行驶中，仪表盘显示电池二级故障，之后驾驶员发现副驾驶侧电池舱冒出黑烟，遂停车并报警处置，所幸处置及时，未造成人员伤亡。（图3、图4）

图3　起火车辆

图4　起火电池包

2.1.3　锂电池生产企业厂房火灾

2023年9月29日，江西某新能源科技有限公司一期 pack 车间售后 / 铣磨区域因存放的客退锂电池故障发生火灾（图5），过火面积约330 ㎡。火灾主要起火物质为磷酸铁锂电池。经调查，该起火灾的核心区域为售后 / 铣磨区（图6），其主要工艺是对客退的磷酸铁锂电池进行铣磨、检测和评估。延伸调查得知，出问题的是该企业客退的锂电池模组或电池包中的1个或多个锂电池单体。对于售后返修锂电池，应先将电池模组拆解成电池单体，而电池单体与单体之间是通过金属极片焊接上的，拆解需要把极片一点点打磨去掉，这个过程称为“铣磨”。铣磨完成后，进入电池单体测试分选流程，这个过程需要剔除电压异常、容量异常及自放电过大的不良电池，从而实现对电池模组或电池包的维修。

图 5　监控拍摄起火过程

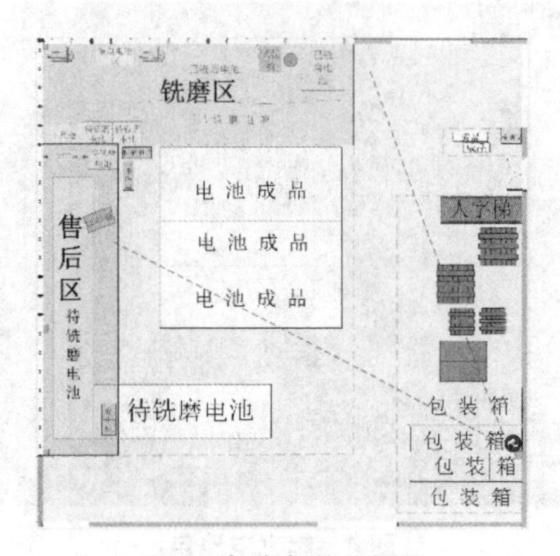

图 6　起火部位平面图

2.2　火灾并案调查情况

从以上三个先后发生的锂电池火灾分析可知，虽然火灾发生的场所各不相同，但是起火物都是锂电池，共同特征是电池都经过维修。因此，调查锂电池售后维修行业情况可以作为并案调查的焦点，锂电池梯次利用产业随之进入调查视野。

2.2.1　行业背景

2013 年以后，新能源汽车在我国大规模推广应用，车用动力蓄电池产销量也逐年攀升，动力蓄电池回收利用迫在眉睫。相关行业专家综合电池质保期限、电池循环寿命、车辆使用工况等因素测算，认为 2018 年后新能源汽车动力蓄电池将进入规模化退役阶段。因此，国家有关部门在 2018 年制定发布了《新能源汽车动力蓄电池回收利用管理暂行办法》，要求按照先梯次利用后再生利用原则，对废旧动力蓄电池开展多层次、多用途的合理综合利用，以提高资源利用效率。2021 年，国家有关部门又制定发布了《新能源汽车动力蓄电池梯次利用管理办法》，以加强新能源汽车动力蓄电池梯次利用管理，保障梯次利用电池产品的质量。

2.2.2　管理概况

梯次利用是指对废旧动力蓄电池进行必要的检测、分类、拆分、电池修复或重组为梯次利用电池产品，使其可应用到其他领域的过程。作为一个新兴产业，国家标准化管理委员会从 2017 年开始先后发布了 4 部国家推荐标准（表 1），初步形成了一个行业规范体系。

表 1　梯次利用标准发布情况

标准号	标准名称	发布日期	实施日期
GB/T 34015—2017	《车用动力电池回收利用 余能检测》	2017-07-12	2018-02-1
GB/T 34015.2—2020	《车用动力电池回收利用 梯次利用 第 2 部分：拆卸要求》	2020-03-31	2020-10-1
GB/T 34015.3—2021	《车用动力电池回收利用 梯次利用 第 3 部分：梯次利用要求》	2021-08-20	2022-03-1
GB/T 34015.4—2021	《车用动力电池回收利用 梯次利用 第 4 部分：梯次利用产品标识》	2021-08-20	2022-03-1

2.2.3　产业风险

经过向有关企业了解梯次利用产业的有关情况，并研究相关标准落实情况，发现该产业主要火灾风险如下。

一是余能要求滞后，导致退役车用动力蓄电池源头性能参差不齐，梯次利用电池产品可能存在先天隐患。余能是指蓄电池从电动汽车上移除后剩余的实际容量，其是蓄电池能否梯次利用的重要参数。2017 年发布的《车用动力电池回收利用 余能检测》（GB/T 34015—2017）主要规定了余能检测的要求、流程及方法，未规定判据。直到 2021 年发布的《车用动力电池回收利用 梯次利用 第 3 部分：梯次利用要求》（GB/T 34015.3—2021），才对梯次利用场景的余能要求进行了规定。以电池单体为例，应用场景为车用电池、储能电池和其他应用场景的梯次利用产品按照规定电流值的放电容量分别不低于出厂标称容量的65%、55%,低于出厂标称容量40%的则不适于梯次利用。标准的滞后,大概率导致大量不适于梯次利用的锂电池进入使用领域。虽然这是新兴产业难以避免的现象,但是势必造成锂电池火灾的多发。

二是推荐性标准贯彻空间弹性大。上述4部标准全部是推荐性标准,从延伸调查情况来看,有关企业难以严格贯彻落实。如起火的生产企业一期pack车间功能划分混乱,生产操作不规范,车间内既有生产、打包区域,又设置了售后、维修区域,未进行有效防火分隔,不符合《车用动力电池回收利用 梯次利用 第2部分:拆卸要求》(GB/T 34015.2—2020)场地要求中的"单独隔离,安全距离应符合国家相关管理规定"的要求。同时,虽然《车用动力电池回收利用 梯次利用 第4部分:梯次利用产品标识》(GB/T 34015.4—2021)对梯次利用锂电池标识做了规范,但是实际落实却不尽如人意,消费者、使用者的知情权得不到保障。梯次利用产品安全未交底势必导致安全管理措施不匹配,实际上就增大了火灾风险。

三是管理体系亟待完善。《车用动力电池回收利用 梯次利用》计划分为六个部分编制,除目前已发布的四个部分外,第5部分可梯次利用设计指南和第6部分剩余寿命评估规范尚未发布。《车用动力电池回收利用 梯次利用 第3部分:梯次利用要求》虽然对于循环寿命要求和安全性做了规定,但是内容比较原则——"应满足行业相关标准要求,如无相关标准,应满足供需双方协商确定的要求"。可见,标准体系上是预留了第6部分剩余寿命评估规范的接口的。制定剩余寿命评估规范目的在于对退役电池的剩余循环寿命开展高效、无损、低成本的判定,以便保证梯次利用产品仍然具有较高的剩余循环寿命和安全性。它对于引导、规范梯次利用产品的安全性具有重要作用,亟待制定发布。

2.2.4 延伸调查采取的措施

通过并案延伸调查,消防部门可以系统认识锂电池火灾高发的现实基础,以往许多火灾的诱因逐渐清晰,如2021年8月15日,江西九江某商铺因某品牌充电宝(质保期内)发生火灾;2021年11月10日,宁夏中卫某住宅因扫地机器人(无商标、合格证、生产厂家名称的购物赠品)电气故障发生较大亡人火灾事故。消防部门在组织内部复盘交流、分享调查成果的同时,针对调查认知的梯次利用产业火灾风险开展以下工作。

一是督促起火单位将电池售后维修区从pack车间调整至符合安全生产要求、相对独立区域。

二是组织辖区新能源电池生产企业召开警示教育会,并就相关企业完善梯次利用产品说明书,落实梯次利用产品标识发出建议书。

三是以消防安全委员会名义发函有关部门,建议在积极宣贯国家有关标准的同时,强化梯次利用产品监管,督促梯次利用企业保证梯次利用产品质量,严格落实梯次利用产品标识要求,强化使用梯次利用电池产品质量抽查,引导梯次利用产业科学、有序、安全发展。

3 火灾调查构建事前预防路径探讨

消防改革转隶以来,火灾调查工作一直在顺应形势任务需要探索转型升级路径。各地结合本地实际,在充分借鉴生产安全事故调查模式经验的基础上,持续在完善火灾事故调查处理机制上发力。从工作实践来看,由于火灾事故与生产安全事故存在交叉,调查处理工作存在部门协调问题,费时费力,而且火灾事故具有住宅火灾多、小场所火灾多、小规模火灾多、起火物种类多的特点,侧重责任处理模式用在火灾事故上的实际效果不一定好。火灾涉及行行业业和千家万户,是各类火灾风险相互叠加作用后以燃烧的形式表现出来的灾害。及时辨识、认知火灾风险并广而告之是专业消防部门的应尽之责。因此,新时代火灾事故调查工作应探索建立有别于生产安全事故调查模式,以火灾风险辨识和促进各类起火物安全管理为重点,以服务火灾事前预防为目的的"研究式"调查模式。

3.1 法制重塑

要实现以服务火灾事前预防为目的的"研究式"调查模式,需要整合社会资源和行政资源,必须在法律法规上予以明确授权。

3.1.1 法律层面

修订《消防法》时应参照1998年版本的模式,明确政府组织火灾事故调查的职责,并规定消防部门应结合火灾调查中辨识的火灾风险集中产业开展并案调查,及时向政府提交调查报告。同时,授权制定行政法规,进一步对火灾风险并案调查做出规定。

3.1.2 法规层面

研究制定火灾风险并案调查条例,重点从调查的组织领导、调查组构成、调查组成立流程、职责任务、小组划分、工作纪律、调查结案程序和期限、调查结果运用、整改措施评估等方面做出规定。

3.1.3 规章层面

修订《火灾事故调查规定》,把火灾风险识别新增为火灾事故调查目的,并从建立火灾调查数据库、成立火灾风险并案调查委员会、火灾风险并案调查专案组人员抽调、运行模式、调查保障和火灾风险产品统计上报程序等方面做出规定。

3.2 机制推进

3.2.1 专家组制度

火灾风险并案调查涉及产业、产品,专业性强,有的甚至是技术前沿,应建立专家组制度,吸纳高等院校、科研机构、行业协会方面的专家学者为专家组专家,为火灾风险并案调查提供智库保障。

3.2.2 部门联席会议制度

消防部门应与发改、工信、市场监督管理、能源、住建等部门建立联席会议制度,及时掌握新技术、新产品、新产业、新能源发展运用的动态,主动跟进与之相关的火灾事故发生情况,实现信息共享,认真组织新技术、新产品、新产业、新能源的火灾事故调查,及时辨识火灾风险,根据需要提请组织开展火灾风险并案调查。

3.2.3 公益诉讼制度

消防部门应邀请检察机关参与火灾风险并案调查,在推动有关部门积极运用调查成果的同时,可以根据实际需要,提请检察机关将火灾风险调查改进措施要求纳入公益诉讼的范围。

3.3 力量保障

应高度重视火灾事故调查工作,全力保障调查力量,市级以上消防部门应设置火灾调查专职机构,省级消防部门增设公共事业编制的省级火灾调查技术研究中心,作为火灾风险并案调查常备力量,主要承担地方火灾风险并案调查工作;并发挥消防部门垂直领导体制优势,在国家消防救援局的统一领导下,配合做好国家层面火灾风险并案调查工作。同时,要敢于"腾笼换鸟",基层消防部门的兼职火调干部可适当减少消防检查执法工作量或将兼职火调干部日常消防检查任务设置为协办,使兼职力量有时间和精力投入火灾事故调查工作。

参考文献

[1] 公安部消防局.2007—2011 年全国火灾调查案例选编 [M]. 北京:中国科学技术出版社,2013.

[2] 中科院物理所. 他们研制出了世界上最强的电池丨2019 年诺贝尔化学奖解读 [EB/OL].https://baijiahao.baidu.com/s?id=1646980753122048926&wfr=spider&for=pc.

[3] 中宁县人民政府. 中宁县消防救援大队关于"11 · 10"水木兰亭住宅较大火灾事故调查情况的报告 [EB/OL]. https://www.znzf.gov.cn/xwzx/qwfb/202203/t20220330_3409889.html.

[4] 中华人民共和国国家质量监督检验检疫总局. 车用动力电池回收利用 余能检测:GB/T 34015—2017[S]. 北京:中国标准出版社,2017.

[5] 国家市场监督管理总局. 车用动力电池回收利用 梯次利用 第 2 部分:拆卸要求:GB/T 34015.2—2020[S]. 北京:中国标准出版社,2020.

[6] 国家市场监督管理总局. 车用动力电池回收利用 梯次利用 第 3 部分:梯次利用要求:GB/T 34015.2—2021[S]. 北京:中国标准出版社,2021.

[7] 国家市场监督管理总局. 车用动力电池回收利用 梯次利用 第 4 部分:梯次利用产品标识:GB/T 34015.4—2021[S]. 北京:中国标准出版社,2021.

标准化在火灾调查团队构建中的应用研究

董　淳

（昌吉州消防救援支队，新疆　昌吉　831100）

摘　要：本文总结得出火灾调查负责人法律意识有待提高、现场勘验装备需要增强、人员队伍有待合理调配等问题，并提出从传统的专家带队、决策型团队的运行管理模式转为团队化、标准化的运行模式，就火灾调查团队协作的经验，结合管理学角度，从如何分组、划分职责、运行、总结及综合管理等方面进行论述，以期为我国能早日建成标准化、流程化、协调有序的火灾调查团队体系提供参考。

关键词：火灾调查；标准化；团队构建

随着我国经济的发展，发生火灾事故的原因呈现多样化，这就要求火灾调查人员的业务水平与时俱进，单打独斗已经无法胜任目前的火灾调查工作。为了更好地查明、查清火灾原因，调查清楚火灾蔓延扩大的成因，为以后预防火灾事故提供真实可靠的结论，建设一支专业化、系统化、流程化的火灾调查队伍势在必行。本文通过对近年来昌吉州较有影响的火灾在调查过程中出现的问题进行总结，对标准化在火灾调查协作团队中的运用提出自己的建议。

1　火灾调查团队的工作现状

当前，我国火灾调查团队取得了较多成果，新设备、新科技的运用大大增加了火灾调查团队的技术含量，近年来在国内数起影响较大的火灾中取得了较好效果，刺激了我国火灾调查团队建设工作的飞速发展，但是在实际工作中也暴露了不少问题。

1.1　火灾调查负责人法律意识有待提高

当前，随着法律的普及程度越来越高，火灾事故当事人的法律素质也越来越高，以往不容易出现的行政诉讼、复核和信访案件数量呈现逐年上升的趋势。这就要求火灾调查负责人必须有法律意识，将涉及火灾调查的法律法规牢记在心，在组织开展火灾调查工作中必须做到程序合法、证据充分。

作者简介：董淳（1985—），女，新疆维吾尔自治区昌吉回族自治州消防救援支队，高级技术职务，主要从事火灾调查方面的研究。地址：新疆维吾尔自治区昌吉回族自治州昌吉市世纪大道消防支队家属楼，831100。

1.2　现场勘验装备需要增强

当前，火灾调查设备有了质的飞跃，无人机、三维建模、测谎仪、电子物证分析、视频分析等技术的运用与社会发展需要相适应，但是如何在火灾调查中获得更深层次的运用，让更多火灾调查人员可以轻松上手，真正做到设备为人所用、为工作尽职，还需要火灾调查人员提升质效，选出真正在现场用得顺手、用得高效的工具。

1.3　人员队伍有待合理调配

当前，部分消防救援支队忽略火灾调查队伍建设，火灾调查人员缺少对职业身份的认同感，人才凝聚力、向心力不足。基层消防监督员认为火灾调查主要靠一张嘴，虽然在“人人火调”的口号下，消防救援大队开展简易程序的火灾调查工作可以基本胜任，但是遇到社会影响较大的火灾、被广泛关注的火灾，如何在有限的时间内，在各种网络舆情的压力下，尽快取得火灾调查结果，则要考验一个火灾调查团队的协作水平。因此，每个消防救援支队有一个可以胜任火灾调查工作的团队尤为重要。

从以上内容可以看出，火灾事故调查组织方面的标准化建设与管理是十分短缺的，标准化技术文件的缺乏是制约我国火灾调查人员发展建设的一大障碍。

2　火灾调查标准化分工

本文根据以往的火灾调查经验，建议在发生社会影响较大的火灾时，将鉴定火灾直接财产损失的工作交由具有鉴定资质的鉴定机构，其他火灾调查职能则要根据不同分工成立小组。

2.1　火灾调查团队分工

火灾调查团队可分为火灾现场调查负责人、火灾现场技术总指挥、现场勘验组、调查走访组、电子物证绘图组、综合协调组。其中，火灾现场调查负责人领导火灾调查整体工作，火灾现场技术总指挥负责领导火灾调查技术工作。每个调查组设置组长一个，组员若干。（图 1）

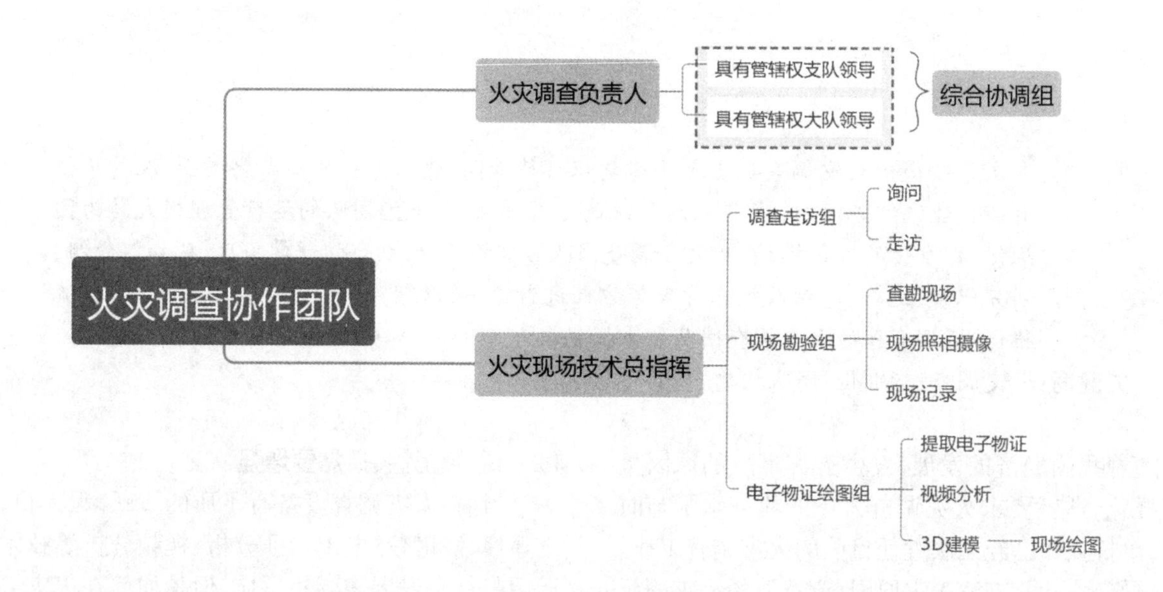

图 1　火灾调查团队分工

2.2　火灾调查团队人员要求

火灾现场调查负责人由具有管辖权的消防救援支队或者大队领导担任，火灾现场技术总指挥由具有中、高级技术职务，且拥有 10 年以上火灾调查工作经验的人员担任，团队组成人员要按照老、中、青三个年龄层次进行搭配，发挥个体主观能动性，将不同专业背景、不同性格的人员组合在一起，发挥每个人的学术所长，有利于提升调查水平，克服传统的"师傅带徒弟"模式的不足。同时，在实际火灾调查中进行团队磨合，可以快速增长团队成员的工作经验，促进团队成员弥补学术不足。由具有不同知识背景与学术专长的技术骨干所组成的团队，能够实现相互间的取长补短和优势互补。这样，火调人员就可以从团队中学到现场操作性极强的知识，从而构建一个比较广博的知识基础。此外，团队合作也能拓宽每位成员的技术眼界。

2.3　火灾调查团队组织者要求

每位组长都有自己独特的研究视角、研究思路和研究方法，通过火调协作团队的培养，能使成员感受到不同专业带头人的学术风格、工作经验、调查方法等方面的差异，使他们从调查方法、调查技术等方面吸收每位带头人的精华。对每个成员进行明确分工，每一个火灾现场都是团队的磨合机会，既能锻炼总指挥和各位组长的统筹分析、逻辑推理能力，又能让每个岗位的成员强化自身专业技术，为更好地适应当前的火灾调查趋势奠定良好的基础。

3　提升火灾调查团队有效协作建议

火灾调查团队如何高效率、高效能的运转是火灾调查专业人员一直致力解决的问题。运用标准化管理模式可以提升火灾调查团队的有效协作，每一起火灾事故都是一次实操的机会。

3.1　开展工作前了解情况

在团队成员行动前，要提前了解基本情况，预设问题，按照标准化流程，开展团队建立、团队展开、团队调整的工作。

3.1.1　了解书面基本情况

团队成员可以从非火灾发生地的其他区域消防救援队伍中调集，在前往火灾发生地前由当地消防救援大队先形成一个火灾基本情况文件，发给各位团队成员进行初步了解，遇到问题可在路途中进行相互沟通，确保信息准确。各组按照职责分工，在到达现场前预设开展工作清单，初步确定成员分工。

3.1.2 现场了解火场情况

团队成员到达现场后,不论是否分在现场勘验组,都应先去起火现场按照先外围再进入的原则,对起火现场有所了解;再按照各组分工,分别去了解调查进度,以迅速了解案情。在询问前,根据事故性质,制订切实可行的询问方案,提前准备需要询问的内容,列出必要问题,防止遗漏。特别是电子物证绘图组,应在火场周边查看相关视频监控位置,找寻可能有线索的设备。现场照相人员应将现场围观群众也拍摄记录下来,观察其神态、动作及微表情,发现可疑人员及时报告技术总指挥。

3.2 实现扁平化指挥方式

火灾调查团队协作使用三级管理架构,由总负责人、组长和组员组成,在管理系统中实行扁平化指挥,以提高沟通协调速度。

3.2.1 每日案情分析会制度

火灾调查期间,每日召开碰头会,由火灾调查负责人进行组织,综合协调组负责进行记录和督促各组落实各项工作,技术总指挥负责确定调查工作整体方向,各组组长对单项调查情况负责。在碰头会上,对当天调查工作进度进行汇报,对第二天调查方向和具体工作进行分工,以不同调查组为单元,充分发挥各组组长的作用,对组内成员所开展工作进行把关审核,组内形成统一意见。

3.2.2 及时沟通制度

若在当天调查过程中发现重大线索,该组组长应将情况立即反映给技术总指挥和其他组组长。在得知需要启动团队协作时,就组建一个火灾专案工作协作群,在群内通知事情,并通报工作中遇到的重大线索,及时将照片、音视频、图片等内容发给参与调查的人员,这样可以让调查人员快速了解案件调查进度。

3.2.3 分工职责明确

在火灾调查工作开展初级阶段,利用团队优势迅速开展调查工作,第一时间取得询问笔录、现场物证,不给火灾肇事人员思考时间,初期调查尽量完善,避免多次接触火灾当事人和证人而导致出现抵触不配合情况。团队成员分工明确,不用等待安排,到达火场就可以开展自己的调查工作。

3.3 实现梯次调查队伍模式

在团队构建时,要通过“多”年龄配置、“多”层次培养、“多”程度配备等举措构建梯次联动机制,进一步加大火灾调查人员的培养配备工作力度,为促进老、中、青火灾调查人员发挥作用提供有力保证。

3.3.1 火场指挥者要有统领全局意识

火场总负责人和技术总指挥不参与具体调查工作,而是负责对案件进度进行整体梳理,了解各组进度,进行逻辑推理和技术分析,因此要有全局意识,为火灾调查确定总体方向。在火灾调查过程中,遇到难点和问题,要做出决策,必要时调动火灾调查专家库成员协助开展工作。

3.3.2 调查组实行双人在岗模式

为确保团队调查进度不因成员配备不齐或者人员调动、流失而受到牵制,在各调查组内要求一岗双人。如现场勘验组中现场照相人员分配给两人,若一人不在现场,另一人仍可以继续参与火灾调查工作。这样可以确保在开展火灾调查过程中,每天都有完成进度,并且人员熟悉前期情况,提高调查效率。

3.3.3 团队成员要有专业特长的人才

支队应在日常工作中对工作人员进行考察,选出具有钻研精神、愿意学习的人员进入火灾调查团队,也可以在刚从院校毕业的新成长干部和政府专职队员中挑选出有特长的人员,如善于制作 PPT 或动画以及电子信息、建筑设计等专业人员进行专项培养,通过制订不同层次调查人员的培养计划,对火灾调查人员进行有针对性的阶梯形培养,形成团队分工明确、团队人员构成稳定的阶梯形团队体系。

3.4 实行总结复盘模式

每一起火灾事故都是对调查团队的一次挑战,只有在实战中发现问题,及时复盘总结,反馈调整,团队才会越来越有活力和效能。

3.4.1 及时移交模式

协作团队初期调查完毕后,基本调查出起火时间、起火部位、起火点及起火原因后,要及时完成所在组的材料汇总,在火灾调查负责人认为完成后,与具有管辖权的支队或者大队进行移交,由团队协作成员完成的案卷资料以移交清单的形式进行交接。

3.4.2 复盘迭代模式

移交工作结束后,由火灾调查负责人组织团队协作全体成员召开复盘总结会,每个成员对自己在火灾调查工作中的工作进行梳理和总结,并结合自身工作开展情况,总结优点、分析不足,每个成员的复盘记录由综合协调组记录在案,在复盘中进行总结,以迭代更新团队管理水平。

3.4.3 建立现场跟班制度

团队协作成立后,其他支队、大队也可以根据自身需要派员参与并跟班学习，即在不影响正常开展调查工作的情况下，在旁边进行观摩，由调查组组长分配任务，参与到调查工作中，在实战中总结经验教训，成为团队协作的预备力量，以便随时有新鲜血液补充进入火灾调查团队中。

3.5　实行领导决策与民主决议模式

在团队构建中，难免会出现意见不一致的情况，因此要遵循总指挥的权威性和集体议案的民主性。在认定结论时，要组织全体调查组成员召开案情讨论会，各调查组组长给出本组在调查过程中发现可以证明起火时间、起火部位、起火点及起火原因的认定依据，由火灾调查总负责人和技术总指挥进行审核把关。当意见不一致时，要充分听取参与讨论人员的意见，最终结论要集体通过。

3.5.1　总指挥的权威重要性

在调查过程中，由总指挥确定下一步调查方向和第二天工作安排，这就要求总指挥除具有专业的火调经验外，还要有对团队工作的统筹安排能力，与组长、组员的沟通协调能力，但是也要注意灵活应变。如果团员提到更好的方法，要及时纠正策略，调整调查方法，不能一意孤行，一切以事实为准，用证据支撑，不能加入个人臆想和无理由的推断。

3.5.2　发挥集体智慧能量

在火灾案例分析会上，所有人员都要积极发言，信息沟通过程是各方面思想交流的过程。现场勘验组在拟写现场勘验笔录时应由参与现场调查的人员共同讨论定稿。询问走访组要形成一个询问笔录情况，并将能够证明火灾情况的内容重点摘录出来。电子物证组要将火灾前、火灾过程中、火灾后的现场情况、人员情况按照时间顺序表现出来，与询问走访组一同形成完善的时间轴。火灾事故调查报告是最终分析记录的书面材料，要由所有参与成员共同讨论，逐字逐句地拟定，在讨论的同时，案件的情况会更加明朗，对起火部位、起火点和起火原因要更加认真地逐字雕琢。

4　结语

现阶段火灾调查标准化体系已初步形成，有益于促进火灾事故调查人员精确、快速地判断火灾原因、划分火灾责任，在标准化体系的管理下，高效、高质地开展火灾事故调查工作。本文以火灾调查人才培养为导向，紧密结合不同专业的社会工作需求，通过团队协作对火调人员的综合能力实行梯级培养，改革了以往单一导师专家负责制下的传统管理模式，一方面充分发挥了不同专业背景的导师技术骨干的学术专长，另一方面考虑了参与调查人员的个性、水平差异，提高了人员质量。在火灾调查团队协作的改革过程中，尤其需要明确组长的职责，通过倡导加强区域合作、增强沟通交流、个性差异化管理等有效措施使之落到实处，最大限度发挥整个团队的协作调查作用。

参考文献

[1]　朱斌，郑华婷，陈惠玲，等. 浅析应急救援志愿组织标准化建设 [J]. 中国标准化，2023，627（6）：71-74.

[2]　杨坤，赵同彬，谭涛，等. 基于导师团队协作模式的研究生创新能力梯级培养 [J]. 科教文汇（上旬刊），2018（19）：30-32.

[3]　侯志辰. 火灾事故调查工作中存在的问题及解决对策 [J]. 消防界（电子版），2019，5（24）：43-44.

[4]　田立涛. 火灾事故调查工作标准化体系的研究 [J]. 中国标准化，2023（2）：53-55.

[5]　吴彬彬，张敬业，张亚男. 高校思政教育线上线下互动平台研究：以湘潭大学社团为例 [J]. 科教文汇（上旬刊），2018（19）：11-13，32.

构建"全链条·大火调"格局的思考

杜泽弘

（凤庆县消防救援大队，云南 临沧 677000）

摘　要：为贯彻落实中共中央关于消防执法改革的决策部署，国家消防救援局提出树立"大火调"思维，建立"全链条"调查模式的工作要求，本文从有利于落实决策部署、整合部门力量、查清各方责任出发，简要阐述构建"全链条·大火调"格局的现实意义，从体制机制不够健全、证据收集不够全面、倒查追责不够有力、教训转化不够充分等方面分析存在的短板和不足，提出规范调查程序、全面固定证据、客观撰写报告、务实评估整改的工作思路，以推动建立完善的适应新时代发展的火灾事故调查处理机制。

关键词：全链条；大火调；格局；构建

1　构建"全链条·大火调"格局的现实意义

"全链条·大火调"是对火灾事故调查处理的全局性谋划、系统性布局，是从健全组织体系、整合调查力量、规范调查内容、明确追责落责、推进评估整改等多方面对火调工作进行精准部署。"全链条·大火调"格局的建立，对探索构建以调查处理为核心的火调制度体系，实施精准防范、精准治理、精准追责，更好地保护人民生命财产安全、维护社会和谐稳定起到决定性作用。

1.1　构建"全链条·大火调"格局是落实中央决策部署的有力举措

《关于深化消防执法改革的意见》明确要求，强化火灾事故倒查追责，对亡人和造成重大社会影响的火灾逐起组织调查，严格追究属地管理和部门监管责任，建立较大以上火灾事故调查处理信息通报和整改措施落实情况评估制度，强化警示教育。逐起调查、责任倒查、信息通报、整改评估、警示教育是消防执法改革的目标任务和标准要求，如果仅限于查明起火原因，而没有延伸至查原因、查教训、查责任，就不能有效发挥火调的引领、震慑、指导作用，达不到查处一起、震慑一批、警醒一片的效果。只有固化"一案三查"制度，在精准查明起火原因的同时，全面查清火灾成因，总结经验教训，形成技术调查报告，提出预防措施和追责建议，才是回应《关于深化消防执法改革的意见》的有效措施、有力手段。

1.2　构建"全链条·大火调"格局是整合部门力量的有力举措

"全链条·大火调"格局需要打破消防救援机构单打独斗的认知壁垒，充分调动各方力量，形成政府牵头、部门主办、社会参与的良好格局。火灾发生地政府要在批准成立事故调查组、批复同意事故调查报告、组织开展整改评估等方面牵头管总，做好保障；公安机关要在固定犯罪证据、控制犯罪嫌疑人、提起刑事诉讼等方面履职尽责；消防救援机构要在认定起火原因、分析蔓延途径、确定人员行为、固定火场痕迹等方面发挥技术、人才优势；应急、住建、文旅、水务、自然资源等行业主管部门要在查明行业监管、查清单位履职、划分责任落实等方面提出意见建议；纪检监察机关、司法机关要重点对公职人员、火灾当事人履职情况进行调查，同步采取行政手段、司法措施，全程推动调查处理决定落实到位；同时，调查组要聘请有关专家积极参与，为火灾调查处理汇集精兵强将，凝集强大合力。

1.3　构建"全链条·大火调"格局是查清各方责任的有力举措

消防救援机构对一般火灾的调查多数停留在查明起火部位、起火时间和起火原因，以及查清火灾发

作者简介：杜泽弘（1985—），男，云南曲靖马龙区人，云南省临沧市凤庆县消防救援大队大队长、工程师。电话：13529604588。

生的直接原因和间接原因，在“查原因”方面花费的精力多，但对“责任”的调查少，对“教训”的分析不到位，从而使同类别火灾反复发生，经常重蹈覆辙。“全链条·大火调”格局就是要按照“一案三查”的要求，查明火灾事故发生的直接原因、技术方面的间接原因、事故管理方面的深层次原因，并对地方党委、政府相关部门及公职人员在履行安全生产职责和消防安全责任等方面存在的违纪、职务违法犯罪等方面开展调查。通过调查，查明事故发生的经过和原因，统计人员伤亡情况及直接经济损失，认定火灾的性质和火灾事故责任，提出对事故责任单位和责任人的处理建议，深刻总结事故教训，提出防范和整改措施。通过“全链条”的调查分析，真正查明火灾是“偶然性因素”还是“必然性结果”，是“疏忽大意”还是“放任为之”，是“管理缺失”还是“工艺缺陷”，从源头上查明原因、堵塞漏洞，科学划定责任。

2 “全链条·大火调”格局的现状分析

国家消防救援局发布的《关于开展火灾延伸调查强化追责整改的指导意见》，指明了构建“全链条·大火调”格局的方向，提出了明确要求，各地也进行了积极有益探索，但整体成效还不明显，主要表现在以下方面。

2.1 体制机制不够健全

国务院发布的《消防安全责任制实施办法》，明确了各级政府、行业部门、社会单位的消防安全责任，但未对火灾事故调查处理提出具体实施的指导意见，部分省、市创新探索出台了《火灾事故调查处理规定》，明确了事故调查的级别管辖、事故调查组的成立及职责，规定了事故调查报告内容，但未形成统一的标准，火灾事故调查处理各有千秋、各自为政。特别是在何时启动调查，由哪些部门参与调查，调查收集哪些证据，如何追究当事人责任等方面存在较大分歧。同时，颁布实施《火灾事故调查处理规定》的地方政府，存在领导小组人员落实不到位，未建立联席会议制度，发生火灾后临时抽调人员，调查组的工作效率和调查水平有待提升等情况。

2.2 证据收集不够有力

各级各部门在一定程度上存在“火调专业性强，是消防救援机构自己的事，本部门不会调查，也参与不了”的认识误区。公安机关基于部门利益考量，不愿分享案件证据、不通报重要线索，协作停留在口头上。消防救援机构火调人才匮乏，以临沧市消防救援支队为例，全市仅 1 名干部为火调专业毕业，支队机关、各大队火调人员均为兼职，无法单独完成大量的证据收集工作。特别是消防改革转隶后，《公安机关办理行政案件程序规定》不再适用，办案的手段单一、措施有限，遇到当事人不配合的情况，调查人员需要反复讲政策、努力做疏导、多方勤沟通，才有可能获取证据材料，导致证据收集效率低下，甚至收集的部分证据真实性差、证明力弱，消耗有限的调查资源。

2.3 倒查追责不够有力

火灾事故调查要求综合运用行政、刑事等处罚手段，严肃问责，使责任各归其位，让各责任方承担相应后果。但火灾事故调查中发现的刑事犯罪线索移交公安机关依法处理后，消防救援机构仅能跟踪了解案情，不能左右案件办理情况；对火灾事故调查中发现行业部门存在消防安全监督管理职责不落实的情况，应提出处理意见，同时报告所属政府督促落实，但很多处理措施最终“大事化小、小事化了、不了了之”，导致追责的效果大打折扣；特别是对火灾事故调查中发现履职不到位的公职人员，按规定应由纪委监委调查问责，但对于一般火灾事故，纪委监委通常不会成立调查组，也不会采用“一事一问责”的措施，直接导致查清了责任，但追究不了责任的现象发生。

2.4 教训转化不够充分

消防救援机构在完成延伸调查后，要及时向相关行业系统通报火灾概况以及防止同类事故再次发生的建议，但通报内容不具有行政强制性，行业部门选择性执行、执行打折扣的现象比较突出；对火灾事故调查整改措施落实情况，虽然已明确要求“火灾调查结案后一年内，应组织有关部门或委托第三方机构组织开展整改措施落实情况评估”，但通常情况下，真正组织开展评估的少之又少，提出的整改措施落实到位的寥寥无几，督促整改未形成闭环，与“汲取教训、转化成果、形成制度”的要求差距较大。

3 构建“全链条·大火调”格局的路径探析

“全链条·大火调”格局要打破火灾事故调查处理中的藩篱和壁垒，从主动提请政府成立调查组、积极牵头收集证据材料、适时邀请纪委监委介入、从严落实调查处理措施等方面，建立与完善政府层面火灾事故调查处理机制，以推动构建适应新时代发展的火灾调查处理格局，充分发挥火灾调查工作在防范化解重大火灾风险中的重要作用。

3.1 在调查程序上力求“规范”

调查程序就是调查的先后顺序，即规定先干什么，再调查哪些方面，最后提出什么处理措施。只有坚持正确的调查程序，才能保障调查有序、有效，最终达到调查目的。具体来说，要在火灾发生后3日内成立调查组，启动调查程序；调查组要由政府分管领导任组长，消防救援、公安、应急、住建、文旅、水务、自然资源等部门主要负责人为成员，抽调业务骨干，组成精干力量开展调查取证、责任调查、原因分析等工作；调查结束后，要高质量完成调查报告撰写，提请政府批复报告内容，并向社会公布；针对调查报告提出的处理意见，特别是人员的责任追究，要由纪委监委、人社、司法等部门监督落实到位；同时，在火灾调查结案后一年内，要开展整改措施落实情况评估。要从调查启动、调查组成立、调查取证、责任调查、原因分析、报告撰写、报告批复、责任追究、整改评估等9个方面明确火灾事故调查处理的环节流程，确定调查的目标方向、责任时限和任务要求，通过一套程序牵引，环环相扣地组织调查。

3.2 在证据固定上力求“全面”

调查取证需要紧紧围绕火灾原因、单位履职、监管责任等方面展开，要通过现场痕迹、群众反映信息、监控拍摄视频等全面收集起火原因证据；要通过查阅单位基本信息、日常管理资料、交通水源状况、消防设施运行等精准收集单位履职证据；要通过查阅文件通知，客观评价政府消防工作开展情况，要对文旅、住建、自然资源等行业部门主要负责人进行谈话，固定落实责任的第一手资料，综合分析消防工作履职情况。要设置技术组、管理组、责任追究调查组等3个小组，确定调查重点对象为主体责任人，建设工程设计施工、监理检测等相关人员，对安全生产和消防安全事项负有审查审批和监督职责的行政部门公职人员。调查取证的方向主要注重从人的不安全行为、物的不安全状态、安全管理漏洞及薄弱环节等方面，依法调查使用管理责任、工程建设责任、中介服务责任、消防产品质量责任、建设单位首要责任和消防救援机构及政府相关部门监管责任。

3.3 在报告内容上力求“客观”

火灾事故调查报告是调查成果的客观展示，也是责任追究的主要依据。报告内容应包括起火单位和相关单位概况、事故发生及政府应急行动情况、火灾造成的人员伤亡和直接经济损失、火灾原因及性质、责任认定及处理建议、整改措施建议等6项重要内容，调查报告应当附具有关证据材料，事故调查组成员应当在事故调查报告上签名。同时，调查报告要提交本级政府批复，并由牵头部门按规定公布，主动回应社会关切，接受社会监督。

3.4 在整改评估上力求“实效”

整改评估要明确评估时限和评估重点，要逐一对评估内容进行客观评价，做出科学合理的评估结论，并采取措施落实到位。评估的时限为较大火灾事故批复后一年内，由组织调查的人民政府委托有关部门开展评估工作。评估的重点包括：火灾事故相关企业及同类企业、人民政府和有关部门落实防范和整改措施采取的具体举措以及取得的效果；火灾事故责任单位和责任人员受到行政处罚、处分的落实情况，刑事责任定罪量刑情况；火灾事故发生地人民政府及相关部门汲取事故教训，强化整改措施落实情况。评估后采取的措施包括：对火灾事故整改措施未落实或落实不力的，政府督查室应下发督办函，督促下级人民政府及有关部门、有关企业限期整改落实；对有关公职人员党纪政务责任追究不落实的，以及拟追究刑事责任人员审判拖延滞后的，应向纪检监察机关或相应人民检察院、人民法院通报情况，商请督促落实。

构建“全链条·大火调”格局任重道远，需要各级政府重视和支持，行业部门通力合作，社会单位广泛参与，但通过“一案三查”找准原因、落实责任、查清教训、提出措施的火调新思维、新路子势在必行，在火灾事故调查处理中，不断探索建立一套成熟的调查机制，组建一支业务精专的骨干力量，形成研讨交流、参观学习、拉动演练等培训会议制度，必将加快推进“全链条·大火调”格局的形成。

参考文献

[1] 应急管理部消防救援局. 关于开展火灾延伸调查强化追责整改的指导意见 [Z]. 2019.

[2] 云南省消防救援总队. 关于进一步加强火灾调查工作的意见 [Z]. 2020.

[3] 中华人民共和国公安部消防局. 中国消防手册 [M]. 上海：上海科学技术出版社，2006.

[4] 火灾事故调查规定（公安部 121 号令）[Z].2012.

试论强化调查统计工作的作用和建议

徐凯文

（深圳市消防救援支队，广东 深圳 518028）

摘 要：随着“全灾种、大应急”的救援力量体系的构建，对消防救援队伍有了更高的要求，调查统计工作的重要性也逐渐显现。在一定程度上，通过调查统计可以为消防救援工作规划、队伍建设、消防法规技术标准制定、消防基础设施建设以及防火减灾的效果的提升，提供重要的数据支持，有助于我国消防事业的高质量发展。但当前我国调查统计工作及统计数据综合应用方面仍然存在不完善情况，为此，本文就提升调查统计的作用和意义进行论述，希望对当前调查统计工作的科学高效发展提供必要帮助。

关键词：火灾调查统计；作用；意义

1 引言

调查和统计的关系是相互依存、相互融合、相互促进的。例如单起火灾事故调查是为了找出火灾发生的直接和间接原因，火灾统计则是为了记录和分析火灾事故的发生情况，串联分析多起火灾事故背后的特点、共性和规律，并对今后的火灾形势进行研判预测，两者共同为预防类似事故的发生和提高消防安全水平提供依据。通过这两者的结合，可以更好地理解火灾的成因和损害，采取有效的预防措施，提高防灾减灾质效。调查是统计数据的主要来源之一，微观、精确的调查是统计数据真实、准确、完整的重要保证。消防队伍统计信息的范围较为广泛，既包括对火灾信息的调查和统计，也包括队伍接处警信息的调查和统计，主要的手段是利用科学的统计方式，对接处警和火灾调查所产生的数据、案例和信息进行细致的记录、整合以及储存，从而将各项信息建立起系统化、科学化、标准化的流程。通常，调查和统计工作是行业的重要基础性工作，两者之间往往可以相互融合、转换和共享，为行业的管理、发展提供全面、精准、详细的资料信息。

作者简介：徐凯文（1988—），男，广东省深圳市消防救援支队防火监督处副处长，中级专业技术职务，主要负责火灾调查、火灾统计、火灾预防及专项整治、消防监督执法等相关工作，广东省深圳市福田区红荔路 2009 号，518028。

2 调查统计工作的作用

消防救援队伍的调查统计工作主要服务于队伍建设发展和防灭火等中心任务，为火灾防控、灭火救援、宣传教育、装备改善等核心职能提供服务和支撑，具体主要体现在以下几个方面：

2.1 加强消防救援队伍建设发展的重要依据

利用对接出警数据的调查和统计，可以分析获取消防救援队伍担负的主要任务类型，并结合当地人口、面积、经济、交通等相应指标，对当地消防救援机构的数量、战斗人员编制及财务供给等情况进行测算和早期规划；同时，通过队站的警情数量的区域分布、接警出动的到场平均时长、参战形式（主站、增援）等方面进行调查统计，可以消防救援站点的力量布防和站点规划提供参考依据，提升战斗效能，实现“打早灭小”目标。通过火灾调查，可对比分析城市地区与城镇乡村的火灾规模、执法人数以及监督执法数量等差异，建立当前与之相适应的基层消防监管力量配备模型和执法任务基数，为推动基层消防监管力量建设和规范化执法提供科学数据支持。

2.2 调整力量布防和技战术革新的重要参考

通过对某一区域的警情特征和分布进行调查统计和深入分析，可为专业队伍建设的类型、数量、规模等提供数据参考，比如地震、山岳、水域、洪涝、高空、地下、有限空间、森林草原火灾扑救等特种灾害警情多发的地区,应加强相应专业队伍的建设,强化相应救援技术的训练演练。通过对火灾扑救等警情中的场所类型、灭火救援时长、人员和车辆的调派数量、到场时火灾的状态、营救疏散人员的数量等出动数据进行综合调查统计和分析,可为调整力量编成、技战术战法等提供优化方案。

2.3 加快地区防灾减灾效能提升的重要支撑

通过对本地季节性的警情数据进行调查统计和分析研究,提取共性特征,指导救援队伍及时调整力量部署、执勤战备、前置驻防等针对性防火减灾工作,最大限度减少人民生命及财产损失。同时,通过对火灾调查数据的分析整理,可对火灾发生的季节、时段、区域、场所、原因等分布特性,结合区域经济发展、人口结构、产业分布、自然气候、能源配比等维度,研判火灾发展趋势和消防安全风险,提出针对性的防控的重点领域和防控措施,提升火灾防控的精准性。此外,基于火灾调查及监督执法等统计数据,开展模型推演,实现针对不同场所的火灾风险分级管控,实现提前感知和早期预警。例如应急管理部天津消防研究所已开展商业场所等的火灾分析研判,如图 1 所示。

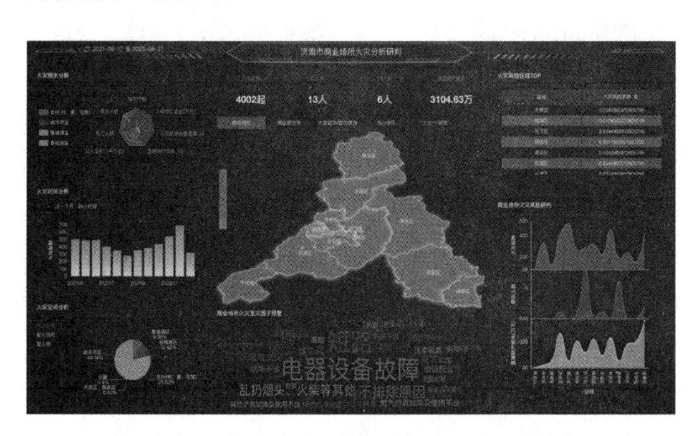

图 1 济南市商业场所火灾分析研判

2.4 促进装备升级和优化战勤保障工作的重要基础

通过警情类别、救援场景的出动频次和战斗损耗等数据的调查和统计,指导优化救援队伍灭火救援装备配备;在新型装备灭火救援效能评估方面,通过列装前后对比分析,为装备改良提供方向。同时,针对某类火灾或救援的处置时长、耗材损耗等数据统计分析,为日常执勤队伍灭火剂等作战储备、油料饮食等后勤保障方面提供数据参考。此外,通过调查统计对参战人员致伤致亡的原因、身体部位、处置过程、安全防护装备配备等统计并深度研究,为指导和规范作战安全要则和个人防护装备的迭代升级具有重要意义。

2.5 队伍内外消防宣传教育素材的重要来源

接处警数据的调查统计,是体现消防救援工作的有力证明,展示了国家队、主力军面对“全灾种、大应急”的使命担当和社会贡献,对队伍形象的树立有着积极的作用。同时,通过火灾调查获取的火灾数据信息,更是加强社会面消防宣传工作的资料库,如自建房火灾多发、造成的老龄和儿童人数伤亡占比大,可以通过对起火原因、起火物、起火部位、引火源、人员伤亡原因、年龄段、受教育程度等多重指标进行综合的统计调查和综合分析,指导各级针对不同社会群体开展分类别、分语言、分习惯特征、分时段的差异化宣传教育,提高群众的消防安全意识和自防自救能力。

3 调查统计工作当前存在的问题

我国近十年消防部门的接处警年均约 100 万起,消防员人均处警约为 3.1 起,对比国外消防部门统计数据,俄罗斯人均 4.4 起、日本 28.5 起、美国 69 起,我国消防队伍出警统计量明显偏少。同时,根据国际消防技术委员会(CTIF)统计的世界主要国家火灾数据显示,76 个国家的 10 万人口火灾死亡率平均值为 1.2 人,十万人口火灾死亡率高于或等于世界平均值的有 27 个,最多的俄罗斯为 11.7,其他发达国家如日本为 1.6,丹麦为 1.5,波兰、匈牙利为 1.4,美国、瑞典、加拿大为 1.3。十万人口火灾死亡率低于世界平均值的国家和地区有 50 个,其中虽有一些发达国家,如英国、法国、德国等,其死亡率都在 0.5 以上。而排在最后 20 位的国家中,除新加坡、卢森堡、冰岛等国家外,均为发展中国家,最低的依次是越南、几内亚、泰国为 0.1,中国、伊拉克、阿尔及利亚为 0.2(近年来我国降至 0.1)。此外,美国、日本等每年的火灾死亡人数和受伤人数的比值约为 1:3~1:4,而我国火灾受伤人数几乎每年都少于死亡人数,有的年份还不足死亡人数的一半,伤亡结构不符合事故的一般规律。

我国的火灾发生率和死亡率不到世界平均水平,显然与我国的消防安全基础及治理水平不相吻合,基层瞒报、漏报、压报火灾伤亡、损失的情况还是比较普遍。究其根本原因主要包含以下几个方面:

3.1 消防部门归口调查统计火灾的职能逐渐模糊淡化

各地消防队伍对不直接监管、监管职责较模糊、监管领域存在交叉或调查处理权限不在消防部门的火灾往往不进行调查和统计（如《消防法》第四条规定的由其主管单位负责监督管理的军事设施、矿井地下部分、核电厂、海上石油天然气设施，以及消防改革尚在进行的铁、交、民、林等领域发生的火灾），特别是危化品爆炸燃烧、燃气爆炸、车辆非交通事故燃烧、安全生产事故等导致的火灾和人员伤亡，往往在基层的调查和统计中出现推诿扯皮，未纳入调查和统计范畴。

3.2　调查统计的工作机制和制度标准不适应当前发展

一火灾事故等级标准不尽合理。目前火灾等级划分直接引用生产安全事故的等级标准，但生产安全事故是以企业、经营单位为主要对象，用相同的标准来界定居民、村民和一般社会单位的火灾缺乏科学性、合理性；二是损失等级的标准过低。因损失与调查层级对应，基层政府部门在面对仅有财产损失的火灾时，为降低影响和避免被上级政府部门调查处理，往往人为压低火灾的损失，导致统计的结果与实际损失之间相差数倍甚至十倍以上，不能客观反映火灾给当今社会造成的危害程度，据中国银保监会资料显示，在近年来火灾大额理赔案件中仅 6 家财险公司理赔的五千万以上案件就多达十余起，而同期消防部门掌握的却寥寥无几；三是火灾损失统计的专业水平不高。消防部门对损失的统计主要基于当事人的申报，而限于消防部门的人力、物力及专业能力，不可能对火灾现场的损失情况进行全面、精准地调查测算，不能真实、客观反映当事人的实际损失，统计结果也难以经受各方质疑和司法审查。

3.3　不合理的考核考评目标制约调查统计质量

部分地方政府及相关部门考核消防工作时，单纯以火灾绝对数或其升降来评判火灾形势好坏及消防工作优劣，同时，部分地区在工作要点中明确提出“火灾起数、死亡人数同比下降的百分比”等具体指标，导致基层担心突破考核指标而影响考核成绩，不敢如实统计。同时，基层惧怕追责问责导致数据压报，尤其是有较大人员财产损失的火灾或事故，需根据事故等级需逐级追究相关单位和责任人责任，导致部分单位人为干扰火灾事故定性，往往将大火改为小火、将伤亡人火灾改为轻微火灾。

3.4　基层消防力量和调查统计专业人员覆盖面有限

乡镇、村落等基层消防力量建设薄弱，防火监管和火灾调查力量往往无法触及至末端，导致部分火灾无法统计上报，加之薄弱的火调与统计专业力量，基层政府和受灾群众如果不主动上报，相关火灾等事故便无法统计，漏统漏报情况相对集中，如某地级市卫健部门登记的 2022 年火灾死亡人数为 24 人，而消防部门仅统计掌握 3 人。再比如我国消防部门的人员占总人口的比重，远低于西方发达国家（平均每万人口拥有消防员的数量，美国、日本都在 10 人以上，法国为 8 人，我国连同专职消防员在内为 3.4 人），也是造成统计网络覆盖不足、统计调查不够全面的原因之一。同时，支队大队一级往往无专业机构，各地专业人员岗位配置及专业素养参差不齐，每年面对近七八十多万起火灾，很难做到一一调查，基层为减轻火灾调查工作压力，提高调查率，仍存在人为压减火灾数据的现象，导致目前的火灾总数仍不够全面、准确。

4　提升调查统计工作的建议

虚假的消防数据给形势判断和政策制定造成了极大干扰，所以，要想实现长足发展，必须提高调查统计数据的质量，根据当前消防工作实际，提出以下几个方面的建议：

4.1　完善调查统计法规体系，强化政策支撑引领

建议制定和完善调查统计方面的行政法规，或将现有消防规章、规范性文件上升法律位阶，以填补消防行政法规体系方面的空白。如参照《生产安全事故报告和调查处理条例》制定《火灾事故报告统计和调查处理办法》等行政法规，或将《火灾统计管理规定》等规范性文件上升法律位阶，在提升消防法规约束力和严肃性的同时，为消防规章、技术规范等层级的制定预留了空间。同时，建议在消防法规体系中，制定或增加火灾调查统计管理工作方面的有关法规或条款，如在《消防法》中明确火灾统计管理工作的法定地位，强化火灾收集报告方面的消防安全主体责任落实，设定相对应的社会单位火灾报告违法罚则条款，按照单位支出占比设定处罚额度，提高违法成本，降低瞒报火灾动机，以促进数据的真实性。

4.2　加快制度标准修订，科学破解调查统计不实

一是建议适当调高火灾损失的等级标准，结合近年来我国经济规模的发展变化和人均生产总值的增长，以及火灾损失、保险理赔等方面情况，科学计算和调整火灾损失的等级标准；二是建议参照发达国家做法，在一般等级火灾下增加“轻微火灾”的分

类，将"无人员伤亡且直接财产损失显著轻微的火灾"与其他社会危害性较强、对人民群众生产生活造成明显影响的火灾进行区分统计，降低地方政府部门对火灾数据升降的敏感度，也更加有利于开展火灾规律的研究分析，提高火灾防控的质效；三是全国统一"轻微火灾"的标准，设计"可以由消防救援站负责现场登记统计轻微火灾"的工作机制，将更多精力和注意力集中到那些有人员伤亡、损失较大的火灾上，更好地调查和研究这些火灾发生、成灾的深层次原因，提高火灾防控的质效的同时也为基层调查统计人员减负。

4.3 优化消防安全综合评价体系、充分发挥监督职能作用

一是建议明确火灾统计数据的应用定位，减少不合理考核指标对如实统计的干预和影响，鼓励推进地方政府对消防工作考核评价的改革，各地探索消防安全综合评价体系，加大消防力量和消防规划建设情况、消防法规落实与执行情况的考评权重；二是坚持事实求是，持续纠正"以数字论英雄"的错误政绩观，建议将火灾调查统计工作纳入党委巡视范畴和年度业务考评范畴，对瞒报漏报压报错报问题突出的基层单位适时组织开展"进驻式统计督察"等专项督查检查，严肃查处有关违纪行为，对调查不实、统计造假、弄虚作假的，实行"一票否决制"；三是坚持"全口径"火灾统计原则，对当前火灾调查职责和权限划分模糊的领域按照"兜底"的原则对火灾进行统计，全面掌握社会面火灾数据，严格调查统计信息修正审批流程，做好日常的数据质量监督和自查自纠。

4.4 加强调查统计队伍融合建设、加大人才培养力度

一是建议结合总队以下编制方案调整，推动在总队、支队将火灾调查和统计工作深度融合，设立专门的调查统计机构，增加调查统计人员岗位编制，将火灾统计岗位一并纳入火灾调查技术岗位序列；二是建议在消防员专业职务中增设调查统计专门岗位，并在新消防员入职培训中增加关于基础火灾调查理论、火灾与警情指标分类、火灾与警情统计系统数据录入操作等培训内容，为基层队站培养一批调查统计业务骨干；三是建议优化各级人才库建设，定期组织全国调查统计岗位比武、业务培训和跟班轮训，快速提升基层业务水平。出台和落实调查统计岗位保障政策，开展业务骨干评选表彰，激励基层调查统计人员的工作干劲。

4.5 探索建立调查统计指标体系、服务消防工作现实斗争

一是建议开展火灾调查统计指标体系的研建工作，面对我国经济社会的快速发展变化，特别是新场所、新业态、新材料、新产品的不断涌现，建立完整的火灾调查统计指标体系，并不断通过调查和统计数据信息进行更新和优化，以适应当前社会发展和消防安全工作的需要；二是建议参照英国"RIDDOR"调查统计体系，借鉴英国健康与安全注重"未造成人员伤亡和财产损失的涉险事故"的调查统计思路，加强涉险火灾的调查统计分析，对该类火灾事故风险及时监测预警；三是建议加强火灾风险监测预警研究，完善与公安、交通、工信、疾控、保险等部门的数据共享机制，及时跟踪收集人口、能源、城镇化及物流、仓储、消费等指数的变化，通过火灾调查个案和整体相结合，寻找内在联系及规律，及时预测预警火灾风险或相关问题，为领导决策和推动消防安全综合治理向事前预防转型等提供准确参考。

5 结束语

综上所述，随着社会经济发展及消防体制改革，消防调查统计工作的作用十分显著，因此对于当前消防调查统计工作中出现的问题而言，各级消防队伍及相关部门更需要引起关注，当前我国消防调查统计工作中仍然存在欠缺与不足，所以在本文研究下，希望政府部门、各级消防队伍和相关单位也能充分认识到现有问题所在，从而在掌握问题出现原因的同时制定针对性解决方案，在推进消防调查统计工作顺利发展的过程中，更好的服务于防灾减灾的现实斗争。

参考文献

[1] 宋卫国，范维澄. 火灾科学与火灾保险 [J]. 保险理论与实践，2016，(1)：91-97

[2] 应急管理部消防救援局.2020 中国消防救援年鉴 [M]. 应急管理出版社，2020.

[3] 李国辉，王颖，原志红，等. 火灾发生率与经济因素的时空相关性分析 [J]. 灾害学，2016，31(2)：111-115

[4] National Fire Information Database(NFID)User Guide，July，2017.

火灾调查科学研究及应用

基于数据分析的电动自行车火灾事故调查研究

王子焱[1],刘　昶[2]

（1. 湖北省消防救援总队,湖北　武汉　430000;2. 鄂州市消防救援支队,湖北　鄂州　436000）

摘　要:本文通过分析湖北省2018—2023年采用一般火灾事故调查程序调查的电动自行车火灾事故数据,探讨电动自行车类火灾发生的规律和主要原因。研究发现,近些年电动自行车火灾数量及直接经济损失呈上升趋势,其主要原因是车身线路故障和蓄电池故障。此外,起火时间主要集中在休息时间段以及夏季高温期,同时充电状态也是火灾频发的重要因素。本文认为数据分析将在新形势和大数据时代背景下,对火灾事故调查工作发挥关键作用,有助于明确火灾调查方向、锁定相关调查线索,以及制定科学的预防措施。本文建议加强数据统计分析在火灾调查中的应用,提高数据的有效性和准确性,并构建火灾事故调查大数据平台,以优化调查流程和提高调查效率。

关键词:数据统计分析;火灾调查;大数据;电动自行车

1　引言

随着电动自行车作为现代交通工具的日益普及,其带来的火灾事故也频繁发生,给社会造成了严重影响。这种影响不仅危及人民群众的生命财产安全,还对城市公共安全构成了巨大威胁。根据2024年4月17日工信部公布的数据，2016—2020年我国电动自行车保有量呈稳步上升趋势(图1);根据2024年5月8日工信部公布的数据,我国电动自行车社会保有量已达3.5亿辆，2023年规模以上企业累计生产电动自行车4 228万辆,电动自行车已成为群众短途出行的重要交通工具。

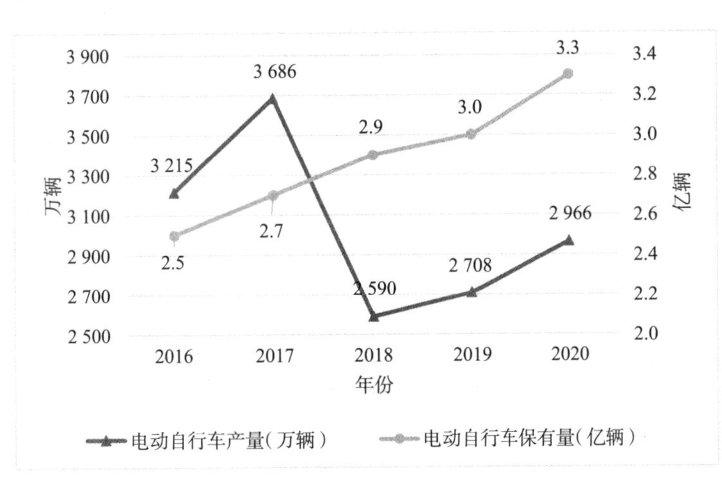

图1　2016—2020年我国电动自行车产量和保有量统计图

在火灾事故调查中,数据分析起着举足轻重的作用。通过深入剖析火灾数据,我们能够更清晰地了解事故发生的规律,并找出事故的主要原因,从而为预防类似事故的发生提供科学依据。对于电动自行车火灾事故而言,数据分析尤为重要,因为它能揭示这类火灾的内在规律和原因。

本文旨在通过全面、深入地分析湖北省历年的

作者简介:王子焱,男,汉族,湖北省消防救援总队火调技术处,中级专业技术职务,主要从事火灾调查、消防法制、防火监督方面的研究。地址:湖北省武汉市武昌区公正路湖北省消防救援总队，436000。电话:13638663887。邮箱:321231812@qq.com。

电动自行车火灾数据，探索火灾发生的规律和主要原因，并据此优化电动自行车火灾事故的调查工作。本文希望通过数据分析，能更准确地确定火灾的致因，提高火灾事故调查的效率和准确性，进而为电动自行车的安全使用和有效监管提供有力支持。本文预期将为电动自行车火灾事故的预防和调查工作提供有价值的参考信息，并为相关政策和标准的制定提供科学依据。

本文主要以湖北省 2018—2023 年以一般及以上火灾调查程序进行调查的电动自行车火灾为基础信息数据。相对于轻微火灾登记程序登记的电动自行车火灾，以一般火灾调查程序调查的火灾，在起火原因、起火时间以及电动自行车事故前状态调查上更具有准确性。同时，以一般火灾调查程序调查的火灾虽然在数量上和财产损失统计上较实际整体数据少，但是能够在一定程度上反映整体电动自行车火灾的趋势。综上所述，本文选取以一般及以上火灾调查程序进行调查的电动自行车火灾数据为研究数据内容。为便于本文行文，以下将“一般及以上火灾调查程序进行调查的电动自行车火灾”简述为“电动自行车火灾”。

以上所述电动自行车火灾数据共计 393 条，已经完成人工校验并进行了去噪处理，准确度基本能够满足本文的研究需求。本文研究拟通过对除火灾数量、伤亡人数以及直接经济财产损失等基本火灾数据外，还从起火日期、起火时间、起火原因、事故前车辆状态、电动车使用年限等维度进行详细统计，以便整体分析湖北省电动自行车火灾情况。

2 数据分析

2.1 总体数据统计分析

根据统计数据，2018—2023 年湖北省经一般火灾调查程序调查的电动自行车火灾共计 393 起，下面主要对这五年间湖北省的电动自行车火灾发生总数和直接财产损失统计数据进行分析。

如图 2 所示，2018—2023 年的电动自行车火灾数量总体呈上升趋势。根据年度火灾数据，除 2020 年较 2019 年火灾数量有下降趋势外，此后不断上升；在直接财产损失方面（图 3），除 2020 年直接财产损失较大外，电动自行车火灾造成的直接财产损失增长趋势与火灾数量增长趋势基本保持一致，即呈上升趋势。电动自行车火灾数量不断攀升与我国电动自行车社会保有量不断增长息息相关，虽然电动自行车给群众出行带来了一定的便利，但随之而来也增加了安全隐患。

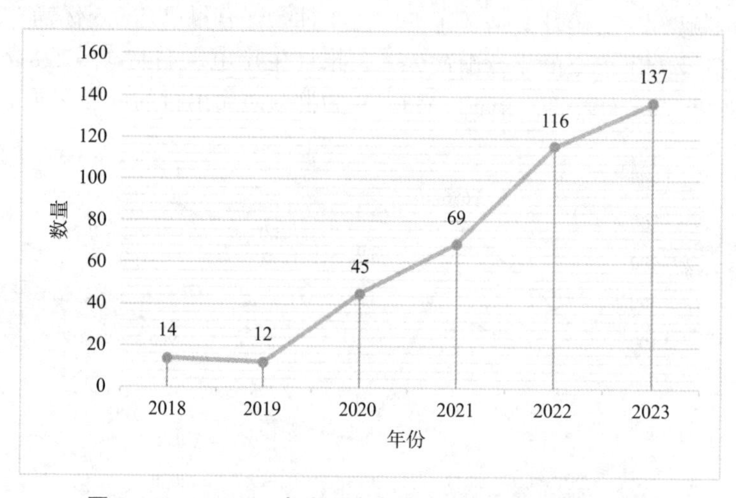

图 2 2018—2023 年湖北省电动自行车火灾数量统计图

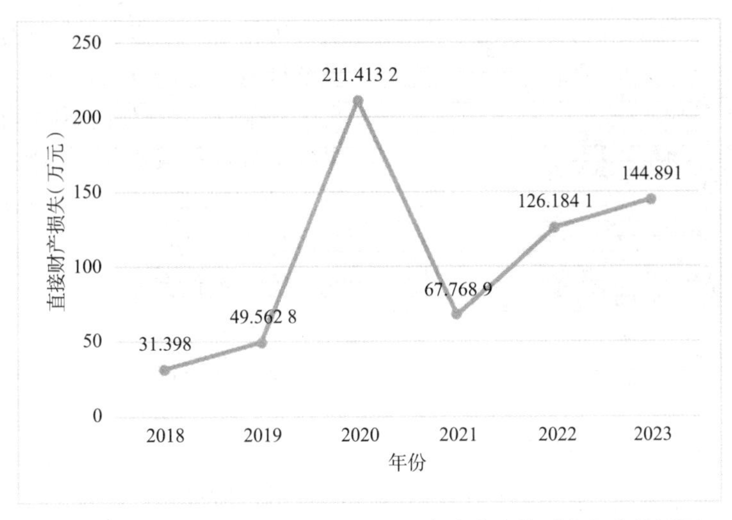

图 3 2018—2023 年湖北省电动自行车火灾直接财产损失统计图

通过对 2020 年电动自行车火灾直接财产损失较大的情况分析可知：一是均为室内起火，其中在火灾损失较大的排名前十的火灾中，8 起为室内起火，火灾损失情况较大；二是可能统计方面存在问题，部分火灾对于火灾损失统计存在一定偏差。总体来说，随着经济社会的发展以及居民不断增长的出行需求，近些年湖北省电动自行车火灾形势总体上呈上升形态。

2.2 起火原因分析

为详细分析当前湖北省电动自行车火灾形势，了解火灾原因分布态势，尽可能了解目前众多电动自行车火灾的规律，将当前常见电动自行车火灾事故原因分为五大类十五个子项，以便对具体火灾原因分布情况进行分析判断。其中，五个大类包括车身线路故障、蓄电池故障、充电器及其线路故障、部件故障以及其他情况。

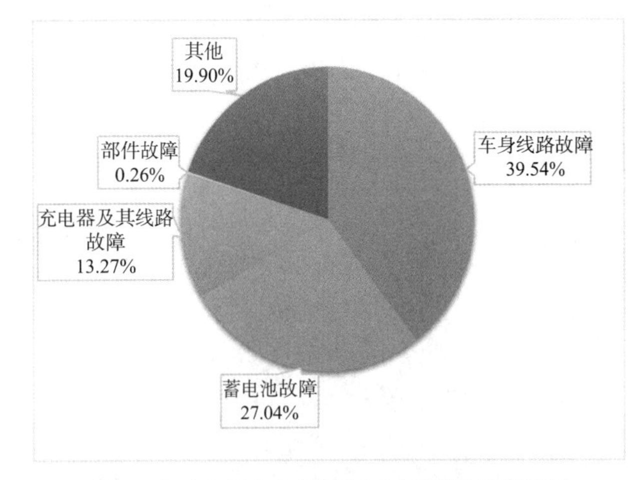

图 4 电动自行车火灾起火原因分类统计饼状图

从统计数据中的起火原因方面进行分析（图 4），车身线路故障和蓄电池故障导致电动自行车起火为主要原因，占比分别为 39.54% 和 27.04%，其他情况占比为 19.9%，充电器及其线路故障占比为 13.27%，部件故障为最少，占比为 0.26%。

在车身线路故障方面（图 5），本文对电动自行车火灾中常见的几种情况进行归类，在统计中分为电气线路故障、线路间短路以及线路与铁质车架间搭铁短路等三类。根据统计数据，其中电气线路故障占比较高，为 69.98%；线路间短路占比为 25.16%；线路与铁质车架间搭铁短路占比最低，为 5.16%。

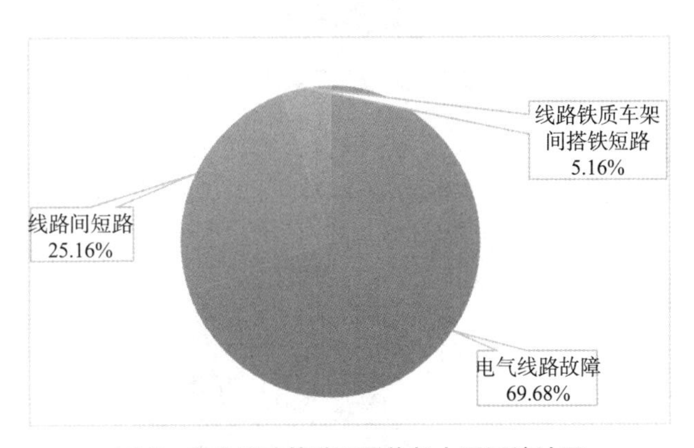

图 5 车身线路故障下具体起火原因统计图

在蓄电池故障方面（图 6），本文将其分为连接线安装接触不良、内部线路故障以及电池单体故障等三类。根据统计数据，其中电池单体故障占比最高，为 63.21%；内部线路故障占比为 27.36%；连接线安装接触不良占比最低，为 9.43%。

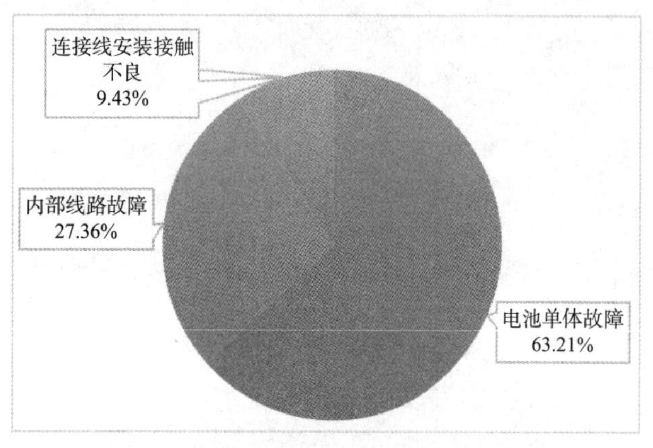

图 6　蓄电池故障下具体起火原因统计图

在充电器及其线路故障方面(图 7),本文将其分为充电线路故障、不正确充电(飞线充电、覆盖充电等)以及本体发生故障等三类。根据统计数据,其中充电线路故障占比最高,为 61.54%;不正确充电(飞线充电、覆盖充电等)占比为 26.92%;本体发生故障占比最低,为 11.54%。

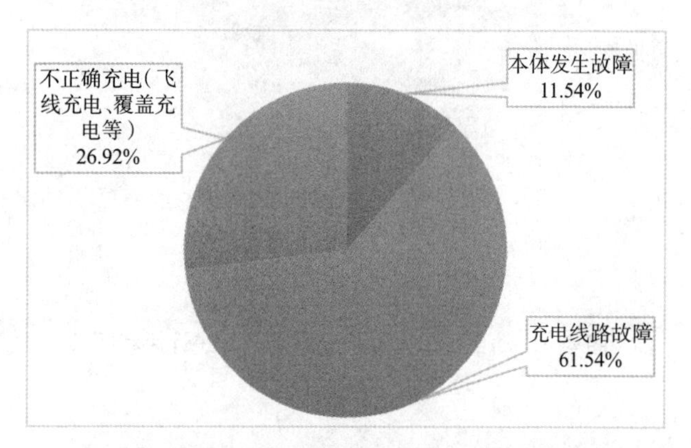

图 7　充电器及其线路故障下具体起火原因统计图

当然,由于火灾原因复杂,每起火灾的环境因素、人为因素均不相同,统计数据也只能够片面地反映火灾情况。所以,以上的关联性分析也只能够提供统计意义上的参考。同时,由于各地电动自行车火灾复杂性、调查深度不同,在一定程度上对统计结果的准确性造成影响。因此,在实际的火灾调查过程中,还需要根据现场勘验、调查询问、音视频数据等进行综合判定。

2.3　起火时间分析

2.3.1　火灾发生时段分析

结合电动自行车的使用需求,一般电动自行车在白天工作期间处于使用状态的较多,以满足出行需求;在夜间休息期间处于充电状态的较多,以为第二天出行做准备。因此,本文根据居民日常出行情况,将一天时间分为工作时间(8:00—18:00)和休息时间(18:00—8:00)两个时间段,对这两个时间段的电动自行车火灾数量进行统计分析。我们发现在休息时间即夜间电动自行车火灾数量较多,占比为 59%(图 8(a));对电动自行车的使用状态继续分析,在工作时间和休息时间两个时间段下,充电状态发生火灾数量分别为 57 起和 91 起(如图 8(b)所示),分别占不同时间段下火灾总数的 35.19% 和 39.39%,而充电状态下起火占火灾总数也为 37.66%,三者较为接近。

原因分析:

(1)电动自行车在夜间即休息时间段下发生火灾概率较大,这可能与居民在夜间处于休息状态,无法第一时间对出现故障的电动自行车进行处置而导致火灾发生;

(2)电动自行车在全时间段下充电出现火灾的概率较为接近,在 37% 左右。

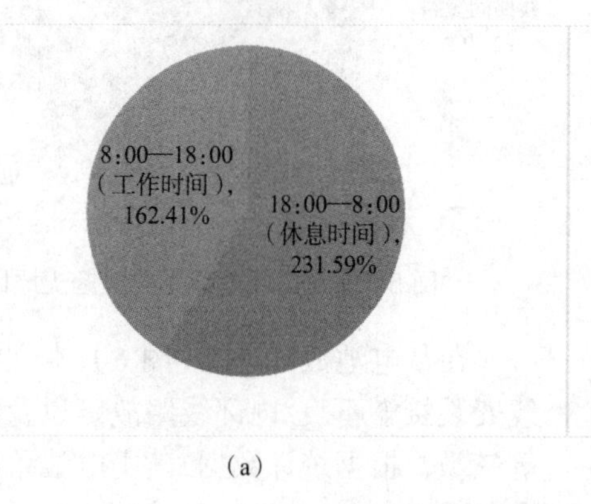

(a)

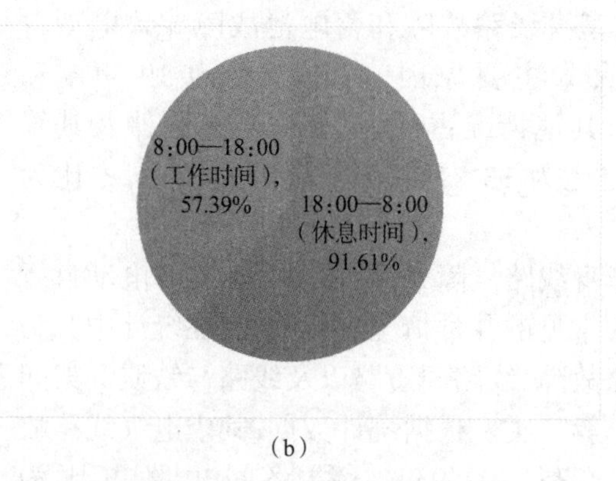

(b)

图 8　不同时间段电动自行车火灾数量统计表

2.3.2　火灾发生月份分析

为探究电动自行车起火是否与气候、季节因素有关,本文将 2018—2023 年所统计的电动自行车火灾起火日期按照月份进行分类(图 9),发现各月份的电动自行车火灾分布较为平均，但在夏季（6月、7月、8月）火灾数量较多，共120起，春季（3月、4月、5月）火灾数量最少，共75起；此外在1月、6月、11月的火灾起数较多，分别为49起、46起、41起，明显高于其他月份。

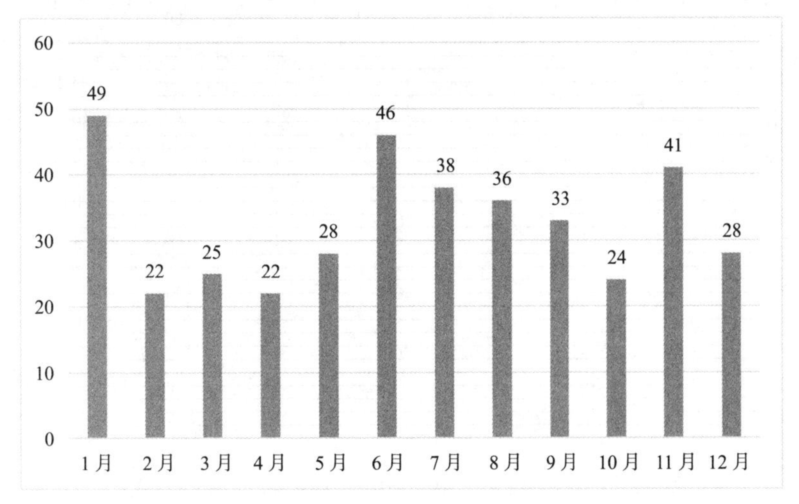

图9 电动自行车火灾月份数量统计图

原因分析：湖北省夏季气温较高，部分地区温度甚至会超过40 ℃，极有可能导致电动自行车在使用过程中电池温度过高，产生热失控的可能。

2.4 充电状态分析

从电动自行车使用状态分析（图10），发现骑行中发生火灾占比较低，为9%；停放中未充电发生火灾占比最高，为51%，已超过一半的火灾数量；充电中发生火灾占比为40%。通过结合起火日期可以发现，在夏季温度较高期间（6—8月），共发生电动自行车火灾120起，占充电中以及停放中未充电两个状态下火灾总数的三分之二。

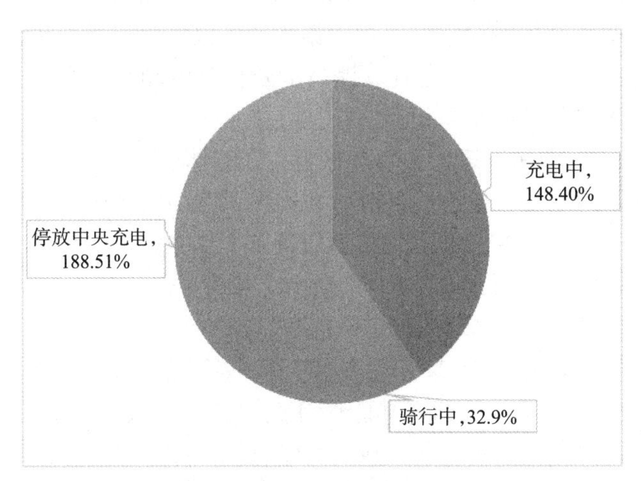

图10 不同车辆使用状态下电动自行车火灾数量统计表

2.5 电池类型分析

《电动自行车安全技术规范》（GB 17761—2018）要求，装配完整的电动自行车的整车质量应当小于或等于55 kg以及电动自行车的蓄电池最大输出电压应小于或等于60 V。因此，为满足规范要求，电动自行车生产厂家不得不选用能量密度更大、充电功率更高以及质量体积更小的锂离子电池来装配电动自行车。根据统计数据，随着电动自行车火灾数量的逐年上升，锂离子电池火灾占比也在逐步上升，截至2023年有39.85%的电动自行车火灾中使用了锂离子电池（图11）。因此，为查清、查明电动自行车火灾，火灾调查人员有必要对锂离子电池的原理以及相关起火原因的判定技术进行学习并掌握。

3 数据分析在火灾事故调查中的作用

3.1 精细化调查流程

在现代火灾调查中，数据分析扮演着至关重要的角色。通过系统地收集、整理和分析火灾相关数据，能够更加科学地指导火灾事故调查工作的开展，确保调查的高效与准确。借助数据分析的结果，火灾调查人员可以更加清晰地明确火灾调查的首要方向和需要深入探究的关键因素。同时，数据分析可以帮助评估各种起火原因的可能性，使调查人员能够集中精力在最有可能的起火原因上进行深入研究。此外，在火灾调查过程中需要耗费大量的人力、物力和时间，可以根据数据分析结果更加合理地分配调查资源，确保在关键领域进行足够的投入，以提高调查效率。2024年，湖北省消防救援总队开始建设湖北省范围内的火灾大数据平台系统，该大数据平台建成后，火灾调查人员可以利用该系统查阅典型案例和历史统计数据，便于快速梳理调查思路，提升火灾调查质效。

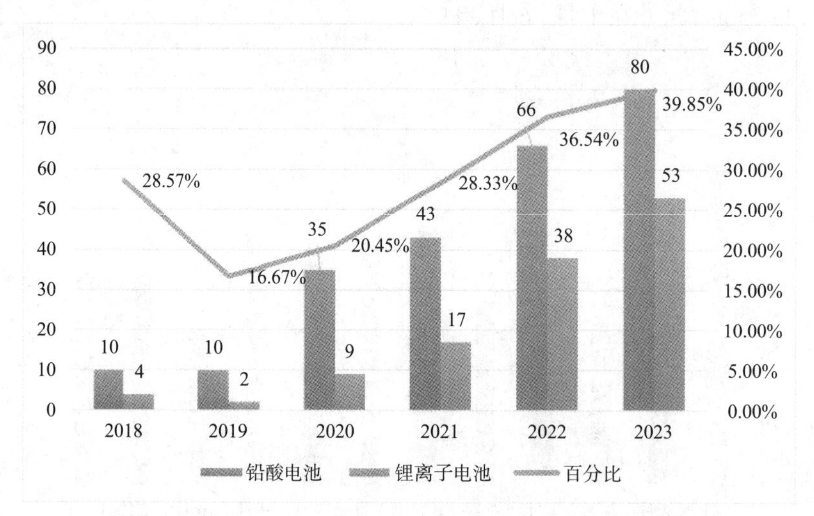

图 11　2018—2023 年电动自行车火灾电池情况统计表

3.2　调查线索的高效锁定

通过深入分析电动自行车火灾数据，火灾调查人员能够根据火灾现场的基本情况，迅速筛选出最有可能的火灾原因。这一筛选过程基于数据间的关联性、历史案例的比对以及火灾模式的分析。通过这种方式，可以为火灾调查人员提供明确的调查线索，引导他们沿着正确的方向进行深入探究。这不仅大大减少了不必要的现场勘验工作，还提高了整个调查过程的效率和准确性。数据分析的结果可以进一步为火灾调查人员指明现场勘验的重点区域和关键细节。例如，在电动自行车火灾调查中，火灾调查人员可以结合当前气候、季节、环境、车辆状态等情况，根据火灾统计“大数据分析”，并结合人工智能算法，来揭示对应环境下可能的电池故障点、短路点等潜在风险区域，使火灾调查人员在现场勘验时能够更具针对性地搜索证据，快速确定火灾起因，从而提升整个调查工作的效率和精确度。

3.3　预防措施的科学制定

通过深入的火灾统计数据分析，消防救援机构及相关职能部门能够洞察火灾发生的规律与特点，从而有针对性地设计预防措施。例如，在结合历史火灾数据以及近期火灾数据后，可以识别出火灾高发时段、频发地点，从而加大在这些时段和地点的宣传及巡查力度，并及时针对重点风险开展消防宣传科普教育。同时，在实施预防措施后，通过持续收集数据与分析，定期评估预防措施的实际效果，以量化预防策略的影响力，以便及时对相关预防措施或者策略进行调整。

4　结论与建议

4.1　数据分析在电动自行车火灾事故调查中的重要性和应用价值

数据分析在电动自行车火灾事故调查中展现了其不可或缺的价值，而目前来说，国内火灾调查领域对这方面的研究较少，还停留在大范围的数据统计分析上。通过深入挖掘湖北省历年的火灾数据，我们得以精确地识别出电动自行车火灾的高发时段、频发地点以及主要诱因，为调查工作提供坚实的数据支撑。此外，数据分析还有助于发现不同因素之间的潜在联系，预测火灾的发展趋势，从而为制定预防措施提供科学的决策依据。这不仅大幅提升了火灾调查的效率，也有效提高了公众对电动自行车火灾风险的防范意识。

4.2　改进未来火灾事故调查工作的建议

4.2.1　加强数据统计分析在火灾调查中的运用

建议在日后的火灾事故调查工作中更加倚重数据统计分析，加强对火灾调查成果的有效数据转化，并注重分析统计数据，确保每项调查都能充分利用数据资源，以此来优化调查步骤，提升调查效率。这将确保每一次调查都能充分挖掘和利用数据资源，为火灾原因的分析提供更科学、更准确的依据。

4.2.2　提升火灾数据统计的有效性和准确性

为了更精确地分析火灾原因和趋势，必须提高火灾数据统计的精确度和可靠性。从本文内容所收集的数据来看，部分数据在有效性和准确性上存疑，尤其是涉及起火原因、电动车使用年限、电动车改装等数据。因此,建议在不增加基层火灾调查人员工作负担的基础上,利用智能文字识别、关键字提取等技术,快速对录入消防监督系统的相关火灾调查案卷中的关键数据进行提取并汇总统计。同时,还需要提升基层火灾调查人员的电动自行车类火灾调查能力,确保能够快速有效查清火灾原因。

4.2.3 构建火灾事故调查大数据平台

2024年,湖北省消防救援总队正在筹备建设湖北省范围内的火灾调查大数据平台,联合研发多种算法,具备一键式自助提取视频关键线索、影像摘要证据及图片标注等功能,形成火灾调查证据链全过程人工智能能力。通过火灾调查大数据平台,能够多元化利用历史火灾原始数据的存储、检索和调用,实现串并联自动检索,自动调查分析火灾原因,辅助"新手"火灾调查人员精准利用大数据平台查清火灾原因。

参考文献

[1] 赵林. 火灾调查大数据建设途径与思考 [J]. 消防界(电子版),2023,9(18):93-95.

[2] 张欣,张琰,李晋. 火灾事故统计分析与数据驱动的风险预测探讨 [C]// 中国消防协会.2021 中国消防协会科学技术年会论文集. 北京:应急管理出版社,2021,5.

[3] 张振超. 基于数据挖掘技术的电气火灾风险评估研究 [D]. 北京:首都经济贸易大学,2017.

[4] 阿伦·拉科维奇,张茜. 基于统计数据的公共汽车火灾调查分析 [J]. 消防技术与产品信息,2016(2):81-83.

[5] 王德芬. 消防大数据平台的研究与应用 [D]. 南昌:南昌大学,2022.

[6] 饶球飞,甘卫锋. 电动自行车起火风险分析和起火特征研究 [J]. 消防科学与技术,2023,42(11):1597-1602.

火场助燃剂及其燃烧残留物提取与检测技术研究进展

袁　博,张　怡,祝兴华,彭　波

(应急管理部四川消防研究所,四川　成都　610036)

摘　要: 火灾现场助燃剂的检验鉴定往往是侦破放火案的关键。由于火场中的背景干扰及剧烈燃烧造成的破坏,如何把微量的助燃剂及其燃烧残留物从过火后的背景材料中提取分离出来,并选择合适的分析方法是检测微量助燃剂及其燃烧残留物的重点。本文主要对现阶段国内外助燃剂及其燃烧残留物的提取、检测方法和相应的标准进行总结和论述,并对研究形势进行展望。

关键词: 火灾;助燃剂;燃烧残留物;分析方法;提取技术

1　引言

火灾是常发生的、严重危害公众生命财产安全甚至可能威胁社会稳定的灾患。随着我国城市化的快速推进和经济及建设的大力发展,火灾案件呈现总体上升的趋势。其中,恶性放火案的发生不仅给人民生命财产造成了巨大损害,而且对社会稳定造成了极其恶劣的影响。例如 2002 年辽宁大连“5•7”特大空难因高空恶意放火导致飞机坠毁,机上 112 人全部遇难;2015 年福建龙海“4·8”特大放火案件,造成 9 人死亡、1 人受伤; 2018 年广东清远英德“4 · 24”特大放火案,造成 18 人死亡、5 人受伤等。火灾案例表明,在许多放火案件中,罪犯为了快速实施放火,通常会使用一些易燃液体作为助燃剂。因此,火场未知助燃剂及其燃烧残留物的检测鉴定能给火灾原因调查提供非常重要的信息,在经过燃烧和灭火救援破坏后的火灾现场中是否能准确检测到助燃剂的存在是侦破放火案件的关键。然而,在实际工作中,对于火灾现场助燃剂及其燃烧残留物的检测往往是一件富有挑战性的工作。助燃剂的化学组分在火灾中容易受可燃物背景和灭火剂的干扰而发生变化,从而给检测带来了困难。除此之外,助燃剂的燃烧裂解、挥发和微生物降解等作用同样会大大增加检测的难度。因此,火灾现场助燃剂及其燃烧残留物的检测对鉴定人员的要求较高。为了开展可靠的物证分析,获得正确的结果,鉴定人员使用可靠、有效的助燃剂提取和分析技术是助燃剂及其燃烧残留物检测的重要保障。本文综述当前国内外助燃剂及其残留物检测的成熟技术和最新研究进展,并对今后检测研究进行展望。

作者简介: 袁博(1994—),女,应急管理部四川消防研究所,助理研究员,主要从事火灾物证技术鉴定工作。地址:四川省成都市金牛区金科南路 69 号,610036。邮箱:scificyuanbo@163.com。

2　检测标准

为了获得准确的分析结果,助燃剂及其燃烧残留物的检测一般需要委托专业实验室采用标准方法进行。同时,实验室人员需要具有相应的鉴定资质。美国在助燃剂检测方面研究较早,从实验室样品提取到助燃剂的检测鉴定均已建立相关标准,如 ASTM E1385、ASTM E1386、ASTM E1387、ASTM E1388、ASTM E1412、ASTM E1413 和 ASTM E1618。我国在助燃剂的检测方面也建立了相应的国家标准,对于物证提取环节,有《火灾技术鉴定物证提取方法》(GB/T 20162—2006),对助燃剂燃烧残留物提取的标准方法有溶剂提取法、直接顶空进样法和固相微萃取法;而在燃烧残留物的检测环节,有紫外光谱法、高效液相色谱法和气相色谱 - 质谱法等。但是,在实际工作中,检测实验室还应当根据自身的情况建立相应的助燃剂参比样品基础数据库以及不含助燃剂的常见背景材料数据库,以便提高检测鉴定的准确性。美国以及欧洲部分国家的研究机构已经在这方面开展了许多富有成效的工作,例如美国国家法庭科学中心(NCFS)和荷兰法庭科学研究所(NFI)等。由于助燃剂(如汽油)的组分会因地域、季节、生产商和品牌的不同而不同,因此上述助燃剂基础数据库的建立和共享还能帮助检测人员确定助燃剂的来源。Hetzel 等就对 2008 年美国市场上的汽油样品进行了化学组分的比较分析,选择离子流色谱显示,不同样品的烷烃含量存在较大的差别。而 Sandercock 等则在试管炉内采用程序升温的方法获得了常见参比样品的裂解数据。

3 助燃剂残留物提取方法

3.1 溶剂萃取法

溶剂萃取法是通过使用正己烷、四氯化碳、石油醚、苯和二硫化碳等有机溶液溶解、浸泡待测物后进行萃取的一种提取方法。这种方法操作简便,对助燃剂的萃取效果高效,适用于溶解一些挥发性低、极性或非极性的重质组分。本实验室祝兴华等使用正己烷萃取汽油及其燃烧残留物并进行分析和比较,同时根据火灾现场背景材料模拟火场燃烧情况,并探讨了火场中汽油燃烧后残留物成分。本实验室研究比较了正己烷、石油醚和二硫化碳对常见助燃剂检测及残留物的提取效果。结果表明,二硫化碳对常见助燃剂燃烧残留物中分子量较大的化合物的提取效果较好;正己烷和石油醚对常见助燃剂燃烧残留物的提取效果相似,对助燃剂中分子量较小的化合物的提取效果更好。Srivastava 等使用正己烷和乙醚作为萃取溶剂提取柴油燃烧残留物,发现乙醚对柴油燃烧残留物的提取效果好于正己烷。然而,溶剂萃取法使用的上述有机溶剂都具有一定的毒性,而且在提取过程中,由于使用了大量的溶剂,将会导致溶液的稀释度极高,而后续的浓缩过程耗时较长,且在浓缩过程中可能会丢失部分易燃液体的挥发性成分;除此之外,使用这些有机溶剂,不仅可以溶解易燃液体的组成成分,同时也会将部分泡沫橡胶或化纤等物质溶解掉,从而干扰目标组分的检测,且从基材中萃取出的大量增塑剂会对检测设备带来潜在损害。整体而言,虽然溶剂萃取法会出现背景干扰,但由于其对助燃剂高效的提取效果,现在仍在实验室中被广泛使用。

3.2 直接顶空法

直接顶空法是基于待测物和其顶部空间蒸汽热力学平衡的一种提取方法,主要是通过加热使助燃剂中的挥发性组分富集在顶部,随后将一定量含有助燃剂挥发成分的蒸汽注射到检测器中进行检测分析。直接顶空法操作简单、快速,可用于实验室简易检测助燃剂及其燃烧残留物。本实验室张怡等对比研究了溶剂萃取法和直接顶空法对柴油燃烧残留物的提取效果,结果表明不同的提取方法对检测结果有一定影响,直接顶空法检测出的背景干扰信号明显变少,有利于分析柴油燃烧残留物中的轻质组分。García-Ruiz 等使用直接顶空法提取助燃剂(汽油和柴油)与硫酸的混合物进行气相色谱 - 质谱分析,发现汽油和柴油酸化后,色谱结构发生了改变,这将影响火灾现场助燃剂燃烧残留物的鉴别。虽然直接顶空法操作比较简单,但对于火场助燃剂微量燃烧残留物的提取效果不尽如人意,还需寻找提取效果更好的方法。

3.3 动态顶空法

动态顶空法是在加热过程中使用惰性气体对样品进行吹扫,吹出挥发性组分后,由连续通过的惰性气体将挥发性成分带进冷阱中进行捕集吸附,然后通过热脱附进入检测系统进行分析。此方法适用于具有挥发性质的物质,但无法对不挥发的稳定的物质进行分离。Zieba-Palus 课题组比较了两种吸附剂的提取效果(Tenax TA 和 Carbotrap 300),发现 Tenax TA 对非极性、高沸点化合物的吸附效果较好,但对极性和挥发性化合物的吸附效果不如 Carbotrap 300。

Sandercock 等使用活性炭布(ACC)代替吸附常用的活性炭条(ACS)对含有水蒸气的汽油和柴油进行萃取,发现相较于价格昂贵的活性炭条,价格便宜的活性炭布的萃取效果与其相差无几,故可以使用活性炭布来代替活性炭条以降低成本。动态顶空法由于在气体吹扫过程中,挥发性成分不断地从样品中进入气相,破坏了密闭容器中的两相平衡,使更多的挥发性成分逃逸到气相,虽然动态顶空法灵敏性非常高,但其缺点是非常耗时,这不利于实现快速高效地检测火场助燃剂及其燃烧残留物。

3.4 固相微萃取法

最近几年来,固相微萃取技术在对火场助燃剂燃烧残留物提取分离时使用非常多。固相微萃取技术是 1989 年发展起来的一种萃取方法,后来被用于检测放火案件调查中的可燃液体。与其他萃取方法相比,固相微萃取法的优点是提取速度快,无须使用有毒的有机溶剂,且灵敏度较高。因此,固相微萃取法是一种用于助燃剂及其燃烧残留物检测较好的提取方法。固相微萃取法的工作原理是通过选择不同涂层的纤维来吸附从加热后的待测物中扩散出的不同类型挥发性成分，随后纤维通过解吸附后进入分析系统进行检测。其中，吸附过程是挥发性成分在纤维涂层与待测物之间达到静态平衡的过程。固相微萃取法比较适合从水相和组织中分离挥发性成分。固相微萃取法常用的纤维涂层包括聚二甲基硅氧烷（PDMS）、二乙烯基苯 / 碳分子筛 / 聚二甲基硅氧烷（DVB/CAR/PDMS）、碳分子筛 / 聚二甲基硅氧烷（CAR/PDMS）、二乙烯基苯 / 聚二甲基硅氧烷（DVB/PDMS）、聚乙二醇 / 二乙烯基苯（CW/DVB）等，根据待测样品组分的不同，可选择合适的纤维涂层。Fetting 课题组优化了固相微萃取法的条件，其中包括萃取头材料（DVB/CAR/PDMS），加热、萃取和解吸时间等，并通过气相色谱 - 质谱联用技术成功检测出汽油和柴油燃烧残留物。王瑜课题组在真实火场中采集了现场土壤样品后，使用固相微萃取法进行提取，随后采用气相色谱 - 质谱联用技术进行分析，成功检测出汽油燃烧残留物。然而，该方法也具有不容忽视的缺点，即萃取头价格昂贵、稳定性差，即使用这种提取方法的成本较高。

3.5 其他提取方法

除前面提到常用的几种提取方法，人们一直在探索新型高效的萃取方法。其中，化学衍生化法是指通过化学反应将待测组分接上某种特定基团，从而改善检测灵敏度和分离效果的方法。衍生化常用的方法有酯化、酰化、烷基化、硅烷化等。胡伟等使用醇类待测物与荧光试剂反应生成荧光物质，从而成功地通过高效液相色谱对其进行了检测。Hernández-Córdoba 等提出采用直接顶空法加热待测物，在此过程中使用聚二甲基硅氧烷（PDMS）搅拌棒进行搅拌富集，对包括汽油和柴油在内的 5 种可燃液体使用此方法，并与固相微萃取法得到的结果进行比较，发现这是一种更敏感的替代方法。夏攀等研究了微吸附采样技术在测定防火现场助燃剂中的应用，通过微吸附采样技术提取可实现对放火现场常见助燃剂的有效富集。

4 助燃剂残留物分析技术

现阶段，国内外火灾现场检测助燃剂残留物的方法包括气相色谱 - 质谱联用法（GC-MS）、高效液相色谱法（HLPC）、红外光谱分析法（IR）、紫外分光光度法（UV）和拉曼光谱法等，其中 GC-MS 是分析助燃剂残留物最常用的手段。

4.1 气相色谱 – 质谱联用

常见助燃剂（汽油、煤油、柴油和油漆稀释剂）的主要成分包括长链烷烃、烯烃、芳香烃和稠环芳烃等，因此检测火场中助燃剂及其残留物时，一般标记追踪的化合物包括取代苯、茚满、萘、长链烷烃和一些酯类物质。气相色谱 - 质谱联用技术是通过气相色谱来分离待测物中的不同成分，然后通过质谱来确定待测物中的不同成分。目前，气相色谱 - 质谱联用技术是实验室最常使用的助燃剂及其燃烧残留物分析技术。Aqel 等采用气相色谱 - 质谱联用技术分析了不同基质（羊毛、棉花和丝绸）对常见助燃剂（汽油和柴油）的背景干扰和吸附特性，研究发现这几种基质可排除背景干扰，且汽油和柴油在羊毛和丝绸上的吸附时间比在其他基质上更长，这为现场勘验人员在火灾现场提取燃烧残留物提供了技术支持。Lopatka 等将气相色谱 - 质谱中的总离子色谱数据进行数学模型分析，根据 ASTM 的数据分类规定，其能够对 81% 的数据进行准确分类。采用便携式的气相色谱 - 质谱仪现场分析助燃剂燃烧残留物也越来越受到人们的重视。Visotin 等将 SPME 萃取柱用于现场样品的提取分析，并模拟制备了火场常见的汽油、煤油、柴油和松节油等助燃剂的燃烧残留物样品以及 7 种背景干扰，分析结果显示该方法分析准确性较高，具有很好的应用前景。

4.2 高效液相色谱法

高效液相色谱法是一种具有高分离效率和高分析速度的分离分析技术，可用于助燃剂及其燃烧残留物的检测。在实验室进行检测时，常使用反相高效液相色谱柱，即在硅胶上键合 C_{18} 或 C_8 烷基非极性固定相，以极性强的甲醇、水或乙腈作为流动相。田桂花等结合高效液相色谱和双波长紫外检测器对常见助燃剂（汽油、煤油和柴油）及燃烧后的烟尘进行分析，发现使用高效液相色谱分离之后的助燃剂及其燃烧残留物可利用紫外检测器精确地检测出其中含有的芳香烃类物质。

4.3 紫外分光光度法

紫外分光光度法是一种常见的助燃剂及其燃烧残留物检测手段，但由于常见助燃剂中含有大量饱和烷烃和芳香烃，但饱和烷烃中仅含有 δ 电子，在近紫外区没有吸收，只有具有共轭结构的芳烃物质可被检测到，且这类多环芳烃的紫外吸收峰出现了部分重合，故使用紫外光谱法无法精准识别助燃剂及其残留物，但可以使用这种方法辅助判定助燃剂及其残留物。其中，Rael 课题组使用气相色谱 - 质谱联用台式真空紫外（VUV）光谱仪对烷基苯（助燃剂中的重要成分）进行测定分析，发现在全扫描模式下，GC-VUV 检测器能够正确识别所有的烷基苯，包括所有结构异构体的正确识别，这为火场助燃剂残留物的识别鉴定提供了新的辅助手段。

4.4 红外光谱分析法

红外光谱分析法可以用于检测各种类型的官能团。由于火灾现场不同的物质结构性质，化学键差异较大，因此可以根据不同化合物的特性来进行定性分析。与气相色谱 - 质谱联用技术相比，红外光谱分析法制样简单，样品不需要被破坏，分析设备相对便宜且分析速度较快，但检测结果精度不够，故许多实验室使用红外光谱分析法结合其他分析方法来检测助燃剂。其中，Palma 等采用顶空质谱、近红外光谱结合化学计量学方法，通过研究辛烷值，对加油站常见的汽油进行了分类。Al-Ghouti 等基于密度、蒸馏温度和红外光谱分析法，开发了一种实用的助燃剂掺假测定方法，并在实践中证明了其有效性。

4.5 拉曼光谱法

拉曼光谱法相较于其他分析测试方法，测试所需时间比气相色谱 - 质谱联用技术短，采集信息比红外光谱分析法和紫外光谱法详细且样品制备简单，故拉曼光谱法已被广泛应用于汽油性质的定性分析。其中，Copper 等使用色散光纤拉曼光谱测定了多种汽油的辛烷值，误差和红外光谱法测定结果相近；Li 课题组使用拉曼光谱对 90#、93# 和 97# 汽油进行了分类，试验结果表明，拉曼光谱是对汽油品牌和产地进行分类的有效手段。然而，在实际火场中，由于现场情况复杂、干扰成分较多，仅使用拉曼光谱法无法准确识别火灾现场是否含有助燃剂及其残留物，还需结合其他分析方法来得到准确结论。

4.6 其他检测方法

除上述几种分析测试方法外，其他技术也在不断被研究。Li 等使用比色传感器阵列技术检测助燃剂及其残留物，具有很好的重现性，有望运用在实际火灾中；Ferreiro-González 等基于顶空质谱技术（HS-MS），改进了热解析过程，并将其用于助燃剂的检测研究，由于该方法无须使用色谱分离技术，与常用的 GC-MS 测试相比，具有更快速、更安全和更环保的特点；宗若雯课题组结合透射电镜和气相色谱 - 质谱联用技术比较了常见可燃物烟尘的差异，研究成果可用于火场中背景干扰的排除；闫建康利用二维气相色谱技术，建立了同时测定汽油中含氧化合物和苯的分析方法，结果表明，这种方法重现性好，检测结果准确、可靠。这些新方法、新技术丰富了助燃剂及其残留物检测研究，但还需要更多的试验验证才能用于实际火场中。

5 总结与展望

目前，使用标准检测方法仍然是助燃剂及其燃烧残留物鉴定的最重要方法。但在实际火灾现场中检测助燃剂及其燃烧残留物仍然是一项很困难的工作。燃烧过程强烈的破坏性、复杂的背景干扰以及助燃剂自身的挥发等都给检测工作带来了巨大的挑战，这都需要结合可靠的参比样品才能获得准确的分析结果。助燃剂及其背景干扰数据库的建立和完善将对助燃剂及其燃烧残留物的检测非常有用。采用新型材料研制的固相微萃取柱可增强特定助燃剂的吸附效果。GC-MS 联用技术是研究和使用最广泛的一种助燃剂及其燃烧残留物分析技术，并且在最近几年仍然在不断改进。在助燃剂及其燃烧残留物提取方法方面，虽然综合来看，固相微萃取技术非常适合助燃剂及其燃烧残留物检测，但其纤维价格昂贵、稳定性差，故研发新型纤维刻不容缓。

对于新应用的提取检测技术还需要更多的试验和体系进行验证，以便促进广泛的实际应用，同时更新的技术还有待开发。而现有的成熟检测方法还有很多影响助燃剂燃烧的因素需要考察，需要系统性的试验进行数据积累，以便能使检测结果准确无误。随着绿色技术的发展，关于生物质燃油残留的检测和微生物降解作用影响也应引起足够的重视。从火灾现场样品的提取到实验室送检的过程，要求样品能得到有效的保存，对于助燃剂及其燃烧残留物样品的保存研究也存在诸多空白。此外，在当前新形势下，对火灾现场助燃剂及其燃烧残留物的检测还应快速、准确，发展便携式的现场快速检测设备也是非常重要的方向。

综上所述，助燃剂及其燃烧残留物的检测研究可以集中在以下几个方面：

（1）改进现有测试技术手段，不断提高测试技术的灵敏度；

（2）建立和完善燃烧残留物的数据库，提供可靠的参比样品谱图；

（3）对新出现的助燃剂添加剂和新型助燃剂（如植物油、生物柴油）进行检测研究；

（4）研究助燃剂及其燃烧残留物在环境中的挥发和微生物的降解作用；

（5）开发完善新的提取和检测技术；

（6）研究助燃剂及其燃烧残留物的保存条件；

（7）结合其他新技术，开发火灾现场助燃剂及其燃烧残留物的快速检测设备。

参考文献

[1] SANDERCOCK P M L. Fire investigation and ignitable liquid residue analysis—a review：2001–2007[J]. Forensic science international，2008，176（2-3）：93-110.

[2] 何洪源. 纵火案件现场可燃液体残留物分析的研究进展 [J]. 中国人民公安大学学报（自然科学版），2006（4）：18-21.

[3] 刘剑，张桂霞，叶能胜. 火灾现场残留物中助燃剂提取及检测方法研究进展 [J]. 化学通报，2009（10）：17-20.

[4] ASTM E1385-04 Standard practice for separation and concentration of ignitable liquid residues from fire debris samples by steam distillation[S]. West Conshohocken，PA：ASTM International，2004.

[5] ASTM E1386-15 Standard practice for separation and concentration of ignitable liquid residues from fire debris samples by solvent extraction[S]. West Conshohocken，PA：ASTM International，2015.

[6] ASTM E1387-04 Standard test method for separation ignitable liquid residues in extracts from fire debris samples by gas chromatograph[S]. West Conshohocken，PA：ASTM International，2004.

[7] ASTM E1388-12 Standard practice for sampling of headspace vapors from fire debris samples[S]. West Conshohocken，PA：ASTM International，2012.

[8] ASTM E1412-16 Standard practice for separation and concentration of ignitable liquid residues from fire debris by passive headspace concentration with activated charcoal[S]. West Conshohocken，PA：ASTM International，2016.

[9] ASTM E1413-13 Standard practice for separation and concentration of ignitable liquid residues from fire debris samples by dynamic headspace concentration[S]. West Conshohocken，PA：ASTM International，2013.

[10] ASTM E1618-14 Standard test method for separation ignitable liquid residues in extracts from fire debris samples by GC/MS[S]. West Conshohocken，PA：ASTM International，2014.

[11] 中华人民共和国国家质量监督检验检疫总局. 火灾技术鉴定物证提取方法：GB/T 20162—2006[S]. 北京：中国标准出版社，2006.

[12] 中华人民共和国国家质量监督检验检疫总局. 火灾现场易燃液体残留物实验室提取方法 第 1 部分：溶剂提取法：GB/T 24572.1—2009[S]. 北京：中国标准出版社，2009.

[13] 中华人民共和国国家质量监督检验检疫总局. 火灾现场易燃液体残留物实验室提取方法 第 2 部分：直接顶空进样法：GB/T 24572.2—2009[S]. 北京：中国标准出版社，2009.

[14] 中华人民共和国国家质量监督检验检疫总局. 火灾现场易燃液体残留物实验室提取方法 第 4 部分：固相微萃取法：GB/T 24572.4—2009[S]. 北京：中国标准出版社，2009.

[15] 中华人民共和国国家质量监督检验检疫总局. 火灾技术鉴定方法 第 1 部分：紫外光谱法：GB/T 18294.1—2013[S]. 北京：中国标准出版社，2013.

[16] 中华人民共和国国家质量监督检验检疫总局. 火灾技术鉴定方法 第 4 部分：高效液相色谱法：GB/T 18294.4—2007[S]. 北京：中国标准出版社，2007.

[17] 中华人民共和国国家质量监督检验检疫总局. 火灾技术鉴定方法 第 5 部分：气相色谱 - 质谱法：GB/T 18294.5—2010[S]. 北京：中国标准出版社，2010.

[18] MARTÍN-ALBERCA C，ORTEGA-OJEDA F E，GARCÍA-RUIZ C. Analytical tools for the analysis of fire debris—a review：2008–2015[J]. Analytica chimica acta，2016，926：1-19.

[19] HETZEL S S . Survey of American（USA）gasolines（2008）[J]. Journal of forensic sciences，2015，60：197-206.

[20] SANDERCOCK P . Preparation of pyrolysis reference samples：evaluation of a standard method using a tube furnace[J]. Journal of forensic sciences，2012，57（3）：738-743.

[21] 祝兴华，王新钢，彭波. 气相色谱 - 质谱联用仪分析火场残留物中的汽油成分 [J]. 分析测试学报，2007，26（S1）：339-341.

[22] 袁博，祝兴华，闫跃泷，等. 不同溶剂对助燃剂检测及残留物提取效果研究 [J]. 化学研究与应用，2022（34）：2121-2127.

国内外火灾事故调查方法对比分析

董学鹏
（安徽省消防救援总队，安徽 合肥 230031）

摘 要：火灾事故调查工作的任务就是查明火灾原因，统计火灾损失，依法对火灾事故做出处理。本文对国内外在火灾事故调查工作中常用的方法进行对比研究，寻找两者之间的区别，取长补短，吸收国外优秀的调查方法，提高我国火灾事故调查的科学性。

关键词：国内外；火灾事故；调查方法；现场勘验；系统认定

1 引言

我国的《火灾事故调查规定》明确规定，火灾事故调查的任务是调查火灾原因，统计火灾损失，依法对火灾事故做出处理，总结火灾教训。分析这四项任务发现，前三项任务是火灾事故调查的基础和调查每起火灾必须完成的任务；而最后一项任务是火灾事故调查的核心要义，它体现了火灾调查工作在整个消防工作中的重要性。从火灾事故中吸取教训是火灾预防、修订法律规范、完善技术标准、促进消防科学发展的必经之路。查阅国外的相关火灾调查技术报告发现，国外发达国家相对于起火原因的调查，更加重视如何从某一起火灾调查中汲取经验教训，促进消防建设水平的整体发展。随着我国经济社会发展水平的提高，对火灾事故调查提出了更高的要求，仅局限在起火原因的调查已经无法满足经济社会的高速发展，因此需要更加重视对火灾事故的全面调查。

2 国内火灾事故调查研究现状

火灾调查中环境勘验、初步勘验、细项勘验和专项勘验的提出是我国火灾调查领域的专家早期创新的研究成果，一直沿用至今，证明其对火灾调查来说非常有用。近年来，为了更好地规范火灾调查程序，提高勘验效率，相关研究人员和主管部门也制定了一些规范性的文件，进一步细化了四步勘验的内容与任务，更加便于火灾调查人员操作与使用。这些规范与标准都是在环境勘验、初步勘验、细项勘验与专项勘验基础上延伸而来，是对“四步勘验”的有效补充。

在“四步勘验”的基础上，我国的相关工作和研究人员经过大量的实践与探索，为了更好地开展火灾现场勘验工作，对勘验步骤进行了细化与具体化。根据每步勘验的目的，为了更加清楚地认定起火原因，结合具体勘验内容，针对不同的火灾现场和痕迹特征，从顺序、原则与具体方法上进行了扩展与深化，均以教材内容的形式出现。火灾现场勘验顺序是指火灾调查人员到达现场后，根据现场的整体燃烧蔓延情况、建筑的基本结构和勘验任务的需要，确定一种合适的顺序，完成整个火灾现场勘验工作。目前，使用较多且较成熟的勘验顺序有离心法、向心法、立体法、分段分片法、循线法。这些方法为火灾调查人员快速、有效地开展调查工作提供了极大的帮助。“先静观后动手，先照相后提取，先表面后内层，先重点后一般”是我国近几十年一直沿用的火灾现场勘验原则，一直指导着调查人员开展火灾现场勘验工作。火灾现场勘验原则语言表述精练，指导性强，充分考虑火灾现场勘验工作的特点。遵循“四步勘验”方法进行火灾现场勘验，根据是否翻动火灾现场，又可分为两个大的阶段：一是环境勘验和初步勘验，其是不翻动现场的，就是所说的静态勘验过程；二是细项勘验和专项勘验，其是在静态勘验的基础上，对现场一些重要痕迹物证进行更加细致入微的查看与提取，需要翻动现场。针对翻动与提取

作者简介：董学鹏，男，汉，安徽天长人，现任安徽省消防救援总队火调技术处副处长，主要从事火灾事故调查和处理工作。地址：安徽省合肥市包河区中山路3388号。电话：13855112277。邮箱：55418404@qq.com。

不同的痕迹物证，提出了多种细项勘验方法，如剖面勘验法、逐层勘验法、复原勘验法、水洗勘验法和筛选法等。在火灾现场勘验实践中，这些勘验方法指导调查人员查看、提取与固定不同的痕迹物证，有很好的应用效果。

综合分析我国的火灾现场勘验技术，对起火部位、起火点和起火原因的认定，方法非常的成熟与实用，解决了火灾调查工作中大量的实际问题，也得到了火灾调查人员和研究人员的普遍认可；火灾现场勘验方面的最新研究进展是火灾调查一线人员智慧的结晶，他们把从事火灾调查工作中的经验与收获，通过一起火灾或一类火灾的现场勘验方法的形式呈现在人们面前，是对火灾现场勘验技术的升华与实践，但这些最新的勘验技术，多数是针对起火部位、起火点和起火原因的调查与认定等方面。

3　国外火灾事故调查研究现状

据了解，欧美发达国家一旦发生重特大火灾事故，都会组织各级专家开展火灾事故调查，与我国现行的消防技术调查报告的组织形式相仿。查阅一份最为典型的国外消防技术调查报告，即 2001 年轰动全球的世贸中心火灾坍塌事故原因调查报告 *Federal Building and Fire Safety Investigations of the World Trade Center Disaster*，发现世贸中心的起火原因非常明了，但是美国 NIST（国家标准与技术研究院）牵头，组织 ASTM（国家材料与测试协会）、FDNY（纽约消防局）、NCST（国家建筑结构安全调查组）、NIBS（国家建筑科学院）、NYPD（纽约警察局）等部门，开展了非常细致的调查，调查此起恐怖袭击造成的火灾事故为什么会导致建筑大范围的倒塌，为什么会造成如此大规模的人员伤亡。根据掌握的资料，目前有关此起恐怖袭击的火灾事故，美国 NIST 共出具了九卷调查报告，最终的事故调查报告 2015 年才正式公布发行，整个调查过程历时长达 14 年之久，从各个角度分析了造成如此大规模人员伤亡的原因。此事故调查报告是已掌握的国外火灾事故调查报告中，灾害成因分析最详尽、分析最深入的典型事故调查报告。虽然此报告内容繁多，但是详尽地给出了造成人员大量伤亡、建筑结构倒塌的各种可能因素，其调查事故灾害成因的组织方法、勘验方法、现场实验方法、分析讨论方法等技术方法是值得学习和借鉴的。

对于英国皇家十字地铁火灾事故，查阅由英国科学委员会撰写的火灾事故调查报告《Investigation into the King' s Cross Underground Fire》，得到了很多启发。

（1）火灾事故调查的不仅是起火原因，更多的工作是其如何蔓延成灾。

火灾事故调查报告开篇位置就提出了三个核心问题：

①起火原因是什么；

②为什么会发生轰燃；

③为什么有 31 人遇难。

（2）起火原因的认定方法得当，证据链条完整，调查细致入微。

火灾事故调查报告从四个方面支撑其中对起火原因的认定。

①查阅了 1956—1988 年所有的 46 起电动扶梯火灾资料，其中 32 起火灾的原因认定为吸烟人员遗留火种引发火灾，同时结合人的习惯行为进行了证据支持。

②分析了电动扶梯产生空隙的原因，从机械结构和燃烧可燃性对遗留火种的引燃能力进行了分析与认定，从引火源存在角度提供了证据支持。

③主要分析了可燃物出现的原因，同时找到了可燃物与引火源接触引起燃烧的直接痕迹物证，从可燃物被引燃的角度提供了证据支持。

④更进一步分析了电动扶梯脚踏板和积攒油脂哪一个更可能是最先被引燃的可燃物，以便后续的责任认定。

（3）通过细致的现场勘验工作，得出火灾现场发生轰燃的原因。

火灾现场发生轰燃是导致此起火灾事故造成大量人员伤亡的主要原因之一，调查报告中作为一个重要部分进行了实验分析与理论推导，主要原因包括：

①火灾发生初期，主要是在电动扶梯脚底板下燃烧，电动扶梯运动使火势向上蔓延，造成火势在脚底板下快速蔓延；

②浸润油脂的胶合板易使火势向上蔓延，并且脚踏板下方的燃烧使扶梯的外装饰材料预热，很容易造成全面燃烧；

②经过大量的模拟实验和建筑结构分析，证明售票厅筒形长条结构是造成轰燃的建筑结构条件。

（4）通过缜密的询问工作，得出造成人员大量伤亡的因素。

轰燃是造成人员大量伤亡的主要因素，除此之外还有人的因素：

①安全引导员没有受过消防训练，现场警务人员疏散人员选向错误，乘客对英国皇家十字地铁站地形不熟悉，人员无法预测轰燃的来临和浓烟气的位置，致使人员大量伤亡；

②第一批到达的伦敦消防队员，仅在轰燃发生前2分钟到达现场，由于到达现场太晚，没有有效遏止初期火情，导致悲剧的发生。

由这个调查报告的简要介绍，可以看到调查报告中除调查中常用的询问方法外，多数数据的准确获得是通过英国科学委员会详细的现场勘验得到的，他们的勘验除要对起火原因勘验外，大部分勘验工作是为了查明造成现场火势蔓延扩大以及大量人员伤亡的原因。

查阅上述两个典型的国外火灾事故调查报告，发现国外对于重特大事故的调查，除要查清楚起火原因外，更多的工作是要查清楚灾害成因，并且在最后会结合重特大火灾事故的起火原因和灾害成因，为今后消防工作提出富有建设性的改进意见，非常有针对性。由此可以看到，相对于我国的消防技术调查报告来说，国外的火灾调查技术报告有很多相似之处，同时也有很多值得我们借鉴的方法和内容。这是对重特大火灾的调查，下面分析国外是如何调查普通火灾的。

查阅NFPA921《Guide for fire and explosion investigations》得知，国外采用的火灾调查方法主要是排除法，以认定起火原因；我国火灾事故调查的主导思想一致，但是调查过程的实施方法存在一定的差异。国外调查人员同样是通过调查询问、现场勘验、痕迹分析的方法收集固定证据，通常也会结合一些燃烧学的基本原理加以分析，只是在认定方法上存在较大差异。他们主要是采用系统方法进行起火原因的认定，如图1所示。

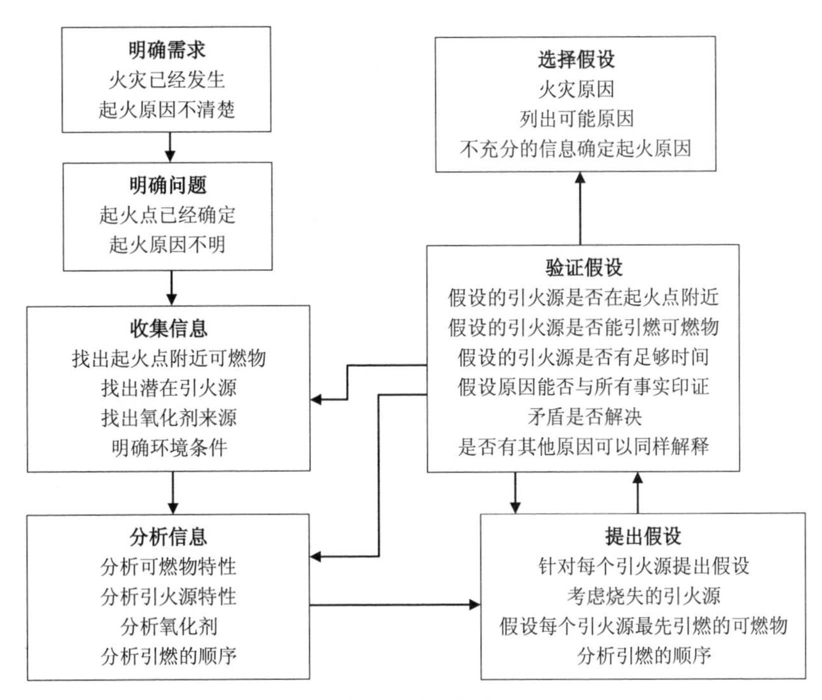

图1　系统方法确定起火原因

国外研究人员认为调查一起火灾的关键是起火点和起火原因的确定，围绕这两个核心问题，采用系统方法进行解决，其核心思想是根据现场情况提出各种假设，然后根据科学原理和火灾的其他情况一一排除，最后留下一个起火原因，并认为此起火原因是有很大可能的(Probable)，如果留下两个甚至更多个起火原因，他们认为这些起火原因是可能的(Possible)或怀疑的(Suspected)，需要继续收集证据，进行下一步的调查工作。

4　国内外火灾事故调查方法区别分析

综合前面所述内容，对比国内外火灾事故调查方法，可以得出如下结论。

(1)国内火灾事故调查更注重对火灾原因的调查，对灾害成因的调查仅停留在对火灾事故处理的指导性上。

（2）国外火灾事故调查更注重对灾害成因的调查，他们会花大量的时间和精力去深入分析导致火灾蔓延扩大的具体原因。

（3）国内火灾事故调查在确定火灾原因时通常使用“四步勘验”法，即通过环境勘验、初步勘验、细项勘验、专项勘验逐步确定起火部位、起火点，直至找到起火原因。

（4）国外火灾事故调查在确定火灾原因时通常使用“系统认定法”，换句话说就是依靠排除法来确定最终起火原因，给出可能性最大的火灾原因。

5　结语

国内外火灾事故调查方法既有相通之处，也各有特点。值得我们学习的是在查清火灾原因的基础上，深入开展延伸调查，查找导致灾害蔓延扩大的具体原因，从中吸取教训，在今后的消防安全管理、消防监督以及火灾扑救中加以改正。

参考文献

[1] NFPA921, Guide for fire and explosion investigations[S]. NFPA, Quincy, MA, 2014.

[2] HOLBORN P G, NOLAN P F, GOIT J. An analysis of fire sizes, fire growth rates and times between events using data from fire investigations[J]. Fire safety journal, 2004, 39(6):481-524.

[3] BABRAUSKAS V. Charring rate of wood as a tool for fire investigations[J]. Fire safety journal, 2005, 40(6):528-554.

[4] 胡建国. 火灾调查 [M]. 北京：中国人民公安大学出版社, 2014.

[5] 崔永合, 陈克, 张加伍. 浅析电动自行车火灾现场勘验技术 [J]. 消防科学与技术, 2011, 30(2):177-179.

[6] 杨隽, 金河龙. 根据金属被烧痕迹判定起火部位 [J]. 消防科学与技术, 2000, 2(1):58-59.

火场中塑壳断路器“特殊”动作情形及分析

丁　可

（东阿县消防救援大队，山东　聊城　252000）

摘　要：火灾调查人员经常勘验分析断路器的动作情况，从而进一步判断现场的供电及故障情况。对于塑壳断路器而言，其有5种动作过程，火灾调查人员往往忽视其再扣后的自由脱扣过程。依据断路器热脱扣器保护原理，当外界环境温度足够高且持续一定时间后，热脱扣器即使在未连接线缆的情况下仍然会动作，使断路器手柄处于脱扣位置。本文结合一起火灾调查案例，通过塑壳断路器动作原理分析及模拟实验，验证塑壳断路器在未接线缆的情况下，手柄处于分闸位置时，受外界环境温度影响，手柄能够从分闸位置动作至脱扣位置。

关键词：火灾；塑壳断路器；热脱扣；模拟实验

1　问题的提出

某生产厂房在拆除内部设备时起火，烧损厂房及内部机器设备等物品一宗。调查过程中，厂房负责人叙述在拆除动工前已经将塑壳断路器分闸，厂房内机器设备均不带电；拆除工人叙述在切割机器设备的电缆时，未发现电缆打火放电。但是，调查人员现场勘验时，发现给机器设备供电的塑壳断路器手柄处于脱扣位置（俗称“跳闸”）。根据操作手柄所处的位置，虽然不能断定断路器是火灾前动作还是火灾后动作，调查人员还是初步得出断路器及其连接线缆处于通电状态的结论。但考虑到拆卸机器设备的实际情况，从施工安全的角度考虑，肯定是先断电，再进行拆除，不然的话极易导致电击事故的发生。厂房负责人及拆除工人的叙述符合常情，但与现场勘验情况相悖。塑壳断路器在分闸状态下手柄是否能到达跳闸位置，成为调查人员需要进一步解决的现实问题。

2　塑壳断路器知识分析

塑壳断路器的保护原理是通过磁脱扣器实现短路大电流时的保护功能，通过热脱扣器实现过载时的保护功能，通过漏电脱扣器实现漏电时的保护功能。塑壳断路器的操作手柄会在三个位置进行停留，如图1所示。其中，位置1为合闸状态，位置2为脱扣状态，位置3为分闸状态。

位置1

位置2

位置3

图1　塑壳断路器手柄位置示意图

常见塑壳断路器的动作过程有5种，分别是分闸、合闸、合闸状态的自由脱扣、再扣和再扣后的自由脱扣，见表1。

表1　常见塑壳断路器动作过程

序号	动作过程	手柄位置变化	常见实现方式
1	分闸	位置1→位置3	手动
2	合闸	位置3→位置1	手动
3	合闸状态的自由脱扣	位置1→位置2	非手动

作者简介：丁可（1985—），男，汉族，山东肥城人，山东省聊城市东阿县消防救援大队，中级专业技术职务，主要从事火灾事故调查工作。地址：山东省聊城市东昌府区陈庄路56号，252000。

续表

序号	动作过程	手柄位置变化	常见实现方式
4	再扣	位置 2 →位置 3	手动
5	再扣后的自由脱扣	位置 3 →位置 2	非手动

塑壳断路器热脱扣器的主要组成部分是双金属片,双金属片由两种或两种以上的金属(合金)复合而成,两种金属(合金)具有不同的膨胀系数。当电流流经双金属片时,会导致发热。由于两种金属(合金)的膨胀系数不同,在热量相同的情况下,两种金属(合金)的弯曲程度不同,双金属片整体上就表现出向一侧弯曲的状态。当电流达到一定强度且持续一定时间后,双金属片就会达到预定的弯曲程度,从而使断路器脱扣。根据双金属片的构成及工作原理可知,当塑壳断路器周围环境的温度足够高且持续一段时间时,双金属片同样会达到预定的弯曲程度,从而使手柄处于脱扣位置,即表 1 中的过程 3 和过程 5。从塑壳断路器保护原理可以分析得出塑壳断路器手柄处于分闸位置时,受外界环境温度影响,手柄能够到达脱扣(跳闸)位置。

3　模拟实验情况

为了进一步验证上述结论,调查人员选用 DZ-15LE-100/490、DZ20LE-250/4300、ADM20LE-400/4300(火灾现场相同品牌型号)三种塑壳断路器进行模拟实验。实验时将上述 3 种型号的塑壳断路器分成三组,每组两个,手柄分别处于合闸位置(图 1 中左图)与分闸位置(图 1 中右图)。在不连接线缆的情况下,将三组塑壳断路器分别固定在支架上,同一组内的塑壳断路器处于同一高度,且位置相邻。使用木材燃烧火焰对塑壳断路器的外壳进行加热,观察手柄的动作情况。模拟实验装置如图 2 所示。

图 2　塑壳断路器受热后动作过程模拟实验装置

木材被点燃 4 分 59 秒后,一个 200 A 塑壳断路器的手柄由分闸位置动作至脱扣位置; 11 分 40 秒后,一个 400 A 塑壳断路器的手柄由合闸位置动作至脱扣位置。

为了进一步重现火灾现场,调查人员又选用 400 A 塑壳断路器,将手柄置于分闸位置,再次进行木材燃烧火焰加热实验。木材被点燃 4 分 23 秒后,塑壳断路器手柄由分闸位置动作至脱扣位置。模拟实验证明,起火工厂相同品牌型号的塑壳断路器在未接线缆的情况下,手柄处于分闸位置时,受外界环境温度影响,手柄能够从分闸位置动作至脱扣位置(跳闸)。

4　火灾调查中断路器应用的注意事项

4.1　断路器未动作不代表没有故障发生

根据断路器的原理可知,当满足脱扣器脱扣条件时,脱扣器才会动作。如果断路器出现了电气故障,但并不满足脱扣器动作条件,此时断路器也不动作。在火灾事故调查中,不能以断路器未动作来判断未发生电气故障。常见的断路器不动作原因见表 2。

表 2　常见的断路器不动作原因

序号	断路器不动作原因
1	断路器脱扣电流值过大或选用断路器额定电流过大
2	短路形式为电弧短路或其他高阻抗短路
3	短路(过载)时间短,小于脱扣动作时间
4	断路器内部机械故障妨碍脱扣动作
5	断路器内部触点粘连
6	对接线有特殊要求的,未按照要求接线

4.2　断路器动作也不一定是火灾前动作

断路器动作,只能判断出现了满足脱扣器动作的条件。由本文前述可知,塑壳断路器的手柄处于脱扣位置时,既可能是短路电流导致的,也可能是断路器外界高温环境所导致。在非电气原因引起可燃物起火后,产生的热量使导线绝缘皮破损,线芯与接地体接触,也会使漏电断路器动作。因此,不能仅根据断路器动作这一条件,对断路器动作与起火的先后顺序进行判断,而是需要结合整个证据体系,对断路器动作原因进行深入分析。

4.3 万用表导通提示音不能证明断路器内部一定处于导通状态

当断路器外壳在火场中烧熔,不能判断手柄的位置时,调查人员往往会使用万用表的通断挡对断路器同一极的进线、出线端子处进行测量,以判断内部的通断状态。此种情况下,即使万用表发出导通提示音,也不能证明断路器内部处于导通状态。对于 3P+N 型断路器, N 极不与其他三极一起分合。当万用表测量 N 极时,测量结果必定是导通状态。在断路器连接线缆的绝缘皮在火灾中烧失,金属线芯裸露后与金属配电箱接触,进线端子和出线端子通过线芯和配电箱已经处于导通状态。此时,使用万用表在同一极进线、出线端子处测量,其结果也必定是导通状态,但无法判断出断路器内部的导通情况。

5 结语

火灾现场勘验过程中,塑壳断路器是调查人员重点关注的电气保护装置之一。当其手柄处于脱扣位置时,人们往往认为该塑壳断路器下端线路带电且发生了故障。但基于塑壳断路器的保护原理,电流热效应和外部环境高温均能够使其内部的热脱扣器动作,让手柄处于脱扣位置。所以,调查人员不能根据塑壳断路器手柄位置作出最终判断,要结合监控视频、证人证言、用电设备运转情况、智能电表数据、智能家电等后台数据等证据,对证据进行全面审查,对塑壳断路器动作与其他证据之间的矛盾进行合理解释,形成起火原因认定的完整证据链。

参考文献

[1] 吴金辉. 塑壳式断路器操作机构的结构分析 [J]. 电气制造, 2011(1): 56-58.

[2] 符恒. 浅析万用表在火灾现场勘验中的应用 [J]. 消防技术与产品信息, 2013(7):26-28.

[3] 马骁. 低压断路器在电气火灾防范中的应用分析 [J]. 安防科技, 2009(7): 51-53.

[4] 孙吉升,施政,顾惠民. 塑壳断路器操作机构动作分析与设计要点 [J]. 低压电器, 2013(21): 13-16,63.

[5] 杨敏,刘晋. 浅谈考古学理论在现场重建中的应用及理论指导意义 [J]. 广东公安科技,2016,24(4):26-28,42.

[6] 林松. 一起涉外火灾的现场重建 [J]. 消防科学与技术,2011,30(2): 174-176.

[7] 郭铁男. 中国消防手册(第八卷)[M]. 上海:上海科学技术出版社, 2006.

橡胶及 IV56 冷冻机油混合燃烧残留物对汽油鉴定的影响研究

王 芳

（消防救援总队昌吉消防救援支队阜康市消防救援大队，新疆 昌吉 831500）

摘 要：在一些放火案件中，在对汽油、橡胶及润滑油等的鉴定中，存在多种干扰因素，主要分为三类。第一，火场中橡胶及润滑油作为燃烧载体出现，热分解产物对汽油造成影响的物质；第二，在鉴定实践中出现反复送检的情况，导致火场残留物的提取时间不同，也会对汽油的鉴定产生一定影响；第三，火场中助燃剂燃烧不均，提取到不同燃烧程度的火场残留物，导致检出物质不完全，无法对易燃液体种类进行准确定性。在相关易燃液体物证鉴定实践中可以发现，橡胶与润滑油的混合物及燃烧产物对汽油的鉴定中产生了较大的干扰，用气相色谱 - 质谱（GC-MS）法对橡胶、润滑油进行鉴定，并与易燃液体物证进行对比分析具有重要意义。

关键词：气相色谱 - 质谱（GC-MS）法；润滑油；汽油；燃烧程度；提取时间

1 引言

在一些放火的火灾案例中，可以发现犯罪分子常常借助一些易燃液体（汽油、柴油、油漆稀释剂、机油等）来实施犯罪。经过统计，在国内采用一些易燃液体进行放火的案例中，利用汽油放火的可以达到 90% 以上，汽油的一般组成，为烷烃 30%~70%，环烷烃 20%~60%，芳烃 <20%，其中 C_7 以前的组分沸点低比较容易变化，含量比较少，约占 5%，C_{10} 之后的组分含量也很少，占 5%。目前国内关于汽油及燃烧残留物特征组分检测方面的研究有：耿惠民等人在《易燃液体放火物鉴定中干扰物排除的研究》中，对 GC 法以及 GC-MS 法在鉴定汽油在火灾燃烧产物中的存在与否进行了研究 [1]；也有一部分国内学者就易燃液体火灾物证鉴定影响因素做了多方面的分析研究：邹红在《载体对柴油燃烧残留物成分 GC-MS 分析的影响》中，选取了地毯、棉布和麻纱等载体，使其载体与柴油混合燃烧残留物样品中保留的特征组分与柴油燃烧残留物的特征组分做了对比，对载体对柴油燃烧产物特征组分检测的影响做了研究 [3]；刘峰等人在《GC-MS 法分析不同载体对汽油燃烧残留物成分的影响》中，选取棉布和腈纶进行实验，对载体对汽油燃烧残留物特征组分检测的影响做了研究 [4]。

在实际的火灾调查和物证鉴定中发现，火场内的一些石油化工制品在热解和燃烧时会产生许多与汽油及燃烧残留物特征组分相似的成分，如芳香烃和稠环烷烃等。其中火场中橡胶制品和润滑油类制品较为常见，如汽车火灾、车库火灾和废旧厂房火灾等。在这类火灾事故中，经过鉴定，轮胎橡胶及润滑油类制品，这两种物质在燃烧后的组分与汽油十分相似，进而影响鉴定结果的准确性，给火灾调查和物证鉴定工作带来了较大的难度。

由以上论述可知，系统研究橡胶制品和润滑油类制品原样及燃烧残留物的特征组分，对放火火灾调查工作和物证鉴定工作有着十分重要的意义。

本实验选取橡胶及润滑油（IV56 冷冻机油）进行预实验，研究其燃烧特性，并对鉴定中橡胶与润滑油燃烧产物进行 GC-MS 分析，得到谱图中含有的物质组分。

作者简介：王芳（1984—），女，汉，新疆消防救援总队昌吉州消防救援支队，中级技术职务，主要从事火灾调查、防火监督工作，新疆昌吉州阜康市文博路消防救援大队，831500，18999508878，553530646@qq.com。

2 实验部分

2.1 实验仪器及材料

实验仪器：气相色谱-质谱仪 Agilent7890 C-5975A（美国安捷伦科技有限公司）、HP-5MS 色谱柱（美国安捷伦科技有限公司）（30 m × 250 μm × 0.25 μm）。

实验材料：（1）IV56冷冻机油，正己烷（分析纯），橡胶；（2）量筒（20 mL），烧杯（50 mL），脱脂棉，漏斗，胶头滴管，玻璃棒，坩埚钳，进样针，石英管，锡箔纸盒（15 cm × 15 cm × 5 cm），玻璃板（45 cm × 45 cm）

2.2 实验样品的制备与提取

2.2.1 样品的制备

IV56冷冻机油及橡胶燃烧残留物及烟尘的制备：向锡箔纸盒内分别加入5 mL IV56冷冻机油及3 × 2 cm橡胶，点燃待其自然熄灭收集顶部玻璃上的燃烧烟尘以及锡箔纸盒内的残留物。

2.2.2 样品的编号

为便于说明情况，对每一组样品进行编号，见表1.1，IV56冷冻机油用“IV56”表示；橡胶用“XJ”表示。

表1.1 制得样品编号

助燃剂	原样、燃烧产物（残留物、烟尘）	不同载体	燃烧程度
IV56冷冻机油		IV56-XJ	未完全燃烧

2.2.3 样品的萃取

燃烧残留物的萃取：橡胶与IV56冷冻机油燃烧结束后残留物黏附在锡箔纸盒底部，用沾有正己烷溶剂的脱脂棉擦取后放置在烧杯里进行进一步萃取。

燃烧烟尘的萃取：在进行燃烧实验之前，将45 cm × 45 cm的玻璃板置于锡箔纸盒的上方，进行燃烧实验确定玻璃的高度，确保在燃烧过程中不会受到直接火焰作用。燃烧结束后，将收集到烟尘的玻璃放置在一旁自然冷却，然后用沾有正己烷的脱脂棉擦取烟尘，擦取完成后将脱脂棉放在烧杯里，加入正己烷溶剂对燃烧烟尘中的有机组分进行进一步的提取，以便检测。

2.3 实验条件

3 结果分析与讨论

3.1 橡胶及IV56冷冻机油燃烧产物的GC–MS分析

3.1.1 橡胶及IV56冷冻机油燃烧残留物的GC-MS分析

取5 mL IV56冷冻机油于锡箔纸中，点燃橡胶及IV56冷冻机油待其燃烧结束后提取燃烧残留物，用正己烷溶剂萃取得到GC-MS分析样品，进行三次平行实验，选取分析效果最好的橡胶及IV56冷冻机油燃烧残留物的总离子流图如图1.1及直链烃烷烃离子流图1.2所示，从图中可以看出，出峰范围在25~45 min之间，最高峰位置在39 min左右，谱图基线不平稳，杂峰多。从总离子流图上可以清晰观察到的峰对应物质分别为烷烃、单环芳香烃信号强，但是多环芳烃类、茚满类、苊类信号低。

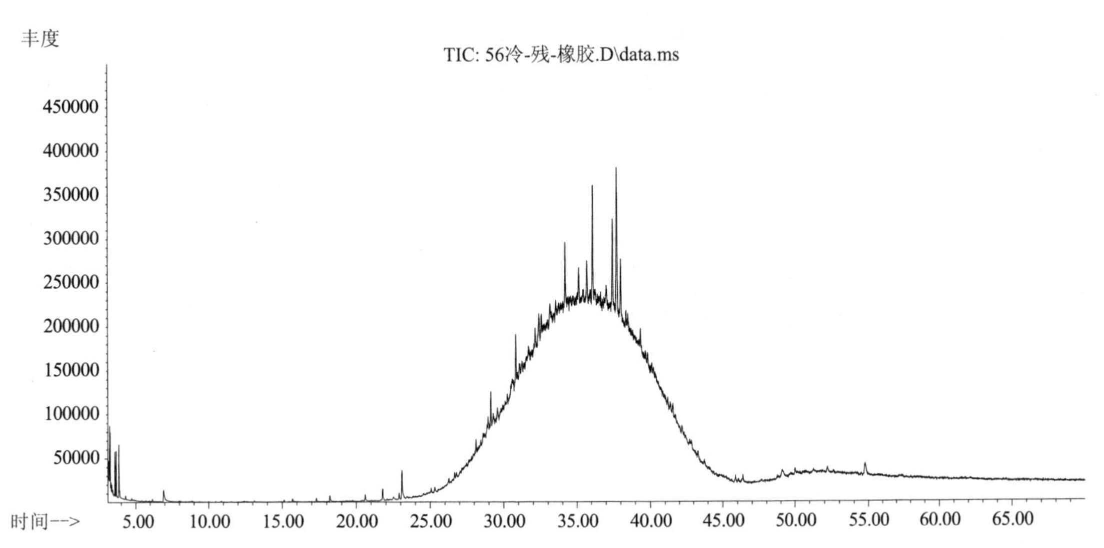

图1.1 56冷冻机油与橡胶燃烧残留物总离子流

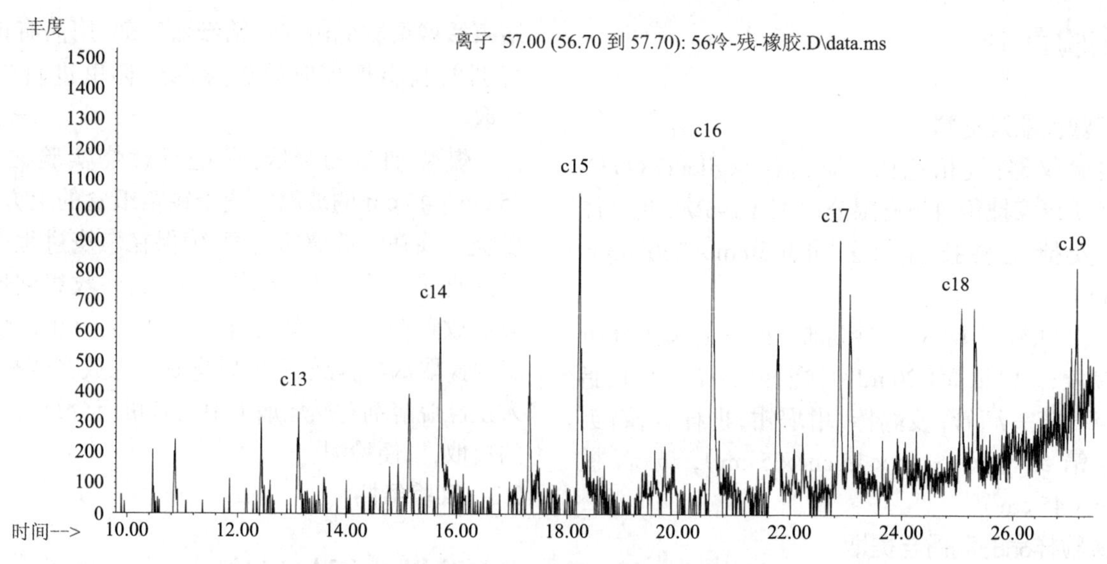

图 1.2　56 冷 - 残留 - 橡胶直链烃烷烃离子提取

根据各离子图谱显示，烷烃类、芳香烃类、多环芳烃类和茚满类四类物质进行质谱检索燃烧残留物中的特征组分，检测结果见表 1.2。

表 1.2　橡胶 IV56 冷冻机油残留物中含有的特征组分

序号	化合物类型	化合物名称	分子式	分子量	保留时间段 t_R / min
1	烷烃	正十三烷	$C_{13}H_{28}$	184	13.12
2		正十四烷	$C_{14}H_{30}$	198	16.23
3		正十五烷	$C_{15}H_{32}$	212	18.234
4		正十六烷	$C_{16}H_{34}$	226	20.12
5		正十七烷	$C_{17}H_{36}$	240	22.923
6		正十八烷	$C_{18}H_{38}$	254	24.134
7		正十九烷	$C_{19}H_{40}$	268	25.145
8	芳香烃	对二甲苯	C_8H_{10}	106	26.785
9		邻二甲苯	C_8H_{10}	106	28.345
10		丙苯	C_9H_{12}	120	39.345
11		1- 乙基，2- 甲基苯	C_9H_{12}	120	24.456
12		1，2，3- 三甲基苯	C_9H_{12}	120	25.997
13		1，3，5- 三甲基苯	C_9H_{12}	120	26.248
14		1，2，4- 三甲基苯	C_9H_{12}	120	26.851
15		4- 乙基 -1，2- 二甲基苯	$C_{10}H_{14}$	134	27.365
16		1，2，4，5- 四甲基苯	$C_{10}H_{14}$	134	27.491
17		1，2，3，5- 四甲基苯	$C_{10}H_{14}$	134	28.728

续表

序号	化合物类型	化合物名称	分子式	分子量	保留时间段 t_R / min
18	多环芳烃	萘	$C_{10}H_8$	128	28.871
19		甲基萘	$C_{11}H_{10}$	142	29.409
20		二甲基萘	$C_{12}H_{12}$	156	29.489
21		芴	$C_{13}H_{10}$	166	30.008
22		蒽	$C_{14}H_{10}$	178	30.911-31.026
23		荧蒽	$C_{14}H_{10}$	202	31.609 32.375~32.672 34.730
24		芘	$C_{16}H_{10}$	202	42.057
25	茚满、苊类	甲基茚满	$C_{10}H_{12}$	132	47.092~47.800
26		1- 乙基茚满	$C_{11}H_{14}$	146	47.978
27		苊（萘已环）	$C_{12}H_{10}$	154	43.150
28		甲基二氢苊	$C_{13}H_{12}$	168	28.008
29		二氧化苊	$C_{12}H_6O_2$	182	28.911-30.026

2.1.2 橡胶及 IV56 冷冻机油燃烧烟尘的 GC-MS 分析

用玻璃收集橡胶及 IV56 冷冻机油燃烧的烟尘，用沾有正己烷的脱脂棉进行提取萃取，制得样品分析，进行三次重复性试验得到的橡胶与 IV56 冷冻机油燃烧烟尘总离子流图如图 1.3 以及直链烷烃离子流图 1.4 所示，燃烧烟尘出峰范围在 23~46 min 之间，集中在 35~40 min 之间，在此期间出峰密度大，峰间隔小。分析总离子流图的特征峰，得到烷烃、多环芳烃、单环芳香烃、双环芳烃萘类、茚满、苊类数值信号，其中双环芳烃萘类、茚满、苊类数值信号低。

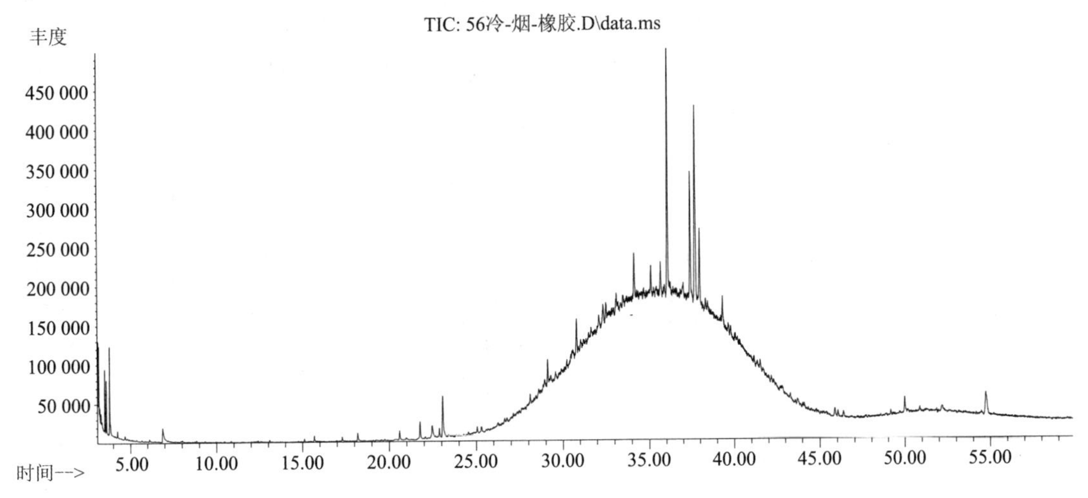

图 1.3　56 冷冻机油与橡胶燃烧烟尘总离子流

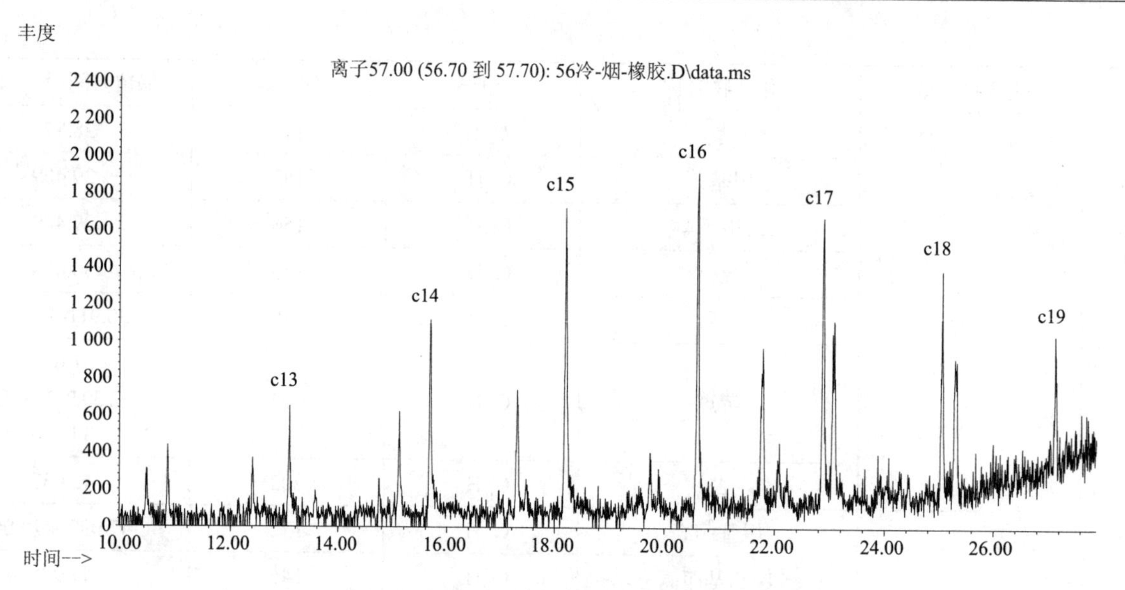

图 1.4　56 冷冻机油与橡胶燃烧烟尘直链烷烃离子提取

经检测得到橡胶 IV56 冷冻机油烟尘中含有的　　特征组分表 1.4。

表 1.4　橡胶 IV56 冷冻机油烟尘中含有的特征组分

序号	化合物类型	化合物名称	分子式	分子量	保留时间段 t_R / min
1	烷烃	正十三烷	$C_{13}H_{28}$	184	13.105
2		正十四烷	$C_{14}H_{30}$	198	16.028
3		正十五烷	$C_{15}H_{32}$	212	18.215
4		正十六烷	$C_{16}H_{34}$	226	20.199
5		正十七烷	$C_{17}H_{36}$	240	22.986
6		正十八烷	$C_{18}H_{38}$	254	25.198
7		正十九烷	$C_{19}H_{40}$	268	27.193
8	芳香烃	对二甲苯	C_8H_{10}	106	29.468
9		邻二甲苯	C_8H_{10}	106	31.296
10		丙苯	C_9H_{12}	120	33.092
11		1- 乙基,2- 甲基苯	C_9H_{12}	120	22.780
12		1,2,3- 三甲基苯	C_9H_{12}	120	22.997
13		1,3,5- 三甲基苯	C_9H_{12}	120	23.248
14		1,2,4- 三甲基苯	C_9H_{12}	120	23.751
15		4- 乙基 -1,2- 二甲基苯	$C_{10}H_{14}$	134	24.265
16		1,2,4,5- 四甲基苯	$C_{10}H_{14}$	134	24.391
17		1,2,3,5- 四甲基苯	$C_{10}H_{14}$	134	24.728

续表

序号	化合物类型	化合物名称	分子式	分子量	保留时间段 t_R / min
18	多环芳烃	萘	$C_{10}H_8$	128	24.871
19		甲基萘	$C_{11}H_{10}$	142	25.409
20		二甲基萘	$C_{12}H_{12}$	156	25.489
21		芴	$C_{13}H_{10}$	166	28.008
22		蒽	$C_{14}H_{10}$	178	28.911~30.026
23		荧蒽	$C_{14}H_{10}$	202	30.609 32.375~32.672 34.730
24		芘	$C_{16}H_{10}$	202	42.057
25	茚满、苊类	甲基茚满	$C_{10}H_{12}$	132	47.092~47.800
26		1- 乙基茚满	$C_{11}H_{14}$	146	47.978
27		苊（萘已环）	$C_{12}H_{10}$	154	43.150
28		甲基二氢苊	$C_{13}H_{12}$	168	28.008
29		二氧化苊	$C_{12}H_6O_2$	182	28.911~30.026

3.2 结论

按照国标《火灾技术鉴定方法》GB/T 18 294.5-2010 第5部分：气相色谱 - 质谱法中描述的烷烃（*m/z*：85）、芳香烃（*m/z*：78、91、106、120、134）、稠环芳烃（*m/z*：128、142、156）和多环芳烃（*m/z*：178、202、228、252）四类物质对汽油烟尘总离子流图进行质谱检索，烷烃类检测到以下四种正构烷烃：正十五烷、正十六烷、正十八烷和正二十烷；芳香烃类物质检测到苯、C_2苯、C_3苯、C_4苯，其中较汽油原样相比，C_3苯保留的较完好，C_2苯和C_4苯同分异构体数量有所减少；不过稠环芳烃类的组分成分变化不大；生成了蒽、荧蒽、苯并蒽、芘等多环芳烃；也仍然能检测到茚满及甲基茚满的存在。

根据对比：

（1）橡胶及IV56冷冻机油燃烧残留物和燃烧烟尘进行GC-MS分析，分析结果为：残留物的数据中，含有较多的正构烷烃；IV56冷冻机油与橡胶燃烧残留物中双环芳烃萘类、茚满、苊类成分少；IV56冷冻机油与橡胶燃烧烟尘的烷烃种类少，但检出成分明显。

（2）橡胶及IV56冷冻机油与汽油原样及燃烧产物的组分对比：IV56冷冻机油与橡胶燃烧残留物和烟尘检出组分中烷烃的种类数量均多于汽油，均检出茚满类物质，IV56冷冻机油与橡胶的燃烧残留物和烟尘中多环芳烃及茚满类组分信号低，但烷烃组分种类及数量多于汽油。通过对比得到，烷烃类组分多于汽油，可以作为与汽油进行区分的依据。

（3）加入燃烧的载体，燃烧残留物中芳香族类组分变化不大，烷烃组分减少，载体的加入导致残留物中芳香族类物质检出较少；随着提取时间的增长润滑油残留物中轻组分烷烃发生部分挥发，芳香族类物质变化不大；随燃烧时间增长，烷烃种类及数量减少，多环芳烃物质种类增加，芳香烃和稠环芳烃变化不大。

（4）在实验过程中，谱图出现大的峰包，是由于润滑油本身不论完全燃烧或者未完全燃烧，含有的组分都集中在一起，并且润滑油本分存在一些杂质，导致谱图出现基线上移，馏程在400~450 ℃芳香烃馏分都集中谱图的前部，干扰较大，组分会较为难分解。

参考文献

[1] 耿惠民，鲁志宝，田桂花等. 易燃液体放火物鉴定中干扰物排除的研究 [J]. 消防科学与技术，2001（1）:51-53.
[2] 鲁志宝. 火灾现场中易燃液体物证鉴定鉴定方法的研究 [D]. 天津大学，2003.
[3] 邹红. 载体对柴油燃烧残留物成分GC-MS分析的影响 [J]. 消防技术与产品信息，2015（5）:43-45.
[4] 刘峰，张健.GC-MS法分析不同载体对汽油燃烧残留物成分的影响 [J]. 消防技术与产品信息，2014（9）:84-86.

火灾模拟在火灾事故调查处理过程中的辅助性作用研究

赵武军[1],赵伟铭[2]

（1. 临汾市消防救援支队,山西　临汾　041000；2. 运城市消防救援支队,山西　运城　044000）

摘　要:近年来,高层建筑火灾频发,因顶棚射流与烟囱效应影响,导致高层火灾烟气蔓延迅速,极易造成人员伤亡。本文利用 PyroSim 软件结合实际案例,对火灾发生时因防火门开启状态对烟气在高层建筑中流动规律的影响进行模拟分析,为火灾事故调查提供相关数据参考和痕迹佐证。

关键词:火灾调查;火灾模拟;烟气蔓延

1　引言

近年来,随着高层建筑的不断增加,社会面火灾风险隐患激增。高层建筑中火灾蔓延途径众多,且影响火势蔓延的因素复杂,若未进行有效防火分隔,火灾发生时,火势与烟气既会通过门、窗、走廊等途径水平蔓延,也会在电梯井、管道井等竖向管道产生烟囱效应而垂直蔓延。由于当前移动消防设施参数限制,加之人员疏散距离过长等因素,使得高层建筑火灾中人员伤亡几率骤增。本文选取一起典型高层火灾案例,通过 PyroSim 火灾模拟,将火灾现场搜集到的痕迹证据作为火灾模拟参数,将模拟结果同现场实际进行比对,为进一步分析火灾痕迹形成原因及死亡人员行为分析提供参考。

2　高层建筑火灾模型

2.1　火灾基本情况

2023 年 5 月 7 日,某高层住宅小区发生火灾,造成 5 人死亡,过火面积约 100 m^2,直接经济损失 840.42 万元。经事故调查,该起火灾的起火部位位于 8 层电缆井桥架处,起火原因为 8 层电缆井内户内供电电缆与绝缘穿刺线夹接触不良,弧光放电进而引燃电缆护套等易燃可燃物导致蔓延成灾。

2.2　起火建筑情况

起火建筑为一类高层住宅楼,地上三十二层,均为住宅层,层高 2.9 m;地下一层,为设备层,层高 3.6 m。地上住宅部分每层为一个防火分区,每个防火分区面积约 865 m^2,钢筋混凝土剪力墙结构,建筑内每个单元设置了剪刀楼梯和消防电梯,其中合用前室、剪刀楼梯间采用自然通风系统,防烟楼梯间前室采用机械加压送风系统。单元布局如图 1 所示。

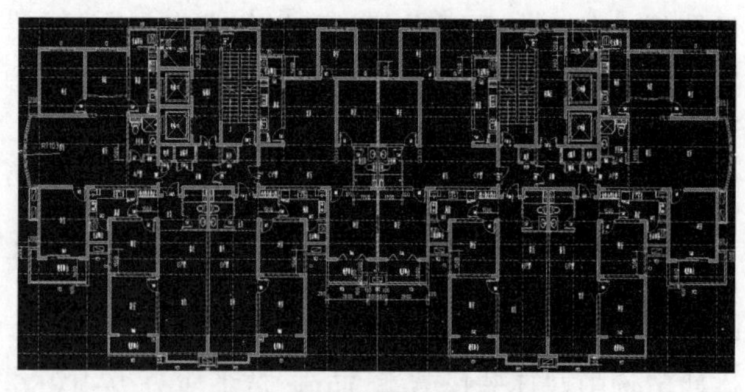

图 1　火灾事故单元平面图

2.3　现场调查情况

2.3.1　防火门开启情况

如图 2 所示:前室门 1 位于合用前室和东单元走道连通处,因住户日常使用频繁,现场调查发现各楼层前室门 1 均处于开启状态。前室门 2 位于西单元防烟楼梯间前室和东单元走道连通处,根据住户日常使用习惯,现场调查发现,前室门 2 部分楼层开

作者简介:1. 赵武军(1973—),男,汉族,山西省消防救援总队临汾支队,支队长,从事火灾调查工作。地址:山西省临汾市尧都区汾河西路 116 号, 041000。2. 赵伟铭(1997—),男,汉族,山西省消防救援总队运城支队,初级专业技术干部,从事火灾调查工作。地址:山西省运城市盐湖区红旗东街 3129 号,044000。

启,部分楼层关闭。防烟楼梯间门 1、2 位于剪刀楼梯间与两个前室连通处,根据住户日常使用习惯,现场调查发现,防烟楼梯间门 1、2 部分楼层损坏、半开或障碍物撑开,少部分楼层关闭。

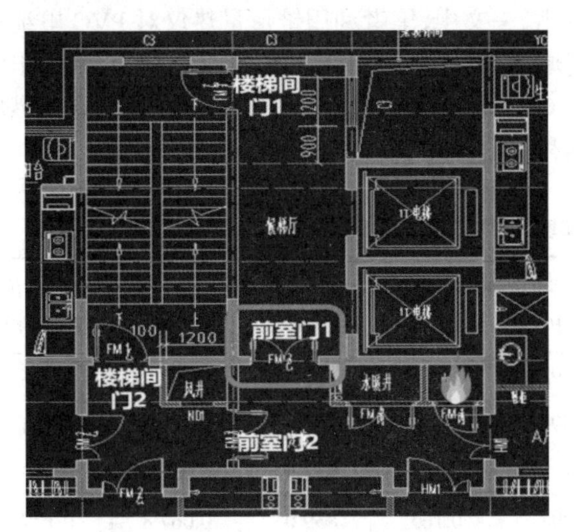

图 2 起火部位附近防火门分布情况

2.3.2 防烟措施

合用前室采用自然通风系统,无法判断火灾时的开启状态。顶层合用前室的外窗因火灾时的高温烟气作用,受热变形、玻璃破碎,东单元走道和合用前室的墙壁、屋顶地面烟熏痕迹明显,受损严重。剪刀楼梯间采用自然通风系统,火灾发生时外窗开启。防烟楼梯间前室的正压送风系统工作不正常,屋面正压送风机的风管与出屋面竖井未有效连接,成为事故现场烟气蔓延的“烟囱”。屋面正压送风机的开关处于“断开”状态,正压送风口的消防联动线未连接,部分正压送风口处于“常开”状态;开启着火层及其上、下层的风口,如图 3 所示。

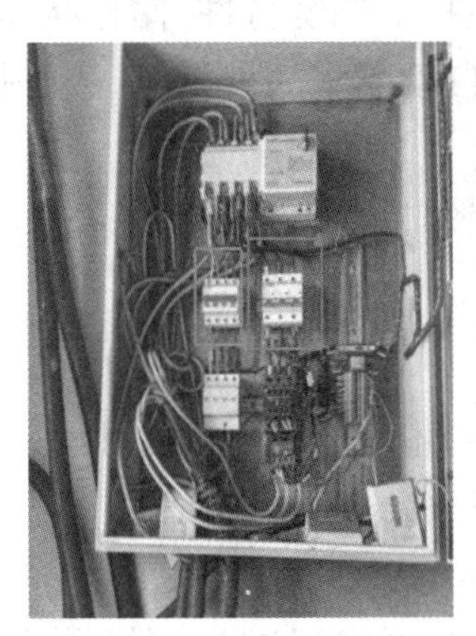
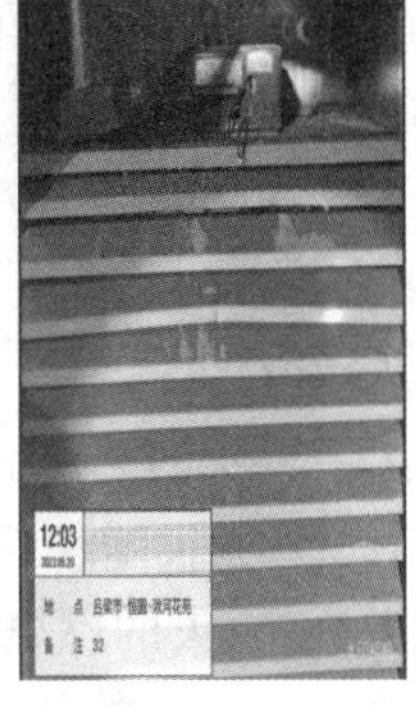
图 3 正压送风口开启状态

水暖管井与电管井中间的隔墙上有洞口,尺寸约 50-400 mm 之间,现场调查共发现 9 处(F9、F11、F12、F16、F17、F24、F27、F28、F32),如图 4 所示。此外,调查还发现电梯机房缆绳穿越屋面洞口尺寸约:300 mm x 300 mm,共 2 处;电梯机房电梯井道上洞口尺寸约:50 mm x 80 mm,共 2 处。

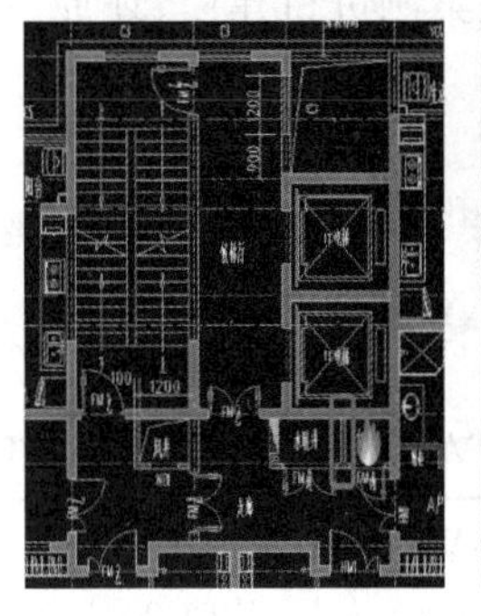
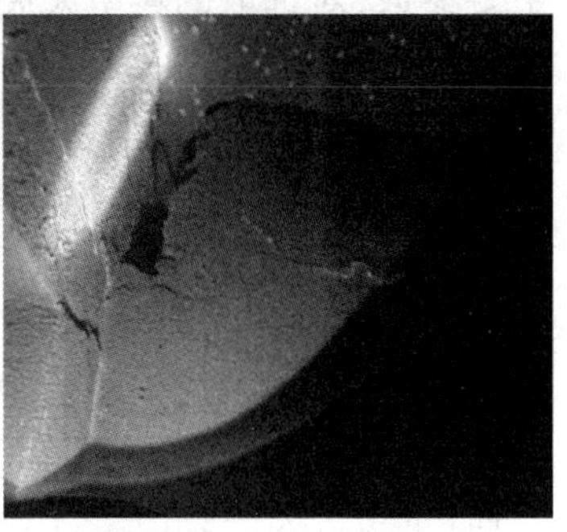
图 4 现场调查发现孔洞

现场调查门、窗、洞口情况汇总如图 5 所示:

层数	楼梯间防火门		前室防火门		水暖井防火门	隔墙(洞口)	电井防火门	备注	层数
	1	2	1	2					
1	开	关		关			关(缝大)		1
2	开	K		关			关		2
3	开	关		关			关		3
4	关	开		关			关		4
5	开	开		关			关(缝大)		5
6	关	开		关			关		6
7	K	开		关			关		7
8	关	K		关			关(破拆)		8
9	开	开		开			关(缝大)		9
10	K	开		开			半开(右)		10
11	开	坏		关			关(破拆)(缝大)		11
12	关	坏		关			关		12
13	K	关		关			关(缝大)		13
14	关	开		关			半开(右上)		14
15	开	开		关			关(破拆)(缝大)		15
16	K	开	开	关	关		关(破拆)		16
17	K	坏		关			关(破拆)		17
18	关	K		关			关(破拆)		18
19	K	开		关			关(破拆)		19
20	开	K		开			关(缝大)		20
21	关	K		开			关(缝大)		21
22	K	开		开			关(缝大)		22
23	K	开		关			关(左缝大)		23
24	K	K		开			关 (缝大)		24
25	关	坏		关			关		25
26	关	K		关			关(破拆)		26
27	关	K		关			关(缝大)		27
28	关	K		关			关		28
29	K	K		关			关(破拆)		29
30	关	开		开			关		30
31	开	K		关			开		31
32	K	K		关			关(破拆)		32

图 5 起火建筑门、窗、洞口开启汇总情况

3 火灾模拟

3.1 模拟软件

目前常用于火灾模拟的 CFD 模型主要有:FDS,PHOENICS,FLUENT,PyroSim 等。本文使用的是 PyroSim 火灾模拟软件,该软件以计算流体力学为基础,可以较为准确的模拟火灾发展过程中火场内的温度变化、烟气扩散情况、各种气体(CO、

CO_2 等气体）的浓度变化、各位置的能见度变化状况。本文将建筑内部疏散楼梯间、前室等不同位置的压力、温度、烟气体积流量、速度、层高度等设置为主要参数，对选取的典型火灾案例进行建模、还原、模拟。

3.2　设定火灾燃烧物

根据该火灾现场勘验结果，主要燃烧物为电缆绝缘层，电缆型号为 YJLHV：YJ——外绝缘层（聚氯乙烯 PVC，外层黑色绝缘层）；LH——导体材料铝合金，V——内护套绝缘层（交联聚乙烯 XLPE，内层彩色绝缘层）。

查阅文献《PVC 电缆及其护套原料燃烧性能的对比》一文中，笔者利用锥形量热仪对 PVC 电缆护套原料和对应电缆试样进行了实验研究，并给出了 PVC 电缆护套和对应电缆的热释放速率、有效燃烧热和质量损失率的对应关系，如图 6 所示。

表 3　PVC 电缆护套原料试样的 Cone 实验结果（热流强度 50 kW/m²）

样品	点燃时间 /s	热释放速率 /kW/m²		有效燃烧热平均值 /MJ/m²	质量损失速率 /g/s		比消光面积 /m²/kg	CO/kg/kg	火灾性能指数 FPI
		平均	峰值		平均	峰值			
1	17.0	134.69	179.05	12.69	0.094	1.168	857.42	0.067 2	0.126
2	17.0	136.93	179.55	12.31	0.096	0.158	800.24	0.069 7	0.124
3	18.0	138.10	171.09	11.95	0.104	0.164	859.43	0.066 6	0.130
平均	17.3	136.57	176.56	12.31	0.098	0.163	839.03	0.067 8	0.127

表 4　电缆试样的 Con4 实验结果（热流强度 50 kW/m²）

样品	点燃时间 /s	热释放速率 /kW/m²		有效燃烧热平均值 /MJ/m²	质量损失速率 /g/s		比消光面积 /m²/kg	CO/kg/kg	火灾性能指数 FPI
		平均	峰值		平均	峰值			
YJV	10	125.22	191.92	21.79	0.051	0.143	699.54	0.069 9	0.052 1
VV	9	83.90	113.10	13.38	0.055	0.105	652.25	0.073 6	0.079 6
KVV	11	111.91	256.10	17.10	0.058	0.138	741.54	0.065 4	0.043 0

图 6　PVC 电缆及其护套原料燃烧性能实验数据

对比上述实验数据，在本次火灾模拟实验中，为保证电缆燃烧的火灾模拟与实际现场一致，在实际模拟中 PVC 的质量损失率具体设置如图 7 所示；参考厂家提供的 YJV 系列护套标称厚度，电缆在不同内芯数量时，护套厚度约为 1.4~3.1 mm；查阅该工程施工图，本次火灾模拟设置电缆共 4 根，外径约 80 mm，PVC 绝缘层厚度约 3 mm。

层数	电缆质量损失率 kg/（m²·s）
1~6	0.05
7~68	0.06
9~11	0.07
12~15	0.09
16~19	0.08
20~24	0.11
25~30	0.12
31~32	0.11

图 7　不同层数模拟 PVC 电缆质量损失率

3.3　设定火灾类型

火灾增长速率是衡量火灾危险性的重要指标，火灾的增长速度与可燃物的燃烧特性、储存状态、空间摆放形式、是否设有自动喷水灭火系统、火场排烟条件等因素密切相关。

火灾的热释放速率与火灾发展时间关系可表示为：

$$Q = \alpha \cdot t^2$$

式中：Q——火源热释放速率，kW；

α——火灾增长速率，kW/s²；

t——火灾的燃烧时间，s；

对于 t^2 火灾的类型，国家标准《建筑防烟排烟系统技术标准》（GB 51251—2017）根据火灾增长系数的值定义了慢速火、中速火、快速火和超快速火 4 种标准，分别在可燃物燃烧开始后 600 s、300 s、150 s、75 s 时刻可达到 1 MW 的火灾规模，如图 8

所示。

火灾类别	典型的可燃材料	火灾增长系数（kW/s²）	热释放速率达到 1 MW 的时间（s）
慢速火	硬木家具	0.002 78	600
中速火	棉质、聚酯垫子	0.011	300
快速火	装满的邮件袋、木制货架托盘、泡沫塑料	0.044	150
超快速火	池火、快速燃烧的装饰家具、轻质窗帘	0.178	75

图 8　火灾增长系数

3.4　设定模拟边界条件

FDS 建模时计算区域网格的划分将直接影响模拟的精度，在综合考虑经济性与保证满足工程计算精度的前提下，我们此次采用均匀网格划分方法，网格尺寸为：0.25 m × 0.25 m × 0.25 m。

在建立物理模型及边界条件之前，先做如下前提假设及简化处理：

1. 忽略建筑内人员活动对气流的扰动影响；
2. 不考虑气象条件对室内火灾的影响。

在模拟计算时，初始条件如下：

1. 火源位置：东单元，8 层电缆井内；
2. 建筑模型：以建筑实际尺寸建模；
3. 环境条件：环境初始温度 20 ℃，环境室外风速为 0 m/s；
4. 壁面边界条件：绝热；
5. 湍流模型：大涡模拟模型；
6. 燃烧模型：混合分数模型；
7. 假设火源：t2 火，根据火灾增长规律设定；
8. 燃料类型：电缆绝缘层 PVC；
9. 模拟时间：1800s。

4　火灾模拟结果分析

4.1　火灾烟气在前室的蔓延规律

根据该起火灾的调查结果，设定模拟起火部位位于 8 层电缆井内，由于电缆井内楼板未封闭，高温烟气沿电缆井竖向蔓延；高温烟气从 10、14、20~23、31 层的电缆井未关闭的防火门向外蔓延，经未关闭的前室防火门 1、2 直接进入各层的合用前室和防烟楼梯间前室，并逐渐蔓延整栋楼。各层前室的烟气分布、温度分布和压力分布如图 9 所示。总体来看，整栋楼的前室压力处于不断变化的状态，电缆井门关闭不严、燃烧剧烈的楼层合用前室的压力相对教大。

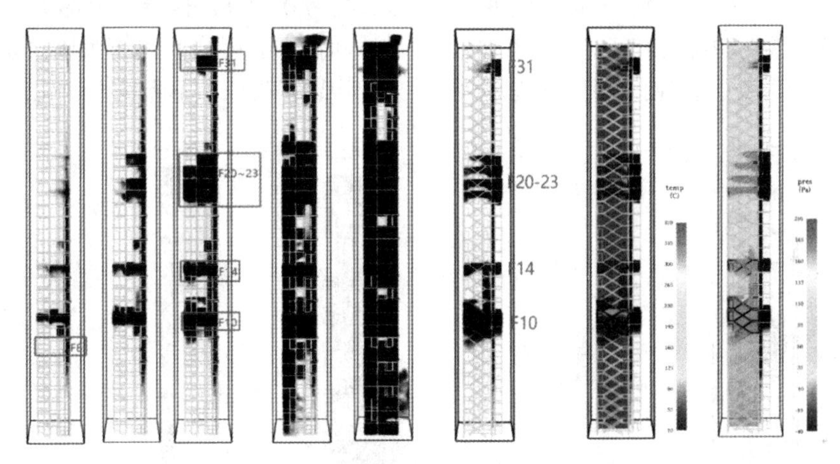

图 9　各层前室烟气、温度、压力分布

由于高温烟气的蔓延，部分烟气经合用前室进入楼梯间后因热压的作用在楼梯间竖向蔓延，同时高温烟气也经未关闭的楼梯间防火门 1、2 进入其他楼层的前室，如图 10 所示。

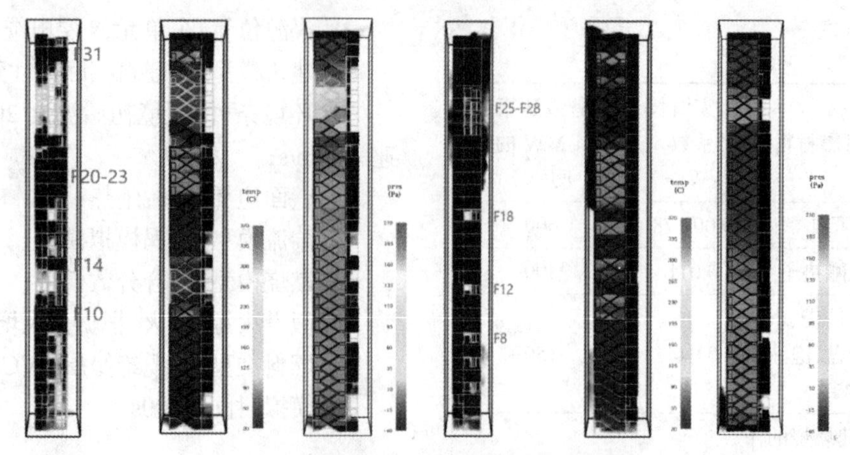

图 10　各层前室烟气、温度、压力分布

随着高温烟气持续蔓延,高温烟气充满整个楼梯间时,部分楼层前室内的烟气浓度很低,原因是发生火灾时这些楼层的电缆井防火门处于关闭状态,且楼梯间门 1 和前室防火门 2 同时处于关闭状态,致使这些楼层前室内的烟气浓度很低。此时,楼梯间中性面以上楼层前室压力呈正压状态,楼梯间中性面以下部分楼层前室压力逐渐减小, 1~2 层呈负压状态。

4.2　火灾烟气在楼梯间的蔓延规律

火灾发生前期,高温烟气依次从 10、14、20~23、31 层经前室进入楼梯间,因楼梯间和前室防火门开启导致烟气扩散范围变大,烟气温度相对降低产生逆烟囱效应,短时间内烟气向下蔓延;随着楼层内烟气的不断上升与蔓延,烟气的温度和压力发生变化,逆烟囱效应消失,之后烟气开始向上蔓延,最终烟气蔓延整个楼梯间。

起火部位位于 8 层电缆井内,因电缆井内楼板未封闭,高温烟气沿电缆井竖向蔓延;高温烟气从 10、14、20~23 层的电缆井未关闭的防火门向外蔓延,经未关闭的前室防火门 1、2 直接进入各层的合用前室和防烟楼梯间;楼梯间中部呈微正压状态,楼梯间上、下部呈微负压状态;楼梯间内压力因燃烧吸入空气和生成的高温烟气,压力不断发生变化。

随着楼层内烟气的不断上升与蔓延,烟气的温度和压力发生变化,逆烟囱效应消失,之后烟气开始向上蔓延,最终烟气蔓延整个楼梯间。如图 11 所示,在楼梯间安置压力切片,楼梯间下部呈负压状态,约为 0~50 Pa,楼梯间上部呈正压状态,楼层越高正压值越大;楼梯间内压力因燃烧吸入空气和生成的高温烟气,压力不断发生变化。

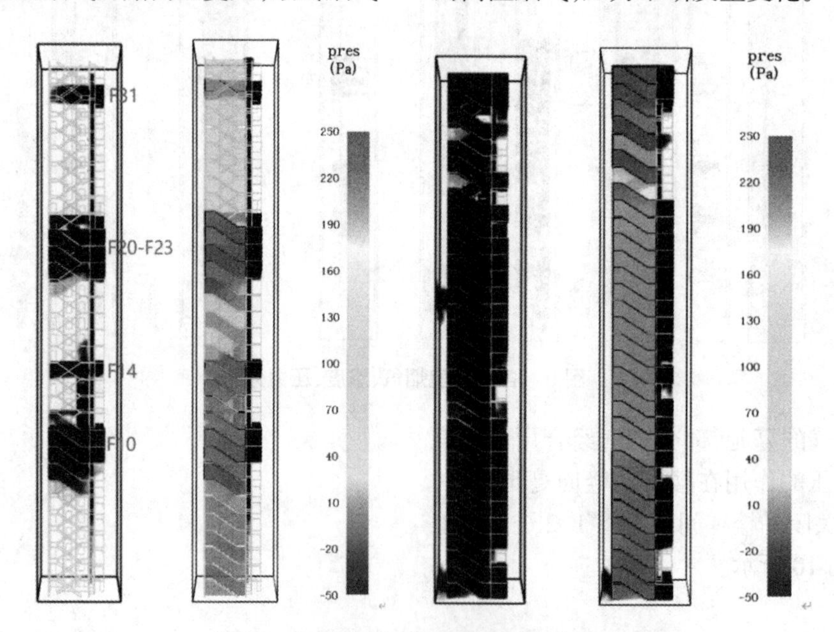

图 11　各楼梯间烟气、温度、压力分布

分别探测 5 层和 10 层楼梯间防火门 1 的烟气体积流量,结果显示 5 层烟气体积流量在 400 s 时达到最高，为 1.2 m³/s，在 400 s 之前，楼梯间下部因逆烟囱效应，5 层楼梯间的烟气以 1.0 m³/s 的流量经防火门 1 向 5 层合用前室蔓延，最终蔓延整个合用前室；400 s 之后楼梯间内压力上高下底，5 层合用前室的烟气经防火门 1 通过楼梯间排至室外。10 层烟气体积流量在 390 s 时达到最高，为 -6.0 m³/s，在 390 s 时 10 层合用前室的烟气以 5 m³/s 的流量向 10 层楼梯间蔓延，由于逆烟囱效应，10 层楼梯间烟气向下蔓延至整个楼梯间；500 s 之后因 10 层电缆井内燃烧剧烈，楼梯间内压力上高下底，补充的室外空气经防火门 1 进入合用前室。

分别探测 5 层和 10 层前室防火门 1 的烟气体积流量，5 层烟气流量时正时负，这是因为烟气由于逆烟囱效应从 10 层楼梯间向下蔓延，直至蔓延到 5 层楼梯间，由于 5 层前室防火门 2 处于紧闭状态，5 层楼梯间的烟气经楼梯间防火门 1 进入合用前室，5 层的电缆井门处于关闭状态，合用前室烟气流量因楼梯间压力变化出现上下浮动，致使 5 层前室防火门 1 出现烟气流量时正时负的现象。10 层的电缆井门处于半开状态，电缆井内燃烧剧烈，10 层电缆井内的烟气以 2 m³/s 的流量，直接从电缆井门蔓延出之后经 10 层前室防火门 1 直接进入合用前室；由于 31 和 19 层窗户开启，排烟楼梯间内压力发生变化，500 s 和 600 s 出现负值。

4.3 火灾烟气在电梯井的蔓延规律

烟气进入电梯井的途径主要有：电梯门关闭时，缝隙 3~7 mm，进入的烟气量约 3×10^{-3} m³/h，量极少；电梯门打开时，与轿厢之间的洞口尺寸为 30~100 mm，进入的烟气量约 3.5-8 m³/h。

因电梯门打开时，顶部与轿厢的尺寸约为 100 mm，左右两边与轿厢的尺寸约为 50 mm，底部与轿厢的尺寸约为 30 mm，故电梯井模拟工况设置如下：10 层和 17 层在左边电梯设置顶部缝宽 100 mm，左右两边缝宽 50 mm，底部缝宽 30 mm，5 层和 21 层在右边电梯设置，其余楼层电梯缝宽全部为 5 mm。

通过模拟发现在火灾初期，烟气从左侧电梯 10 层进入电梯，整个电梯井内的压力相对稳定，其值在 10 Pa 左右；因电梯内热压作用和合用前室的烟气产生的压差，10 层电梯缝上部进烟下部排烟，17 层电梯缝排烟；10 层、17 层电梯缝的速度有略微的变化，这是由于合用前室的压力变化与压力相对稳定的电梯产生了压力差导致烟气速度发生变化。

随着火灾的进行，烟气从 10 层的电梯缝内进入电梯，之后沿电梯方向向上蔓延，此时电梯井内的压力也在不停地变化；如图 12 所示，可以看到中性面以上电梯井内的压力分布呈正压状态，上部压力约 50 Pa，中性面以下电梯井内的压力分布呈负压状态。因电梯内热压作用和合用前室的烟气产生的压差，10 层电梯缝进烟，17 层电梯缝排烟。通过模拟还发现在烟气进入 10 层电梯井并蔓延至顶部后，与此同时烟气从右边电梯的 5 层电梯缝内进入，但烟气量很少，此时电梯内压力相对稳定，约为 5 Pa。

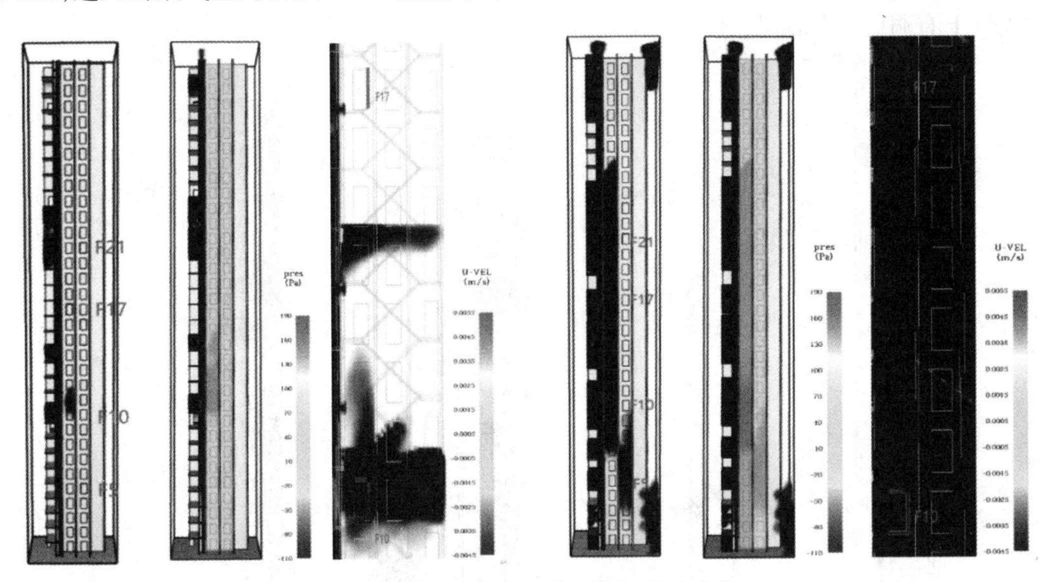

图 12 各层电梯井烟气、温度、压力分布

探测 5 层电梯门的烟气体积流量，电梯门关闭状态下的电梯门缝宽约为 5 mm 左右，烟气经电梯门缝隙进入烟气量最大值约 1.5 $\times10^{-3}$ m³/s，量极少；电梯门开启状态下与轿厢之间的洞口尺寸为

30~100 mm，烟气经与轿厢之间的洞口进入的烟气量最大值约 1.4 m³/s。

探测 10 层电梯门烟气体积流量，电梯门开启状态下与轿厢之间的洞口尺寸为 30~100 mm，烟气经与轿厢之间的洞口进入的烟气量最大值达到了 6.5 m³/s；电梯门关闭状态下的电梯门缝宽约为 5 mm，烟气经电梯门缝隙进入的烟气量最大值约 3 x10⁻³ m³/s，量极少。

探测 17 层电梯门烟气体积流量，电梯门关闭状态下的电梯门缝宽约为 5 mm，烟气经电梯门缝隙进入的烟气量最大值约 6x10⁻³ m³/s，量极少；电梯门开启状态下与轿厢之间的洞口尺寸为 30~100 mm，烟气经与轿厢之间的洞口进入的烟气量最大值达到了 2x10⁻³ m³/s，量极少。

综合来看，中性面以下的楼层烟气从电梯门缝渗入电梯之后向上流动蔓延至电梯井；中性面以上的楼层因烟气动压作用大导致烟气渗入电梯井的量极少；电梯井截面积约 5 m²，体积约 500 m³，电梯门开关间隔约 15 s，电梯门未及时关闭时，烟气灌满整个电梯井约 130 s。经火灾模拟证实造成本次火灾时电梯井道灌满高温烟气的原因之一是：火灾时电梯门未及时关闭，因烟囱效应的热压作用，大量烟气通过电梯井道竖向蔓延至屋顶电梯机房。

4.4　火灾烟气在水暖管井的蔓延规律

烟气从电缆井与水暖管井的隔墙洞口进入、扩散蔓延，部分水暖管井内有明显黑色烟气颗粒沉积现象。在现场勘验中发现部分楼层的水暖管井与电缆井中间的隔墙上有洞口，洞口的尺寸大小不一，在 50~400 mm 之间。设置模拟工况时与现场情况保持相同，结果显示在水暖管井与电缆井中间的隔墙上有洞口的楼层，烟气会从电缆井经洞口蔓延到水暖管井，烟气进入水暖管井之后向四周扩散蔓延。

4.5　火灾烟气在正压送风井的蔓延规律

火灾发生时，前期烟气从未关闭的送风口进入正压送风井，向上向下蔓延，并排至风口未关闭楼层的防烟楼梯间前室；部分楼层出现火灾时正压送风井“往外冒烟的现象”；后因烟囱效应，经正压送风口进入前室的烟气和经楼梯间蔓延至前室的烟气，经正压送风井排至屋面出口。高温烟气从 10、14、20~23、31 层的电缆井蔓延至前室、楼梯间，通过未关闭的正压送风口，进入正压送风井。

烟气未进入正压送风井时，正压送风口处的速度为 0 m/s，高温烟气从 10 和 20~23 层未关闭的正压送风口进入正压送风井，风井内的黑色高温烟气浓度越来越高，风口处的速度因为正压送风井和防烟楼梯间前室的压力不断变化，部分风口往正压送风井内吸烟，部分风口往前室冒烟，正压送风口处速度分布如图 13 所示。4 和 8 层在火灾前期，因正压送风井内的压力比前室高，高温烟气从正压送风井进入前室，火灾后期楼梯间内压力下低上高，楼梯间中性面以下为负压，前室压力变低，高温烟气又从前室进入正压送风井；中性面 18 层处因楼梯间压力变化，烟气在正压送风口处有进有出；24、26 和 32 层因前室压力比正压送风井内的高，高温烟气从前室进入正压送风井。

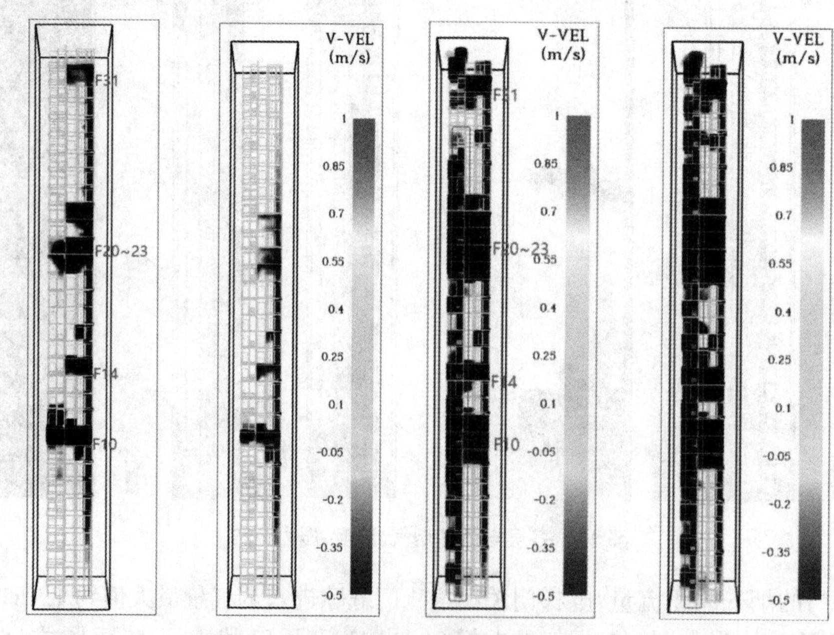

图 13　各层正压送风井烟气、温度、压力分布

5　总结及体会

5.1　火灾模拟结论总结

本文通过 PyroSim 软件开展了基于一高层住宅楼电缆井火灾仿真模拟，直观、定量地观察火灾场景下烟气的蔓延过程，分析了现场如水暖管井有烟气、正压送风井没有起到防烟系统的作用反而变成了连通各层前室的“烟囱”等情况，并分析了原因，为火灾调查提供相关数据参考。

5.2　心得体会

本文通过 PyroSim 对高层建筑火灾中烟气在核心筒内的流动规律进行了火灾模拟分析，并结合实际案例对模拟结果进行比对，为火灾事故调查处理提供了数据参考。首先，火灾模拟可以模拟火灾时烟气的流动规律，帮助我们理解火灾蔓延的过程和烟气的扩散范围，对现场勘验得到的痕迹体系加以印证，这些信息可以为后续的原因认定提供重要的参考。其次，火灾模拟可以结合实际案例进行分析，将火灾现场的证据第一时间全部纳入模拟的影响参数中，使得模拟结果更加真实可靠。同时，可以较为真实地将火灾过程中人员疏散问题实景模拟再现，增强模拟结果的说服力与科学性。最后，火灾模拟还可以为防火设计优化以及改进灭火救援行动提供数据支持。通过模拟不同条件下的火灾蔓延情况，我们可以评估现有的防火措施是否足够有效，救援过程的处置措施是否到位，这些都可以为下一步的火灾防控及灭火救援提供指导和依据。

参考文献

[1]　舒中俊，冯俊峰，陈南，等.PVC 电缆及其护套原料燃烧性能的对比[J]. 消防科学与技术，2006，(02):247-249.

[2]　GB 51251-2017，建筑防烟排烟系统技术标准 [S].

卤素取代对化合物闪点的影响研究

吕家育[1]，毛海涛[2,3]，徐艺铖[1]，吴珂[2]

（1. 浙江大学衢州研究院，浙江　衢州　324000；2. 浙江大学，杭州　310000；3. 衢州市消防救援支队，浙江　衢州　324000）

摘　要： 本文系统分析了卤代芳香烃、卤代醇、卤代基芳香醚和卤代脂肪烃四类化合物的闪点，旨在揭示卤素取代对这些化合物闪点的影响。结果显示，不同卤素（氟、氯、溴、碘）的取代对各类化合物的闪点有显著影响，普遍呈现随卤素原子半径增大闪点升高的规律。此外，卤素的取代位置及数量也显著影响闪点变化。同时，文中介绍了 6 种常用的闪点检索数据库，并通过闪点测定的实验方法对数据进行了验证，建议在进行火灾调查、预防以及风险评估时应尽可能以文献数据为参考，在未能找到明确实验来源的闪点时，应通过实验手段获取研究对象的闪点信息，以为火灾调查和预防策略的制定提供了科学的数据基础。

关键词： 闪点；卤代化合物；火灾科学；化学品安全

1　引言

火灾科学与机理研究在火灾调查、预防以及风险评估中扮演着至关重要的角色。闪点是评估化合物易燃性的重要指标，对于物质火灾风险评估和防火措施的制定具有关键意义[1]。理解不同化学结构及取代基对闪点的影响，特别是卤素取代对各类化合物闪点的影响，对于提升化学物质的安全操作和管理水平有重要的应用价值。

本研究从近年来全国发生的多起较大火灾、爆炸事故出发，以火灾科学的角度系统研究了卤代芳香烃、卤代醇、卤代基芳香醚和卤代脂肪烃四类化合物的闪点，旨在揭示卤素对这些化合物闪点的影响规律，解析闪点变化的机理[2]。这些研究结果将为化学品的安全存储和应用提供重要的数据支持，并能为火灾调查和预防策略的制定提供科学依据。

2　事故案例

“十四五”以来全国共发生化工事故 364 起、死亡 452 人，年均发生重特大事故 1 起。其中爆炸事故 58 起、死亡 103 人，分别占比 15.9% 和 22.8%；火灾事故 50 起、死亡 42 人，分别占比 13.7% 和 9.3%，火灾、爆炸两者事故合计占比已达 29.6%，死亡人数占比 32.1%。在“十四五”期间，全国共发生 27 起较大及以上事故、死亡 121 人，其中精细化工行业 12 起、死亡 50 人，分别占较大及以上事故起数和死亡人数的 44.4% 和 41.3%。这已对人民生命财产安全造成了十分重大威胁[3]。

2.1　河南洛阳洛染股份有限公司“7 · 15”较大爆炸事故

2009 年 7 月 15 日，河南省洛染股份有限公司一车间发生爆炸事故，造成 8 人死亡、8 人受伤。事故直接原因是：中和萃取作业场所氯苯计量槽挥发出的氯苯蒸气，遇旁边因老化短路的动力线部位火源，引发氯苯蒸气爆燃，氯苯计量槽被引燃，随后发生爆炸，致使水洗釜内成品 2，4- 二硝基氯苯发生第一次爆炸，继而引发硝化釜内 2，4- 二硝基氯苯发生第二次爆炸。

2.2　云南曲靖众一合成化工“7·7”氯苯回收塔较大爆燃事故

2014 年 7 月 7 日，云南省曲靖众一合成化工有限公司合成一厂一车间氯苯回收系统发生爆燃事故，造成 3 人死亡、4 人受伤，直接经济损失 560 万元。事故直接原因是：氯苯回收塔塔底 AO- 导热油

作者简介： 吕家育（1988—），女，浙江大学衢州研究院，特聘研究员、分析测试中心主任，主要从事反应失控、火灾爆炸等安全技术研究，浙江省衢州市智造新城高新园区春城路 8 号，324000，邮箱 jiayu-lv@163.com。

换热器内漏，管程高温导热油泄漏进入壳程中与氯苯残液混合，进入氯苯回收塔致塔内温度升高，残液汽化压力急剧上升导致氯苯回收塔爆炸和燃烧；未按设计要求安装温控调节阀，只安装了现场操作的“截止阀”，当回收塔塔底温度、压力出现异常情况并超过工艺参数正常值范围时，“截止阀”不能自动调节和及时调控。

2.3 河南开封旭梅生物科技有限公司“6·26”较大燃爆事故

2019年6月26日，河南开封旭梅生物科技有限公司天然香料提取车间发生一起燃爆事故，造成7人死亡、4人受伤，直接经济损失约2000余万元。事故的直接原因是：工人在没有开启1号提取罐上部破真空阀门，同时也没有开启冷凝接收罐下部阀门的情况下，加热罐内物料乙醇和红枣进行枣子酊提取操作，致使罐内超压，放料盖爆开，乙醇遇静电发生着火爆炸，车间装置附近存放的乙醇及含乙醇提取液造成火势进一步扩大和蔓延。

3 化合物选择及数据来源

火灾和爆炸的发生通常伴随着可燃物的存在。由于可燃物在日常生活和工业生产中的种类繁多、出现频率较高，研究不同物质间的规律与联系成为理解某类可燃物特性的有效途径。本文选取化工生产中常见的四类代表性卤代化合物（卤代芳香烃、卤代醇、卤代基芳香醚和卤代脂肪烃）作为研究对象，重点分析卤素取代基对化合物易燃性的影响。

3.1 常见闪点数据库及数据对比

化合物的闪点数据来源于以下常用的数据库[4-9]：

（1）PubChem

由美国国立卫生研究院（NIH）管理的开放化学数据库，主要包含小分子的信息，涵盖化学结构、物理化学性质、生物活性和安全信息等。PubChem数据全面可靠，适合查询常见小分子化合物的闪点数据，建议作为主要数据来源之一。

（2）CAMEO Chemicals

由美国国家海洋和大气管理局（NOAA）和环境保护局（EPA）联合开发，提供危险性评估和应急响应建议。该数据库适合查询高危化学品和危险品的闪点数据，尤其适用于消防和化学品应急处理研究。

（3）Guidechem

由杭州鼎好科技有限公司创建，为化学品采购商和供应商提供服务，包含详细的化学品信息。数据库内容丰富，适合查询工业和商业应用化学品的闪点数据，推荐结合其他数据库使用。

（4）Sigma-Aldrich

著名的化学药物公司数据库，提供详尽的安全数据表（MSDS），其中包含化学品的闪点、安全性等信息。Sigma-Aldrich的MSDS数据详尽可靠，适用于查询试剂和研究用化学品的闪点数据。

（5）Xixisys

由杭州智化科技有限公司提供的MSDS数据库，专注于化学品安全和处理信息。Xixisys数据库内容全面，适合查询实用化学品和特殊试剂的闪点数据，作为辅助数据来源是一个良好的选择。

（6）Aladdin

由上海阿拉丁生化科技股份有限公司提供的MSDS数据库，提供细致的化学品信息。数据库适合查询生化试剂和研究用化学品的闪点数据，与其他数据库一起使用可以增强数据的覆盖范围和准确性。

通过上述数据库检索得到了闪点数据，并对数据进行了整理和汇总，如表1-4所示。表中的数值均为纯物质（纯度>99%）的闪点。

表1 卤代芳香烃闪点数据（℃）

	苯	氟苯	氯苯	溴苯	碘苯
PubChem	-11.1	-15.0	23.9	51.0	77.2
CAMEO Chemicals	-11.1	-15.0	23.9	51.0	/
Guidechem	-11.0	-15.0	27.0	51.0	74
Sigma-Aldrich	-11.0	-15.0	27.0	51.0	77
Xixisys	-11.0	-15.0	28.0	51.0	74
Aladdin	-11.0	-12.78	28.0	51.0	77

表 2　卤代醇闪点数据(℃)

	乙醇	2- 氟乙醇	2- 氯乙醇	2- 溴乙醇	2- 碘乙醇
PubChem	12.8	31.0	60.0	40.6	/
CAMEO Chemicals	12.8	31.0	60.0	40.6	/
Guidechem	14.0	31.1	/	74.0	65.0
Sigma-Aldrich	13.0	/	/	110.0	65.0
Xixisys	13.0	31.1	40.6	74.0	65.0
Aladdin	13.0	34.0	/	40.0	/

表 3　卤代基芳香醚闪点数据(℃)

	苯甲醚	2- 氟苯甲醚	2- 氯苯甲醚	2- 溴苯甲醚	2- 碘苯甲醚
PubChem	51.7	/	/	/	/
CAMEO Chemicals	51.7	/	/	/	/
Guidechem	51.0	53.0	76.0	101.0	22.0
Sigma-Aldrich	43.0	/	76.0	98.0	113.0
Xixisys	52.0	60.0	76.0	101.0	22.0
Aladdin	43.0	53.0	76.0	98.0	113.0

表 4　卤代脂肪烃闪点数据(℃)

	乙烷	溴乙烷	碘乙烷	1- 溴 -2- 氯乙烷
PubChem	−135.0	−23.3	61.0	/
CAMEO Chemicals	−135.0	−23.3	61.0	/
Guidechem	−135.0	−23.0	126.0	9.5
Sigma-Aldrich	/	−23.0	53.0	/
Xixisys	−135.0	−20.0	61.0	105.5
Aladdin	/	−23.0	53.0	/

3.2　基于微量连续闭口闪点仪的数据测量

比对表 1~ 表 4 中的数据发现,不同数据库中对于 2- 氯乙醇、2- 溴乙醇、苯甲醚、2- 氟苯甲醚、2- 碘苯甲醚、碘乙烷和 1- 溴 -2- 氯乙烷所提供的数据偏差较大,且个别数据库中存在数据缺失的情况,故本文借助微量连续闭口闪点仪对文献中的闪点进行验证。

微量连续闭口闪点仪是一种全自动闪点测试仪,具有样品量少、精确、高效以及低污染等优点,广泛应用于石油产品、涂料、香料、芳香油、动植物油、农药乳化剂、高黏稠材料、增塑剂等物质闪点的测量。

本实验室采用杭州仰仪科技有限公司研制的 FP CC-420 A 设备,操作时将规定体积(通常 2 ml)的试验样品注入试验杯中加热,试验样品温度达到预计闪点温度,此时电弧放电,检测并显示测试室中瞬间的压力增长值。当增压超过规定临界值时,记录温度,作为未经校正的闪点;若未达临界值,在不同的温度点用新的试样继续试验。实验曲线见图 1。

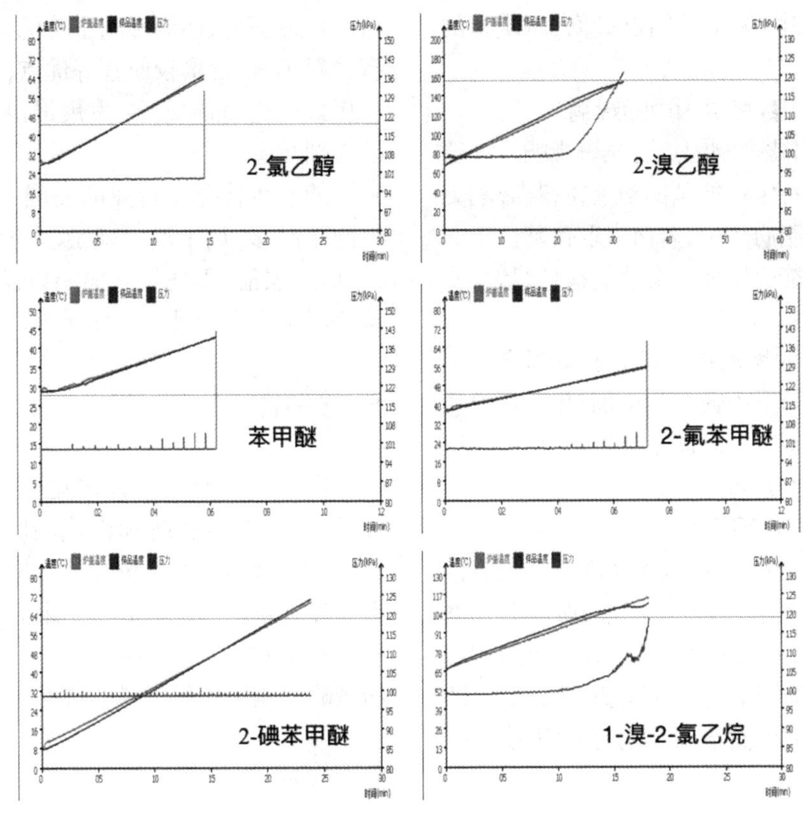

图 1 闪点测试曲线图

图 1 中三条曲线分别代表炉盖温度、样品温度以及测试室压力。依据结果判断标准，测试室内产生瞬间高于大气压增压时对应的温度值即为该物质在测试条件下的闪点。2- 氯乙醇、苯甲醚和 2- 氟苯甲醚在点火后测试室压力瞬间超过大气压 20 kPa[10]；2- 溴乙醇和 1- 溴 -2- 氯乙烷的压力曲线缓慢升高，最终超过大气压 20 kPa，这可能是由于加热过程中样品因温度升高蒸发而引起的压力增长，故在测试条件下无法获取闪点信息。最终得到 2- 氯乙醇闪点值为 59.0 ℃；2- 溴乙醇没测到闪点值；苯甲醚闪点值为 44.5 ℃；2- 氟苯甲醚闪点值为 57.5 ℃；2- 碘苯甲醚和 1- 溴 -2- 氯乙烷均未检测到闪点值。

将实验结果与表 1~ 表 4 中的数据对比可以得到如下结论：

（1）2- 氯乙醇的闪点实验值为 59.0 ℃，PubChem 和 CAMEO Chemicals 数据库的结果与之较匹配；

（2）2- 溴乙醇的沸点为 149 ℃ ~150 ℃，在检测程序达到设定的沸点值时，仍未检测到闪点，故闪点大于 149 ℃。这符合卤代醇闪点的变化趋势，文中 6 个数据库的值均未完全匹配；

（3）文献数据库中苯甲醚和 2- 氟苯甲醚闪点与实验值较接近。根据卤代基芳香醚闪点的变化趋势，2- 碘苯甲醚的闪点应大于 98 ℃，故 Guidechem 和 Xixisys 提供的该值存疑，实验在该物质沸点前并未检测到闪点信息，很有可能其闪点大于 125 ℃；

（4）1- 溴 -2- 氯乙烷在其沸点其未检测到闪点，即闪点大于 104 ℃。除 PubChem、CAMEO Chemicals、Sigma-Aldrich 和 Aladdin 中未能给出明确数值外，Guidechem 和 Xixisys 提供的闪点值存疑。

4 结果与讨论

4.1 不同卤素类型对化合物闪点的影响

卤素是活泼的非金属元素，价电子组态为 s^2p^5，在化学反应中易得一个电子，形成带有一个单位负电荷的阴离子，并达到稳定的稀有气体电子组态。

数据显示，不同卤素（氟、氯、溴、碘）对各类化合物闪点有显著影响。通常，随着卤素原子半径的增大，闪点也逐渐升高。这主要是由于随着卤素原子半径的增大，核对最外层电子的吸引能力逐渐减弱，导致这些元素在反应中趋于不活泼。依次从氟到碘，其活泼程度减弱，键长变长，键能变弱，因此断键所需的能量逐渐减少。这样，较大的卤素原子更容易生成相对难燃的卤化氢气体，从而提高了闪点。

例如，在卤代芳香烃中，氟苯的闪点最低，而碘苯的闪点最高。

4.2　卤素取代位置和数量对闪点的影响

卤素取代位置对化合物闪点有显著影响。一般情况下，当卤素位于特定功能基团附近时，其影响更为明显。例如，卤代脂肪烃中，若卤素取代基位于非极性烷烃附近，这可能会增加化合物的极性，从而影响其挥发性和闪点[11]。

此外，取代数量的增加也会显著影响闪点。例如，随着卤素原子在分子中数量的增加，化合物的总极性可能会升高，或者分子的质量会增加，从而使得挥发性下降，导致闪点升高。

4.3　化学结构变化与作用机制

卤素对分子结构的影响机制主要涉及分子极性变化和范德华力的调整等因素。例如，卤素取代基的引入通常会增加分子的极性，影响分子间的相互作用力。同时，卤素原子的引入可能增强分子间的范德华力（如：分散力），这会导致分子的热稳定性变化，进而影响闪点。

此外，卤素对化合物蒸汽压的影响也是一个重要方面。由于卤素的引入会影响分子的挥发性，进而改变其蒸汽压，从而影响闪点。例如，具有较低蒸汽压的化合物通常具有较高的闪点。

4.4　含卤化合物在实际中的应用

由于卤素能显著影响闪点，所以在涂料工业、精细化工、制药、有机合成、化工冶金、香精等行业中也被用于阻燃剂。阻燃剂也叫做难燃剂，或者耐火剂。当作为添加剂时，具有阻燃效能好、添加量少等优点；当作为取代基时具有加工性能优良、对高分子材料的物理、机械性能影响小等优点；同时在市面上又有原料丰富、价格较便宜等优点，故溴系阻燃剂成为应用最广泛、品种最多、发展最快和产量最大的卤素阻燃剂[12]。

随着现代化工行业的发展，溴系阻燃剂的种类也越来越多，如十溴二苯醚、十溴二苯乙烷、四溴双酚 A、八溴醚、溴化环氧树脂以及溴化聚苯乙烯等。这些溴系阻燃剂具有更环保、对人体更健康等优点。

5　结论

本文系统研究了卤代化合物（卤代芳香烃、卤代醇、卤代基芳香醚和卤代脂肪烃）的闪点。研究发现，不同卤素、取代位置及数量对各类化合物的闪点有显著影响。这些研究结果为化学品的安全存储和应用提供了重要的数据支持，并为火灾调查和预防策略的制定提供了科学依据。

参考文献

[1]　霍明甲，黄飞，张玉霞，等. 混合溶剂的闪点变化规律探析 [J]. 安全、健康和环境，2014，14（01）：37-40.

[2]　吝艳飞. 含磷环氧树脂阻燃性能的研究进展 [D]. 衡阳：湖南工学院，2008.

[3]　中华人民共和国应急管理部. 引用日期 2024.11.https：//www.mem.gov.cn.

[4]　ASTM D7094-17a，Standard Test Method for Flash Point by Modified Continuously Closed Cup（MCCCFP）Tester[S].

[5]　李京楠，鄢立阳，王高俊. 含卤代烃类物质闭口杯闪点测试探究 [J]. 工业安全与环保，2023，49（09）：20-22+28.

[6]　刘帅，曲宏霞. 溴系阻燃剂的研究进展 [J]. 科技传播，2010（7）：61-61.

浅议人工智能技术在火灾调查中的应用

刘函如[1,2]，陈 勇[1,2]，赵兰明[2,3]

（1. 连云港市消防救援支队，江苏 连云港 222000；2. 连云港市火灾调查技术中心，江苏 连云港 222000；
3. 江苏海洋大学环境与化学工程学院，江苏 连云港 222005）

摘 要：火灾调查是利用各类现场勘验、痕迹物证鉴定、现场图像记录、询问和讯问等方法查明起火原因的综合过程，体现出多种技术和手段的实践应用，具有较强的专业性和科学性。人工智能技术的进步和发展为火灾预防、监测和调查提供了更加高效、精准的手段。现行消防“大数据”的深入挖掘和综合利用、视频图像资料分析、火灾调查询问以及火灾数值模拟和场景重构等关键环节都有望借助人工智能技术实现分析方法和工作效率方面的显著提升。人工智能技术将在服务消防“大数据”专属模型建设、火灾痕迹物证分析、火灾调查智能助理开发、服务火灾延伸调查以及加速火灾场景重构等典型场景发挥重要作用，为火灾调查工作提供更加全面、科学的技术支持。

关键词：火灾调查；人工智能；大数据技术

1 引言

人工智能（Artificial Intelligence，简称“AI”）是一种利用计算机和机器模拟人类智能和解决问题能力的技术[1~4]。人工智能本身或与其他技术（如传感器、地理信息、机器人技术）相结合，可以执行原本需要人类主动干预的任务，现行新技术如数字智能助手、自动驾驶汽车和生成式人工智能工具（如Open AI开发的Chat GPT）等，正逐渐成为日常生活中人工智能实践应用的典型场景[5~9]。人工智能经历了较长的发展周期，Chat GPT的发布似乎标志着一个转折点[10~13]。目前，生成式人工智能不仅可以学习和合成人类语言，还可以学习和综合分析其他数据类型，包括图像、视频、软件代码甚至分子结构等，在众多领域展现出巨大的应用潜力。

在消防安全领域，人工智能逐步从初步的技术探索，发展到系统化、智能化的解决方案，不断推动消防行业的现代化进程。随着人工智能技术的迅猛发展，越来越多的消防救援装备开始智能化，以更高效、更安全的方式协助救援人员完成任务。智能化消防救援装备的发展，正在成为未来消防救援领域的重要发展方向[14]。人工智能技术和物联网技术相结合也是顺应时代发展的产物，将人工智能技术和物联网技术应用在消防安全标准管理中，有助于将复杂且艰巨的消防安全管理工作更加高效地完成[15, 16]。此外，人工智能技术在消防监督工作中也体现出巨大应用潜力，如数据挖掘与智能化处理技术、人机交互技术、人工神经网络技术、智能消防物联网系统、危险目标源检测技术等，都具有积极未来前景[17~19]。火灾调查是在火灾发生后对火灾原因、性质、过程和后果进行系统调查、分析和研究的过程。火灾调查通常涉及多个专业领域，包括消防科学、化学分析、电气工程、建筑学、法律等。调查人员需要具备相应的专业知识和技能，以确保调查的准确性和有效性。随着现代信息技术的发展，火灾调查中越来越多地应用了现代科技手段，如视频分析、热成像、3D扫描等，以提高调查效率和结论准确性。前人研究探讨了大数据和计算机模拟等技术方法应用于火灾调查的初步应用[20, 21]，结论显示人工智能技术在火灾调查领域具有广阔应用前景。本文结合最新的人工智能技术发展现状和当下火灾调查技术应用展开讨论，并对人工智能在火灾调查中的典型应用场景进行展望。

作者简介：刘函如（1990—），女，连云港市消防救援支队，硕士，工程师，主要从事消防技术和火灾事故调查。江苏省连云港市海州区花果山大道28号，222000。联系电话：18851251191；E-mail：minerva1990@126.com。

2　现行火灾调查相关技术应用

2.1　消防“大数据”的深入挖掘和综合利用

随着智慧消防和消防物联网技术的不断发展和广泛应用，大量能够应用于火灾调查的原始信息，如消防管网实时监测数据、报警信息、传感器信号、设备装置启停状态等数据资料也呈现指数级增长态势，构成了描述消防系统状态时间、空间的基础数据库，见图 1 所示。如何将繁杂的数据充分利用起来，并指导火灾预防、火灾扑救和火灾调查，尤其是如何引入人工智能技术并发挥其典型优势，是当前和未来都值得关注和研究的重要课题。

图 1　典型消防“大数据”构成要素

消防“大数据”涵盖能够应用于消防领域的所有数据资料，是利用信息科技手段全面采集和整合的重要消防资源。通过对这些数据进行整理、分析和综合应用，能够形成有价值的信息以支持火灾预防、火灾扑救以及火灾调查等各个工作环节。消防“大数据”是消防工作现代化的重要的标志之一，正逐步改变传统消防工作模式，有助于提高消防工作的效率和水平。

2.2　视频、图像资料分析

基于火焰、烟气等火灾特征的图像识别技术在火灾探测领域已取得广泛应用。同时，视频、图像分析也是火灾调查技术领域至关重要的技术手段之一。

监控视频、图像等作为记录火灾现场原貌和火灾发生、发展过程的重要资料，具有客观真实、时间持续、空间固定和反复使用等特性。视频分析技术通过对视频、图像资料中所蕴含的时空信息进行推演，是还原火灾发生、发展和蔓延过程，进而认定起火部位（点）、查明起火原因和厘清事故责任的重要参考。

在火灾调查实践中，经常会遇到视频模糊、拍摄角度不佳、成像质量差、丢帧、抖动、闪烁、信号干扰等各类异常情况，这些都会影响对视频图像的准确分析。因此，需要采用图像增强、去噪、复原、融合等多种技术手段进行处理。此外，视频信息中包含巨量图像帧数，每一帧都可能包含重要的火场信息，通过人工方式逐帧审查需要耗费大量人力物力，并且可能会有遗漏或误判，也会影响视频分析的可靠性。

2.3　火灾调查询问环节的技术应用

火灾调查询问是依靠当事人或群众查明火灾原因的有效方法，是火灾调查工作的必要手段，也是火灾调查环节的主要内容之一。

现代信息技术手段在火灾调查询问环节有多种应用场景，如语音转文字技术，能够大大提升询问笔录工作体验和工作效率。其次，利用语义分析技术，对已有大量询问文字材料进行归纳总结、语义分析、逻辑判断等，也能够发现询问记录反映出的关键信息和矛盾之处，有助于指导火灾调查工作的有效开展。最后，询问过程中对参与者微表情、语气、语调、语速等的持续记录和分析，是准确理解被询问者真实情绪或意图的重要线索，也是评估审查证人证言客观情况的有力支撑。

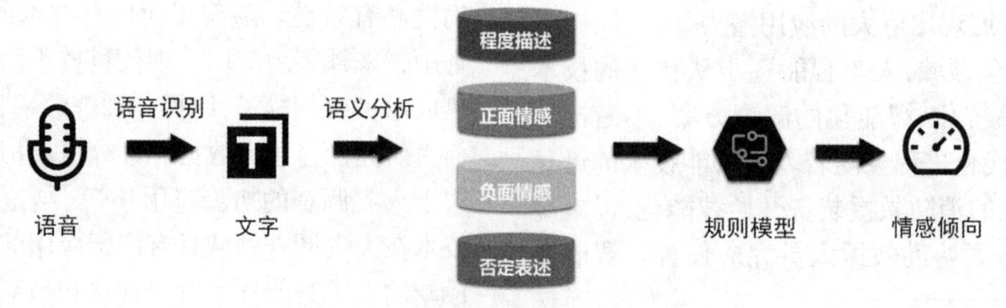

图 2　人工智能辅助火灾调查询问技术流程

2.4 火灾数值模拟和火场重构

火灾数值模拟技术是基于计算流体力学(Computational Fluid Dynamics,简称"CFD")的火灾演化过程分析手段,利用典型的火灾动力学模拟工具软件如FDS(Pyrosim)、OpenFOAM、Ansys Fluent等,可以构建火灾现场计算模型,设置初始条件和边界条件后进行理论计算,重现火灾的发展和演化过程,为火灾事故原因调查和验证提供参考(图3)。该方法基于严格的数学、物理定律求解数值方程,计算精度和准确度高。缺点在于理论计算往往比较耗时,并且模型越大、燃烧时间越长,对计算资源的要求也越高,难以大规模推广应用。

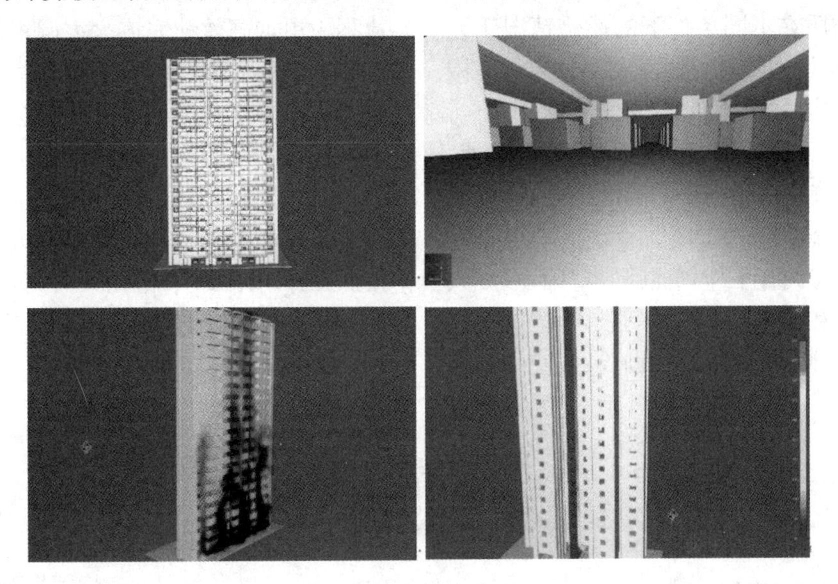

图3 火灾数值模拟技术典型应用(高层建筑架空层起火致外立面快速火蔓延仿真模拟)

3 AI赋能火灾调查技术展望

通过上文分析不难发现,人工智能技术在火灾调查中有广泛的应用场景,相关技术应用于火灾痕迹物证分析、火灾调查询问、火灾预测、火灾场景重建等环节具有显著优势。

3.1 消防"大数据"AI专属模型辅助火灾调查

AI消防大数据模型是一种结合人工智能技术和大数据分析的先进系统,能够对消防安全领域基础数据进行实时采集、处理和分析,以实现火灾预警、应急响应和灾后评估等功能。模型的构建主要包括数据采集、数据处理、数据分析、数据存储和数据可视化等部分。

智慧消防AI模型能够提供"AI+消防"智能解决方案,实现消防数据的智慧化管理。通过云端汇聚消防数据,如消防设备状态、隐患报警、设备故障和巡检管理等数据,实现消防安全管理的全时在线和有迹可循(图4)。同时,在探测端部署AI智能识别模型,基于火灾、烟气的图像探测算法能够实现火灾的早期预警,提高火灾报警的及时性和可靠性。相关数据储存在云端,能够避免现场火灾对物证的破坏,有助于后期火灾调查的二次分析和复核,为火灾调查科学、可靠决策提供有力的数据支撑。

图4 消防"大数据"AI专属模型为火灾调查提供基础数据

3.2 AI辅助火灾痕迹物证分析

AI辅助火灾痕迹物证分析是一种结合人工智能技术与火灾痕迹检测的先进方法,它在提高火灾探测的准确性和响应速度方面将发挥重要作用。

首先,人工智能技术能够克服人工逐帧分析的弊端,实现短时间内对大量图像资料的检测分析,大大提高视频分析效率和可靠性。

其次,基于海量的火灾案例数据库开展机器学习，人工智能技术可以通过图像识别和视频分析技术快速、准确识别火灾现场的烟雾、火焰等特征，精准提取现场监控记录视频帧中的关键信息，如火焰颜色、脉动频率、火焰形状、火焰纹理等，形成对火焰和烟气的准确描述，从而协助确定火灾发生的时间、地点和可能的原因。

最后，不同物质在不同条件下的燃烧情况千差万别，AI 辅助分析技术能够克服火灾调查人员有限认知的短板，借助其对可燃物物理化学特性、燃烧特性等技术参数的充分理解，有助于燃烧行为的快速、准确识别，提高痕迹物证分析研判的准确性。

3.3　火灾调查 AI 智能助理

当前，基层火灾调查工作仍面临一些困境，如人员短缺、仪器资源和技术支撑薄弱等。AI 智能助理能够串联火灾调查询问、火灾现场勘验、痕迹物证提取、火灾调查分析等火灾调查主要环节，借助其在自然语言处理（Natural Language Processing）、机器学习（Machine Learning）、深度学习（Deep Learning）等方面的技术优势，能够为火灾调查人员提供个性化的帮助和支持，一定程度上弥补基层火灾调查在人员队伍、设备保障、流程管理等方面的不足。

利用 AI 智能助理，火灾调查人员可以在工作流程中更加高效地完成火灾调查任务（图 5）。代表性流程包括：（1）数据输入，按照 AI 模型预设勘验数据输入要求，按规定程序完成火灾现场勘验，并自动生成现场勘验记录；（2）信息处理，根据火灾调查员的需求，协助信息处理，如信息检索、数据分析、辅助决策等，加深对火灾现场的认识；（3）项目管理，按照工作时限要求，协助火灾调查人员管理日程、提醒重要事件、自动化数据报表生成等日常任务等，提高工作效率。

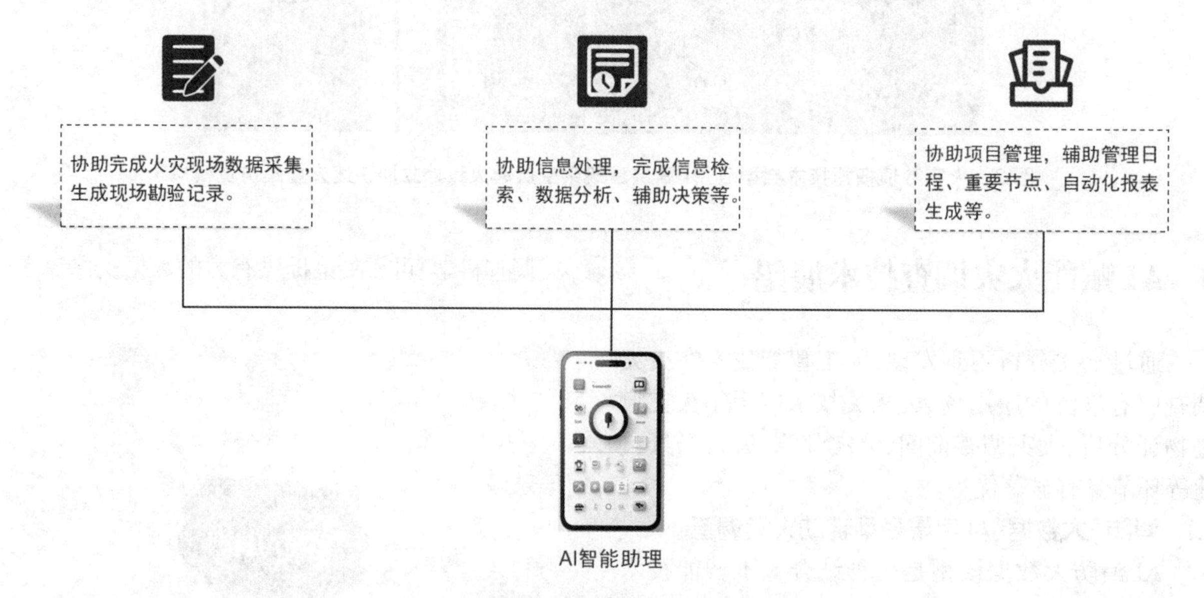

图 5　AI 智能助理辅助火灾调查典型场景

3.4　AI 技术服务火灾延伸调查

依托人工智能技术可利用的丰富基础数据，AI 模型能够有效打通并串联建设工程消防设计审查、单位消防安全管理、消防技术服务和消防产品质量等各个环节，有助于为火灾延伸调查工作提供服务支撑。典型的应用场景如下。

（1）利用 AI 模型获取建设工程消防审验数据，全面梳理起火场所消防设计、图纸审查、施工、验收和监理等环节，评估与火灾发生、蔓延扩大和造成人员伤亡有关的工程建设主体责任。

（2）全面收集整理起火单位点火源、可燃物、蔓延路径和人员伤亡等要素，利用 AI 模型分析起火场所在消防安全承诺制落实、员工消防安全培训教育、消防安全制度制定落实、消防设施维护运行、消防控制室值班人员持证上岗及临机处置、安全疏散设施管理、用火用电用气安全管理、消防安全检查巡查、火灾应急疏散演练和微型消防站火灾处置等存在的问题，查实起火场所的使用管理主体责任。

（3）利用 AI 模型全面梳理起火场所消防设施维修保养、检测、消防安全评估和消防产品认证检验等环节，分析评估消防技术服务机构服务资质、服务项目、服务内容等是否合规，查实与火灾有关的中介服务主体责任等。

3.5 AI技术加速火灾场景重构

近年来,随着生成式人工智能(Artificial Intelligence Generated Content,简称“AIGC”)赋能多业态应用的加速落地,整个行业的热潮正逐渐从文生文、文生图,转向了文生视频领域。Sora是OpenAI开发的一个文生视频AI大模型,旨在根据文本指令创建现实和想象中的场景。Sora能够理解和模拟运动中的物理世界,准确反映用户给出的提示词,生成高质量视频内容。基于火灾场景的准确文字描述,借助Sora模型可以快速生成火灾发生、发展和蔓延过程的动态视频,作为火灾调查辅助材料和教育教学辅助资料,能够提供更加生动和沉浸式的体验。

结合AI和传统CFD模拟方法,香港理工大学火灾安全科学研究团队黄鑫炎等近期提出利用AI加速火灾数值模拟的思路并进行验证,结果表明AI模型能够通过火焰图像形态解析火焰-固液燃料热反馈的能力,展示了其加速火灾模拟的能力[22]。可以预见,在不远的将来“CFD+AI”模式将继承传统CFD准确性高的优势,同时结合AI技术实现加速计算,从而显著减低火灾场景重构所需时间,推动其在火灾调查领域的更广泛应用。

4 结论

本文简要回顾人工智能技术发展历程,梳理挖掘火灾调查技术手段及发展趋势,展望AI赋能火灾调查广泛应用场景。火灾调查在消防“大数据”挖掘与应用、视频图像分析、火灾调查询问、火灾仿真模拟与火场重构等领域具有极大的信息技术转型升级需求。随着人工智能技术的不断进步,AI模型有望在火灾调查工作中的专属模型开发、痕迹物证辅助分析、智能助理、服务延伸调查和加速火场重构等典型环节落地应用,为火灾防控和火灾事故原因调查提供更加高效、精准的技术支持。

参考文献

[1] 周晓华. 应用人工智能技术设计开发智能信息系统 [J]. 管理信息系统,1997(4):34-36.
[2] 王永忠. 人工智能技术在智能建筑中的应用研究 [J]. 科技信息,2009(3): 342-343.
[3] 魏晓宁. 人工智能在自然语言理解技术上的应用 [J]. 中国科技信息,2005(19):57.
[4] 吴斌,刘合翔. 人工智能技术在精准林业中的运用与发展 [J]. 中国林业产业,2006(5):25-27.
[5] 唐永军. 基于深度学习的智能语音助手研究 [J]. 现代信息科技,2021,5(12):75-79.
[6] 闻立群,刘珊,董明芳. 智能语音助手将成为新的用户入口 [J]. 现代电信科技,2017,47(1):50-53.
[7] 道发发,丁敏,袁粲璨,等. 车载智能语音助手综合评估模型建立及应用 [J]. 汽车文摘,2023,(4):12-17.
[8] 赵一鸣,陈宇,刘齐平. 智能语音助手用户研究:理论进展与实践启示 [J]. 数字图书馆论坛,2023,19(5):26-34.
[9] 刘雨,操雅琴. 智能语音助手拟人化特征及其对用户体验质量的影响 [J]. 洛阳师范学院学报,2023,42(8):36-42.
[10] 王俊秀.Chat GPT 与人工智能时代:突破、风险与治理 [J]. 东北师大学报(哲学社会科学版),2023(4):19-28.
[11] 毕天良,马凤强.Chat GPT 类智能工具对我国高等教育的冲击及其应对 [J]. 教育理论与实践,2024,44(3):3-8.
[12] 温换玲.Chat GPT 助力工程项目管理数字化转型之构想 [J]. 四川建材,2024,50(1):220-222.
[13] 王庆华.Chat GPT 对经济社会发展的影响及启示 [J]. 中国物价,2023(4):7-9.
[14] 刘亚飞. 人工智能背景下消防救援装备的智能化研究 [J]. 中国设备工程,2024(6):35-37.
[15] 卢胤舜. 人工智能技术、消防物联网在消防安全标准管理中的应用 [J]. 大众标准化,2022(22):10-12.
[16] 刘文艳,秦晔. 人工智能技术、消防物联网在消防安全管理中的应用 [J]. 消防界(电子版),2020,6(10):39-40.
[17] 李志杰. 基于人工智能技术的消防监督工作分析 [J]. 水上安全,2024(5):58-60.
[18] 刘川溥. 消防监督工作中人工智能技术运用研究 [J]. 科技创新与应用,2022,12(33):189-192.
[19] 王能. 基于人工智能的智慧消防监督机制研究 [J]. 华东科技,2022(5):128-130.
[20] 石莹,曾东洲. 基于大数据技术的火灾事故延伸调查应用 [J]. 大数据时代,2024(3):43-47.
[21] 李佳,孙娟. 人工智能理论在火灾调查中的应用探索 [J]. 中国公共安全(学术版),2008(1):93-94.
[22] XIONG C Y, WANG Z L, HUANG X Y. Modelling flame-to-fuel heat transfer by deep learning and fire images[J]. Engineering applications of computational fluid mechanics, 2024, 18(1), 2331114.

住宅建筑内仓库疑难火灾调查与体会

张玉凯

（乐昌市消防救援大队,广东　韶关　512200）

摘　要:本文阐述一起住宅建筑内违规设置仓库的火灾事故调查认定全过程,通过调查询问、现场勘查、视频分析和物证鉴定等技术手段,阐述该起疑难火灾调查的经过和心得体会,并对几处疑点难点问题展开分析,为今后同类型火灾调查认定和事故处理提供思路和指引。

关键词:住宅建筑设置仓库场所;短路;火烧熔痕;火灾调查

1　引言

一些商家为节省成本,常常在民用建筑内设置存货库房,用于堆放大量的货物,商家为逃避监管和防盗需要,往往又会对这些库房进行伪装或封闭,导致先天火灾隐患较多,一旦发生火灾极易造成重大人员伤亡,此类火灾调查难度较大。2023 年 11 月 19 日,某市一设置在住宅建筑内的五金店仓库发生火灾,虽然未造成人员伤亡,但民事纠纷较大。本文以该起火灾事故调查认定与分析为着力点,阐述住宅内仓库火灾事故的调查程序、方法和对疑难点的思考。

2　火灾调查与认定

2.1　基本情况

2.1.1　火灾基本情况

2023 年 11 月 29 日 08 时 18 分许,某市一住宅建筑内的五金店仓库发生火灾,因仓库内存放大量五金、塑料和纸张制品,火灾荷载较大,浓烟和火焰对楼上各层住户造成严重影响,消防救援人员接警后,第一时间赶到现场开展救援,全部住户被及时救出,大火于 10 时 15 分被扑灭,过火面积约 95 ㎡。该起火灾波及住户人数众多,政府的维稳压力较大。

2.1.2　起火建筑情况

起火建筑为一栋 8 层钢筋混凝土结构建筑,一层为五金店,二层居民住宅被改建为五金店仓库,三至八层为居民住宅,单层建筑面积约 230 m^2,建筑总面积约 1 900 m^2。二层五金店仓库存放大量轮胎、车座、软包等单车和摩托车配件。二层仓库内部烧损情况如图 1 所示,其平面示意图如图 2 所示。

图 1　二层仓库内部烧损情况

作者简介:张玉凯(1987—),男,汉族,广东省乐昌市消防救援大队,初级专业技术职务,主要从事火灾调查、防火监督工作。地址:广东省韶关市乐昌市公主下路,512200。电话:13509051987。邮箱:402613024@qq.com。

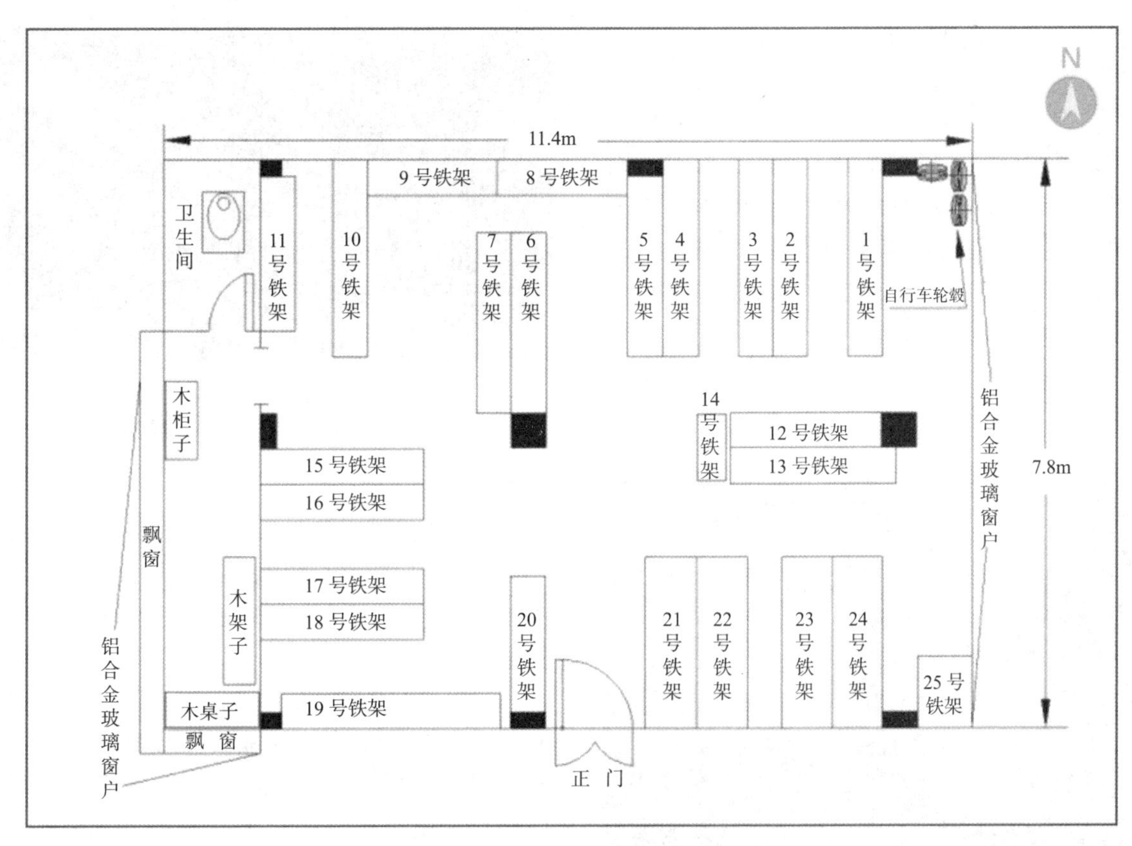

图 2 二层仓库平面示意图

2.2 火灾调查

调查人员第一时间对火灾现场进行勘验，分别在起火建筑东、西两侧调取 2 处监控视频，监控视频只能拍摄到一层五金店门口外部影像，无法拍摄到起火的二层及以上建筑发生火灾的情况。

2.2.1 起火时间认定

分析两个监控视频发现：8 时 08 分 17 秒至 8 时 20 分 22 秒（北京时间，下同，视频显示时间比北京时间慢 2 分 43 秒），五金店老板进入仓库拿单据票单后返回一层铺面，如图 3 所示；9 时 29 分 24 秒，路人最先发现二层仓库异常情况，火势迅猛，随后五金店老板儿媳提醒家人疏散、救火，如图 4 所示。因此，认定事故发生时间为 2023 年 11 月 19 日 09 时许。

（a）五金店老板进入仓库时监控画面

（b）五金店老板离开仓库时监控画面

图 3 五金店老板进出仓库监控画面

图 4 路人最先发现火情监控画面

2.2.2 起火部位认定

最先到场灭火人员反映，发现仓库东墙铝合金窗处有明火，试图用灭火器扑救，因房间内烟雾太大，无法靠近起火区域；火灾初期，仓库的东北侧、东南侧均有零星火点；调取五金店老板手机拍摄的仓库内早期视频，分析发现仓库内货物较多，排列相对紧密（图 5）；现场勘查发现，仓库南墙抹灰被烧剥落呈现“V”形痕迹（图 6），南墙“V”字形底部为 23、24 号铁质货架；24 号货架被烧变色变形程度重于 23 号货架，24 号货架被烧呈现上重下轻。综合分析，认定事故起火部位（点）为 24 号铁架顶部，如图 7 所示。

图 5　五金店老板手机拍摄的火灾前仓库内部照片

图 6　仓库南墙抹灰被烧剥落呈现“V”字形痕迹

图 7　火灾前后重叠拼接的起火部位照片
（箭头所指为 24 号货架）

2.2.3　火灾原因认定

经现场勘查，仓库内未发现使用电磁炉和煤气炉等用火、用电设备和器具；无使用蚊香线索和燃烧痕迹；五金店老板和员工均不吸烟，排除用火不慎和遗留火种引起火灾因素。

经公安机关排查，火灾前无可疑人员进入现场，在场人员无矛盾纠纷，排除放火因素。

对起火部位进一步勘查发现，五金店仓库的电气线路由南侧大门上方进入，沿南墙采用埋墙方式暗敷，到达灯具和插座；24 号铁质货架上部横梁处的日光灯支架（距南墙 130 cm，距东墙 150 cm）被烧脱落在 24 号货架顶部，日光灯电源线和灯支架内发现多段带熔痕铜导线，如图 8 所示。调查人员提取现场的带熔痕铜导线送鉴定机构检验，经鉴定为一次短路熔痕。

综上所述，认定该事故起火原因为五金店仓库内 24 号货架上方日光灯电源线短路，高温熔珠引燃相邻可燃物蔓延成灾。五金店仓库当事人对消防部门的认定结论没有异议，未提出复核申请。

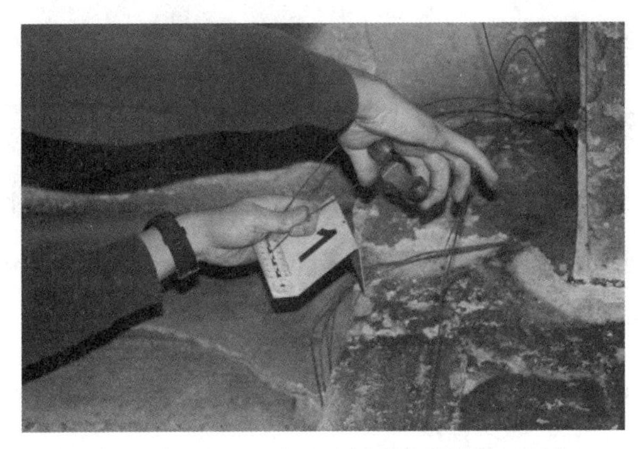

图 8　24 号货架上及其上方提取带熔痕铜导线

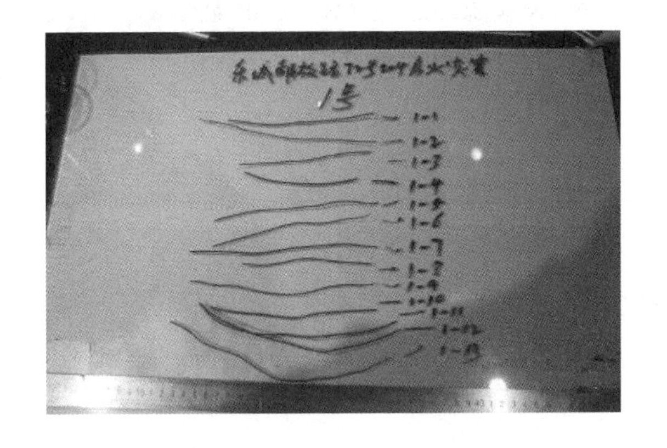

3　火灾事故调查中的疑点难点问题

此次调查过程看似水到渠成，但综合复盘后发现了一些不完善的地方。例如，该起火灾事故的起火时间认定不够精准，参与灭火的第一目击人由于浓烟及货物堆放的影响存在视觉盲区，第一目击人最初看到的起火位置与认定的起火点存在偏差，应开展火场实景调查实验，模拟烟气蔓延扩散情况，准确认定起火时间和起火点。基于业主对火灾事故认定无异议，强烈要求解封现场、恢复营业的诉求，调查人员没有开展调查实验。针对住户质疑最多的“烟气为什么那么快蔓延”也未采用 FDS（Fire Dynamics Simulator，火灾动力学模拟工具）或小尺寸燃烧实验进行分析，未用科学数据来回应群众的疑问。另外，对本案中日光灯支架剩磁线索未开展定性定量检测，未对地面可能遗留的迸溅熔珠采取水洗法提取。

4　火灾调查的体会和思考

4.1　精准分析火灾视频为火调工作保驾护航

近年来，我国视频监控系统高速发展，机关、企事业单位、家庭住宅内部及道路上安装了大量的监控视频系统，监控视频资料被广泛应用于火调工作中，并发挥了越来越重要的作用。另外，在各类短视频平台上的市民对火灾尤其是火灾初期拍摄的火场视频，为火灾事故调查工作提供了大量线索。调查人员第一时间对起火建筑及周边的监控视频或网络上的短视频进行提取分析，可极大提高工作效率。在本案中，通过提取五金店外两个监控视频、短视频平台的视频及当事人手机拍摄的照片和视频，并进行细致的分析，为调查工作提供了直观、有效的视频证据，全面还原了火灾发生、发展过程，为火灾原因认定提供了有利证据。同时，也要重视监控视频的音频线索，音频分析技术正逐渐引起火调人员的重视，火灾相关的音频资料具有动态直观性、技术成熟性和证据有效性等特点，具有其他证据不可替代的证明作用。

4.2　深化火灾延伸调查作用服务消防全链条

火灾延伸调查主要是在查明起火原因的基础上，对火灾发生的诱因、灾害成因和防火灭火技术等开展深入调查，分析查找火灾风险、消防安全管理漏洞及薄弱环节，提出针对性的改进意见和措施，推动相关部门、行业和单位发现整改问题和追究责任。火灾延伸调查是研究分析火灾事故暴露出的深层次问题的必然之举，是发挥“查处一起、震慑一批、警醒一片”火灾隐患整治效果的必然途径。本案中，由于住宅建筑内的仓库存放大量可燃物，极大增加了建筑本身的火灾负荷，发生火灾后火势蔓延迅猛，浓烟迅速威胁至楼梯间，并严重影响着火层及以上楼层人员的安全疏散，这是非常典型的消防安全隐患。但在日常防火巡查及宣传过程中，业主普遍存在侥幸心理，大多认为已居住了几十年从来没发生过火灾，大可不必危言耸听。通过对火灾事故的延伸调查，收集近几年火灾惨痛案例、复盘研究并归纳总结，可制定有针对性的预防措施，有效预防此类火灾事故发生。同时，通过对本案同类型火灾事故分析，可以有针对性地开展灭火救援战术战法训练，从人员疏散、火情侦查、火场排烟、破拆内攻、装备配备等方面提升消防救援队伍的灭火救援处置能力。

4.3　住宅建筑内设仓库火灾安全隐患不容乐观

根据《建筑设计防火规范（2018 年版）》（GB 50016—2014）相关要求，除为满足民用建筑使用功能所设置的附属库房外，民用建筑内不应设置生产车间和其他库房。本案涉及建筑存在的不利因素主要有建筑耐火等级不匹配、火灾荷载增大、用电负荷增多、人员素质不高、安全管理意识差等问题。以上不利因素导致此类建筑发生火灾的风险加大，且发生火灾后极易造成人员伤亡及较大财产损失和社会不良影响。火灾发生后，五金店业主与邻居间存在因火灾财产损失的赔偿纠纷不断，经多部门参与协商后才达成和解，但从类似火灾相关民事纠纷案例不难看出，因火灾损失造成的纠纷案件不胜枚举，值得深思。从目前了解到的全国数据来看，设置在住宅建筑内的生产车间或仓库，尤其是制衣、电子配件等小作坊、小加工厂仍较多存在，如果强制要求搬离，群众的抵触情绪大且不现实，此类场所人员消防安全意识淡薄，消防安全管理不善，所带来的火灾安全隐患不容乐观。

参考文献

[1] 应急管理部消防救援局. 火灾调查与处理(高级篇)[M]. 北京：新华出版社，2021.

[2] 陈东武，徐树燕，张雪凝. "V"形痕迹在火灾事件起火原因分析中的应用 [J]. 广东公安科技，2017，25(1)：53.

[3] 孙建新，严积科. 铜线短路熔痕分析 [C]// 中国消防协会学术工作委员会消防科技论文集，2022：4.

[4] 梁军. 火灾音频分析与应用 [J]. 消防科学与技术，2023，42(6)：870-874.

[5] 曹勇兵. "全链条、延伸调查" 格局下火灾调查工作的几点思考 [C]// 中国消防协会.2022 中国消防协会科学技术年会论文集，2022：3.

[6] 张国顺，韩丰，张玮皎. 一起仓库火灾原因重新认定的调查分析 [J]. 消防科学与技术，2015，34(6)：834-837.

城市信息模型基础平台在火灾调查处理工作中的应用

郝延红

（许昌市消防救援支队，河南 许昌 461000）

摘　要：随着城市化进程的加速，火灾事故的调查处理面临新的挑战。传统的火灾调查处理工作需要烦琐的现场勘验、广泛的调查询问、全面的证据审查、系统的推理求证，城市信息模型（CIM）基础平台以其强大的数据整合与共享能力，为智慧消防火灾调查处理工作提供有力支撑。本文旨在探讨CIM基础平台在火灾事故调查处理中的应用，通过实现互联互通、数据共享，达到查明起火原因、分析灾害成因、促进隐患整改、降低火灾风险的目的。

关键词：城市信息模型；火灾调查处理；应用

1 引言

随着人工智能、移动互联网、5G新技术在各行各业的广泛应用，火灾调查处理工作也面临数据爆发式增长的大数据时代的考验。火灾调查技术手段信息化、专家经验数据化、案件研判智能化等新模式、新方法和新理念，也促使火灾调查工作必须在数据和证据的采集、传输、存储、管理和运用等方面同步发展。

城市信息模型（City Information Modeling, CIM）是以建筑信息模型（Building Information Modeling, BIM）、地理信息系统（Geographic Information System, GIS）、物联网（IoT）等技术为基础，整合城市地上地下、室内室外、历史现状未来多维多尺度空间数据和物联感知数据，构建的三维数字空间的城市信息有机综合体。由城市人民政府主导建设、统一管理数据资源的城市信息模型基础平台（CIM基础平台）是智慧城市的基础性和关键性信息基础设施，能够提供各类数据、服务和应用接口，整合城市多维多尺度空间数据和物联感知数据，满足数据汇聚、业务协同和信息联动的要求。CIM基础平台能够显著提高火灾调查效率，准确查明火灾原因，分析灾害成因，促进隐患整改，降低火灾风险。

作者简介：郝延红（1972—），男，汉族，河南省许昌市消防救援支队，高级专业技术职务，中级专业技术任职资格评审委员会专家库成员，河南省消防救援总队火灾调查、消防科技、消防宣传培训专家组成员，许昌市行政复议咨询委员会委员，许昌市数字政府建设专家委员会、应急管理专家库、住建局建设工程消防技术专家库成员，长期从事火灾调查、防火监督、消防法制、消防科技、消防宣传等工作。地址：河南省许昌市莲城大道东段3109号，461000。电话：15939997599。邮箱：75794180@qq.com。

2 传统的火灾调查工作模式与新的职责使命不相适应

2018年，以习近平同志为核心的党中央擘画缔造了国家综合性消防救援队伍，并赋予其新的历史定位和职责使命。消防救援队伍的职能任务向“全灾种、大应急”转变，监督执法模式向“加强事中事后监管”转变，传统的火灾调查工作模式已不适应新时代火灾调查处理的职责任务。如图1所示。

2.1 与新的历史定位和职责使命不相适应

2.1.1 火调工作科技支撑能力不足

对标应急救援主力军和国家队，火灾调查处理队伍面临的科技创新基础薄弱、成果转化率不高与严峻复杂的公共安全形势还不相适应的问题尤为突出。促进现代科技和火灾调查工作的深度融合，向科技要“战斗力”，加快形成新质生产力，推动火灾调查处理体系和能力现代化，是当前火调工作的新课题。

2.1.2 火调人员专业化程度不足

目前，律师提前介入、通过司法诉讼解决涉火纠纷逐渐成为常态。公安机关已深度介入火灾调查工作，住建部门也有意涉足建筑火灾调查，事故调查更是应急管理部门的强项。但全国绝大多数市县两级消防救援机构没有专门的火调机构，基层火调工作专业化不足、信息化程度不高。

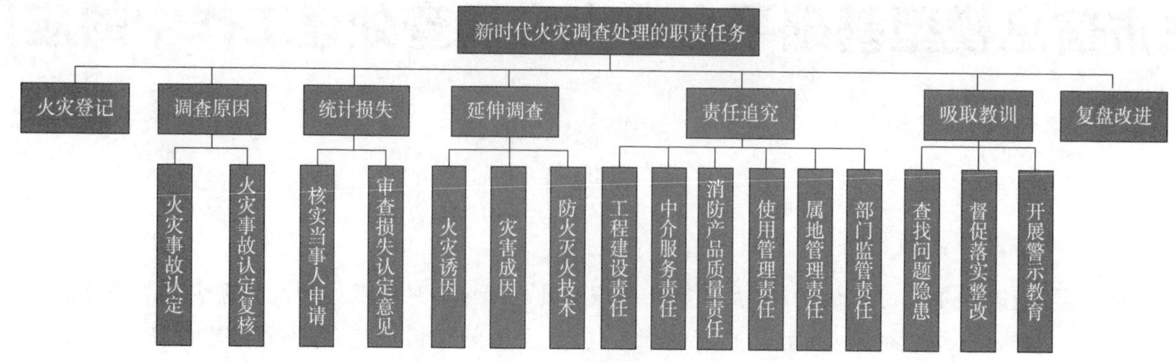

图 1　新时代火灾调查处理的职责任务

2.2　与复杂繁重的调查工作内容不相适应

2.2.1　起火原因调查的繁重性

火灾调查人员目前通过深挖细查的现场勘验、不厌其烦的调查询问、洞察秋毫的视频分析、痕迹物证的技术鉴定和反复多次的实验印证等手段收集证据材料，运用燃烧原理、火灾规律、痕迹物证等科学技术，对火灾发生、发展过程进行全面的证据审查、系统的推理求证，综合分析认定起火时间、起火部位（点）、起火原因。认定结果与火灾现场破坏严重程度以及调查人员的实践经验、逻辑思维和判断分析能力都有很大关系，易引发群众不满情绪，并进一步造成涉火信访和负面舆情。

2.2.2　火灾损失统计的烦琐性

火灾损失包括火灾直接经济损失和人员伤亡情况。火灾直接经济损失统计结果是消防机构总结、分析和研究火灾发生规律、特点的参考依据。但在实际火调工作中往往因火场物品烧毁烧损严重，现场物品特征、购置凭证缺失、伤亡人员治疗费用不易估算等问题，使火灾损失统计工作费时费力，且差距较大。

2.2.3　延伸调查方向的片面性

火灾发生后，还要对火灾发生的诱因、灾害成因以及消防监管、火灾防范和扑救措施等防火灭火技术进行全方位的延伸调查。通过查证单位履行消防安全职责、执行消防法规和消防技术标准情况，分析造成人员伤亡以及火灾蔓延、火势扩大的因素（人的不安全行为、物的不安全状态、环境因素、管理的缺陷等），查找各环节存在的问题和事故暴露出的隐患，查明火灾事故因果链锁关系，如图 2 所示。但因为调查人员获得材料的片面性，导致制订的预防措施不够客观。

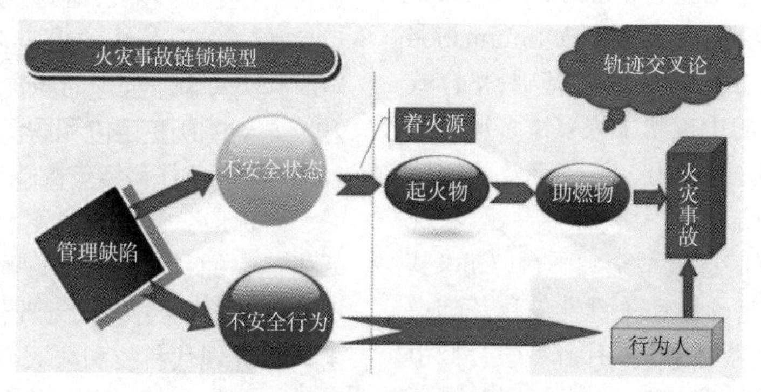

图 2　火灾事故因果链锁关系

2.2.4　责任追究工作的盲目性

火灾发生后，对起火单位主体责任、属地管理责任、部门监管责任，以及工程建设、中介服务、消防产品质量和使用管理等服务质量责任进行调查，综合分析确定火灾责任单位和人员，由有关部门分别依法依纪依规予以行政处罚、政务处分、纪律处分，或追究刑事责任。但因参与责任调查的工作人员实践经验、法律法规等知识掌握程度不同，难免会出现责任人员遗漏、处理轻重程度不一致的现象。

2.3 与总结火灾教训的职责任务不相适应

2.3.1 事故教训总结的肤浅性

通过分析查找事故暴露出的问题和隐患，督促属地政府、相关部门及社会单位吸取火灾事故教训，及时堵塞漏洞。但是，由于延伸调查环节获得的信息不够客观，总结的事故教训可能不够到位，从而直接影响事故教训的有效性。

2.3.2 复盘改进工作的局限性

火灾发生后，对消防工作各个环节进行全方位复盘回顾，分析查找火灾风险防控和消防安全管理漏洞、薄弱环节和问题短板，研究制定有针对性的整改措施。由于火灾调查环节存在漏洞和缺陷，复盘改进环节研究制定的工作措施会无法避免存在一定的局限性。

3 CIM基础平台与火灾调查处理信息化建设具有高度契合性

3.1 火灾调查处理信息化建设的急迫性

3.1.1 提高消防治理能力的时代要求

习近平同志指出，要适应科技信息化发展大势，以信息化推进应急管理现代化，提高监测预警能力、监管执法能力、辅助指挥决策能力、救援实战能力和社会动员能力。中共中央办公厅、国务院办公厅发布的《关于深化消防执法改革的意见》提出，运用物联网和大数据技术，构建科学合理、规范高效、公正公开的消防监督管理体系，增强全社会火灾防控能力。火灾调查信息化是提升新时代消防综合治理能力的必然要求，也是防范化解重大安全风险的现实需求。

3.1.2 融入智慧城市建设的大势所趋

火灾调查处理工作是提升社会火灾防控水平整体消防工作的重要一环，通过动态数据采集、管理及应用，全时段可视化监测消防安全状况，实时智能评估化解消防安全风险，能够大幅提升城市整体感知预警的精准性、风险研判的智能性、应急处置的科学性。

3.1.3 构建智慧消防体系的重要一环

“智慧消防”省级规划采用“2+4+4+*N*”模式，即两个中心（智慧消防综合数据中心和基础网络设施中心）、四级应用（省、市、县、乡）、四大业务领域（火灾防控、消防救援、公众服务、应急通信）、四大业务领域下面*N*个业务应用系统。火灾调查处理系统作为火灾防控领域的一个重要应用，对于强化火灾分析改进防范措施，达成消防监督“一系统”精准监管，构建完善的消防管理责任链条和立体化、全覆盖的火灾防控体系具有重要意义。

3.2 CIM基础平台对火灾调查信息化建设意义重大

3.2.1 CIM基础平台是智慧城市的基础设施

CIM基础平台是CIM数据汇聚、应用的载体，也是智慧城市的基础支撑平台，为相关应用提供丰富的信息服务和开发接口，具备城市基础地理信息、建筑信息模型和其他三维模型汇聚、模型抽取、模型浏览、定位查询、多场景融合与可视化表达、支撑各类应用的开放接口等基本功能，可提供工程建设项目各阶段模型汇聚、物联监测和分析仿真等专业功能。CIM基础平台总体架构如图3所示。

3.2.2 CIM基础平台具有强大的数据整合与共享能力

CIM基础平台框架和数据具有可扩展性和集成性，满足数据汇聚更新、服务扩展和智慧城市应用延伸等要求，支撑城市建设、管理、运行、公共服务、安全、住房、交通、水务、规划、社区管理、医疗卫生、应急指挥等多领域应用（CIM+），实现与相关平台（系统）对接或集成整合，具有数据汇聚与管理、数据查询与可视化、平台分析等功能。CIM基础平台与其他系统关系如图4所示。

4 CIM基础平台在火灾事故调查处理中的应用

4.1 能够快速推进火灾调查处理信息化水平

基于CIM基础平台应用（CIM+）搭建“火灾因果链锁模型”，按照统一规范的数据格式，将物联网感知、视频影像、电力运行、网络记录、气象条件等数据接入各分级建设的“火灾风险监测预警综合平台”，利用火灾因果链锁模型算法，精准分析、提取、推送异常运行数据，为查明起火时间、起火部位（点）、起火原因和开展火灾事故延伸调查、责任调查工作提供方向和直观依据。

4.2 显著提高火灾调查处理工作效率

基于CIM基础平台强大的数据整合与共享能力建设的智慧火灾调查处理系统，能够大幅度减轻火灾调查处理工作的繁重程度，明显提高调查处理的工作效率。通过CIM基础平台构建的三维数字

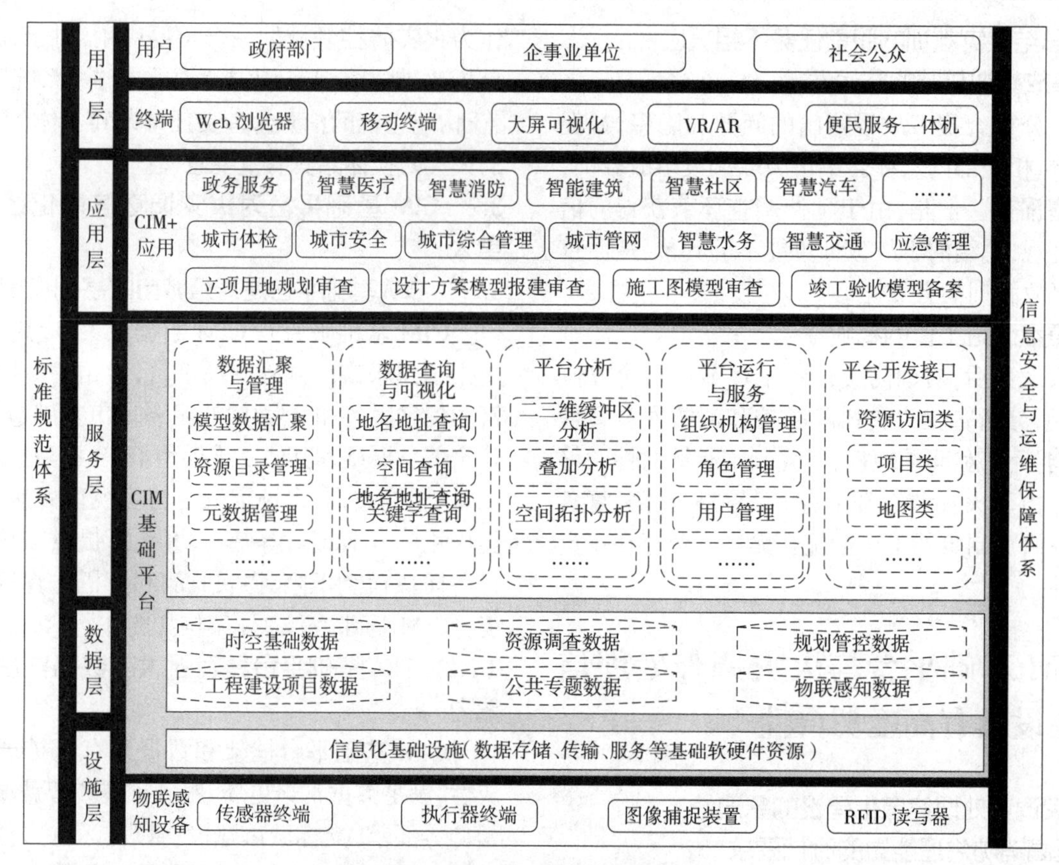

图 3　CIM 基础平台总体架构

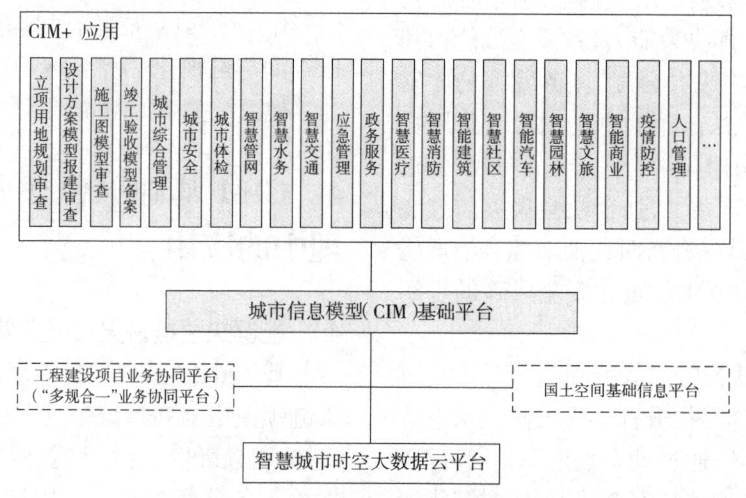

图 4　CIM 基础平台与其他系统关系

模型,能够获取城市基础设施的规划、建设等工作的基础性和关键性信息;通过 CIM 基础平台构建的三维数字空间城市信息有机综合体,能够获取城市地上地下、室内室外、历史现状未来多维多尺度空间数据和物联感知数据;通过城市三维模型,能够获取城市地形地貌、地上地下人工建(构)筑物等的三维表达、空间位置、几何形态等信息;通过 CIM 基础平台的建筑信息模型(BIM)获取建设工程及设施设计、施工和运营的过程数据,快速提取火灾调查处理需要的建筑图纸、现状等重要信息。通过行业系统"智慧+"工程和"雪亮工程""天网""蓝天卫士""天空地"一体化监测网络等业务应用,积累大量基础数据资源,可以为快速判定火灾性质,发现嫌疑人(车辆),确定起火部分(点)范围提供科学依据。

4.3　准确查明起火原因与灾害成因

基于 CIM 基础平台数据整合与共享能力建设的智慧火灾调查处理系统,通过三维空间数据展示能力，还原火灾现场的三维场景；通过实时监测火灾现场情况的自动化记录、不同位置烟感温感探测器报警顺序、水流指示计动作顺序等各类消防设备传感数据和报告，分析起火时间、起火点的位置、火势蔓延路径；通过 CIM 基础平台数据共享，获取电力运行异常数据、网络运行基础数据，分析电气火灾的起火原因。

通过 CIM 基础平台汇集住建、公安、商务、市场、卫健、消防、电力、水务、气象等相关部门的基础数据，获取建筑结构、视频监控分析、人员活动轨迹、物联网感知、消防设施运行状态、火源电源管控、电力网络运行记录、气象条件等信息，形成全面完整、扎实有效的火灾事故数据体系，运用火灾因果链锁模型算法，精准分析、提取、推送异常运行数据，结合火灾现场的勘查数据，为灾害成因分析提供全面、完整、准确、翔实的数据支持。

4.4 科学统计火灾损失

通过 CIM 基础平台的互联互通和共享功能，汇集起火场所建筑建设装修投资、物品采购资金、资产调拨单、物流记录、商品出入库清单、资金往来账目记录等大数据，融合商品价格体系、保险公司、公估机构等财产评估系统，结合当事人申报、现场燃烧痕迹、燃烧残骸成分分析，可以有效获得起火建筑相关区域内部分物品种类、数量、价值，科学预估起火场所的火灾直接经济损失。通过调取公安部门的销户记录，民政系统的火化记录、社会救助管理系统，医疗卫健系统的检查报告、治疗方案，可以查询人员伤亡情况，丧葬及抚恤费、补助及救济金、医疗费等人员伤亡支出费用，有效获取人员伤亡损失统计。

4.5 全面开展延伸调查

汇聚 CIM 基础平台和火灾风险监测预警综合平台的“领导驾驶舱、部门消防工作履职、基层消防治理、社会单位消防安全管理”应用子平台，“行业消防安全综合监管平台”推送的消防安全管理信息数据，查明社会单位、行业系统、工程建设、中介服务、消防产品质量和使用管理等单位主体责任、属地管理责任、部门监管责任和服务质量责任。从单位落实消防安全职责、执行消防法规和消防技术标准情况，以及火灾防范措施、消防监管和初期火灾扑救等方面，分析查找在消防管理、技术预防措施、消防设备和火灾扑救等环节存在的问题和事故隐患，推动政府、部门、单位、公民消防安全责任落实，全面提升火灾防控水平。

4.6 隐患整改与风险评估

基于 CIM 基础平台的风险评估功能，对城市火灾风险进行全面排查和分析。通过全时段状况可视化安全监测，动态数据采集、管理及应用，实时监测、数据分析和智能评估，开展火灾数据研判，发现潜在火灾隐患，及时发出预警信息，提示降低、化解火灾风险，为隐患整改和制定针对性的防火措施提供科学依据。同时，CIM 基础平台全面采集、统计、汇聚历史火灾数据和现状数据，对城市火灾风险进行动态化排查、分析、预测，精准分析研判本地火灾风险和高危区域、高危时段、高危场所，提升党委政府、行业部门火灾防控的精准性、科学性、预判性。

5 结语

基于 CIM 基础平台的火灾调查系统，能够实现还原火灾事实真相、推进消防责任落实、研判改进消防工作，为智慧消防建设提供有力支撑。通过接入各类消防设备和传感器数据，实时监测火灾现场的情况，为救援决策提供实时、准确的数据支持，促进隐患整改和风险评估，降低火灾风险。未来，随着技术的不断进步和应用的深入，CIM+ 应用将在火灾事故调查处理中发挥更加重要的作用，逐步实现火灾防控管理网络化、服务专业化、科技现代化，极大提升消防安全管理效能和社会火灾防御能力，实现消防安全治理模式和能力的转型升级。

参考文献

[1] 住房和城乡建设部. 城市信息模型（CIM）基础平台技术导则[Z].2021:2-2.
[2] 住房和城乡建设部. 城市信息模型（CIM）基础平台技术导则[Z].2021:3-3.
[3] 住房和城乡建设部. 城市信息模型（CIM）基础平台技术导则[Z].2021:4-4.
[4] 应急管理部消防救援局. 火灾调查与处理（中级篇）[M]. 北京：新华出版社，2021.
[5] 河南省消防安全委员会办公室. 关于加快推进智慧消防建设的指导意见 [Z].2024:21-23.
[6] 住房和城乡建设部. 城市信息模型（CIM）基础平台技术导则[Z].2021:4-5.
[7] 住房和城乡建设部. 城市信息模型（CIM）基础平台技术导则[Z].2021:6-8.
[8] 中华人民共和国应急管理部. 火灾损失统计方法：XF185—2014[S].2014.

香烟对不同可燃物的引燃能力实验研究

张华钦

（三明市三元区消防救援支队，福建　三明　365000）

摘　要：香烟引燃是造成火灾的重要原因之一，而且在火灾调查中取证困难、认定难度较大。本文以香烟为引火源，分别以纸屑、木屑和聚氨酯泡沫为可燃物载体进行香烟引燃实验，利用热电偶记录实验过程中的温度变化，利用相机记录引燃实验过程和宏观特征，同时利用热分析仪对香烟及可燃物载体热解过程进行分析，为香烟引燃能力研究提供理论支撑。实验结果表明，在静风条件下，香烟平放在纸屑、木屑和聚氨酯泡沫表面时，最高温度分别能达到 200 ℃、325 ℃和 94 ℃。

关键词：火灾调查；热分析；引燃能力；香烟；热解机理

在实际的火灾调查中，香烟火源各式各样，除香烟本身是造成火灾的直接原因外，点烟工具或遗留的烟灰也可能是“罪魁祸首”。香烟火灾的现场一般较难获取到烟蒂或灰烬残留物，并且此类火灾的证人证言较少，因此香烟火灾调查难度大、取证困难。由此可见，研究香烟对常见可燃物的引燃能力以及热解机理是很有必要的。本文就对此进行实验研究，为今后的香烟火灾原因认定提供更为直观的参考依据。

1　国内外研究现状

由于香烟火灾常年时有发生，在全国火灾总量中占有一席之地，因此引起了许多从事火灾调查研究的学者及专家的重视，并对此类火灾做了相关研究。国内学者主要是探究香烟在不同环境条件下对不同可燃物的引燃能力，以及香烟燃烧产生物的定性、定量分析。刘万福等通过对报纸、沙发等家居用品的香烟引燃实验研究了香烟火源的着火特性；王京瑶将生活中常见的多种木纤维质地物品当作实验材料，通过改变环境条件、烟头的朝向、烟头与不同材料的接触面积，探究了烟头对不同材料的引燃能力以及在什么条件下引燃能力最强；肖纯栋等为了考察烟头对聚氨酯泡沫的引燃因素，在小型燃烧风洞实验的基础上研究了烟头平放于聚氨酯泡沫凹槽内的着火能力；杨屹茂以一起仓库火灾的调查为背景，通过香烟引燃瓦楞纸箱的实验研究了烟头放置位置、烟头长度等因素对香烟引燃能力的影响；李娜建立了模拟室内环境的实验舱，对不同类型的 5 种香烟燃烧产生的 PAHs（多环芳烃）在气相、颗粒相中进行采集、前处理及 GC-MS（气相色谱 - 质谱联用仪）上机分析，探究香烟燃烧产生的气相和颗粒相的 PAHs 的散发规律，分析其特征因子和毒性剂量。

国外学者对于引燃进行系统、科学的研究已有近一个世纪的历史，不过这一领域的知识发展并不均衡。虽然在一些领域已经达到了先进的理解水平，但在其他领域却缺乏基础知识。对于香烟火灾的研究，国外学者主要从香烟点火强度、香烟及常见可燃物热解机理等方向进行，关于香烟对不同可燃物的引燃能力方面的研究甚少。Guindos 等构建了一个可以量化不同参数的相对影响的数值模型，通过实验来分析基材的潜在影响，以表征热力学行为。其运用了一整套 TGA（热重量分析法）、DSC（差示扫描量热法）、红外测量和激光三角测量等测量热物理性质的实验方法，将测得的特性用于建立 CFD（计算流体动力学）模型，该模型可模拟 IP（香烟着火倾向）测试中基材的阴燃过程，以此探究评估 IP 的纤维素底物的影响。Baker 等为了系统地探究纸带性能（宽度、纸带的类型以及所用材料等）的影响，研究了在有无接触底物的条件下烟头的热物理

作者简介：张华钦（1999—），女，汉族，初级专业技术职务，福建省三明市三元区消防救援大队。地址：福建省三明市三元区江滨南路 176 号，365000。电话：19859895550。邮箱：1056191754@qq.com。

性质,结论表明与常规的非 RIP(低引燃倾向)香烟相比, RIP 香烟具有相同甚至更低的烟雾产量和生物活性。

根据上述关于香烟的引燃能力以及机理的研究可以发现,无论是国内还是国外的学者都已经从理论和实践的角度对香烟引燃性能进行了大量的研究,但是即使是研究同一种影响因素,受到不同条件的限制也会产生不同的实验结果,这容易在实际火灾调查工作中产生歧义和偏差。同时,国内对于香烟及常见可燃物的热解机理的研究较少,因此本文的研究具有一定的参考价值。

2 实验部分

2.1 实验材料

"红塔山经典 1956"牌香烟、锡纸盒(16 cm×12 cm×4 cm)、纸屑、木屑、聚氨酯泡沫、镊子、Al_2O_3坩埚等。

2.2 仪器设备

(1)火灾痕迹物证综合实验台,模拟实验材料所放置的场所。

(2)热电偶,测量实验过程的温度数据。

(3)Fluke 数据采集仪,记录并保存热电偶所测得的温度数据的装置,2638 A 型。

(4)电子天平,对实验材料进行称量,精确到 0.000 1 g。

(5)热重分析仪,利用热重法反映物质温度与质量变化关系的仪器,NETZSCH STA449F3 型。

2.3 实验设计

设置室内温度为 17~20 ℃的通风条件,室内风速为 0~0.2 m/s,可以忽略不计。

将热电偶与数据采集仪连接好,打开数据采集仪开关,设置 2 s 记录 1 次温度,将热电偶固定在香烟中段距离烟体 3~5 mm 位置实时测温。

2.3.1 不同载体条件下的引燃实验

在尺寸为 16 cm×12 cm×4 cm 的锡纸盒内放入等体积纸屑,不刻意压实,用电子天平称重记录数据,点燃香烟,将香烟平放于纸屑表面,用热电偶实时测温,用数据采集仪记录数据,观察引燃情况,拍照记录,直至香烟燃尽。保持体积相等,不改变其他实验条件,将纸屑换成木屑、聚氨酯泡沫,三种材料的质量分别为 45 g、150 g、21 g。

2.3.2 香烟及常见可燃物的热分析实验

将各样品研磨粉碎,称取适量粉末,放置在Al_2O_3坩埚中,放入热重分析仪进行热失重分析。设置升温速率为 20 ℃/min;温度范围为 25~800 ℃;气氛为空气;载气为氮气,总流量为 100 mL/min。纸屑、木屑、聚氨酯泡沫各做一组实验,三种样品的质量分别为 8.1 mg、16.4 mg、4.5 mg。

3 载体种类对香烟引燃能力的影响

3.1 香烟在纸屑表面的引燃实验研究

随着时间推移,香烟发生了无火焰且缓慢燃烧的阴燃现象,并伴有烟气飘出和温度上升。热源逐渐靠近热电偶的位置,测得的温度渐渐升高。纸屑受热后开始发生卷曲,并逐渐变黄。香烟燃至中段部分,在 12 min 左右出现最高温度约 200 ℃,接着温度逐渐降低。烟头会冒出火星,点燃周边纸屑,形成明显的类似香烟形状的炭化痕迹。此时,周边纸屑由黄色逐渐炭化变黑,火星沿着未燃区继续传播,但传播范围不广。当烟头释放的淡蓝色烟气渐少直至消失,则认定烟头停止了阴燃。纸屑表面引燃过程的变化如图 1 所示。

(a)引燃实验初期

(b)引燃实验后期

图 1 香烟引燃纸屑

图 2 所示为该实验温度随时间变化的曲线。在实验初期,温度随时间的变化趋势不太明显,仍旧处在常温的状态;在 388 s 左右,温度开始有明显上升的趋势,且随着时间的推进,曲线斜率逐渐增大,温度以 0.5~1 ℃/s 的速度升高,在 682 s 时达到 150 ℃;在 744 s 时达到峰顶温度,最高温度为 200 ℃,持续 4 s 后,温度随即便迅速降低;在 1 002~1 066 s 时,温度徘徊在 156 ℃左右,随后小范围回升至 161 ℃,继而温度以 0.1~0.3 ℃/s 的速率缓慢下降至常温。

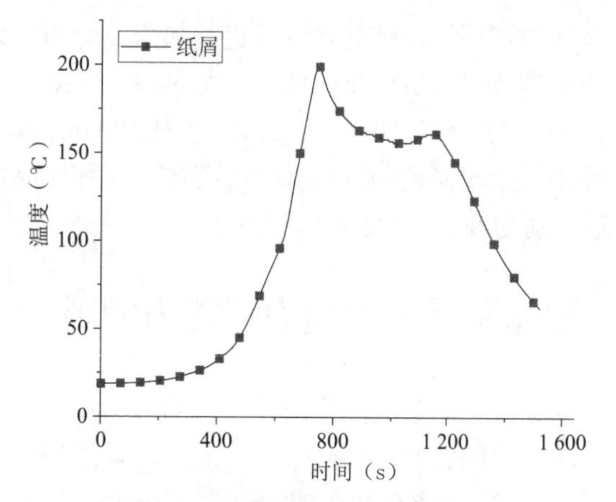

图 2　香烟引燃纸屑的温度变化

在 2.3.2 所述的实验条件下，对纸屑样品进行热分析实验，结合香烟引燃纸屑的温度变化数据进行整合，具体如图 3 所示。

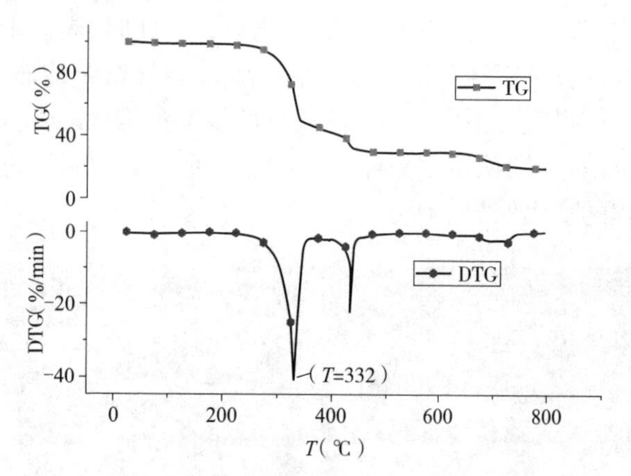

图 3　纸屑样品的 TG、DTG 变化曲线

在升温速率为 20 ℃/min，25~800 ℃的温度范围内，纸屑样品需要经历 4 个热失重阶段。其中，第一个热失重阶段的发生范围为 25~219 ℃，样品质量损失率约为 1.5%，该阶段主要是纸屑中残留的水分蒸发，纸张的性质基本没有改变，在引燃实验初期表现为纸屑开始变黄，边缘发生卷曲；第二个热失重阶段的发生范围为 219~371 ℃，样品质量损失率约为 53.5%，该阶段温度区间较宽，样品质量损失也最多，在 332 ℃时失重速率最大，主要是纸屑中木质素、纤维素的热解过程，该过程纸屑由深褐色变为黑色，且面积减少，卷曲加剧；第三个热失重阶段的发生范围为 371~479 ℃，样品质量损失率约为 15.1%，该阶段主要是焦炭的氧化过程，该过程纸屑慢慢完全燃烧，炭化、断裂且开始灰化，在这个引燃实验过程中显然没有到达这一步；第四个热失重阶段的发生范围为 479~800 ℃，样品质量损失率约为 10%，该阶段主要是纸屑中无机盐的分解过程，热解结束后约剩余 19.9 % 的残留质量

结合图 2 可知，纸屑表面最高温度测得为 200 ℃，由热分析实验结果可以推测出，此时纸屑中的成分已经开始分解，若温度持续增加，达到纸屑的燃点，则可能会引燃纸屑，增大香烟引燃的火灾危险性。

3.2　香烟在木屑表面的引燃实验研究

3.2.1　引燃过程记录及分析

实验前期温度上升缓慢，近乎常温。随着时间推移，木屑在烟头的持续加热下开始散发出带有木材气味的烟气并放出大量的热，并由表层向四周缓慢地扩散、蔓延。预热的木屑开始热分解，温度均匀缓慢地上升，20 min 时阴燃传播到木屑堆表面边界，木屑堆炭化变黑，炭化区域呈油亮状态，由烟头一侧向四周扩张，传播范围较广。50 min 左右出现最高温度，大约为 325 ℃，随后温度缓慢下降。当香烟熄灭后，木屑堆内部形成一个稳定的自热体系，仍旧在持续放热，阴燃过程明显出现大量烟气，无火焰产生。木屑表面引燃过程的变化如图 4 所示。

（a）引燃实验初期

（b）引燃实验中期

（c）引燃实验后期

图 4　香烟引燃木屑

图 5 所示为该实验随时间变化的温升过程。从实验开始至 442 s 左右，温度仍旧处在常温状态，随着时间的变化趋势始终平滑；在 442~700 s 温度开始略微升高，升温速率为 0.01~0.05 ℃ /s；约 1 330 s 开始，温度有明显上升的趋势，且随着时间的推进，曲线斜率逐渐增大，温度以 0.1~0.3 ℃ /s 的速率升高，1 874 s 时达到 150 ℃；在 3 006 s 时达到峰顶温度，最高温度为 325 ℃，持续 12 s 后，温度开始缓慢下降；在 3 006~3 586 s 时温度持续徘徊在 310 ℃以上，继而温度以 0.1~0.3 ℃ /s 的速率缓慢下降至常温。

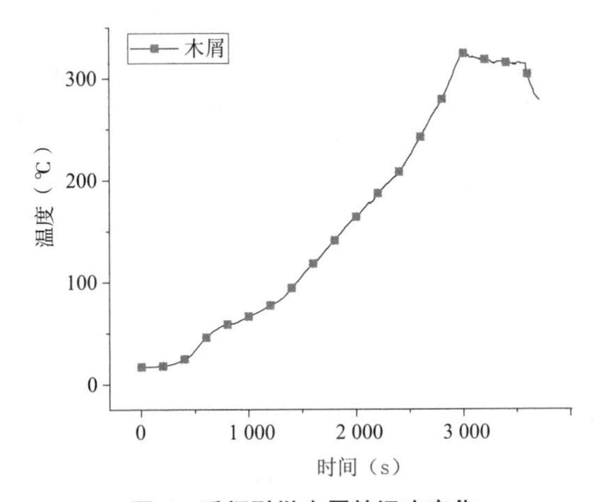

图 5　香烟引燃木屑的温度变化

3.2.2　木屑样品的热分析结果及讨论

在 2.3.2 所述的实验条件下，对木屑样品进行热分析实验，结合香烟引燃木屑的温度变化数据进行整合，具体如图 6 所示。

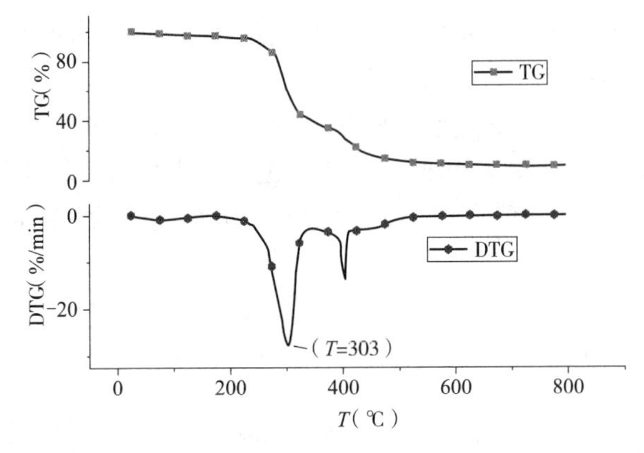

图 6　木屑样品的 TG、DTG 变化曲线

在升温速率为 20 ℃ /min，25~800 ℃的温度范围内，木屑样品需要经历 4 个热失重阶段。其中，第一个热失重阶段的发生范围为 25~177 ℃，样品质量损失率约为 3.2%，该阶段为木屑热解的干燥阶段，即木屑中多余水分的蒸发过程，该阶段也是木屑蓄热的过程，热量缓慢而均匀地由烟头向四周扩散；第二个热失重阶段的发生范围为 177~345 ℃，样品质量损失率约为 57%，该阶段失重速率骤然增大，在 303 ℃时失重速率最大，这是因为该阶段主要是纤维素和半纤维素的快速热解过程，在实验过程中表现为木屑边缘泛黄，开始炭化，伴有大量烟气生成；第三个热失重阶段的发生范围为 345~620 ℃，样品质量损失率在 29.3% 左右，该阶段是木屑中木质素的热解过程；第四个热失重阶段的发生范围为 620~800 ℃，样品质量损失率为 1.1%，该阶段是炭化阶段，主要为剩余的残留物的结炭过程，在实验过程中可以看见木屑明显炭化变黑。热解结束后残留质量约为 9.4%。

结合图 5 可知，木屑表面测得的最高温度能达到 325 ℃。从热分析实验的结果来看，此温度下木屑中的纤维素等成分已经开始分解。如果持续对木屑加热，就可能会进行二次分解，增大引燃木屑的可能性，加强香烟对木屑的引燃能力。

3.3　香烟在聚氨酯泡沫表面的引燃实验研究

3.3.1　引燃过程记录及分析

实验前期无明显的火焰和燃烧现象，随着加热时间的增长，聚氨酯泡沫在香烟的加热下开始泛黄炭化，温度快速上升，在 8 min 左右燃至香烟中段，出现最高温度大约为 95 ℃，随后温度逐渐下降。香烟摆放位置逐渐炭化变黑，炭化区域随香烟燃烧方向扩张，形成明显的与香烟摆放形状类似的炭化痕迹，但传播范围不广，阴燃过程无烟气和火焰产生。聚氨酯泡沫表面引燃过程的变化如图 7 所示。

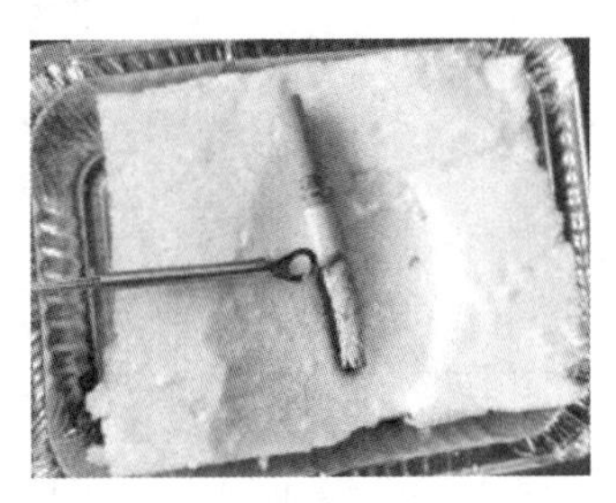

（a）引燃时间为 480 s 时

（b）引燃时间为 1 014 s 时

图 7　香烟引燃聚氨酯泡沫

图 8 所示为该实验温度与时间变化的曲线关系。从实验开始至 124 s 左右，温度随时间的变化趋势不太明显；在 124~320 s 温度开始显著升高，升温速率为 0.1~0.3 ℃ /s，曲线斜率基本保持不变；随后温度小幅度下降 1 ℃，346 s 后继而上升；在 480 s 时达到峰顶温度，最高温度为 94 ℃，持续 16 s 后，开始缓慢匀速下降，降温速率为 0.1~0.3 ℃ /s，994 s 时下降至 25 ℃。

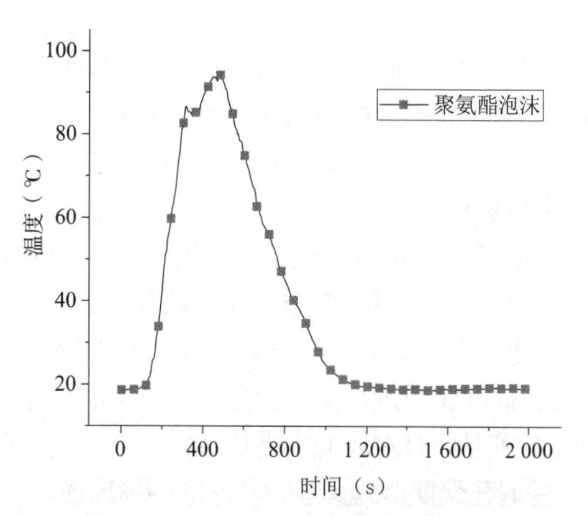

图 8　香烟引燃聚氨酯泡沫的温度变化

3.3.2　聚氨酯泡沫样品的热分析结果及讨论

在 2.3.2 所述的实验条件下，对聚氨酯泡沫样品进行热分析实验，结合香烟引燃聚氨酯泡沫的温度变化数据进行整合，具体如图 9 所示。

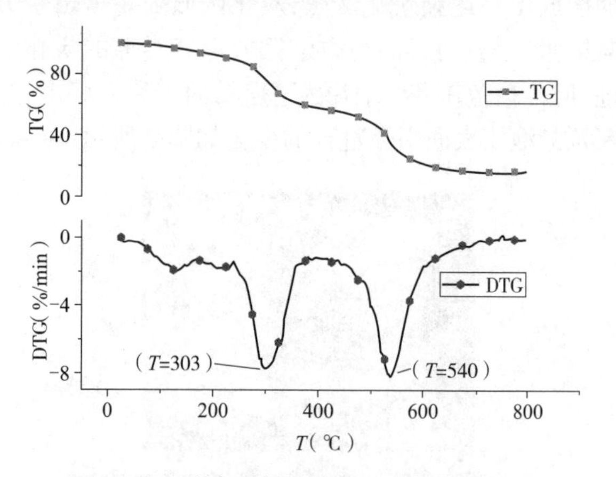

图 9　聚氨酯泡沫样品的 TG、DTG 变化曲线

在升温速率为 20 ℃ /min，25~800 ℃的温度范围内，聚氨酯泡沫样品经历了 4 个热失重阶段。其中，第一个热失重阶段的发生范围为 25~167 ℃，样品质量损失率大概是 5.9%，该阶段为聚氨酯泡沫中多余水分的蒸发过程；第二个热失重阶段的发生范围为 167~384 ℃，样品质量损失率约为 35.1%，该阶段失重速率较大，在 303 ℃时出现峰值，主要是弱键断裂生成双键及交联结构；第三个热失重阶段的发生范围为 384~623 ℃，样品质量损失率约为 39.3%，该阶段温度区间较宽，样品质量损失也最多，在 540 ℃时失重速率最大，该阶段主要是多元醇的降解过程，生成 CH_4、C_2H_6、C_2H_4、C_2H_6O 等可燃成分；第四个热失重阶段的发生范围为 623~800 ℃，样品质量损失率为 3%，该阶段出现少量失重，该过程氨基甲酸酯的热解过程。热解结束后约剩余 16.7% 的残留质量。

结合图 8 可知，聚氨酯泡沫表面测得的最高温度能达到 94 ℃，从热分析实验结果来看，此时已经有物质开始分解。用香烟在聚氨酯泡沫表面引燃时，散热速度大于放热速度，使泡沫表面的热量无法积聚。聚氨酯泡沫有两个很明显的失重阶段，若增大香烟的接触面积或供热强度等，可能会加强香烟引燃聚氨酯泡沫的能力。

4　结语

本文通过对香烟引燃常见可燃物的实验研究，得到以下几个结论。

（1）在不同载体条件下，香烟平放在纸屑、木屑和聚氨酯泡沫表面时，最高温度分别能达到 200 ℃、325 ℃和 94 ℃。

（2）纸屑的热解大致经历了 4 个阶段，即水分蒸发、木质素和纤维素的热解、焦炭的氧化、无机盐的分解，初始分解温度为 219 ℃。

（3）木屑的热解大致经历了 4 个阶段，即水分蒸发、纤维素和半纤维素的快速热解、木质素的热解、炭化阶段，初始分解温度为 177 ℃。

（4）聚氨酯泡沫的热解大致经历了 4 个阶段，即水分蒸发、弱键断裂生成双键及交联结构、多元醇的降解、氨基甲酸酯的热解，初始分解温度为 167 ℃。

参考文献

[1]　刘万福，王建伟，赵力增，等. 香烟引燃特性的实验研究 [J]. 消防科学与技术，2010，29(9)：743-745.

[2]　王京璠. 烟头引燃能力的试验探究 [C]// 电气火灾防治与调查技术 2015. 沈阳：辽宁大学出版社，2015.

[3]　肖纯栋，张晨杰，谢启源. 香烟头引燃不同密度的聚氨酯泡沫实验研究 [J]. 建筑安全，2011，26(3)：53-56.

[4]　杨屹茂. 香烟引燃瓦楞纸包装箱的实验研究 [J]. 武警学院学报，2013，29(6)：95-96.

[5]　李娜. 香烟燃烧产生颗粒物和气固相多环芳烃特征的研究 [D]. 北京：北京建筑大学，2020.

一起“新型”气雾剂罐火灾的调查及防范建议

褚福涛，杨　勇

（济宁市消防救援支队，山东　济市　272000）

摘　要：本文通过一起事故调查，深入分析火灾危险性，使我们充分认识二甲醚的火灾爆炸危险特性，在生产使用环节加以注意，防范火灾爆炸事故发生。

关键词：气雾罐；二甲醚；危险化学品；事故分析

1　引言

2023年7月15日17时06分许，位于山东省济宁市汶上县寅寺镇的山东某化工有限公司发生一起火灾事故，烧毁厂房4栋，烧毁成品货物、包材、原材料等物品一宗。火灾未造成人员伤亡，过火总面积约4 660 m²。本文仅从技术调查方面着手分析“新型”气雾剂罐生产的火灾风险。

2　起火场所基本情况及扑救情况

2.1　单位基本情况

山东某化工有限公司初始注册于2004年3月，是一家农药生产许可证取证企业。起火厂区主要生产经营杀虫气雾剂、杀虫喷射剂、自喷漆、填缝剂等，主要生产原料为菊酯类灭虫药物、甲醇、二氯甲烷、丙丁烷、二甲醚、甲苯等。

2.2　起火建筑及周边堆垛情况

发生火灾的装置设施主要是1#、2#、3#、4#仓库，1#气雾剂生产车间充装间局部过火受损。其中，1#仓库为甲类库；2#、3#、4#仓库均为丙类库，储存物品主要为包材类物料。1#、2#、3#仓库南侧和4#仓库两侧厂区主要道路上均堆放有杀虫气雾剂、自喷漆、填缝剂等纸箱包装瓶装堆垛。

2.3　事故发生经过

2023年7月15日17时06分许，堆放于该公司自喷漆仓库北侧中间部位室外的杀虫气雾剂成品堆垛突然起火燃烧，明火迅速引燃周边的堆垛物品并出现间歇、连锁性燃烧爆炸；17时07分57秒，在起火位置通道西端作业的员工陈某明（女）发现火情，自救无果后拨打“119”报警。

2.4　气象情况

当日天气阴转晴，风速为1级，风向为北风，事发当时温度为34 ℃。

3　起火原因认定

3.1　起火原因认定情况

经调查认定，起火时间为2023年7月15日17时06分许，起火部位为该公司自喷漆仓库（4#仓库）北侧的通道处，起火点位于自喷漆仓库北通道以南距自喷漆仓库西墙约41 m的位置附近（图1），起火物为杀虫气雾剂成品，起火原因为杀虫气雾剂泄漏起火引发火灾。

3.2　起火原因认定分析

经询问厂区内人员，无人反映起火前出现雷击气象；监控视频未显示起火前存在雷击气象；现场未发现雷击痕迹。因此，可以排除雷击造成火灾的可能性。

经询问厂区内人员，无人反映起火前有可疑人员进入起火部位；监控视频显示起火前3小时内，仅陈某明经过起火点附近，且经过时陈某明未携带火种，无可疑动作，未向起火点靠近。因此，可以排除遗留火种及人为放火的可能性。

经勘验，起火点周边未发现敷设有电气线路；调查询问员工，均称起火点附近无电气线路。因此，可以排除电气线路故障造成火灾的可能性。

作者简介：褚福涛（1977—），男，山东省济宁市消防救援支队，高级工程师，主要从事消防监督、消防科普和火灾调查工作。地址：山东省济宁市任城区金宇路56号，272000。

经调查走访、现场勘验、视频分析,起火原因符合杀虫气雾剂泄漏起火特点,如图 2 至图 5 所示。

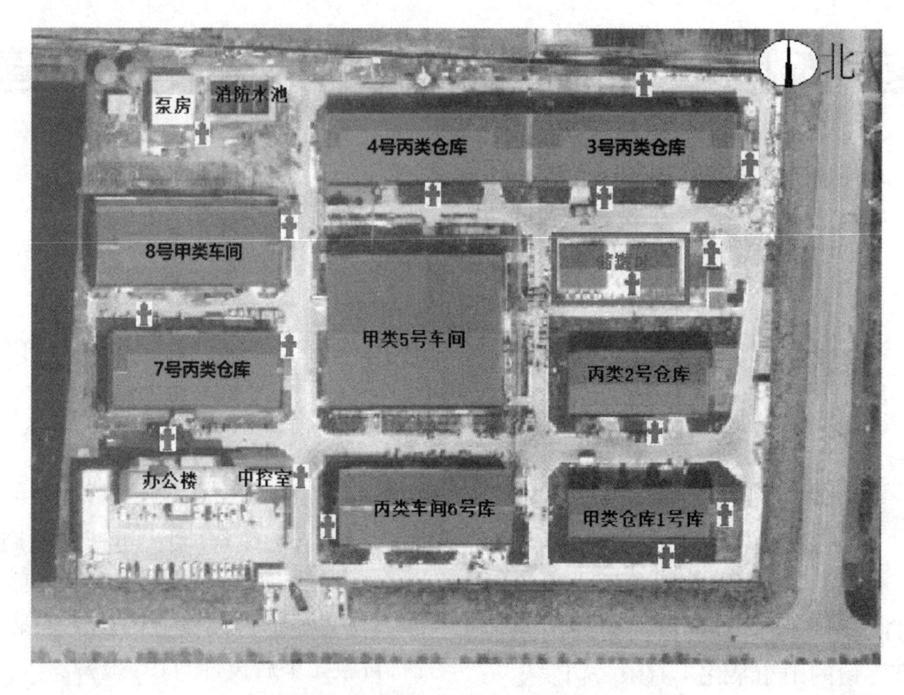

图 1　起火点方位图(标注火焰处为起火点)

图 2　起火点处监控视频截图(显示 17 时 09 分已经出现明火扩大趋势)

图 3　起火点贴邻南侧 4 号仓库内监控视频截图(显示火焰快速突破仓库外墙)

图 4　起火点处照片(由北向南拍摄,起火点在图片中心位置)

图 5　起火点俯拍照片(由北向南俯拍,起火点在图片中心铁锈色区域)

从图 4 和图 5 可以看出,起火点核心位置由于燃烧时间比较长,残留的铁质气雾剂罐体已经高度氧化呈铁锈色,这也为以后类似火灾提供了借鉴依据。

3.3 泄漏起火爆炸分析

3.3.1 杀虫气雾剂抛射剂成分分析

经勘验，起火点位置存放的物品为杀虫气雾剂成品。经调查，该公司杀虫气雾剂产品的抛射剂为二甲醚及丙丁烷。

从表1可见，抛射剂气体密度均大于空气，鉴于两种物质均易燃，泄漏后与空气混合，极易在地面区域形成爆炸性混合气体。

表1 抛射剂相对密度情况

抛射剂成分	汽化后气态相对密度（空气）	气体密度是否大于空气
二甲醚	1.62	是
丙丁烷	1.686	是

3.3.2 现场主要燃烧物符合二甲醚燃烧特点

二甲醚燃烧时火焰略带亮光，火焰为黄红色，监控视频中最早看到的火焰颜色为橘红色，可以判定现场情形与二甲醚燃烧的情形相吻合（表2）。

表2 二甲醚、丙丁烷及现场包装纸箱燃烧火焰颜色对比

物质种类	二甲醚	丙丁烷（纯的液化气）	包装纸箱
燃烧火焰颜色	橘红色	蓝色	黑灰色
是否符合燃烧特点	是	否	否

二甲醚接触高温热源、静电火花、明火源或氧化剂容易导致燃烧、爆炸。常温下，二甲醚在光照或热辐射及加热条件下可分解成甲烷、乙烷、甲醛等，化学方程式如下：

$$CH_3OCH_3 \longrightarrow CH_4+H_2+CO$$

$$CH_3OCH_3 \longrightarrow CH_2O+CH_4$$

从表3可见，如果二甲醚分解后，其分解生成的气体压力将急剧增大，如果储存容器压力安全等级比较低，将导致容器破裂，气体急剧释放，在室温环境下如果静电积聚释放不良，将导致二甲醚气体及其分解产物燃烧爆炸。这也是二甲醚安全术语S9、S16、S33中要求保持容器在通风良好的地点，远离火源，禁止吸烟，对静电采取预防措施的原因。

表3 二甲醚及分解出气体相关理化指标

物质种类	二甲醚	甲醛	氢气	甲烷
临界温度（℃）	126.9	137.2	-239.97	-82.6
临界压力（MPa）	5.33 0.54（25 ℃时）	6.81	1.31	4.59
爆炸上限（V/V，%）	27.0	73	75	15.4
爆炸下限（V/V，%）	3.4	7	4	5.0
引燃温度（℃）	350	430	400	538
饱和蒸汽压（MPa）	0.61（25 ℃时）	环境温度下聚合	环境温度下无意义	环境温度下无意义

3.3.3 气雾罐压力等级不满足二甲醚作为主要抛射剂的安全使用要求

根据《包装容器 铁质气雾罐》（GB 13042—2008），从气雾剂生产的罐体压力等级来看，现有的气雾罐承压能力均不能满足安全储存要求。经了解，该公司日常生产中均有0.3%的瓶体自爆率（室内流水线罐装生产）。

从表4可以看出，气雾剂罐体承压能力均不能达到二甲醚分解出气体的压力，气雾剂罐体将因无法承受相应压力而破裂。

表4 气雾罐耐压性能（《包装容器 铁质气雾罐》（GB 13042—2008）第6.4条）

项目	普通罐（MPa）	高压罐（MPa）	要求
气密性能	0.8	0.8	
变形压力	1.2	1.8	不变形
爆破压力	1.4	2.0	不破

二甲醚的蒸气压比较高，纯的二甲醚在25 ℃时饱和蒸气压为0.61 MPa，在55 ℃的饱和蒸气压迅速达到1.22 MPa，而丙丁烷的饱和蒸气压在0.9 MPa左右。普通气雾剂罐体爆破压力为1.4 MPa，如果单纯使用二甲醚作为抛射剂，在55 ℃的时候已经几乎达到罐体承压的上限，再加上二甲醚受热或光照条件下分解气体产物影响，会导致气雾罐迅速超压破裂。

经调查，该公司使用的气雾剂罐体绝大部分是三片罐。三片罐是由罐盖、罐身和罐底三个部分构成，而罐身则由金属薄板直对卷后再通过压接、黏接和锡焊或电阻焊对纵缝进行焊接而成。由于气雾剂罐体采用三片金属薄板连接而成的工艺，其超压爆破的概率要大于两片罐，其破口集中在连接处，爆破后会受压缩气体和燃烧火焰的推动四处迸溅，形成“飞火”。

3.3.4 大量气体泄漏形成爆炸混合气体

位于主干道后自喷漆仓库西北角墙外的摄像头监控视频显示，出现明火前，起火点位置上方出现气流扰动，扰动位置后方的图像出现由于气体混合物与空气密度不同导致的图像畸变，出现气流扰动后的第 9 秒，位于起火点前方的篷布在现场无风的情形下突然鼓起，显示大量气体泄漏已经发生，爆炸混合气体已经形成。

3.3.5 环境温度持续高位

当日最高气温为 34 ℃，起火前连续 3 日最高气温超过 30 ℃，起火货物已在起火位置连续堆放多日，且起火时气温达到当日最高值。

3.3.6 日晒成为起火爆炸诱因

位于主干道后自喷漆仓库西北角墙外的摄像头监控视频显示，起火部位的货物堆垛位于厂房北侧，此时厂房阴影已无法遮挡起火点处的货物，阳光自西侧可直接照射到杀虫气雾剂堆垛。当日 17 时 06 分许，在现场无其他引火源的情况下，起火点位置开始出现火焰。

3.3.7 点火源分析

由于二甲醚存在静电积聚的特性，在干燥环境下气体大量泄漏时存在出现静电火花放电的可能。

4 灾害成因分析

4.1 违规在室外存放气雾剂堆垛

该公司受到销售形势和退货率的影响出现了成品积压的问题，导致仓库内无法存放而放置在室外区域。该公司违反了《危险化学品仓库储存通则》（GB 15603—2022）第 5.2 条规定，即在明知气雾剂罐不得在室外曝晒区域存储的情况下，违规存放在室外靠近厂区主要仓库且阳光可直接照射区域。这直接导致了气雾剂起火爆炸燃烧，并蔓延成灾。

4.2 违规占用防火间距堆放气雾剂包材

火灾发生时间属于气雾剂生产的高峰期，该公司为筹备生产购进了大量的气雾剂包材，因仓库已经堆满或占用，出于侥幸，临时将大量气雾剂包材存放在室外建筑间的防火间距位置。起火爆炸后包材受热燃烧，起到了扩大火势的作用。

4.3 未能及时发现火灾

位于主干道后自喷漆仓库西北角墙外的摄像头监控视频显示，最早出现火焰的时间为 17 时 06 分 44 秒，周边人员发现火灾的时间为 17 时 07 分 57 秒，17 时 09 分 05 秒现场出现第一次爆炸。位于厂区监控室内的摄像头监控视频显示，爆炸发生前监控室内人员的行为均无明显变化，巡查人员也未到场巡查，显示人员疏于值守职责，未及时发现火灾。

5 事故诱因分析

5.1 二甲醚危险特性实际存在

5.1.1 存在易燃易爆特性

二甲醚的火灾危险性分类为甲类。二甲醚遇热源、火源或强氧化剂等极易起火燃烧，失去控制时引发火灾事故。二甲醚容易与空气混合形成爆炸性混合气体，遇点火源极易引发爆炸事故。

5.1.2 存在易汽化蒸发特性

液化状态下的二甲醚一旦泄漏将迅速蒸发、汽化，体积迅速膨胀。由于其爆炸下限仅为 3.4%，1 个体积的气体最多能形成接近 30 个体积的爆炸性混合气体，极易引发爆炸起火燃烧。

5.1.3 低洼处积聚性

二甲醚气体的比重比空气大，泄漏后二甲醚气体更容易滞留积聚在低洼、下水道等处，达到爆炸极限时，遇点火源即会引起爆炸起火。

5.1.4 静电积聚性强

二甲醚在充装、储运、使用及泄漏过程中容易因液态或气态二甲醚流动而产生静电，如果静电接地不良，将导致静电消散较慢，容易造成静电积聚，并对周围低电位物体放电，引发火灾爆炸等事故。

5.1.5 光照敏感性

二甲醚气体接触空气或受光照生成过氧化物。如果分解放热速度超过散热速度，盛装容器在分解反应热的作用下温度升高，可能发展到爆炸。本事故证明了这一点。

5.2 “新型”抛射剂二甲醚的使用比例的提升成为生产安全隐患

5.2.1 价格因素成为“新型”抛射剂二甲醚的使用驱动力

二甲醚价格相对丙丁烷更低，每吨二甲醚的售价只有 3 700 元左右,而每吨丙丁烷的售价在 5 600 元左右,液化气价格目前维持在 5 100 元左右。可见二甲醚替代使用有经济利益驱动。该公司的实际生产使用量的变化体现了这种驱动效应(表 5)。

表 5　该公司项目扩建前后主要抛射剂气体用量变化一览表

序号	名称	原有工程年用量(t/a)	本次扩建新增年用量(t/a)	扩建后全厂年用量(t/a)
1	丙丁烷	1 320	2 780	4 100
2	二甲醚	0	4 410	4 410

5.2.2　扩产未考虑工艺改变后风险

项目扩产后,为降低生产成本,并增强使用效果,气瓶抛射剂由原有的丙丁烷改变为二甲醚混合丙丁烷,在生产储存中没有充分考虑二甲醚的物理及化学特点。抛射剂是杀虫气雾剂的重要组成部分,也是喷射药液的推进剂。以前主流的抛射剂是使用丙丁烷混合压缩液化气体。然而,目前有厂家在抛射剂中加入了二甲醚,更有甚者完全使用二甲醚替代丙丁烷作为抛射剂。

5.2.3　二甲醚对橡胶密封结构有腐蚀溶胀作用

气雾剂罐是由罐盖、罐身和罐体三部分压制而成,即所谓的“三片罐”。二甲醚对接缝处的橡胶密封结构有腐蚀性,这样就降低了罐体的承压能力,二甲醚使用比例的提升更促进了这种腐蚀作用,从而导致泄漏起火爆炸安全事故的发生。

5.3　侥幸心理突出存在安全管理缺失

该公司事后并不认为该起火部位存放的气雾剂堆垛属于危险化学品的范畴,但是经查询《危险化学品目录》,二甲醚作为气雾剂罐内主要内容物管理序号为 479;即便是液化气,其主要成分丙烷和丁烷均被收录在《危险化学品目录》中。商品丙烷在目录中对应的名称为丙烷,管理序号为 139;商品丁烷对应的名称为正丁烷,管理序号为 2778。可见由于其展现出来的易燃易爆特性,已经充装的气雾剂罐堆垛应列入危险化学品管理,而不是列入一般商品管理。这充分显示了相关单位的管理缺位和该公司自身重视程度不足,安全管理存在严重的侥幸心理。2024 年 2 月 28 日,该公司违规生产再次发生因气雾剂罐泄漏导致的起火爆炸事实也充分证明了这一点。

6　安全防范风险建议

从该起火灾来看,应当充分重视二甲醚的火灾爆炸危险特性,降低在气雾剂生产中的填充比例,使之达到经济效益和安全生产使用的平衡点。

将已经充装的气雾剂堆垛明确列入《危险化学品目录》的管理范畴,生产单位、相关主管部门和安全监管部门应进行重点监管。

鉴于二甲醚这类化学危险品已经在国内造成了多起事故,科研机构应重点加强其危险性研究,在生产使用领域进行科学规范,达到既方便用好也安全可靠的管理目标。

参考文献

[1] 曾祥照. 二甲醚在工业和民用领域中的应用 [J]. 广东化工, 2010, 37(9): 212-214.

[2] 中华人民共和国国家质量监督检验检疫总局. 包装容器 铁质气雾罐: GB 13042—2008[S]. 北京: 中国标准出版社, 2008.

浅析火灾痕迹形成机理分析对起火原因认定的影响

赵海波

（固原市消防救援支队，宁夏 固原 756000）

摘 要：在火灾调查中，火灾现场勘验是重要环节，也是中心环节。火灾调查人员如果不会分析火灾现场痕迹产生机理，则可能对起火原因及火灾蔓延过程的判断产生失误。本文通过不同燃烧形式、火灾蔓延途径和建筑火灾不同发展阶段对火灾痕迹产生的影响进行分析，浅析如何有效组织开展火灾现场勘验，还原火灾发生过程，以期为准确认定起火原因奠定基础。

关键词：火灾痕迹；形成机理；火灾调查组织程序

1 引言

火灾事故调查工作是消防救援机构的重要工作之一，火灾事故调查既是消防工作的起点，也是消防工作的终点。因为消防工作伴随着火灾的发生而发展，同时消防工作的最终目的是预防火灾发生和减少火灾损失，这就需要查明火灾原因，总结规律，制定针对性的防范措施。当前，火灾追责和延伸调查也要求消防救援部门对火灾起火原因必须准确查明，特别是亡人和有重大影响的火灾事故，准确查明火灾原因是查找消防工作薄弱环节，开展针对性防火监督工作的基础。在火灾调查中，火灾现场勘验是重要环节、中心环节，同时也是消防救援机构火灾调查人员的看家本领。在笔者与公安机关联合开展调查勘验的数起火灾中，消防救援机构与公安机关对火灾现场分析的本质区别就在于现场痕迹的分析判断，这也是消防救援机构专业性的体现。目前，在火灾调查中，火调人员存在两种倾向：一种是对火灾现场痕迹不会分析、不愿分析，凭直觉和经验查找火灾原因；另一种是通过局部的、单个的痕迹来证明起火原因，没有在立体空间内综合分析可燃物、通风情况、点火源，以及没有在时间轴内分析初期增长阶段、轰燃阶段、充分发展阶段和衰减阶段对不同痕迹产生的影响。这两种倾向造成火调人员对火灾发生发展过程不清楚，起火原因认定不准确甚至错误，面对纠纷时很难令群众信服。因此，笔者结合多年火调工作经验，浅析不同火灾痕迹的形成机理以及如何有效组织开展火灾现场勘验，以期为火灾原因准确认定提供借鉴和参考。

2 火灾基础知识与火场勘验

2.1 燃烧如何发生

火灾调查工作是围绕火灾现场燃烧如何发生展开的。燃烧是可燃物与氧化剂发生的放热反应，燃烧的发生必须具备可燃物、助燃物和引火源三个条件。通常情况下，助燃物主要是空气中的氧气。在常见火灾现场中，绝大部分可燃物为固体，如家具、衣物、固定装修材料等。固体可燃物常见的燃烧形式可分为蒸发燃烧、表面燃烧、分解燃烧和阴燃。不同燃烧形式产生的现场痕迹有很大区别。蒸发燃烧主要是蜡烛、松香、硫、钠等熔点低的可燃固体先熔融蒸发、后燃烧的过程，此类燃烧烟熏痕迹轻，产生明火，现场变形变色痕迹明显；表面燃烧是木炭、焦炭、铁等在其表面和氧气直接作用发生，其特点是只有灼热表面，没有火焰产生，因而烟熏和明火痕迹都很少，主要是灰化痕迹；阴燃是棉、麻、纸张等固体在空气不流通、加热温度较低等条件下发生的只冒烟、无火焰的燃烧，其特点是烟熏痕迹很重，不产生明火，变形变色痕迹不明显、不广泛；分解燃烧是大部

作者简介：赵海波（1983—），男，汉族，宁夏回族自治区消防救援总队固原市消防救援支队经济开发区大队，大队长，主要从事防火监督、火灾调查工作。地址：宁夏回族自治区固原市原州区固原经济技术开发区西兰银物流园消防站，756000。

分固体可燃物的主要燃烧形式，伴随有热解、汽化、发烟和产生火焰，这是火灾现场的主要燃烧形式，其不但会产生烟熏痕迹，也会有各种固体变形、变色以及可燃物炭化、灰化痕迹，火灾现场最为复杂。火灾调查需要根据不同现场的主要痕迹形式来分析主要燃烧形式，进而分析起火部位和起火方式。

2.2 火灾如何蔓延

火灾的蔓延就是热量传递的过程。在火灾中，从起火点可燃物开始燃烧到整个场所全部起火燃烧，伴随的热量传递是不同的。火灾中的热量传递有三种基本方式，即热传导、热对流和热辐射。热传导又称导热，属于接触传热，是可燃物本体热量从一端传导到另一端的过程，典型的热传导如蚊香等，通过传导蔓延燃烧；热对流是指流体各部分之间发生相对位移，冷、热流体相互掺混引起热量传递的方式，火灾中主要是高温烟气产生热对流，这就涉及建筑防火分隔的知识，需要分析门、窗、洞口等蔓延途径以及空气供应量不同带来的燃烧速率影响，这种方式也是建筑火灾蔓延扩大的主要方式；热辐射是物体间以辐射的方式进行的热量传递，此传递方式需要可燃物产生明火并且温度很高。与热传导和热对流不同的是，热辐射不需要互相接触，这种热量传递方式在起火部位较为常见，因为热烟气产生的痕迹主要在顶棚和门窗口，顶棚以下的燃烧痕迹主要是热辐射和热传导造成。在小型火灾现场，会产生明显的四周可燃物热辐射痕迹面向中心起火点的情况。

2.3 建筑室内火灾如何发展

在不受干预的情况下，室内火灾发展过程大致可分为初期增长阶段（也称轰燃前阶段）、充分发展阶段（也称轰燃后阶段）和衰减阶段，如图 1 所示。

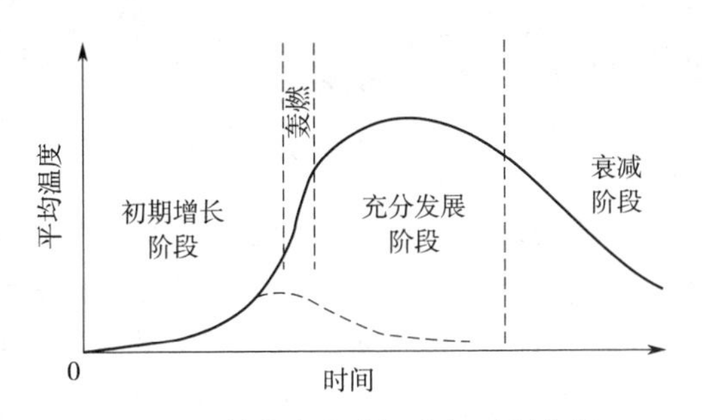

图 1 建筑室内火灾温度与时间曲线

初期增长阶段为从室内可燃物产生燃烧开始到轰燃，此阶段燃烧面积较小，只局限于着火点附近的可燃物，仅局部温度较高，室内供氧相对充足，热传递方式主要为热传导和热辐射。由于此阶段火灾发展缓慢，因此可燃物燃烧比较充分，对于起火点可燃物来讲，会产生区别于其他地方的灰化痕迹，钢铁、混凝土等脱落、变形、变色痕迹相对较重，地面处瓷砖（起火点位于地面附近）通常产生炸裂痕迹。这些痕迹是起火点有别于其他部位的重要区别。

轰燃是一个突变阶段，是一个短暂过程，因此往往不作为一个单独的阶段。此阶段由于室内集聚了大量高温烟气，室内温度增高，达到了其他可燃物的燃点，在某一时刻火灾由局部燃烧转变为所有可燃物都起火燃烧。此阶段以及之后的热量传递主要方式为热烟气对流和热辐射。随后火灾进入充分发展阶段，室内所有可燃物表面开始燃烧，室内温度急剧上升，可高达 800~1 000 ℃，此阶段燃烧速率受控于通风口的大小和通风的速率。在此阶段，可燃物由于供氧并不充足，蔓延燃烧速率快，因此燃烧并不充分，对于木材等可燃物会产生炭化痕迹，但炭化深度较浅，通常不产生灰化痕迹；对于钢铁、混凝土、瓷砖等不燃物，通常脱落、变形、变色痕迹相对较轻，并且瓷砖通常不会产生炸裂痕迹。此阶段与初期增长阶段的主要区别是初期增长阶段燃烧时间长而缓慢，且燃烧充分，面积不大，但痕迹较重；而充分发展阶段由于温度高，燃烧蔓延迅速，燃烧时间短，燃烧不充分，燃烧面积大，看似过火痕迹重，实际对比初期增长阶段燃烧痕迹相对较轻。

有的火场起火部位和燃烧痕迹最重的部位并不在同一个地方，群众认为燃烧重则是起火点，然而经过火调人员专业分析发现起火点在别的地方，证据就是现场的蔓延痕迹，如衣柜等木材燃烧后形成的斜茬，窗户玻璃掉落的方位，窗户上窗框燃烧后形成的痕迹，墙上的烟尘等。

图 2 某居民住宅火灾现场室内燃烧较重

衰减阶段在火灾全面发展后期，可燃物燃烧殆尽，温度逐渐下降，燃烧速度缓慢直至熄灭。由于灭火等人为因素，通常火灾未到衰减阶段就已经被扑灭。

图 3　某居民住宅火灾现场起火点位于室外

图 4　某洗浴场所火灾起火部位

3　火灾调查的组织及步骤

火调人员进入火灾现场开展调查勘验已经是灭火行动之后，他们面对的是残垣断壁、倾倒塌落、烟熏、炭化，满地火灾残留物、四处黑乎乎的现场。可以说，火调人员面对的是一个照片，需要做的是还原成一部影片，一部火灾发生、发展最终熄灭的动态过程影像。大部分时候，火调人员所拥有的仅是残破不堪的现场和实际意义不大的证人证言。如何开展调查，找到线索头绪，笔者认为，应当采取初步勘验—调查询问—深入勘验—再次询问—确定起火点并深入挖掘的步骤。

初次面对火灾现场，由于到处都是燃烧后的惨烈景象，无所适从是常事，找到突破口则是关键。应当遵循由外围向内部的向心原则。

首先对建筑外部四周及顶部进行全方位勘验，通过烟熏、窗户玻璃掉落、窗框烧损等痕迹判断火灾主要蔓延方向和起火重点部位。此过程重点在于完好窗户和受损窗户等痕迹的对比，通过拍照反映痕迹对比情况，锁定起火重点部位。

然后进入室内现场，只观察和照相，不翻动破坏现场痕迹物证。仍然采取先外围、后中心的方式，运用立体空间对应法，从火灾燃烧痕迹最轻的房间或部位开始逐一进行观察分析，对房间上下左右痕迹进行全方位观察并拍照摄像。通过燃烧痕迹分析判断火灾蔓延途径和顺序，以及窗户、门等开口通风条件和可燃物数量对火灾痕迹的影响。勘验过程中要与室外痕迹进行比对综合分析，痕迹越能一一对应，说明分析可靠性越强。（图 3）

通过全方位观察，对火灾现场整体有了基本认识和判断后，已经能够大致找到起火部位和蔓延方向，对于起火点和起火原因也有了几个估计范围。下一步就要查看监控视频，对相关人员进行调查询问，对监控视频和证人证言与现场勘验情况进行相互印证。这样做有三个好处：一是通过监控视频和调查询问印证现场勘验推断是否正确，为下一步细项和专项勘验提供准确方向；二是可以辨别相关人员询问过程中的隐瞒和错误引导；三是可以避免由于疏忽大意造成对关键痕迹物证的破坏。如果勘验分析与证人证言、视频监控不符，则需要再次进行整体全方位勘验，大胆假设，反复推敲论证。（图 5）

图 5　某洗浴场所火灾起火部位外监控画面

经过现场痕迹分析、监控视频调查和相关人员询问的多方印证，可以初步确定一到两个起火点和起火原因。然后在全程录音录像的情况下，采用立体空间对应法对重点部位进行深入挖掘勘验。起火部位往往过火痕迹最重，从表面来看起火部位燃烧痕迹最重的点通常不止一处，可能的引火源也不止一种。而且，有些火灾现场燃烧最重的部位并不是起火点，而是由其他燃烧痕迹并不很重的部位引燃的。对于这些现象，我们要深入研究这些痕迹到底是怎么产生的，其产生的先后顺序是怎样的。火是在室内立体空间中产生的，由于周围可燃物、门窗通风等条件影响，火焰对四周可燃物和不燃物均产生不同影响，形成不同的火灾痕迹。需要在立体空间内对四周痕迹进行全方位对比，充分运用火灾基本知识，在头脑中形成可燃物引燃起火、逐步蔓延扩大造成四周燃烧痕迹的整个过程影像。与此推断对应的现场元素越多，则说明推断越准确，越能准确查明火灾原因。只有把痕迹研究透彻，才能说服当事人，这既是职责所在，也是专业技术实力的体现。

4 结语

总之，火灾现场勘验是火灾调查的核心，现场痕迹的勘查和辨别是调查的基础，而火场中各种痕迹的形成机理分析则是火灾调查人员的基本功。火灾现场痕迹很多，倒塌的、脱落的、烟熏的、变色的、变形的、炭化的、炸裂的、熔融的，各种燃烧残留物交织叠加在一起，甚至有的火场因为发现太晚、燃烧时间太久，室内所有可燃物都经充分燃烧而产生灰化痕迹。面对没有监控视频和目击者的火场，火灾调查人员唯一能依靠的只有自己扎实的专业知识和细致的工作作风。因此，火灾调查人员不仅要知道这些痕迹证明了什么火灾情况，更要知道痕迹是如何产生的。笔者认为，只有经过正确的火灾调查程序组织、详细的痕迹产生机理分析、详尽的资料收集和对起火点的深入挖掘勘验，才能准确查找起火原因，为顺利处理火灾事故奠定基础。

参考文献

[1] 应急管理部消防救援局. 消防安全技术实务 [M]. 北京：中国计划出版社，2021.
[2] 杨晓勇. 火灾痕迹在火灾事故调查中的运用 [J]. 今日消防，2023，8（2）：103-105.

探讨智能电能表在电气火灾调查中的运用

王 博,吴宗奎

(清水河县消防救援大队,内蒙古 呼和浩特 010050;2. 呼伦贝尔消防支队,内蒙古 呼伦贝尔 021000)

摘 要:随着电气设备数量的增多,在人们生活生产中电力消耗也持续增加,而电网系统也更加复杂,未正确使用和维护电气设备容易出现电气故障导致的火灾问题。据中国消防救援网公布的火灾数据年鉴相关统计,城市中约30%的火灾事故由电气设备以及电线故障导致。智能电能表用于智能电网,能够收集和测量功耗信息,提升电网运行效率。电气火灾发生后会导致电流以及电压异常波动,而智能电能表能够及时搜集异常数据,帮助消防部门分析电能表搜集的电流、电压等数据,由此确定火灾前后存在的各种问题。基于此,本文从电气火灾发生的常见原因入手,讨论智能电能表概况,阐述智能电能表数据获取,分析智能电能表在电气火灾调查中的应用,最后提出智能电能表在电气火灾调查中应用的建议,以供参考。

关键词:智能电能表;电气;火灾调查;数据获取

电气火灾的主要表现是用电设备、电气线路出现高温、电火花、电弧而引燃本体或者其他可燃物燃烧出现的火灾。电气火灾调查主要是为了了解电气设备火灾前的状态,分析使用的电气线路和设备是否经过检验。与此同时,分析现场安装的线路设备是否符合安全规定,了解电气设备或者线路出现故障的原因,然后勘查起火点有关位置是否存在短路、接触不良、漏电、锐器切断、电弧烧断等相关情况,应用智能电能表能够显著提升电气火灾调查效率,为后续的防火工作提供依据,以下进行相关分析。

1 电气火灾发生的常见原因

电气火灾通常为用电设备、电气线路以及供配电设备运行期间释放的热能引起电气设备本体以及其他可燃物燃烧而导致的火灾事故。电气火灾调查主要是分析电气设备火灾发生前的运行情况,了解电气设备线路是否满足生产标准并核查电气设备安装线路是否符合规范,在此基础上分析电气设备发生哪些故障,并掌握故障处理措施。在扑救火灾过程中,也要调查是否是人为导致电气设备运行异常。此外,还需要分析电气设备起火点部位的漏电、接触不良、短路等情况,密切关注铜线以及铝线接头。以上内容是火灾调查的主要工作,也是电气火灾发生的常见原因。

2 智能电能表概况

随着科学技术的发展,电能表开始具有智能化和数字化特征,在电力部门得到广泛应用,能够科学监督用户用电。近年来,居民住房、工业生产使用的电气设备数量增多,同时电力部门也意识到安装智能电能表的重要性,通过智能电能表可以实时监测电能用量,并且对电气设备失流、失压等情况进行准确记录,在此基础上还能通过芯片保留电气设备供电时间、停电时间、功率电压等信息,每15分钟或60分钟自动记录一次,由此对用户用电信息进行准确采集,然后自动监控和处理。此外,智能电能表获取的数据可以通过笔记本电脑以及USB转换接口读取,应用范围广,能够确保电力部门监督用户用电情况,全面满足用电管理需求。电气设备运行期间如果出现电流、电压异常波动,智能电能表能及时感知并采集异常数据,帮助消防部门对电气设备潜在隐患进行综合分析。整体来讲,我国智能电能表技

作者简介:王博,男,回,内蒙古呼和浩特市人,现任内蒙古自治区呼和浩特市清水河县消防救援大队中级专业技术职务,主要从事火灾事故调查工作。地址:内蒙古自治区呼和浩特市赛罕区正泰家园西区。电话:18686087961。邮箱:403269592@qq.com。

术处于发展阶段,功能还不完善,主要用于用户和电源系统,进行信息传输,由此读取功耗数据以及管理成本,通过智能电能表连接管理平台让电力服务质量更高。智能电能表主要具有以下特点。

(1)计量系统科学。通过智能电能表能提供双向数据以及传输信息,全面了解电源信息,以优化用电行为,供电中心也能及时了解用户用电情况,由此协调电力市场良好发展。

(2)模块化。通过模块化的操作模式分开物理模块,在智能电能表运行中单个模块出现故障不会对其他模块造成影响,由此保证整体运行效率。

(3)接口集成。不同于电表检测模式,智能电能表设置了统一界面,并提供自动检测方法,通过计量中心集中验证,确保仪表自动校准。

(4)系统化。通过综合应用计算机以及电力系统能够在数据管理平台中分析和处理大量数据,在功耗信息管理系统下能够拓展功耗信息管理功能并且更加灵活。

3 智能电能表数据获取

智能电能表记录了电流、电压等数据,可以由此分析起火部位、起火原因,帮助火灾事故调查工作良好开展。当前智能电能表数据和火灾事故现场监控视频同样具有重要的作用,因此需要深入分析智能电能表数据勘验,帮助火灾事故调查工作科学、公正的开展。

3.1 加强现场保护

扑救火灾初期,供电部门抢险人员通常第一时间进行现场断线、断电,这一操作会影响后续火灾事故调查工作的开展。所以,在扑救火灾的过程中,消防人员以及调查人员必须重视智能电能表以及电气线路的保护工作,在智能电能表附近张贴保护通知单,提示相关人员保护智能电能表,获取数据前期派相关人员监护,使供电部门能够保证火灾事故现场的安全,然后采取正常的断电方法,阻止随意剪断线路以及其他断开电气线路的行为,更要避免智能电能表被其他部门带走而影响火灾调查工作的开展。

3.2 勘验电气线路布置情况

在电气线路布置勘验过程中,需要准备万用电能表、激光测距仪、执法记录仪、原电气线路图纸、现场作图工具、老虎钳,并且当事人和电工均到达现场,通过现场询问确保见证勘验过程。在勘验电气线路布置情况时,遵循先重点后一般和先整体后局部的原则,结合原电气线路设计图和施工图、仪器测量线路情况、现场布置情况制作电气线路布置图以及电气线路系统图,还原火灾事故现场电气线路布置情况。

3.2 重视细节处理

在现场勘验过程中使用智能电能表需要注意以下几点。

(1)勘验记录和照相。在勘验过程中,拍照确定智能电能表型号、用户编号、资产编号以及导线状态,如果连接导线被断开,需要拍照确定断开形式,如连接导线被剪断、连接螺栓松动,然后详细记载勘验信息。

(2)掌握后台数据情况。通过智能电能表资产编号或者用户编号向用电部门获取智能电能表后台用电数据,其中包括用户基础信息、电压、电流、总功率因数、记录时间以及用户基础信息。调取报警前6~8小时数据,并且在数据提取过程中校准北京时间。

(3)提取与保存。如果未能及时掌握用电部门后台数据,并且要提取智能电能表,必须遵循火灾现场勘验规则提取相关物证。需要说明的是,必须结合法律法规,保证智能电能表以及表前导线设备产权归属供电部门,而智能电能表保存的人员也要为供电部门法定代表人。

4 电气火灾中智能电能表的运用

了解智能电能表和后台数据之后,需要初步判断数据情况,如果电流电压突然增大或变小,或者某段时间和正常数值差异较大,可能与电气火灾有关。常见的电气火灾类型以及智能电能表数据记录情况如下。

4.1 短路

出现短路的主要原因是火灾发生后电路电阻瞬间降低、电流增加,并且瞬间发热量超过电路正常工作期间的发热量,容易在短路点出现明显的火花与电弧,难以实现绝缘层迅速燃烧,并且会导致金属熔化,造成附近可燃物燃烧短路引发火灾。对于短路,智能电能表数据特征如下:电流突然增加,电流读数超过正常数值,瞬时有功增加,并且持续时间很短;电力公司后台系统可查询单个电流峰值,不过未能采集短路期间的异常电流数据,短路出现后空开触发断电保护,由于电路电阻加大,智能电能表功率因数为1。

4.2 电气线路过载

出现导线过载后,导线绝缘层的老化速度开始加快,如果严重超过负荷,导线温度持续升高,进一步造成导线电阻加大,并使导线温度上升,绝缘层出现燃烧或者将周边可燃物引燃而导致火灾。电气线路过载导致的火灾当中,智能电能表数据特征如下:在过载发生时,由于电路温度比周边温度偏高,电流数值加大变化不显著,而过载后电路绝缘层或者周边可燃物受热。结合物理学原理,在导线温度升高、电子无序运动增强的情况下,会影响有规律的电流运动,也就是由于绝缘层破坏导致短路,由于电路电阻持续增加,智能电能表功率因数为 1。

4.3 电气线路接触不良

当线缆接头出现接触不良的情况时,如线路检查部位连接效果不好、出现氧化锈蚀会导致接触部位局部电阻增加,而电流通过时会在该部位产生热量,可能产生电弧并引发火灾。智能电能表的数据特征主要如下:电路电阻增加,用电设备功率不变,造成电路电流变化不明显,而电路接触不良位置由于局部电阻增加和持续散热造成电路电阻加大,并且电路有功功率不断增加。在电路接触不良的位置,电热和电阻无法正常循环,由此出现电压冲击空气导致的电弧,后续由于绝缘层破坏出现短路,而电流值瞬间增加以及瞬间有功功率加大导致电阻继续增加,出现智能电能表功率因数为 1 的情况。

5 智能电能表在电气火灾调查中的应用

5.1 案例一

某市消防部门接到报警,称某房屋发生火灾,该建筑物为砖混结构,可能因家具和日用品燃烧所致。据调查,起火前阀门关闭,不存在可疑人员出入,通过现场勘查未发现助燃剂和自燃材料,并且排除雷击、纵火等因素。现场勘查人员发现房间内不存在火源,主要电气设备为电饭煲、微波炉以及冰箱。根据现场勘察结果,房间西北角发现烧焦的插座,厨房发现电线且与北侧墙壁距离为 40 cm,与东部墙壁距离为 80 cm。与此同时,房间东、西、南三侧墙壁有三根电线相互连接,且电线存在连接勒痕。此外,在东部墙壁 1.4 m 位置发现部分电线带有熔合痕迹,以上物证外表都有燃烧迹象。

由于事故调查遇到困难,消防部门立即使用智能电能表提取火灾房屋的相关证据,调查人员读取了相关数据,发现报警前 26 分钟房间出现有效电流。智能电能表每 15 分钟获取功耗信息,发现 8:40—9:20 数据为 0,9:20 开始房间电流显著上升,9:30 达到 1.2 A,之后电流值为 0,由此判定功耗异常。通过计算电流以及电功率变化,证实房间电气设备出现故障,并综合现场勘查结果确定房屋起火地点在西南角,存在电气故障导致火灾发生的可能性。

5.2 案例二

某市消防大队接到报警,称一家居用品公司起火,消防大队前往现场,发现建筑面积为 1 600 m^2,仓库中全部设备、锅炉和原材料全部烧毁,未造成人员伤亡。通过实地勘查发现,当日零时的某处起火位置,初步判断和用火不慎、生产不当等因素无关,结合火灾现场情况,即电线存在火烧痕迹,因此将全部电线作为物证。与此同时,调查人员通过智能电能表进行现场调取数据,发现该公司安装的智能电能表未能实现每 15 分钟进行一次用电信息采集,结合电能表记录数据发现前一天 22 时到当天 0 时智能电能表电流数据为 0,综合判定前一天 22 时智能电能表运行异常原因是互感器存在问题,在智能电能表烧毁后压力下降导致记录丢失。

6 思考与建议

结合上文可以发现,智能电能表自动、准确地记录用电信息,可以为相关部门进行电气火灾事故调查提供依据。不过智能电能表只是一种辅助性的分析工具,在实际调查中还需要结合证词、物证、现场勘查结果与鉴定结论加以分析,所以在电气火灾调查中应用智能电能表需要注意以下几点。

(1)需要消防部门和电力部门加强沟通,建立信息共享机制,进而为火灾事故调查打下基础。

(2)电气火灾调查需要基于静态甄别,发挥出智能电能表的监控作用。随着科学技术的发展,智能电能表也得到了优化,如内置消防芯片与黑匣子,进而准确记录火灾数据,当前水表、电表与燃气表已经实现一体化,今后在智能电能表的发展中,运用大数据技术后,信息采集时间将进一步缩短,从 15 分钟的采集间隔缩短为 5 分钟一次。

(3)在火灾事故调查中需要对比分析常用家用电器的电流、电压与功率。

此外,需要在法律层面制定关于智能电能表的法律。

7　结语

综上所述，在火灾事故调查过程中，通常起火面积较大，大量物证被破坏，导致火灾事故的调查难度较大。在网络信息技术与电子技术的支持下，智能电能表得到了越来越多的应用，可以提升火灾事故调查的效率，为后续的防火工作开展提供支持，为人们提供更加安全的生活与工作环境。

参考文献

[1] 郑斌，贾慧军，曾笑. 智能电能表采集数据在火灾调查中的应用 [J]. 消防科学与技术，2023，42(3)：429-434.

[2] 崔海川. 消防火灾调查取证的难点及相应对策 [J]. 中国科技纵横，2022，11(22)：128-130.

[3] 路庄. 探讨电子数据在火灾调查中的作用 [J]. 电子元器件与信息技术，2022，6(6)：69-72.

[4] 王子敬. 基于数据分析的电气火灾调查研究 [J]. 中国科技纵横，2022，11(9)：166-168.

[5] 石王方. 住宅建筑电气火灾原因的调查及预防策略分析 [J]. 中国设备工程，2022，13(18)：172-174.

[6] 余国锦. 电气线路火灾原因调查及预防措施分析 [J]. 今日消防，2022，7(4)：103-105.

[7] 袁晨. 灭弧式电气保护装置的运用：以一起居民火灾事故调查为例 [J]. 科技创新与应用，2021，11(16)：169-171.

[8] 荣坤鑫. 电气线路故障引发火灾的调查事故研究 [J]. 中国科技投资，2021，24(24)：195-196.

浅析数字化消防在火灾调查中的应用

刘茂林[1]

（1. 淄博市消防救援支队，山东　淄博市　255000）

摘　要：防火监督、灭火救援、火灾调查，三者形成了消防工作的闭环体系，在体系中，火灾调查的作用是查明起因、厘清责任并严肃问责，以更好地为火灾预防工作提供支持、服务，明确下一步防控的重点，此项是工作的重点与难点。近年来，随着经济建设的快速发展，各种新材料、新工艺、新技术、新产品和新业态不断涌现，火灾事故调查的复杂性和多样性日益增加。现有的单一火灾调查手段难以满足新时期火灾调查的需求。因此，我们需要利用数字化消防和大数据消防来优化火灾调查工作，这也是火灾调查工作的现实需要。

关键词：火灾调查；数字化消防

1　火灾调查工作的现实意义

火灾调查工作是强化事后监管、压实工作责任的关键抓手，火灾事故调查及复核其一般流程分别如图 1。国家机构改革，优化营商环境，强调放管服，要求减少事前监管，强化事中事后监管。中共中央、国务院在消防深化消防执法改革的文件中也特意强调了火灾倒查问责工作。国家消防救援局印发的《关于开展火灾延伸调查强化追责整改的指导意见》，更是成了火调工作开展的有力抓手及工作导向。历史经验表明，火灾调查是消防管理的“枪杆子”“刀把子”和“核武器”，火灾调查抓不好，事后监管谈不上，消防安全工作责任也就无法真正压实。

2018 年以前，消防监督检查、消防审核验收、火灾调查是防火三大主业，但在消防的实际工作实践中，火灾调查通常被边缘化。国家在《关于深化消防执法改革的意见》中明确指出“要强化火灾事故倒查追责”，消防改革转隶、职能调整后，火灾调查的内涵、外延发生深刻变化，不仅要查明原因、厘清责任，维护受灾单位和群众的合法权益，还要严肃追究火灾责任。执法改革的“核心”是加强事中、事后监管，随着审验移交和监管模式变化，需要重新审视火灾调查的地位和作用。

2　现阶段火灾调查工作存在的问题

2.1　缺乏总结提升

在现行的考评制度下，部分的火灾调查人员将“能应付交差、不扣绩效分”作为要求，存在得过且过的现象，对深入钻研、学习新兴的理论知识的兴趣不强，个人思考及总结提升的能力逐步出现弱化。

2.2　辅助性工具不多

火灾调查现仍沿用“手写询问笔录”、人工图文编辑制作照片卷的方式，同时，在文书案卷制作方面，未进一步明确统一的模板，现主要参考《火灾事故调查实用手册》的相关材料来依葫芦画瓢，在部分样式更改后存在不统一的现象。

2.3　信息收集的渠道不足

对于典型火灾案例库、典型痕迹照片的收集不齐全，案卷结案封卷后，未固化形成经验，说明在“大数据”采集方面还存在薄弱环节。同时，在系统内部未开发结合“数字化消防”、“互联网 +”、多部门“云协作”的端口平台，致使在部分案件的调查中存在瓶颈困难，无法开展深入调查。

作者简介：刘茂林（1984—），男，淄博市消防救援支队，研究生，中级专业技术职务，主要从事火灾事故调查。山东省淄博市张店区华光路 390 号，255000。联系电话：13561609119；E-mail：137353777@qq.com

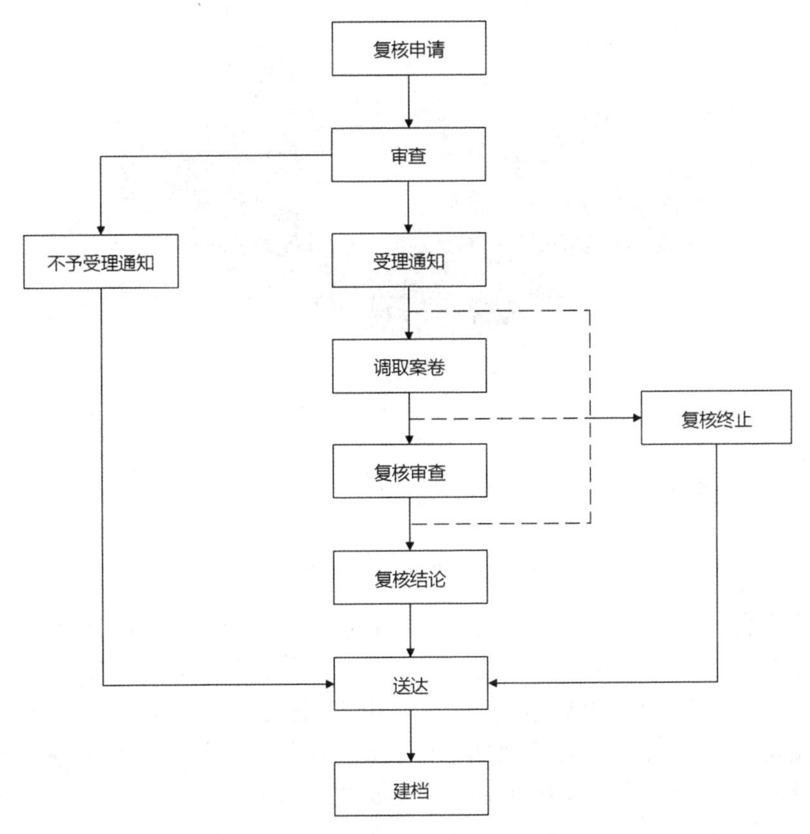

图1　火灾事故复核调查流程图

2.4　物证归档缺乏专业性

物证是指能够据以查明案件真实情况的物品和痕迹。根据人民法院诉讼档案保管期限的有关规定要求，关于民事案件中的权益凭证，在结案后，除应当退还当事人的以外，凡需附卷保存的，其保管时间与案卷规定的保管期限相同，也就是简易案卷5年，一般案卷长期保存。这说明了证据归档保管的重要性。但现如今的火灾物证，大多选择“鉴定中心保管三个月（逾期由中心自行处理）”的方式，在未对全貌、重点部位照相并附卷的前提下，难以在案件归档后，再复原了解物证的相关信息。

但随着以技术创新为驱动的“数字化消防”的成熟兴起，我们希望通过对各类大数据信息数据的采集、整合、处理、加工、运用，解决棘手的问题，确实提升案件处置的及时性、客观性、公正性及合法性。

3 数字化消防与火灾调查工作应用结合

查明原因、严肃问责是火灾调查的核心要点，而案卷如何公正、合法地制作，又是火灾调查最基本的原则，因此从案卷制作、原因调查、总结提升三个方面，综述数字化消防与火灾调查工作应用结合。

3.1　在案卷制作过程方面

一是询问笔录制作。可以开发成熟的询问笔录程序并推广，在询问时，携带好移动端或笔记本电脑，利用语音录入技术自动排版输入，提升工作效率及准确率，同时可以实现远程询问取证。同时借助大数据分析，进行系统研判，实现智能分析询问内容，在询问中实时标注关键信息点，为案件突破提供要素及索引支撑。

二是火灾物证提取。可以在手机移动端上，根据提示，逐一拍摄物证的全貌及重点部位照片，同时，系统会自动生成《火灾痕迹物品提取清单》并编号，可作为电子物证在“云”上进行存储，代替物证室的作用，同时也确保了证据的完整有效，最后我们只需见证人在移动端上签字，就可以完成提取清单的制作。照片后续也将自动上传至典型痕迹照片库，借助大数据进行分析、整合，为日后的“智能化”痕迹分析提供支撑。若调查过程使用的是相机拍摄，则可以在后续上传系统，系统将自动识别并进行证据固定。需要注意的是：询问笔录、勘验笔录、照片卷及平面布置图等，需要在系统内规范统一的模板，确保专业性。

图 2　远程询问取证示意图

图 3　询问笔录制作流程

3.2　在原因调查过程方面

一是开发“互联网 +”技术。根据 2022 年互联网络信息中心发布的第 50 次《中国互联网络发展状况统计报告》，截至 2022 年 6 月，我国网民规模为 10.51 亿，互联网普及率达 74.4%，在这其中，使用手机上网的占比碾压式领先，比例高达 99.6%，说明手机已成了人们日常出行必不可少的物品。同时，由于火灾发生时，出现的浓烟、声光、刺激性气味等具有强烈感官吸引，容易受到群众的关注，部分目击者会利用手机拍摄记录，并分享转发至互联网上。在附近无监控录像的情况下，火调人员可以通过此类视频，得知火灾初起时的声、光及相关可燃物的特征，为起火时间、起火部位、起火点及起火原因的认定提供帮助。在目前，我们通常采取网络检索的方式搜寻此类证据，但会消耗大量的时间与精力。借助“互联网 +”技术的帮助，我们希望可以与头部搜索企业进行合作，由其快速搜寻到相关讯息，加快火灾调查进程。同时，我们可以依托手机扫描“二维码”的形式，搭建公众与消防部门交流的平台，此类“二维码”可以广泛张贴在火灾发生地的附近，也可以通过公众号、微博甚至电视新闻进行发布宣传。知情者可以通过该平台，上传语音、照片、视频等更加有力的视听证据。不仅拓宽了我们收集物证、影像资料的渠道，也提升了群众对于社会面火灾防控的认知度。

二是实现专家线上培训指导。若因路程原因，专家无法第一时间来到现场开展勘验工作的。我们可以通过网上系统，将询问笔录、火灾基本情况、救援信息等与专家进行共享，同时，借助 VR 设备及扫描软件，拍摄现场全景，真实还原火灾事故 360 度全息影像，便于专家远程指导，进一步掌握现场相关的痕迹特征，为指明下步工作方向提供参考意见。

三是构建多部门“云协作”机制。可以加强与电力、通信等国有企业，饿了么、美团等头部行业企业的协作，利用数据“云共享”，在消防部门提出申请之后，各单位可以在“云端”提供相应的非涉密级数据，减少工作流程，例如我们可以通过火灾前的“用电数据”，分析当时相关用电器具的开启情况；通过“断网时间”，初步判断起火时间；通过企业的基础数据库，了解电动自行车蓄电池报备及人员基础信息。同时，我们可以利用“钉钉”工作群等载体，连通与政府各部门的沟通渠道，一旦发生警情，系统会自动拨打“钉钉电话”至居委等相关人员，告知警情基本信息，做到同步共享、协同处置，加速火灾调查进程。

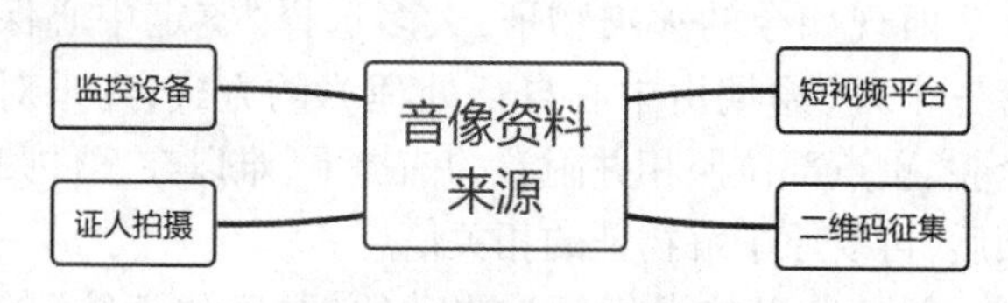

图 4　火灾音像资料来源

3.3　在总结提升方面

一是可以构建一体化知识库。分类、挖掘、处理关键信息，根据火灾原因，分类形成市、区、街镇近期火灾形势表，特别标注火灾影响大、舆情扩散快的案例；根据痕迹照片，形成典型痕迹照片库，为综合分析在不同材质、不同引火源情况下的痕迹变化提供依据；根据专家领导的授课，形成火调学习“云平台”，使更多的火调同仁实现自我提升。真正做到将数据服务实战和调查决策。

二是推广多平台下的宣传引导。除了在微信、微博、短视频平台等新媒体上发布火灾事故调查的结果外，也可以由居民小区、综合体的 LED 宣传屏进行循环播放，将冰冷的书面语言转化为活灵活现的视频资料，更加生动地告知广大群众关于火灾事故发生的原因及如何防范同类型火灾事故，实现通过事故调查实现"警醒一片群众、消除一批隐患"的作用[1]。

4 改进火灾调查工作对策措施

4.1 健全火灾调查机制规范程序模式

在改革转制后，原有的火灾调查相关制度已不再适用，同时各种调查强制手段也因身份转变而自然失效。火灾调查案卷存放、诉讼质证程序都发生了改变。因此，构建一套科学规范、系统完备且运行有效的火调制度体系成为消防救援队伍的当务之急。与此同时，应急管理部制定了《消防救援机构与公安机关火灾调查协作规定》，进一步完善了与公安部门的火灾调查协作机制。目前，国家正在修订与消防执法改革相配套的《火灾事故调查规定》《火灾现场勘验规则》《火灾原因认定规则》等法律法规，提出了许多具有实质性的措施来加强火调工作。地方政府逐步建立"政府主导、消防牵头"的火灾调查处理工作机制，与公安刑侦部门开展联合办案工作模式。同时，队伍内部强化了火灾调查常抓常议机制，并建立了较大以上火灾调查处理信息通报和评估制度。这些举措都有助于规范和加强火灾延伸调查工作，为查明原因、明确各方责任、依法依规问责以及抓好问题整改奠定了坚实基础[2]。

4.2 加强火调装备建设深化火调科技应用

科学技术是提升火灾调查战斗力的关键支柱。在当前火灾调查中，装备的优劣往往决定了战斗力的强弱。因此，我们需要根据火调工作的实际需求，加强引进、研发和应用高精尖装备，包括视频分析、现场快速制图、电子物证提取、熔痕筛选快速检测等方面。这些新装备将使勘验防护更轻便、更安全，仪器设备更灵巧、更智能，信息传递更便捷、更迅速。同时，加强火调数字化建设也是必不可少的。我们需要建立一个贴近实战的火灾调查大数据平台，将各类火灾信息全要素采集录入，如典型案例、痕迹照片、问题教训等。通过集成共享大数据平台信息，我们可以打破数据"孤岛"，为基层调查询问、现场勘查、典型物证比对、法规应用、案卷制作提供智能辅助。此外，我们还应将大数据、信息化融入火灾调查工作。成立火灾调查技术中心，组织研发火灾调查处理辅助软件和火调云勘系统，开展实体火灾模拟实验和火灾物证分析研究等。这些措施将充分发挥火场勘察车和各类器材装备的实战作用，不断提高火调工作效能和技术含量，为各级领导决策提供理论依据和事实支撑。

4.3 拓展现实可行的"移动端"平台

要对"数字化消防"体系中的"典型火灾案例库"、"典型痕迹照片库"以及云协作机制等，可以通过手机进行"傻瓜式操作"，也可以通过强大数据消防 App 的使用效能，拓宽其除了火灾登记外的功能，架构更多、更新、更有利于我们操作的应用场景。建议可以在先期通过数据分析、分类，划定各场景的优先级，再逐步实现相关的功能，使火调人员一步一步地了解熟悉程序。当然，平台必须要在政府、立法及监督等相关部门的相互协调和配合下进行，必须进一步开展深入的理论研究和商讨。

火场专用型手持式气体侦检仪

便携式燃气激光遥测侦检仪

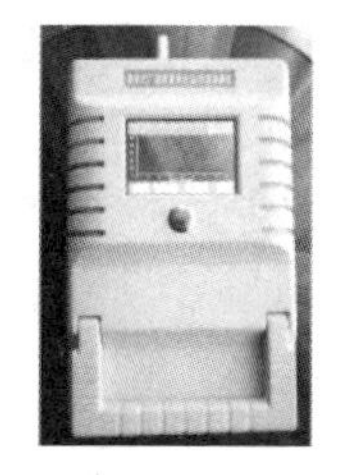

广谱痕量危化品快速检测仪

危化品侦检远程监控一体化系统

图 5 目前常用现场侦检装备

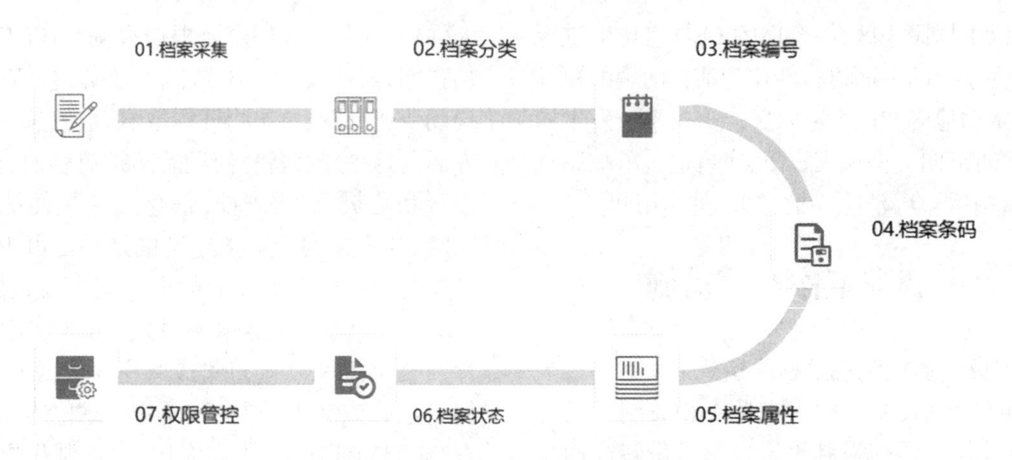

图 6　火灾案例数据库档案采集流程

4.4　推动各部门及群众协助火灾防控

消防工作和国计民生积极相关，“数字化消防”在火灾调查方面的各项机制构建，离不开属地政府相关政策的支持和推动。只有部门合作、群众参与，才能形成整体性的力量，要推动属地政府以积极开放的态度，压紧压实责任链条，将工作形成完整的闭环体系，构建全部门合作的良好氛围。在群众积极性调动方面，可以通过社区、派出所等群众基础性好、联系紧密的单位，利用消防宣传牌、橱窗等实时更新消防安全内容，从根上带动“全民消防”。

4.5　扭转思想认识坚持法律制度

有一些声音认为，为了一把小火投入大量的精力去调查处理不划算，所以对于认真进行火灾调查研究的积极性不高。实际上，火灾原因查不清，只专注于检查单位抓防火是存在风险的，这就好比空中楼阁，没有基础的保证和建造的方向，是万万不行的。把一起火灾的原因查清楚，能解决同类情形的所有隐患识别和整改措施制定问题。把一起火灾的责任追到位，能警示一个或多个行业，能教育一个或多个系统，这种效果是单纯地查单位、找隐患所不能实现的。与此同时，对火灾调查工作赋予机制的数字化、智能化，都不能跨越法律制度，要严格遵循《消防法》及地方性规章制度，开展火灾调查工作，确保合法、依规处理。

5　结束语

综上所述，面对新时代、新业态、新形势，火灾调查工作也要从“新角度”着手，探索完善的准则机制，而“数字化消防”的推广，就给了我们新的思考维度，在传统的调查方式上，嵌入智慧化的“移动式”火灾调查平台，综合运用“大数据”“互联网+”“云协作”等机制，形成快捷便利的应用场景。进一步挖掘在信息采集、程序简化、材料共享等方面的潜能，提高火灾调查的效率和准确性，降低人力、财力和物力的消耗。

参考文献

[1]　徐向东. 完善火灾事故调查机制的策略探讨 [J]. 消防界（电子版），2022，8（11）：51-52+55.

[2]　李飞. 火灾事故延伸调查分析对我国消防安全管理的影响和创新 [J]. 国际援助，2022（18）：4-6.

火场勘验技术及方法

火灾音频分析技术在一起疑难汽车火灾调查中的应用

梁 军

（深圳市消防救援支队，广东 深圳 518000）

摘 要：本文综合利用火灾音频分析技术对一起疑难汽车火灾开展详细分析，剖析火场音频资料包含的每一个内在线索，还原事故发展全过程，综合应用其他火灾调查技术手段，认定事故原因为涉嫌放火。该起火灾音频分析案例可为火灾音频分析技术的推广和应用提供翔实的参考样本，供火灾调查人员参考。

关键词：火灾音频；火灾调查；汽车火灾

与火灾相关的音频资料具有获取便捷、动态直观和证明力大等特点，能够清晰还原事故发生经过，认定起火部位（点）和原因，理清事故责任，火灾音频分析技术越来越受到火灾调查人员的关注，在火灾调查实践中发挥的作用不断提高，特别是在处理一些证据线索不充分的疑难火灾调查中，全面挖掘火灾音频的显性和隐性证明作用，对扩展事故调查的广度和深度有着明显帮助。

1 火灾基本情况

2023 年 4 月 11 日 22 点许，某地乡村发生一起汽车火灾，烧毁大众帕萨特汽车一台，无人员伤亡，车主怀疑有人故意纵火烧毁他的车，并向公安部门报案。由于事发地位于偏僻乡村，有用线索较少，事故原因迟迟未能认定，导致车主持续上访，要求政府部门查明原因、抓住坏人，赔偿车辆损失。为尽快查明原因，有关调查部门向笔者提供了带音频的监控视频资料数段，笔者在查阅火场照片和了解前期调查情况的基础上，采用多种音频分析方法相结合的方法对该起事故的起火原因进行了分析认定。

2 初步调查

2.1 现场勘查情况

火灾现场位于一山坡转弯处的马路边，起火车辆周边有多栋住宅，车主住宅位于距离起火车辆不到 20 m 的南边，车辆北侧有两栋住宅，其中 A 住宅长期无人居住，B 住宅有人居住，烧毁车辆是一台二手的汽油小轿车，车辆长 4.9 m、宽 1.8 m，如图 1 所示。

分析现场勘查照片发现，起火车辆整体烧损严重，车辆外壳被烧变色、锈蚀程度整体呈现车头重于车尾、左侧重于右侧，其中 4 个车轮上部的汽车外壳锈蚀变色最重，呈红褐色；左前车门前部被烧锈蚀变色严重，呈独立的锈化区，其余部位被烧呈浅黄色，右前车门被烧变色较轻；驾驶舱内可燃物大部分被烧毁，驾驶舱前部铁质防火墙被烧变色程度左侧重于右侧，左侧呈黑褐色，右侧呈锈黄色，如图 2 所示。

起火车辆发动机舱盖全部过火，中部油漆被烧变色程度重于两侧，后部变色程度重于前部，其中发动机舱盖左后部（贴邻驾驶舱左侧）变形变色最严重；发动机舱盖油漆被烧变色痕迹呈现液体流淌（泼洒）状轮廓，存在发动机舱盖被泼洒易燃可燃液体并燃烧形成的图痕，如图 3 所示。

2.2 火灾视频分析

由于受到安装角度和高度的限制，位于起火车辆南侧的村民住宅屋顶的监控摄像机无法拍摄到起火的车辆和起火的过程，如图 4 所示。

分析所提取监控视频发现，火灾初期（20：55：55 许，显示时间，未校对北京时间）监控视频画面突然变亮，出现持续时间约 1 s 的猛烈燃烧现象，与易燃可燃液体爆燃起火的火光特征相吻合，如图 5 所示；8 min 后（21：03：00），监控视频画面出现猛烈燃烧的火光和村民救火的画面。

作者简介：梁军（1970—），男，广西玉林人，广东省深圳市消防救援支队，高级专业技术职务，主要从事火灾调查工作。地址：广东省深圳市福田区红荔路 2009 号，518000。电话：13925038157。邮箱：782051675@qq.com。

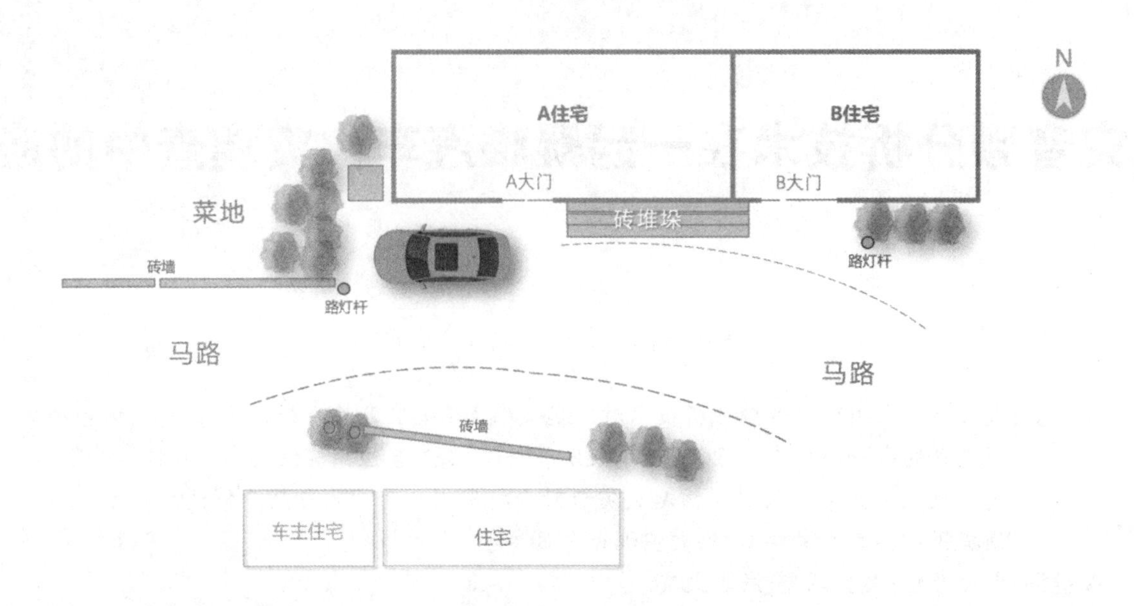

图 1　火灾现场平面图

图 2　起火车辆概貌

图 3　起火车辆发动机舱盖变色痕迹

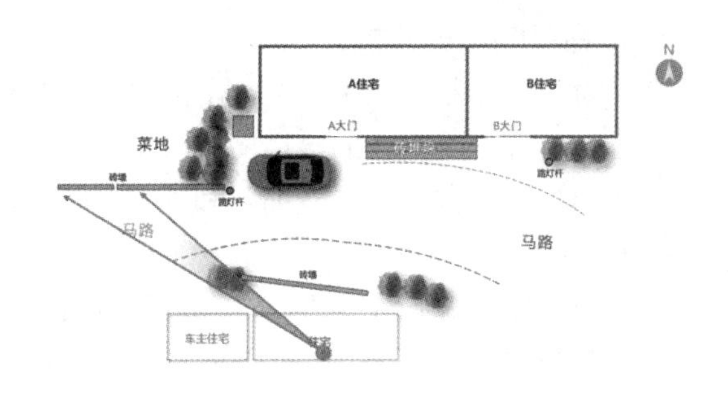

图 4 监控摄像机位置和视野

图 5 20：55：55 许监控视频画面突然变亮

综合监控摄像机分辨率、火点距离和位置、遮挡物、易燃可燃液体数量和种类等影响因素，认定火灾初期起火特征与易燃可燃液体参与燃烧的特征相吻合，监控视频未发现可疑人员活动情况。

通过现场勘查和监控视频分析等初步调查工作，调查人员初步判断该起事故涉及助燃剂参与的刑事案件，但受到现场证据、视频分析和调查询问线索限制，如何寻找、分析、认定嫌疑人和点火源线索成为破案的关键。

3 事故调查

由于监控摄像机内置麦克风大部分属于全指向性麦克风，具有不受指向方向限制，能够 360° 全方向录制周边声响的特性，这个特性为通过分析火灾音频还原事故发生全过程提供了可能，特别是对火场周边受角度限制无法拍摄到起火经过的“无效视频”拓宽了应用范围和证明作用。

3.1 音频的前处理

经测量，监控摄像机内置麦克风距离起火车辆约 10 m，在人员稀少的乡村夜晚环境下，其录制的音频应该清晰，但是现场提取的监控音频存在明显的“嗡嗡”的低频干扰噪声（噪声频率主要集中在 50、150、250、350 Hz），这是由监控摄像机内置麦克风质量不佳所造成的。通过采用 iZotope RX、Adobe Audition Pro 和 Logic Studio 等音频处理软件进行降噪处理，以获取较清晰的声音，对比降噪前后音频的语谱图可发现大部分低频噪声被去除，如图 6 所示。

3.2 音频的初步分析

分析降噪后监控音频的波形图，可以对响声较大的几段声响进行定位和辨听。火灾初期（20：49：00—21：00：00）依次出现了低沉摩擦声、关门声、铁门摩擦声、咳嗽声、明显的爆燃声响，还有再次出现的铁门摩擦声，这些声响线索表明嫌疑人就住在起火现场周边，如图 7 所示。

图 6　监控音频降噪处理前后的语谱图

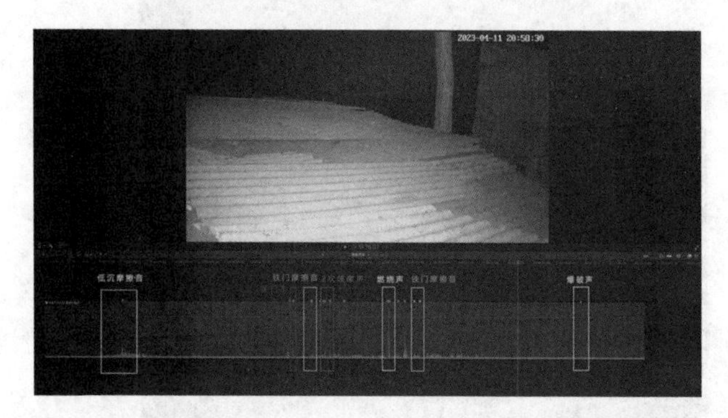

图 7　20：49：00—21：00：00 监控音频波形图中的线索点

进一步分析降噪后监控音频的语谱图，对火灾初期各时段、频段的声响进行精准定位和仔细辨听，获取了声音波形图发现不了的细微线索，例如发现了音量非常低的嫌疑人的两段脚步声，甚至嫌疑人左右脚的声音差异也能够清晰分辨，采用音频波形图和语谱图两种图谱分析方法相结合，极大丰富了火灾监控音频的证据线索，如图 8 所示。

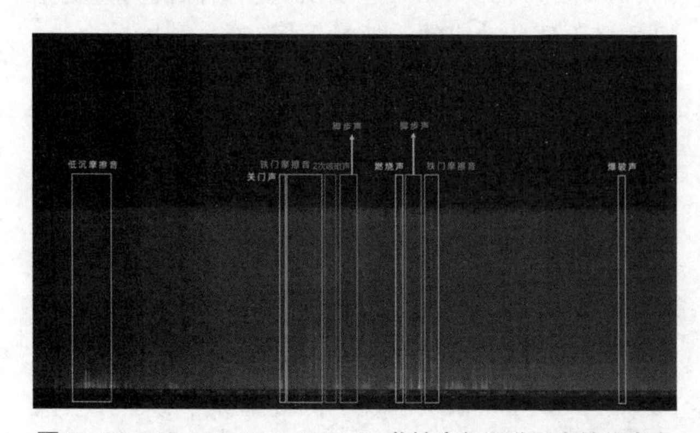

图 8　20：49：00—21：00：00 监控音频语谱图中的线索点

3.3　音频的精细分析

为进一步挖掘音频样本的内在线索，调查人员对起火前每一段音频的语谱图进行了精细分析和辨听，获取了现场勘查、调查询问和视频分析无法发现的关键证据。

（1）20：53：54—20：54：04 监控音频为声音很低的开门声，随后出现摩擦声，最后是密闭小空间的关门声，关门声回响时间短（230 ms），与金属外开门关门的声音特征，相吻合如图 9 所示。

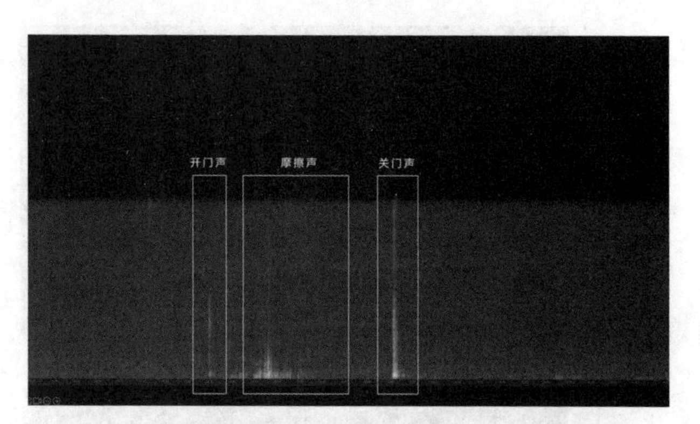

图 9　20：53：54—20：54：04 监控音频语谱图

（2）20：54：22—20：54：38 监控音频为铁门滑动声音，时长为 15.6 s，如图 10 所示。

（3）20：54：39—20：54：47 监控音频为一轻两重的咳嗽声，嫌疑人可能存在呼吸道疾病，如图 10 所示。

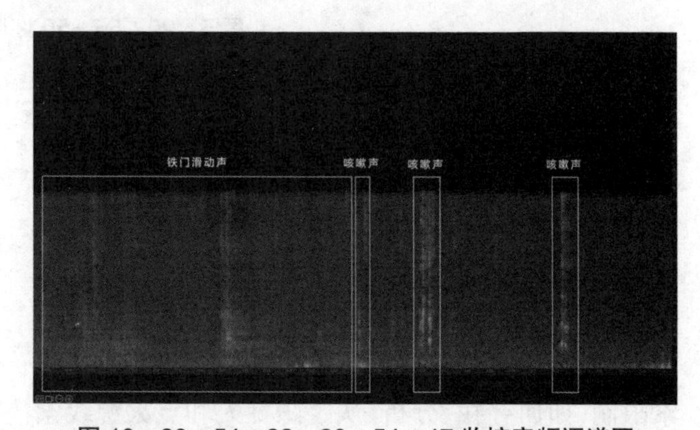

图 10　20：54：22—20：54：47 监控音频语谱图

（4）20：54：55—20：55：09 监控音频为 19 声脚步声，时长为 14 s，两只脚的行走声音强度不一；根据步数可测算嫌疑人行走距离为 10.8~12.6 m，行走步幅取值为 0.6~0.7 m，如图 11 所示。

（5）20：55：10 监控音频为压电陶瓷打火机压发声响，时长为 260 ms。

（6）20：55：12—20：55：24 监控音频为 3 次泼洒液体和液体流淌滴落的声音，持续时长为 8 s。

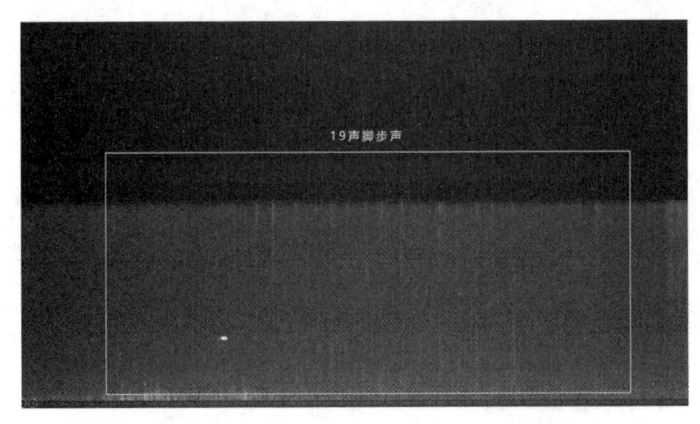

图 11　20：54：55—20：55：09 监控音频语谱图

（7）20：55：54 和 20：55：55 监控音频为 2 次压电陶瓷打火机压发声音，时长分别为 250 ms、170 ms。

（8）20：55：56—20：55：57 监控音频为猛烈的爆燃声，时长为 1.127 s，如图 12 所示。

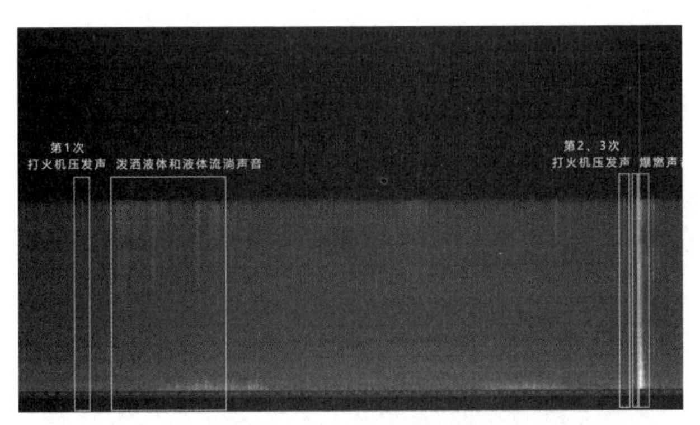

图 12　20：55：10—20：55：57 监控音频语谱图

（9）20：55：58—20：56：13 监控音频为 21 声脚步声，时长为 15 s，两只脚的行走声音强度不一，脚步声呈强弱交替出现，其中一只脚有脚拖地声音；根据步数可测算嫌疑人行走距离 为 13~14 m，行走步幅取值 0.6~0.7 m，。

（10）20：56：13—20：56：23 监控音频为火焰燃烧的声音。

（11）20：56：24~20：56：31 监控音频为第 2 次拉动铁门滑动声和闩门声，时长为 7 s，如图 13 所示。

图 13　20：55：58—20：56：31 监控音频语谱图

3.4　原因认定与分析

调查人员对监控音频采用频谱比对、量化分析和特征分析等方法获取的分析结论全面印证和补强了认定放火嫌疑人、助燃剂和放火过程的证据链，并结合现场勘查和调查询问的线索做出以下认定结论。

（1）起火时间：根据爆燃音频的时间可认定起火时间为 2023 年 4 月 11 日 20 时 55 分许（监控显示时间，还需结合其他证据校对监控时间）。

（2）起火部位（点）：根据现场勘查车辆发动机舱盖被烧变色流淌痕迹、监控摄像头方向和视野特点以及爆燃火光特征等证据可认定起火部位（点）位于车辆发动机舱盖上方。

（3）事故原因：监控音频中出现 3 次持续 8 s 的泼洒助燃剂声音；压电陶瓷打火机被压发声音，后发生持续时间 1.1 s 猛烈燃烧（爆燃）等声音，以及发动机舱盖“流淌状”变色痕迹均证明该起事故是一起使用助燃剂的放火烧车案件。

（4）嫌疑人画像：嫌疑人居住在起火现场周边，步行进入，距离起火车辆半径 10.8~14 m 范围，住宅大门是平开铁门；拥有或驾驶汽车，方便取得汽油等助燃剂，事发时汽车是停放状态（音频中没有出现车辆发动机运转和行驶声响）；携带打火机（音频中出现 3 次压电陶瓷打火机压发声响）；呼吸道有炎症（出现一轻两重，共 3 次咳嗽声）；有一只脚行动不便（左右脚步声强度不一致，发现脚拖行的声响）；动作迟缓（蹑手蹑脚、开关门时间较长）。

根据嫌疑人画像，调查人员第一时间锁定了 B 住宅男主人。B 住宅大门距离起火车辆车头 15.6 m、车尾 10.7 m，符合音频定量分析嫌疑人行走距离 10.8~14 m 范围，如图 14 所示；B 住宅大门为双扇平开铁门，普通人需双手开关东侧铁门，单手可开关西侧铁门，开西门用时 3.4 s，关西门用时 4.2 s；起火时，B 住宅男主人在家，其右手和右脚有残疾，行走不便，右脚行走时有脚拖地现象，上肢机能较弱（开门用时 15.6 s，关门用时 7 s），其步行、开关门特征与音频中嫌疑人步行、开关门的特征相吻合；B 住宅内有一辆小货车，驾驶或居住人员具备接触汽油等助燃剂条件；存在多次指责起火车辆主人停车在路边，影响其通行的情形。

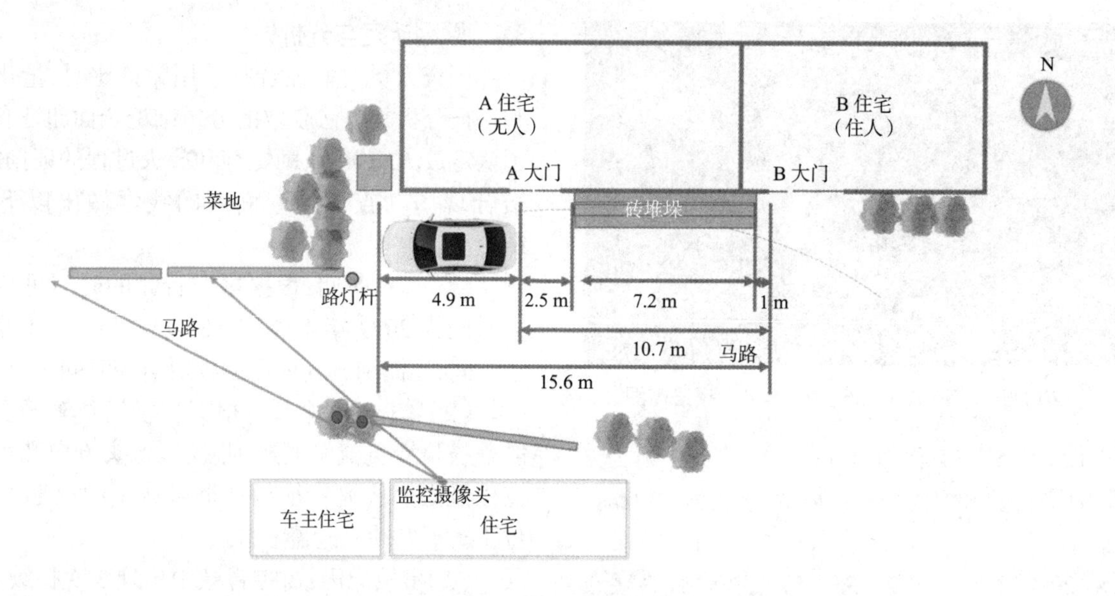

图 14　B 住宅方位图

4　结语

火灾音频分析技术是一种快捷、高效的火灾调查技术手段，是对现有火调技术体系的补充和完善。但现阶段，火灾调查人员对火灾音频的必要性和重要性认识还不深，火灾音频在火灾调查工作中的作用远没有发挥出来，特别是火灾音频分析的典型案例缺乏，火灾典型音频库和火灾音频鉴定、认定标准空白，这些问题必须引起火灾调查人员的关注，亟须火灾调查人员勇于实践，通过大量的火灾音频分析实践案例来验证、丰富和完善火灾音频分析技术，使其成为火灾调查工作创新生产力的工具。

参考文献

[1]　梁军. 火灾音频分析与应用 [J]. 消防科学与技术，2023，42（6）：870-874.

[2]　应急管理部消防救援局. 火灾调查与处理（高级篇）[M]. 北京：新华出版社，2021.

视频分析技术在一起寺庙火灾事故调查中的应用

杨晓勇

（甘肃省消防救援总队，甘肃 兰州 730000）

摘　要：本文介绍一起寺庙火灾事故的调查过程，着重说明应用视频分析技术在认定起火时间、起火部位、起火点以及排除错误起火原因过程中的重要作用。同时，在此基础上分析视频分析技术在火灾调查中的应用要点及应注意的相关问题。

关键词：视频分析；火灾调查；起火时间；起火部位；起火原因

近年来，视频分析技术在火灾调查中发挥的作用越加明显。信息技术的不断发展，为火灾调查人员提供了大量视频资料，这类资料具有实时记录火灾发生、发展、蔓延过程的功能，视频中人、声、光、影、烟的现象不仅能向调查人员直观展现火灾发生、发展过程，同时还能提供与火灾相关的线索和证据，为准确认定起火原因提供有力支撑。本文介绍一起寺庙火灾事故的调查过程中，视频分析技术的运用在起火部位、起火点和起火原因的认定方面具有重要意义。

2023 年 7 月 24 日 04 时许，某县一寺庙发生火灾，过火面积约 600 m²，火灾未造成人员伤亡。通过反复分析对比现场视频中的细节，通过技术手段对视频图像进行处理及分析，及时认定了准确的起火点及起火原因。通过视频分析手段得出的结论，对本起火灾事故的最终认定起到了极为关键的作用。

1　火灾基本情况

起火建筑大佛楼建成于 1998 年，依山而建，西、南、北侧均为山体，东侧为佛院空地，空地南、北两侧为一层木结构佛堂。起火建筑为木结构建筑，地上七层，建筑高度 28.20 m，总长 17.50 m，总宽 18.00 m，建筑内部供奉一座泥塑佛像。因起火建筑大部分建筑构件均为木质材料，导致火灾发生后火势蔓延迅速，起火建筑基本全部烧毁，仅剩余内部泥塑佛像完全外露（图 1），火灾调查人员仅通过现场勘验等方式开展调查具有很大难度。

图 1　起火建筑火灾后概貌

经调查询问，火灾发生前一天，起火建筑内部处于施工状态，施工人员正在对泥塑佛像外表进行描画工艺。2023 年 7 月 23 日 18 时许，在起火建筑六

作者简介：杨晓勇（1980—），男，甘肃人，甘肃省消防救援总队法工处处长，主要从事火灾调查和法制与社会消防工作。地址：甘肃省兰州市安宁区安宁西路 84 号，730000。

至七层的两名施工人员结束施工后离开；22 时许，现场周边人员未发现异常情况。2023 年 7 月 24 日 04 时许，在起火建筑附近休息的火灾第一发现人听到外面有“啪啪”的声音，以为是在下雨，就到外面收衣服，发现起火建筑内部五至七层已经着火。

2　视频分析技术的应用

2.1　视频监控对起火时间的认定

为确定起火时间，调查人员第一时间提取了起火建筑内部视频监控主机，但经查看，监控设备已经损坏，未记录视频信息。经调查走访，起火建筑外部周边共发现能够正常工作且拍摄到火光的 3 处视频监控装置。其中，起火建筑东北侧约 400 m 处（1 号）、东南侧约 400 m 处（2 号）、南侧约 500 m 处（3 号）分别设置一台视频监控摄像头，均只能拍摄到起火建筑的局部。因现场监控摄像头距离起火建筑过远，外加夜晚可视条件差，拍摄视频模糊，仅能从视频中分辨微弱光亮。调查人员立即使用“火察”软件对视频进行了逐帧分析。经分析，视频监控时间为“2024 年 7 月 24 日 04 时 03 分 08 秒”时，视频监控画面显示起火建筑上部区域出现可见火光，之后该区域的火光出现闪烁，并持续增亮；从视频监控时间为“2024 年 7 月 24 日 04 时 10 分 49 秒”开始，该区域火光映射范围扩大，随后该区域的火势持续向外蔓延突破。为进一步明确最早可见火光时间，调查人员对监控画面进行微变分析，发现最早可见火光的时间为视频监控时间“2024 年 7 月 24 日 04 时 03 分 00 秒”（经校准，为北京时间 2023 年 7 月 24 日 04 时 03 分 58 秒）。通过视频分析手段，结合调查走访，综合认定此次火灾事故起火时间为 2023 年 7 月 24 日 04 时许。1 号视频监控拍摄起火建筑出现火光画面如图 2 所示。

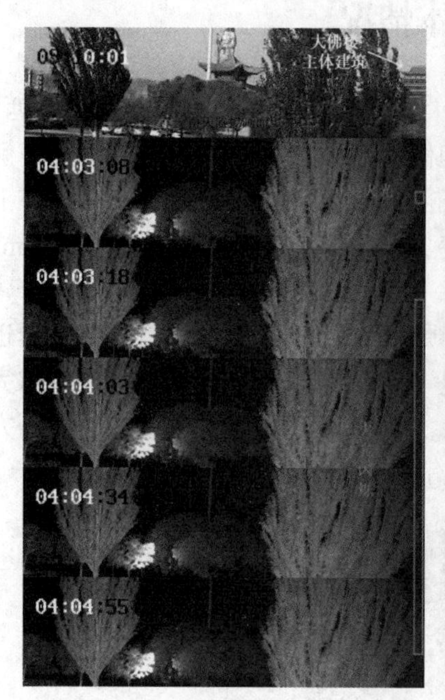

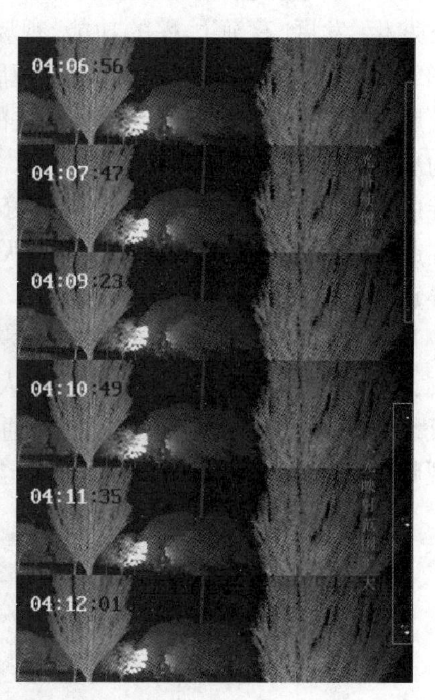

图 2　1 号视频监控拍摄起火建筑出现火光画面

2.2　视频监控对起火部位的分析和定位

如图 3、4 所示，为了确定起火部位，调查人员调取了 1 号摄像头拍摄到可见火光时的监控画面，通过融合处理手段与起火前白天监控画面进行了详细比对，并与起火建筑东侧起火前拍摄的航拍照片进行了分析对比，最终确定了最早出现可见火光的位置位于起火建筑 5 层。

为了进一步确认起火部位，调查人员在火灾现场进行了模拟实验。调查人员在夜间相同可见条件下，使用一个小功率的照明灯模拟火光，再使用无人机把照明灯运送到佛像的不同位置，分别在佛像右耳、右眼、正中间、左眼、左耳位置放置光源，保证光源的位置在大佛楼主体建筑的范围内，并保证光源东、西方向位置与主体建筑 5 层外墙一致，高度与可见火光位置一致，使用同一摄像头（1 号）进行记录，最后与起火初期监控画面进行对比。如图 5 所示，通过现场模拟实验记录的视频截图可以看到，模拟光源放置在佛像正中间时，与起火初期可见火光位置最为吻合。

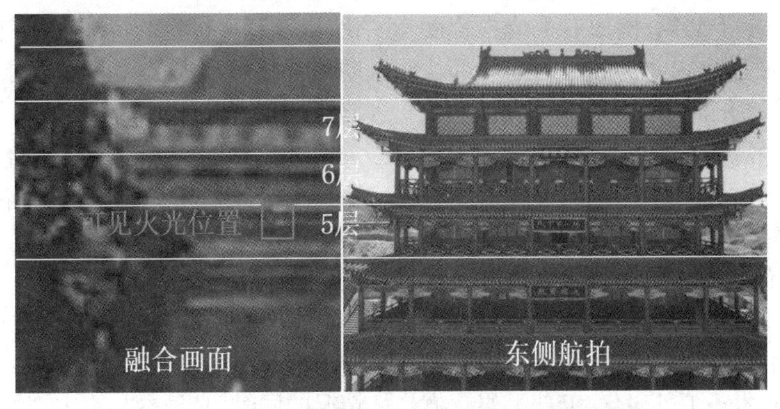

图3 起火前后融合画面及起火前东侧航拍画面

图4 火灾第一发现人手机拍摄画面

图5 火灾现场模拟实验

此外，1号摄像头位置位于起火部位东北侧，根据光沿直线传播，判断最早可见火光的位置应位于佛像中轴线以南区域。同时，经查看2号、3号摄像头拍摄的视频画面，发现起火建筑5、6、7层可见明火；5层以下楼层门窗区域可见火光映射，且火光映射强度由上到下依次减弱，建筑南侧火光映射强度高于北侧。综合以上分析结果可以判断，最早出现火光的部位应位于起火建筑内部5层、佛像中轴线以南区域，结合调查询问现场目击群众可以确定，起火部位位于起火建筑内部5层南侧区域。

为进一步确定起火点，调查人员立即对起火建筑进行了现场勘验。大佛楼整体坍塌，佛像外部脚手架受热变形，佛像泥塑表层受热脱落，木质梁柱构件燃烧炭化，整体过火痕迹呈上重下轻，燃烧痕迹由南向北、由上向下蔓延。起火建筑地面处木质构件残骸炭化灰化程度南侧整体重于北侧。佛像腿部泥塑表面脱落程度南侧重于北侧，佛像右手烧损程度重于左手。经勘验，通过视频分析确定的起火部位为佛像右肩平台。佛像头部内部木质龙骨烧损炭化程度由南向北逐渐减轻，即南侧重于北侧；佛像头部南侧水泥柱抹灰层局部脱落、钢筋外露，北侧基本完好。佛像南侧肩部平台处毡布边缘形成由西北向东南的烧损斜面痕，平台东侧木梁烧损炭化程度下部重于上部、南侧重于北侧，即由南向北逐渐减轻，木梁上方固定木条东侧边缘完整，无过火痕迹，西侧烧损呈南重北轻斜面痕，木条下部炭化，上部无炭化痕迹；平台西侧有一锯末炭化坑，炭化深度约 32 cm，坑洞四周覆盖锯末，坑洞南侧露出部分塑料编织袋残骸。综合视频分析结果，并结合现场勘验，最终认定起火点为起火建筑内部佛像南侧肩部平台锯末炭化坑处。

准确认定起火点为后续起火原因的认定打下了坚实的基础。起火点处的锯末炭化坑符合典型的阴燃痕迹特征。经调查，最终认定起火原因为未熄灭的烟头与塑料编织袋装锯末接触后发生持续阴燃，直至出现明火引燃周边毡布、塑料彩条布、竹胶板、木板等可燃物引发火灾。

3　调查启示

（1）视频监控在火灾调查过程中的地位与作用与日俱增。火灾发生后，调查人员应按照“先中心后周边，先重点后一般”的原则，第一时间在现场及周边进行实地勘验和走访，查找、提取所有视频资料。查找、提取视频资料必须遵循调查取证程序，确保证据的法律效力。提取视频资料后要立即备份，并将原始资料单独存放，防止遭受破坏。进行数据备份时，要使用具有写入保护功能的只读设备，配合专业的取证软件工具，将设备内数据完整克隆并转换成镜像文件，再组织编辑分析。直接提取视频资料存储介质或设备的，应按照物证提取的要求进行，并填写《火灾痕迹物品提取清单》，由提取人和见证人签名。

（2）通过多画面、全方位的观看某起火场所及其周边的视频监控以及起火前人员活动和事物变化，以及起火过程的特征现象，有时还能看到火灾初期处置扑救和人员疏散逃生画面；通过建筑外围的监控画面可以分析消防救援人员到场救援灭火的相关情况。对这些内容进行综合汇总分析，就可以还原整个火灾发生的时间轴。需要注意的是，分析视频必须与火灾现场勘验相结合，不能孤立进行，在与现场调查人员充分沟通了解火灾现场勘验的细节后进行综合判断。视频分析人员在调查火灾现场周边的道路、交通、监控点位置、监控拍摄方向和范围等情况的同时，必须参与火灾现场勘验：一是要了解火灾现场的物证分布、人员活动情况；二是要了解火灾现场痕迹特征，将现场勘验的证据与视频分析的结果相互印证，以还原真实的火灾发生、发展过程。

（3）根据视频资料进行火灾发生、发展过程的分析，抓住有代表性的“特殊”视频画面，可以帮助分析起火原因。例如，视频分析过程中发现电气线路出现了频繁闪光的“打火”画面，那么有可能是电气故障引发了火灾；视频分析过程中发现人员的活动轨迹与起火点位置有交集、行为可疑以及有助燃剂点燃时瞬间爆燃的画面，那么有可能是人为放火导致的火灾；视频分析过程中发现起火过程逐渐变化，起火前产生大量烟气，那么有可能是遗留火种或自燃导致的火灾。

（4）火灾现场视频不只可以帮助分析火灾发生、发展过程，调查人员还可以通过起火前的视频图像清晰还原和重构原始现场。视频画面因其记录内容的客观性可以帮忙验证证人证言的真伪，更为重要的是通过全方位观看近一段时期的监控视频，可以了解单位的日常消防安全管理情况及相关违法行为，为火灾延伸调查提供最为准确、直观的证据。

参考文献

[1]　王鑫，梁国福. 视频分析技术在火灾事故调查中的应用 [J]. 消防科学与技术，2019，38（3）：452-454.

[2]　朱晨皓，吴瑞生. 视频分析技术在一起火灾事故调查中的应用 [J]. 消防科学与技术，2022，41（9）：1325-1328.

[3]　高帅，朱国庆，赵永晶. 一起仓库火灾事故调查与场景再现 [J]. 消防科学与技术，2018，37（8）：1148-1151.

[4]　应急管理部消防救援局. 火灾调查专业技能：全国比武单项科目解析 [M]. 北京：新华出版社，2022.

光影追踪法在火灾调查中的应用与展望

袁仁杰

（佛山市消防救援支队，广东　佛山　528000）

摘　要：本文以一起家具仓库疑难火灾调查为背景，调查人员通过缜密的案情分析、细致的现场勘查和全面的线索匹配等手段，根据光线直线传播原理、镜面反射原理、光影轮廓线分布规律，分析火场光影的比例、函数关系，采用定性、定量方法，逐步缩小起火区域，锁定起火部位（点），查清火灾起因，通过该起光影追踪法的应用案例，使广大火灾调查人员了解光影追踪法的基本原理、分析手段、计算方法和证明作用，并进一步探究光影追踪法在火灾调查中的应用前景与下一步发展方向。

关键词：光影追踪；镜面反射；三角函数；火灾调查

1　引言

随着社会的发展和科技的进步，非典型火灾不断涌现，火灾调查的难度不断增大，火灾调查人员不断探索新技术、新方法和新装备在火灾调查实践中的应用，以不断提高火灾调查结论的客观性、合法性和科学性。特别是随着监控系统、手机等具有摄像记录功能的电子产品的普及，通常可以火场获取大量的视频资料，然而受到摄像头性能、角度和视野等因素影响，许多视频资料未能拍摄到起火部位和起火过程，只记录到火灾发生时的烟气或光影等较少线索，对这些看似“无用的火灾视频”进行光影分析和计算可确定最初起火区域，尽可能地缩小现场勘查范围，并将火场光影特征变化规律转化为科学的认定依据，可以极大地丰富火灾调查技术手段，有效提升火灾调查工作效率，更加科学地还原火灾真相。

2　火灾事故调查与认定

2.1　火灾基本情况

2020 年 9 月 13 日 05 时，某市一家具仓库发生火灾，该仓库南北宽约 40 m，东西长约 60 m，南部为家具展厅，北部为实木家具仓库。火灾造成展厅和仓库内的家具、货架等物品全部被烧毁，建筑不同程度损坏，过火面积约 2 400 m^2，受灾商户 6 家，未造成人员伤亡，如图 1 所示。由于火灾损失严重，相关商户就赔偿问题纠纷不断。

图 1　家具仓库火灾现场概貌

2.2　前期调查情况

辖区大队第一时间开展外围摸查走访，重点对第一目击者、周边群众、物业、村委和派出所有关知情人进行询问，未发现起火商户之间有个人矛盾或经济纠纷，起火前未发现异常现象。

第一发现人欧某反映，起火前，他在起火家具仓库南面的家具城上班，5 时许，最先发现家具仓库北部有明火，由于距离较远，只看到大火一片，具体位置不确定，他随即马上报警。受灾商户均反映，火灾发生后接到朋友电话或派出所电话才知道着火的情况，未能提供有价值的线索。

作者简介：袁仁杰，男，汉族，广东省佛山市禅城区消防救援大队，初级技术职务，主要从事火灾调查工作。地址：广东省佛山市禅城区绿景东路 3 号，528000。电话：13925961600。邮箱：345080545@qq.com。

对火场周围监控和群众手机进行访查，提取到3段火灾视频，但是由于拍摄角度不理想，未能获取到直接拍摄最初起火部位的有用视频，如图2所示。

图2　家具仓库火灾监控分布图和平面图

由于家具仓库全部过火，部分库房烧毁塌陷严重，全面细致勘验近2 400 m²的火场并分析认定起火部位（点）无疑是一项异常艰巨的任务，火灾调查工作一度陷入停滞。

2.3　光影追踪锁定起火部位

对火场外围标记“北外2”监控视频进行深度挖掘分析发现，2020年9月13日04时35分24秒（北京时间，下同），位于火场西侧的南邦家具实业有限公司东墙三层南数第2个窗户的玻璃最早映出火光，如图3所示。

图3　起火前后北外2监控画面光影对比

27分钟后（05时02分57秒），仓库北屋顶随后出现火光，经与南墙外侧4号电线杆位置比对，确认最初起火区域位于7、8号店铺的北部，如图4所示。

根据以上两点初期火焰的光影线索，结合等比例现场平面图中的摄像头位置和光影轮廓线准确位置，对初期火焰的光线直射和反射路径进行精准绘图，认定起火部位位于4号仓北部光影重叠区域，如图5所示。

图4　北外2监控画面中建筑北屋顶最先出现火光

图 5 初期火灾光影路径分析图

2.4 起火原因认定

调查组根据初期火灾视频光影分析的结果对 4 号仓北部光影重叠区域进行重点勘验，在该区域共提取 9 根带熔痕铜导线，经送检鉴定，在 4 号位置提取的铜导线熔痕鉴定为一次短路熔痕，最终认定起火原因为 4 号仓北部的电气线路故障引发火灾，如图 6 所示。

图 6 4 号仓北部提取的带熔痕铜导线

3 光影追踪法在火灾调查中的应用研究

火光在均匀透明介质中（如空气）沿直线传播，会在遮挡物体的水平面和立面上形成明亮区、阴影区以及分界较明显的光影轮廓线。本文所述的火灾视频光影追踪法主要研究的就是火灾视频中的明亮区、阴影区以及光影轮廓线的位置、大小、浓淡、高度、角度等特征变化的规律，从而分析起火最初区域、起火物种类和点火源类别等线索。

3.1 光影追踪法的应用

3.1.1 根据光的直线传播特性认定起火部位（点）

火灾初期，起火区域较小，可把最初起火范围假设为点状，此时点状点火源发出的火光受物体遮挡形成的光影分界线较清晰且指向性好，可根据火光在物体水平、垂直面形成的光影轮廓线绘制反向延长线，反向延长线相交点（区域）即可认定为起火部位（点），如图 7 和图 8 所示。在视频分析中，当只获取到一条光影轮廓线时，可以绘制出一个较小区域的条状起火范围；当获取到两条及以上的光影轮廓线时，可以绘制出由两个以上条状起火区域相交而形成的精确起火部位（点）。

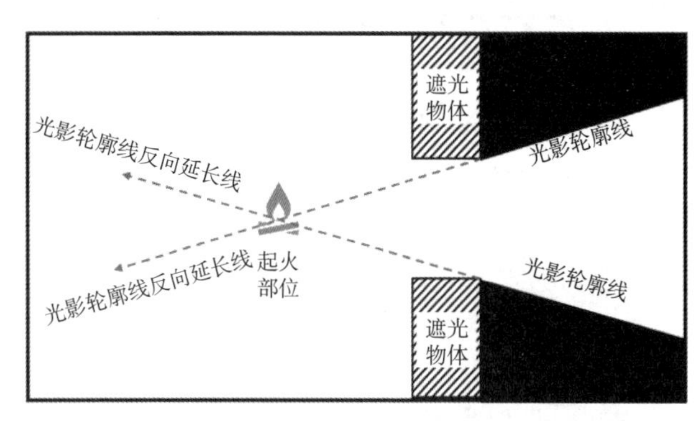

图 7 在物体水平面上的光影轮廓线应用示例

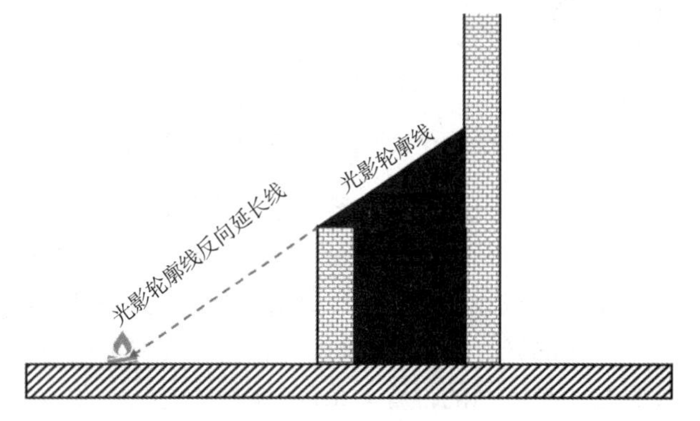

图 8 在物体垂直面上的光影轮廓线应用示例

3.1.2 根据光线镜面反射特性认定起火部位（点）

火光被玻璃等镜面物体反射，使得在反射线（范围）上的摄像设备可以拍摄到较为清晰的火点镜像，调查人员可根据光线的镜面反射原理，分析摄像设备位置和反光点位置，从而认定起火部位（点），如图 9 所示。当获取到一个火焰镜像时，可以根据镜像反射路径绘制出一个条状的起火范围；当获取到两个及以上的火焰镜像时，可以根据两个及以上的镜像反射路径绘制出一个相对较小的起火范围，甚至精确的起火部位（点）。在本文所述的家具仓库火灾中，根据南邦家具实业有限公司东窗玻璃上一个火焰镜像绘制出一个条状的起火范围，再通过 4 号电线杆位置两点火光的直线传播路径绘制出另一个条状的起火范围，两个起火范围相交区域就是相对精确的最初起火区域，如图 10 所示。

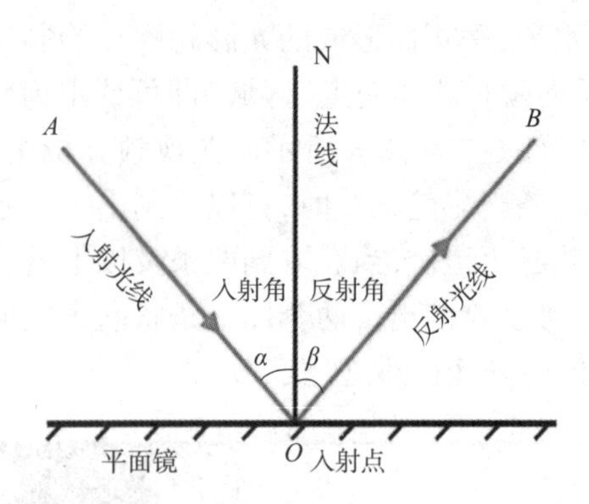

图 9　光的镜面反射示意图

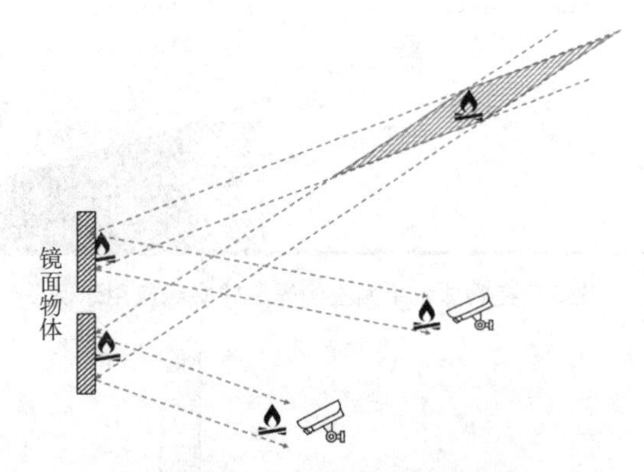

图 10　根据两个火焰镜像认定起火部位(点)

3.1.3　根据光影的函数关系认定起火部位(点)

在火灾事故调查实践中,针对每起火灾案件案情都不相同的情况,调查人员应寻求起火初期形成边界清晰的光影轮廓线,分析光影轮廓线与起火点、参照物三者之间的位置关系,测量相关光线角度、水平距离、空间高度等数据,构建三角关系,应用三角函数公式、三角形相似定理、三角形正弦定理等,计算出起火部位(点)的位置坐标,基本原理如图 11 至图 13 所示。

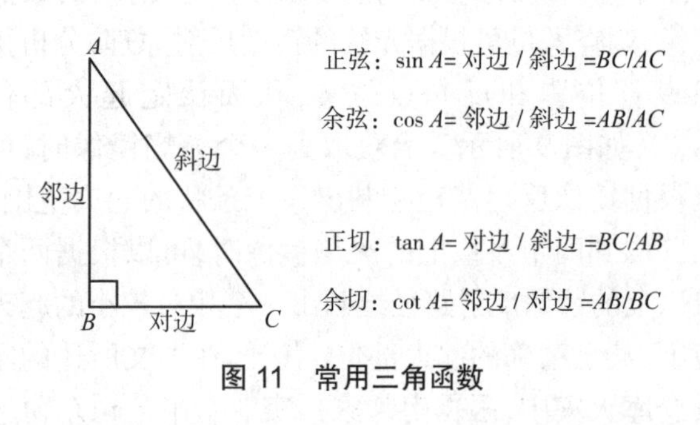

图 11　常用三角函数

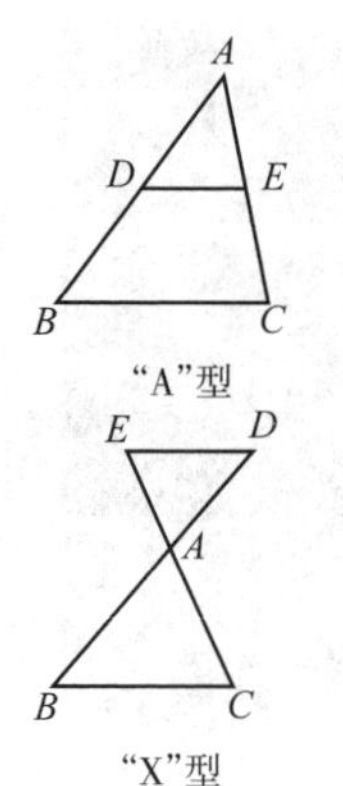

定理 1：两角对应相等,两三角形相似。

$\angle A=\angle A$, $\angle D=\angle B$ $\Rightarrow \triangle ABC \sim \triangle ADE$

定理 2：两组边的比相等且夹角相等,两三角形相似。

$\angle D=\angle B$, $AD/AB=DE/BC$ $\Rightarrow \triangle ABC \sim \triangle ADE$

定理 3：三组边的比相等,两三角形相似。

$AD/AB=DE/BC=AE/AC \Rightarrow \triangle ABC \sim \triangle ADE$

图 12　三角形相似定理

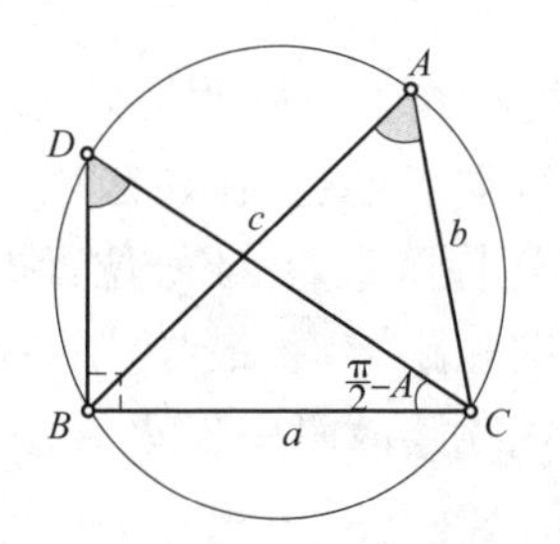

$\frac{a}{\sin A}=CD=$ 直径

半径 $=R$　直径 $=2R$

$\frac{a}{\sin A}=\frac{b}{\sin B}=\frac{c}{\sin C}=2R$

图 13　三角形正弦定理

3.2　光影追踪法结果的校验

火灾视频受监控清晰度、现场环境、测量精度、调查人员个体差异等影响,根据火灾视频图像中的光影轮廓线计算(测量)的结论(数据)存在一定误差,为了保证调查的科学性和准确性,在计算(绘制)出最初起火的参考坐标或者重点区域后,应采用火灾视频的调查实验对光影追踪法的结果进行校验,在与原始现场相同(相似)空间开展调查实验,校验并提升光影追踪法的认定结论的准确性。

3.3　光影追踪法应用的要点

(1)尽可能多地收集火灾视频,不要在调查初期进行视频筛选,避免遗漏重要视频。

(2)尽可能多地收集起火场所的参考视频和照片,如当事人手机拍摄照片、卫星照片、百度地图街景图片等,为视频分析提供参考线索。

(3)尽可能精准地绘制现场图,为绘制光影轮廓线提供准确的底图。

(4)尽可能多地标定参照物,将火灾视频画面中的特征物与火场中的参照物在平面和空间位置上一一对应,从而准确认定起火部位(点)。

(5)尽可能多角度地分析视频画面的光影轮廓线,多区域重合分析起火部位(点)。

火灾调查人员在应用光影分析的结论指导现场勘验时,可适当扩大光影分析结论的区域范围或距离寻找点火源、起火物的部位,还需结合证人证言、电子数据等线索进行综合分析。

4 火灾调查中光影追踪法的展望

随着激光和毫米波雷达设备的普及,三维建模技术和计算机算力的提升及发展,使三维全仿真火场的构建成为可能,火灾视频光影追踪法的应用将更加智能和科学。例如,可以将经过计算(测量)获得的火点的光影坐标输入采用建模软件(SketchUp、3DsMAX、Revit、Rhino、Lumion、Twinmotion、Enscape 等)精准建立的火场数字三维模型中,就可以在模型中反推出起火点的位置,甚至使用 AI 技术直接在实景模型视野中显示起火点的位置,使火灾溯源更加直观、精准。借助这个思路,在调查某水果批发市场火灾中,仅通过一段火灾视频拍到火光的影像,采用 3D 建模还原、光影追踪、现场实验校验的手段准确认定了起火点,模拟了火灾发展的动态光影变化规律,将整个火灾的发生、发展和蔓延全过程直观呈现在当事人眼前,提升了火灾调查结论的直观性、科学性,如图 14 至图 16 所示。

图 14 某水果批发市场监控视频中的光影轮廓线

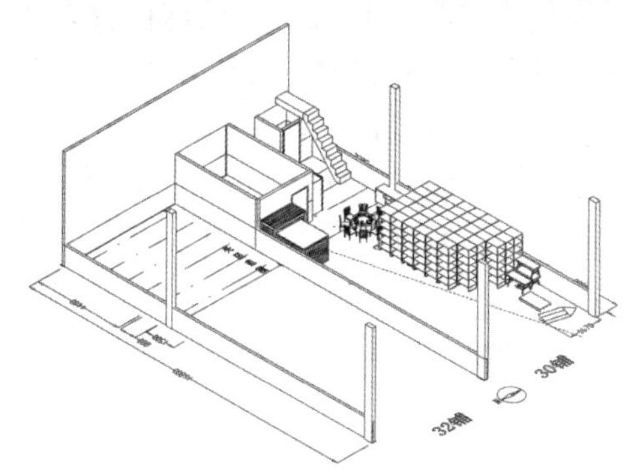

图 15 某水果批发市场火场数字三维模型

图 16 某水果批发市场渲染后的可视化动画模型

火灾视频光影追踪法作为视频分析的重要技术手段,可高效、科学地协助调查人员缩小勘查范围,高效认定起火部位(点),在火灾调查工作中有广泛的应用前景。在实际的火灾调查过程中,每个火场千差万别,火场相关视频资料蕴含着大量的显性和隐性的火灾线索证据,现有的火灾视频光影追踪法只是视频分析技术的冰山一角,火灾视频光影追踪法还需要火灾调查人员不断地丰富和完善,并与不断涌现的新技术、新装备深度融合,才能发挥光影追踪法最大的效能。

参考文献

[1] 应急管理部消防救援局. 火灾调查与处理(高级篇)[M]. 北京:新华出版社, 2021.

[2] 贾骏. 一起火灾事故调查中视频分析与现场实验 [J]. 消防科学与技术,2022,41(3):431-433.

[3] 朱晨皓,吴瑞生. 视频分析技术在一起火灾事故调查中的应用 [J]. 消防科学与技术,2022,41(9):1325-1328.

[4] 应急管理部消防救援局. 火灾调查专业技能:全国比武单项科目解析 [M]. 北京:新华出版社, 2022.

比较法在一起钢结构厂房火灾调查中的应用

樊启明，李　勇

（临汾市消防救援支队，山西　临汾　041000）

摘　要：本文通过分析钢构件在火场热作用下物证痕迹的特征，介绍一种比较钢结构火场中钢构件物证异同关系的火灾调查思维，阐述应用比较法的要求和方式，研究分析其一起钢结构火灾调查过程中起到的作用，突出三维建模新技术的类比过程和证明结论，论证其在钢结构火灾调查中的可行性，为类似火灾调查提供借鉴。

关键词：钢结构；火灾；比较法；火灾调查

1　火灾调查情况

2023 年 7 月 10 日，山西省临汾市襄汾县某家具厂发生火灾，起火建筑集加工、组装和展销为一体，整体为钢结构建筑，地上 2 层，过火面积 2 800 m^2，直接财产损失 263 456 元。火灾造成钢结构彩钢顶坍塌、梁柱弯曲、二层金属网状地面变形，通过对该厂房内金属受火灾变化特征进行现场勘验，采用比较法验证起火部位。

2　比较法

2.1　原理

比较法是按照一定的标准，把彼此有某种联系的事物加以对照，经过分析和判断，确定事物之间异同关系的思维过程，最终做出结论的方法。

在火灾调查的现场勘验过程中，经常要用到比较法。比较的目的是认识对象之间的相同点和相异点，从中找出规律性的东西。

在钢结构火灾中，主要对钢结构中金属变色、表面特征和变形痕迹作对比，找出金属在火场温度为主要变量条件下的变化规律，从而为确定火灾蔓延方向、起火部位和起火点寻求实际物证。

作者简介：樊启明（1986—），男，汉族，山西省临汾市消防救援支队，中级专业技术职务，工学硕士，主要从事火灾事故调查工作。地址：山西省临汾市尧都区滨河路，041000。

2.2　基本要求

2.2.1　比较钢构件的同类痕迹

火灾现场中，钢构件存在变形、变色、烧蚀等多种痕迹，可以进行比较的应为同类痕迹。根据燃烧作用的时间先后、强度、作用结果来验证火灾发生、发展的规律。例如，变色痕迹，在燃烧条件和环境因素影响下，起火点处形成的痕迹就有别于非起火点的痕迹。

2.2.2　相比较的钢构件在同一空间内

作为比较的钢构件应在同一空间内，在燃烧作用下，根据作用时间、作用强度的不同，而形成不同特征的痕迹，起到不同的证明作用。例如，变形痕迹，金属最早受热且受热温度高的部位首先变形且程度较高，对于其他部位的同类型金属，在火灾中变形的程度就相对较轻，根据这些不同的变化，就可以证明火势蔓延的方向，进而判定起火部位和起火点。

2.2.3　相比较的钢构件之间有联系、有可比条件

如在相同空间下，不同位置、相同尺寸大小的钢梁或钢柱，不应以不同尺寸大小的钢梁或钢柱作比较。

2.2.4　在作比较时应首先确定比较标准

如对比钢梁变形情况，钢梁的弯曲度、扭曲度均为对比的参量，在应用时应设定参量标准值，以作数据对比。

2.2.5　要用同一标准作比较

如对比钢构件变色情况，不能以构件金属变色对比其表面涂层变色。

2.3 应用方法

2.3.1 对同类型钢构件氧化变色情况作对比

在火灾时，金属钢构件表面的油漆层会发生分解脱落，油漆层下部的金属在空气中会和氧气发生反应，产生氧化，进而在金属表面形成氧化层。金属的氧化过程受环境温度影响很大，温度越高，氧化越快。由于金属氧化的产物不同，使金属的颜色发生变化，因此金属的氧化变色痕迹和受热温度之间存在对应关系。

2.3.2 对同类型钢构件表面特征作对比

钢构件表面往往需要喷刷涂层，以达到防锈蚀或美观的效果，有时为达到耐火性能，还要刷防火涂料。这些涂层在火灾热作用条件下会产生凸起或与金属构件分离。因此，表面涂层的变化特征与受热温度和时间之间存在联系。

2.3.3 对同类型钢构件变形情况作对比

在火灾现场中，由于钢结构本身载荷的作用或者钢构件本身重量的作用，结合火灾温度下的钢结构力学性能分析，其屈服强度随火场温度的升高而降低，进而发生变形；在同样的荷载下，受热温度越高，则变形越严重。

3 本案比较法应用分析

3.1 对比彩钢顶表面氧化变色情况

图 1 中右下角彩钢顶呈红褐色，以此为中心，周围逐渐过渡为黄褐色，远离位置呈金属原色。通过比较，右下角彩钢顶部位氧化变色严重，周围部位氧化变色较轻，可判断右下角彩钢顶位置火场温度高，受热时间长，以此为中心向周围温度逐渐降低，中心位置更靠近起火点。

图 1 起火建筑屋顶彩钢板变色情况

3.2 对比钢梁表面涂层变化特征情况

该建筑一层梁采用工字梁承重，表面喷涂防火涂料，防火涂料在火场温度较高时，发生鼓胀凸起变形。图 2 中工字梁中间位置表面涂层凸起，与金属构件分离、剥落，而工字梁两侧表面基本完好，未见凸起痕迹。通过比较，工字梁中间位置受热辐射时间长，更靠近起火点。

图 2 起火建筑工字梁表面涂层变化情况

3.3 对比钢柱变形特征情况

该建筑二层南侧设有一排工字钢柱，火灾后发生扭曲变形（图 3），选取中心火场的 10 根柱进行三维建模，使用计算机对立柱的弯曲程度和扭曲程度进行数字化分析，其变形程度见表 1。

图 3 起火建筑二层工字钢柱变形情况

通过比较，3#、4# 工字钢柱弯曲和扭曲程度最大，呈现以此为中心向两侧数值逐渐变小，结合火灾发展蔓延规律的基本特点，3#、4# 工字钢柱较为接近起火部位。

表 1　起火建筑二层成排工字钢柱三维模型和数字化分析值

模型								
编号	8#	7#	6#	5#	4#	3#	2#	1#
曲率	10.31	10.61	8.02	43.55	84.80	83.65	75.11	35.52

图 4　3#、4# 工字钢柱扭曲变形情况

比较 3#、4# 工字钢柱（图 4），两柱均发生扭曲变形，比较特殊的是两柱向不同方向扭曲，说明两柱受热方向不同，即迎火面不同，钢柱在受热过程中受承载力方向和大小是相同的，但受热辐射方向不同，温度较高一面首先发生强度下降，在相同牵引力作用下，发生反方向扭曲变形，说明起火部位位于两柱中间或距离较近的侧方位置。

4　应用比较法的作用

在钢结构火灾中，由于钢构件的金属特性，受热会发生直观的变色和变形特征，比较法应用在钢结构火灾调查中，能够使调查过程严谨完整，同时提高工作效率。本起案例中，通过比较彩钢顶变色和钢柱变形情况，得到的起火部位一致，在询问证人和物证提取送检等取证工作中也得到了相互验证，快速查清了火灾事实。结合案例和应用分析，可以总结比较法在火灾调查过程中的应用价值。

（1）有利于去繁就简，总结共同属性，证明火灾事实。在火灾现场钢结构痕迹中，找出能够证明火灾属性的同类痕迹、物证，明确指向性和排他性，达到快速高效分析所需要的证明作用。

（2）有利于存同去异，否定差异干扰，保证唯一性。对现场的钢构件痕迹、物证进行归类比较，分析出矛盾、差异的原因，剔除干扰因素，起到痕迹、物证的相互印证作用。

（3）有利于去伪存真，明确内在关联，确保证据链完整。通过对钢构件不同痕迹的比较，可以验证痕迹的真实性、关联性，做到证明作用完整、统一。

参考文献

[1] 应急管理部消防救援局. 火灾调查与处理 [M]. 北京：新华出版社，2021.

[2] 郝存继. 钢结构建筑火灾现场勘查方法 [J]. 消防科学与技术，2014，33（7）：842-844.

[3] 贺涛. 试论比较法在火灾调查中的运用 [C]//2017 年电气防火专业委员会会议.2017

[4] 陶李华，沈梁. 轻型钢结构建筑火灾痕迹特性分析 [J]. 消防科学与技术，2005（3）：366-369.

[5] 吴蓉. 谈彩钢板建筑火灾特点及火灾调查方法 [J]. 武警学院学报，2013，29（8）：95-96.

[6] 郭清泉，陈焕钦. 金属腐蚀与涂层防护 [J]. 合成材料老化与应用，2003（4）：36-39.

[7] 张超. 彩钢板临时建筑的火灾原因调查 [J]. 消防科学与技术，2017，36（9）：1324-1327.

[8] 宋刚. 钢结构建筑火灾调查研究 [J]. 工程建设与设计，2022（22）：226-228.

[9] 陈永明，付振平，郭必泛，等. 防火涂料的研究进展 [J]. 涂料工业，2024，54（3）：54-58，65.

[10] 强旭红，罗永峰，罗准，等. 钢结构构件火灾后材料性能试验研究 [J]. 土木工程学报，2009，42（7）：28-35.

火灾自动报警系统数据在火灾调查中的应用分析

孙　杰

（中山市消防救援支队黄圃大队，广东　中山　528429）

摘　要：当今社会，随着人类活动的快速发展，超高层公共建筑、大型综合体、高层工业建筑等各式建筑如雨后春笋般出现，由此带来的各种突发事故严重威胁着人们生命和财产安全。火灾自动报警系统在火灾调查中扮演着至关重要的角色。该系统能够及时检测到火灾发生的早期信号，如烟雾、热量和火焰等，并迅速发出警报，从而为火灾的早期发现、早期处理提供重要信息。

关键词：火灾自动报警系统；电子数据；提取；分析

1　火灾自动报警系统概述

火灾自动报警系统是一种建立在感知、处理和传输技术上的综合应用系统，由控制器、探测器、消防电话、报警按钮、声光报警器等组成。探测器是检测火灾的主要部件，控制器则是火灾自动报警系统的核心部件，探测器发出的信号传至控制器，控制器根据信号的类型和强度进行判断和处理，发出报警信号，触发声光报警器并向消防电话发送信号，以便值班人员及时采取措施。这些设备和系统的联动可以在火灾发生时协同作战，增强火灾预防和消防救援的能力，同时系统在运行中也会记录下所有的手动操作和自动动作记录。

火灾自动报警系统常见术语和定义如下。

（1）主电故障，即市电 220 V 停止供电。

（2）主电故障恢复，即市电 220 V 恢复供电。

（3）复位，即消防火灾自动报警控制器进行重置，以恢复系统的正常状态。

（4）回路板故障，火灾自动报警控制器可配置多个回路板，每个回路板最多容纳 8 个子回路，且每个子回路最多可容纳 200 个报警、联动设备（即感烟探测器、手动报警按钮、声光报警器等现场设备），当某个回路板某个子回路后端通信总线出现线路短路故障现象时，该子回路自动保护启动，同时该子回路的所有后端设备全部瘫痪不能正常工作，且控制器屏幕显示回路故障。

（5）火灾自动报警控制器时钟，火灾自动报警控制器时钟格式为年月日时分秒；控制器的时钟为人工手动设定，由于长时间运行或人为设定偏差，控制器时钟的分、秒会出现与标准北京时间有一定的误差。

2　火灾自动报警系统后台数据在火灾调查中的特点

2.1　存储的信息数量更全面

以北大青鸟 JBF-TT-11SF 型号主机为例，该主机最大存储信息为 999 条，而主板的后台数据最大可存储 100 000 条信息（图 1）；主机储存的被覆盖数据，只要在主板的储存范围内没有被覆盖，就可以进行恢复操作。如图 2 所示主机显示 2021 年 10 月 14 日后的数据被覆盖到 2021 年 9 月 28 日，但经过主板的后台数据提取，恢复了被覆盖的 2021 年 9 月 29 日至 2021 年 10 月 13 日的数据（图 3）。这些后台数据可以在火灾发生期间以及火灾发生后期的调查阶段提供详尽的材料，以便为后续开展相关的工作提供有关的证据。

作者简介：孙杰，男，汉族，广东省中山市消防救援支队黄圃大队，中级专业技术职务，主要从事火灾调查和消防监督管理工作。地址：广东省中山市黄圃镇兴圃大队黄圃消防大队，528429。

19970	2021/11/24	10:50:17	4-139	感烟故障	厂房天面楼梯烟感
19971	2021/11/24	10:50:17	3-87	感烟故障	厂房二层烟感
19972	2021/11/24	10:50:17	2-116	感烟故障	厂房首层烟感
19973	2021/11/24	10:50:17	4-138	感烟故障	厂房电梯机房烟感
19974	2021/11/24	10:50:17	3-86	感烟故障	厂房二层烟感
19975	2021/11/24	10:50:17	2-115	感烟故障	厂房首层烟感
19976	2021/11/24	10:50:17	4-137	感烟故障	厂房电梯机房烟感
19977	2021/11/24	10:50:17	3-85	感烟故障	厂房二层烟感
19978	2021/11/24	10:50:17	2-114	感烟故障	厂房首层烟感
19979	2021/11/24	10:50:17	4-136	感烟故障	厂房电梯机房烟感
19980	2021/11/24	10:50:17	3-84	感烟故障	厂房二层烟感
19981	2021/11/24	10:50:17	2-113	感烟故障	厂房首层烟感
19982	2021/11/24	10:50:17	4-135	感烟故障	厂房电梯机房烟感
19983	2021/11/24	10:50:17	3-83	感烟故障	厂房二层烟感
19984	2021/11/24	10:50:17	2-112	感烟故障	厂房首层烟感
19985	2021/11/24	10:50:17	4-134	感烟故障	厂房机房层烟感
19986	2021/11/24	10:50:17	3-82	感烟故障	厂房二层烟感
19987	2021/11/24	10:50:17	1-149	输入输出模块故障	厂房首层声光
19988	2021/11/24	10:50:17	2-111	感烟故障	厂房首层烟感
19989					

图1　火灾自动报警系统后台数据查询到近2万条

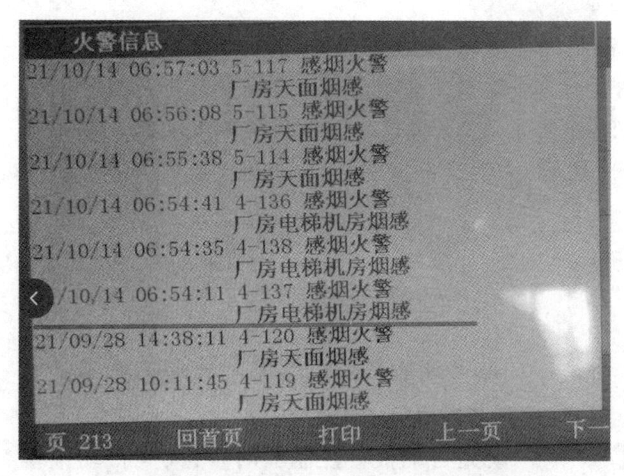

图2　主机显示2021年10月14日后的数据被覆盖到2021年9月28日

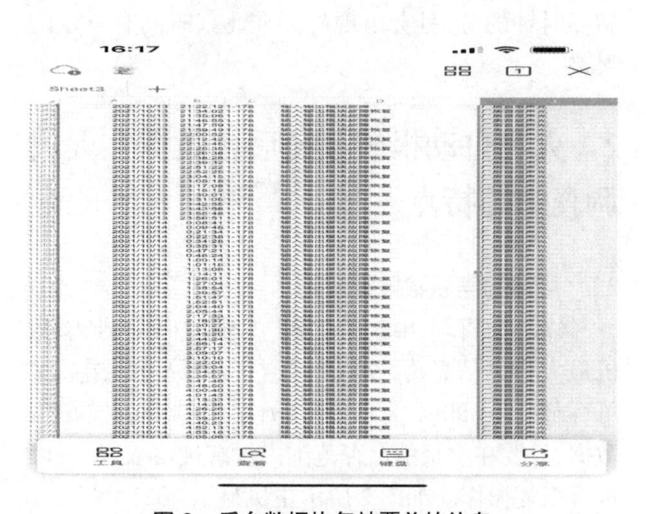

图3　后台数据恢复被覆盖的信息

2.2　存储的信息可按不同类别分类，进一步丰富分析角度

后台导出的数据可导入电子表格中，按照报警类别、事件时间、报警地址等进行分类，如可以将一个区域火灾前1小时的故障类报警选出来，进而专项研究该区域火灾前1小时消防设备的故障情况，更加精准地寻找规律（图4）；也可以按照多线控制盘上设备的启动顺序，印证相关的询问笔录和确定火灾蔓延的方向。

11293	2021/10/14	6:54:11	4-137	感烟火警	厂房电梯机房烟感
11294	2021/10/14	6:54:35	4-138	感烟火警	厂房电梯机房烟感
11295	2021/10/14	6:54:41	4-136	感烟火警	厂房电梯机房烟感
11296	2021/10/14	6:55:38	5-114	感烟火警	厂房天面烟感
11297	2021/10/14	6:56:08	5-115	感烟火警	厂房天面烟感
11298	2021/10/14	6:57:03	5-120	感烟火警	厂房天面楼梯烟感
11299	2021/10/14	6:57:03	5-117	感烟火警	厂房天面烟感
11300	2021/10/14	6:57:15	5-116	感烟火警	厂房天面烟感
11301	2021/10/14	6:57:42	5-108	感烟火警	厂房天面烟感
11302	2021/10/14	6:58:13	3-159	感烟火警	天面烟感
11303	2021/10/14	6:58:16	3-160	感烟火警	天面烟感
11304	2021/10/14	6:58:46	1多线-1		反馈
11305	2021/10/14	6:58:47	1多线-1		反馈撤销
11306	2021/10/14	6:58:58	5-113	感烟火警	厂房天面烟感
11307	2021/10/14	6:59:10	5-107	感烟火警	厂房天面烟感
11308	2021/10/14	6:59:19	4-124	感烟火警	厂房天面烟感
11309	2021/10/14	6:59:26	1多线-1		反馈
11310	2021/10/14	6:59:28	4-122	感烟火警	厂房天面烟感
11311	2021/10/14	6:59:31	1多线-1		反馈撤销
11312	2021/10/14	6:59:34	4-123	感烟火警	厂房天面烟感
11313	2021/10/14	6:59:34	4-121	感烟火警	厂房天面烟感
11314	2021/10/14	6:59:40	4-134	感烟火警	厂房机房层烟感
11315	2021/10/14	6:59:49	5-106	感烟火警	厂房天面烟感
11316	2021/10/14	6:59:55	5-111	感烟火警	厂房天面烟感
11317	2021/10/14	6:59:55	5-105	感烟火警	厂房天面烟感
11318	2021/10/14	7:00:00	1多线-1		反馈
11319	2021/10/14	7:00:01	5-109	感烟火警	厂房天面烟感
11320	2021/10/14	7:00:05	1多线-1		反馈撤销

图4　将火警类别归类在一起更加方便观察火灾发展规律

2.3　存储的信息可进一步丰富证据体系

若在火灾自动报警系统正常运行过程中发生火灾，系统能够真实地记录火灾发生的一些情况，将火灾自动报警系统的后台数据转换成以电子信息形式存在的数据集，反映事故现场的情况，可以为火灾原因的调查提供真实且充足的现场证据和强有力的数据支撑。

3　火灾自动报警数据在火灾调查中所发挥的具体作用

3.1　充分证明火灾发生的时间

在火灾事故中，火灾发生的时间指的是着火点可燃物开始燃烧的时间，在对火灾事故展开调查时，应对火灾发生的具体时间进行精准的判断。火灾自动报警系统通过安装在建筑物内的各种探测器，如烟感探测器、温感探测器和火焰探测器等，实时监测环境中的异常变化。一旦检测到火灾迹象，系统会立即发出警报。我们通过安装在火灾现场的火灾探测设施就可以直接调取出探测器感应到火灾发生的具体时间，即便该时间存在一定的误差，我们也可以通过科学、合理的推算来获取较为准确的火灾发生时间。

3.2　充分证明起火部位

在对火灾事故开展调查的过程中，对火灾发生的起火部位进行精准的判断，对于调查整个火灾事故具有十分重要的作用。火灾自动报警系统会记录火灾发生的时间、地点、报警顺序等关键信息，这些数据对于火灾原因的调查分析具有重要意义。通过分析这些数据，调查人员可以推断火灾的起始位置、蔓延速度和可能的起火原因。因此，在实际工作中，我们可以利用火灾探测器最先发现火灾的部位进行分析，结合现场痕迹来推断起火部位。火灾自动报警系统数据记录了现场火灾的蔓延情况，还可以较为全面地反映火灾现场发生火灾时的状况，从而为调查人员分析火灾的具体成因提供科学的数据支撑。

3.3 充分明确火灾的性质

一般来讲，根据火灾发生的原因可以将火灾的性质归结为三种，即人为纵火、可燃物失火以及爆炸等引起的意外起火。火灾自动报警系统数据能够对火灾现场的周围情况进行一定程度真实的还原和反映，进而对采集到的有效火灾数据进行辨别与分析，从而对火灾发生的真正原因进行判断，对火灾发生时是否存在人为干预以及是否属于人为纵火等，结合具体的数据和环境进行判断，以便对火灾的具体性质做出明确判定。

4 火灾自动报警系统数据在火灾调查中应注意的事项

4.1 不损害原有数据

进行取证操作时，不得与原有电子数据证据发生数据交互，采用只读锁屏蔽写入数据，从而确保证据的原始性，确保证据具有司法有效性。常用“哈希值”校验确定电子数据的原始性，哈希值是一段数据唯一且极其紧凑的数值表示形式。如果散列一段明文，而且哪怕只更改该段落的一个字节，哈希值都会发生改变。

4.2 对所有操作如实记录

按照《公安机关办理刑事案件电子数据取证规则》第十九条规定，现场提取电子数据应当制作《电子数据现场提取笔录》，注明电子数据的来源、事由和目的、对象，提取电子数据的时间、地点、方法、过程，不能扣押原始存储介质的原因、原始存储介质的存放地点，并附《电子数据提取固定清单》，注明类别、文件格式、完整性校验值等，由侦查人员、电子数据持有人（提供人）签名或者盖章。电子数据持有人（提供人）无法签名或者拒绝签名的，应当在笔录中注明，由见证人签名或者盖章。

4.3 遵循相关法律法规

按照电子数据证据化的思路，应该在勘验取证过程中按照相关规定进行合法取证，包括获取、固定、提取、分析、归档、出示电子数据作为认定事实的过程，取和证是一个闭环的过程，最终的目标是形成证据链。

4.4 注意和其他证据的配合

虽说火灾自动报警系统数据在火灾现场当中能够发挥出十分重要的作用，但其所反映的与火灾现场有关的数据信息通常不具备直观性，而需要首先对其进行分析和识别，然后才可以将其当作相关的证据来使用。而为了尽快完成对火灾发生原因的调查，还需将电子数据信息与其他火灾证据进行综合使用，以保证火灾数据链的完整性和协调性。

参考文献

[1] 陈绍水. 浅谈火灾自动报警系统设计应用 [J]. 居业，2023(11)：96-98.
[2] 路庄. 探讨电子数据在火灾调查中的作用 [J]. 电子元器件与信息技术，2022，6(6)：69-72.
[3] 敬怡凡. 关于火灾调查中证据审查的思考 [C]// 中国消防协会科学技术年会论文集，2023：733-736.

调查实验在火灾调查中的作用与思考

李　瑄

（珠海市消防救援支队，广东　珠海　519000）

摘　要：本文通过剖析两起火灾的调查实验应用实例，对调查实验这一技术手段在火灾原因认定中的作用进行深入思考，提出在充分发挥调查实验在火灾调查工作中的巨大作用的情形下，增强调查实验的规范性和科学性以及确保调查实验结论的真实性和可靠性的建议，不断提高火灾原因认定的准确性。

关键词：调查实验；量化分析；科学；火灾

1　引言

调查实验作为火灾调查中的一个重要技术手段，可以在火灾现场或实验现场开展，能够验证火灾调查的假设和重现火灾发生过程。调查实验能够为准确认定火灾起因及其发展过程提供不可或缺的复原实践和量化证据支撑，极大增强调查结论的可靠性与准确性，同时也为预防同类型火灾事故提供宝贵的参考资料，提升火灾防控工作的广度与深度。

2　调查实验案例剖析

2.1　一起过失引发火灾案例

2.1.1　调查情况

某地一大厦发生火灾，起火部位位于大厦副楼一楼的员工食堂，过火面积约 12.64 m²，直接经济损失约 4.8 万元，无人员伤亡。

勘查发现，该食堂北部仓库全部过火，仓库内冰箱、微波炉等电器设备均未通电，仓库北墙瓷砖大部分被烧脱落，烟熏痕迹浓重，北墙中部摆放的铁架第 1 层外侧铁杆受热中间向下弯曲变形，如图 1 所示。调查人员认定起火部位位于仓库北墙铁架处。

经调查询问和视频分析发现，事故发生前，仓库内使用灭蟑烟剂进行消杀，初步分析起火原因可能是点燃的灭蟑烟剂引燃相邻可燃物引发火灾。

2.1.2　调查实验

经调查了解，同款灭蟑烟剂使用方法是先点燃灭蟑烟剂，如出现明火，马上熄灭即会持续冒烟，如灭蟑烟剂未及时熄灭会出现不冒烟只着火的情形。为了验证灭蟑烟剂起火过程，调查组对灭蟑烟剂的引燃能力进行了调查实验。按照火灾现场布置纸质包装等物品，将 1 个点燃的灭蟑烟剂贴邻放置在纸质包装物（瓦楞纸）外侧，模拟食堂消杀作业，实验共进行 2 次，第 1 次实验开始 15 min 后，与灭蟑烟剂贴邻的纸质包装物外表面被高温烘烤而出现焦化和炭化，但直到实验结束纸质包装物未被点燃；第 2 次实验开始 17 min 后，与灭蟑烟剂贴邻的纸质包装物外表面处被烧出一直径约 4 cm 的孔洞，纸质包装物发生阴燃起火现象，如图 2 所示。

2.1.3　实验结论

在室温条件下，灭蟑烟剂被点燃释放烟气后，表面温度能长时间保持在 180 ℃以上的高温状态，可以点燃贴邻的瓦楞纸等纸质包装物。

2.1.4　火灾原因认定

调查组综合视频分析、现场勘验、调查询问和调查实验等线索证据，认定该起火灾原因为点燃的灭蟑烟剂引燃相邻可燃物所致。

2.2　一起放火案例

2.2.1　火灾基本情况

2024 年 5 月 15 日 21 时 50 分许，某小区 3 栋 2110 房发生火灾，火灾造成 1 人死亡。起火场所为 1 房 1 厅结构住宅，建筑面积为 37 m²，如图 3 所示。

作者简介：李瑄（1989—），女，广东省珠海市消防救援支队，中级专业技术职务，主要从事消防监督管理和火灾调查工作。地址：广东省珠海市金湾区金铭东路 576 号，519000。

图 1　仓库现场勘验情况

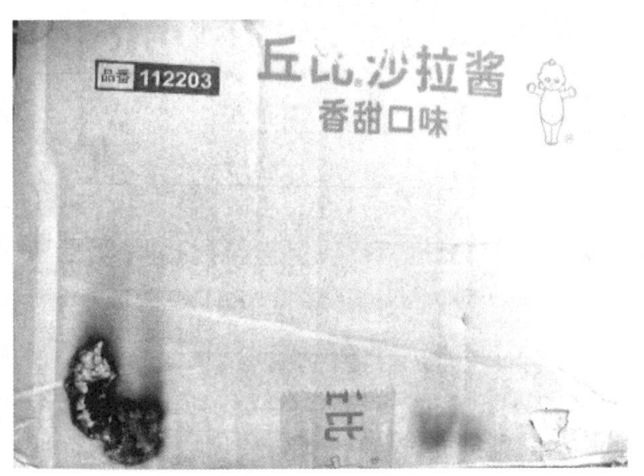

图 2　灭蟑烟剂调查实验照片

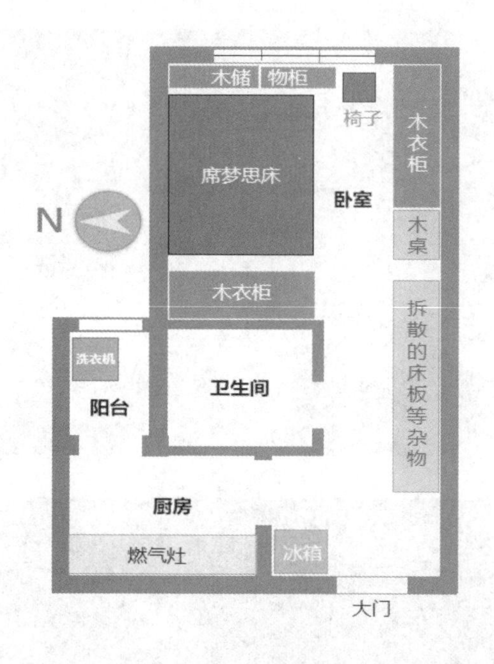

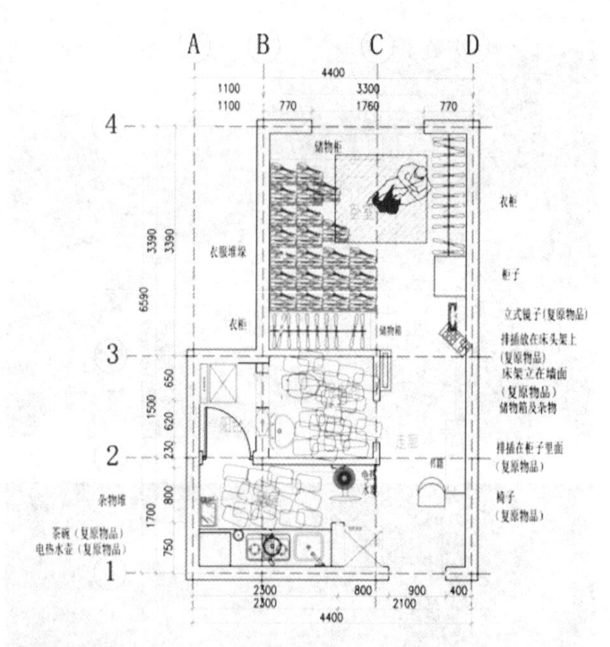

图 3　2110 房平面图

2.2.2　调查情况

（1）现场勘验。2110 房卧室东南角烧毁最严重，卧室内的木床、席梦思床垫、衣柜等家具以及生活用品均过火，初步认定起火部位位于卧室东南角靠窗座椅和床垫附近，起火部位提取 1 个过火变形的一次性打火机，如图 4 所示。

图 4　起火部位情况（虚线圈框处为打火机残骸）

（2）物证鉴定。对起火部位燃烧残留物进行检验鉴定，未检出汽油、煤油、柴油成分。

（3）调查询问。经询问死者家属，死者有抽烟习惯、好饮酒，发生火灾当晚有证据证明死者存在喝酒行为。

（4）行为特征。分析小区和电梯监控视频发现，火灾发生前，死者存在躲避摄像头和邻居，乘坐电梯经家门不回而是到楼顶等异常行为。

（5）光量分析。对 2110 房东墙窗户的亮光进行光量分析发现，当日 21 时 40 分 42 秒，2110 房东窗开始出现明显亮光；21 时 41 分 07 秒（25 秒后），2110 房东窗亮光变大后逐渐减弱；21 时 43 分 25 秒，2110 房东窗出现一个一闪而灭的橙色亮光，持续时长 360 ms（结合现场勘查线索，判断该短暂亮光是一次性打火机受热爆裂，填充的可燃气体被引燃所致），如图 5 所示；对 2110 房东窗亮度的定量分析发现，东窗亮度变化特征与助燃剂参与燃烧特征不吻合，与明火或阴燃起火特征吻合，如图 6 所示。

综合现场勘验、调查询问、视频分析线索，可认定该起火灾起火原因可以排除雷击、外来火源、电气线路故障等因素，不能排除遗留火种和放火因素。

2.2.3　调查实验

分析该起火灾的起火原因有两种可能因素：一是遗留火种（如烟头引起床垫、床褥等物质阴燃起火）；二是故意放火（如打火机引燃床垫、被褥后明火燃烧）。为进一步验证分析意见，确定事故性质，调查人员根据现场布局及物品摆放设置实验现场，研究与火场相似的卧室环境中，烟头和明火对床垫、被褥、枕头等可燃物的引燃能力和亮度变化规律，为认定起火原因提供佐证。

（1）烟头引燃能力实验。进行了 4 组实验，分别是烟头放置在枕头上表面引燃实验、烟头放置在枕头和床单之间引燃实验、烟头放置在枕头与床垫之间引燃实验、烟头放置在被褥表面引燃实验，见表 1。

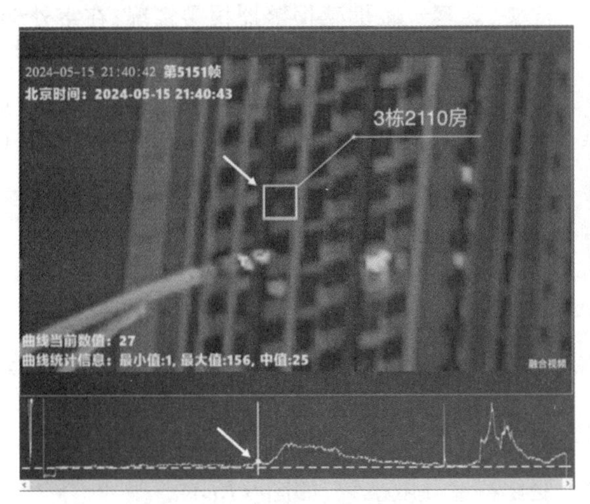

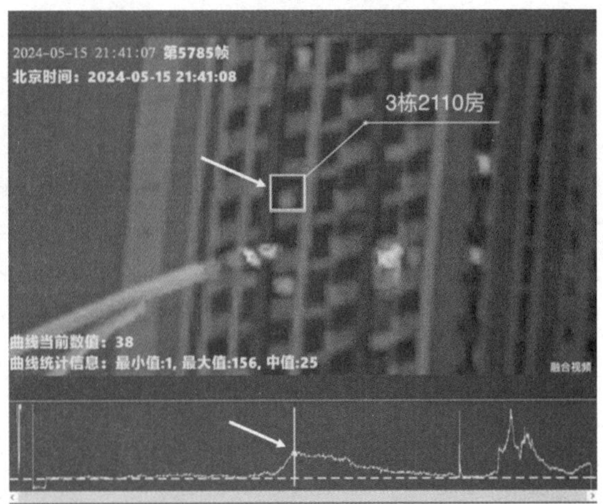

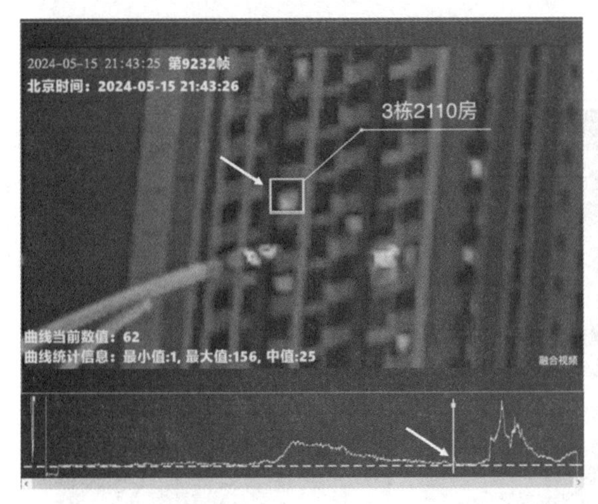

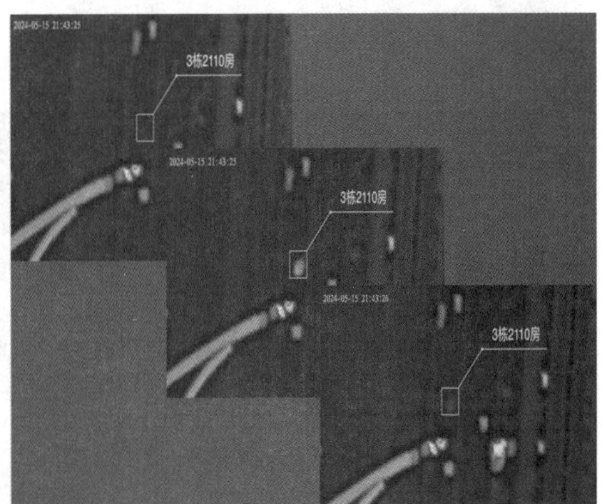

图 5　2110 房东窗光量分析

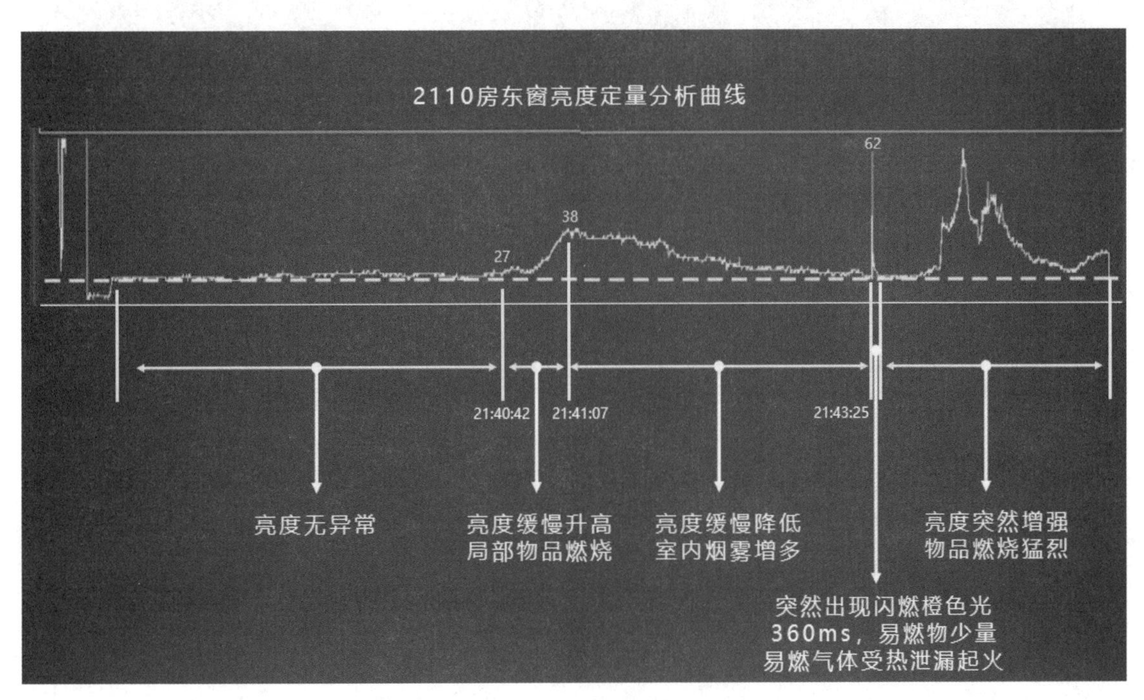

图 6　2110 房东窗亮度定量分析曲线

表 1　烟头对床垫、被褥、枕头等可燃物的引燃能力实验记录表

实验 1	点燃烟头放置在枕头上表面，接触时间 12 分 17 秒，点燃的烟头自行熄灭，未能引燃枕头和其他可燃物
实验 2	点燃烟头放置在枕头与床单之间，接触时间约 31 分 34 秒，点燃的烟头自行熄灭，未能引燃枕头、床单等其他可燃物
实验 3	点燃烟头放置在枕头与床垫之间，接触时间 33 分 10 秒，枕头边沿烟雾消失，枕头上表面无明显炭化痕迹，点燃的烟头未能引燃枕头、床垫等相邻可燃物
实验 4	点燃烟头放置在被褥表面，接触时间 13 分 16 秒，点燃的烟头自行熄灭，未能引燃被褥、床垫等其他可燃物

（2）明火引燃能力实验。使用打火机点燃卧室枕头，观察走廊烟感报警器报警情况；在室外架设摄像头，记录卧室窗户亮光变化情况，如图 7 所示；将实验现场窗户的亮光与 2110 房东窗亮光进行亮度定量分析，对燃烧后的亮度变化特性进行分析比对，如图 8 所示。

2.2.4　实验结论

（1）点燃的烟头无法引燃火灾现场同类型的化纤被褥，不易引燃同类型棉被。

（2）通过视频比对，明火引燃枕头的调查实验从走廊烟感报警器报警时间、明火熄灭时间、火势蔓延、火光、烟气变化等特征与 2110 房东窗火光、燃烧变化特性高度一致，如图 9 所示。

室内

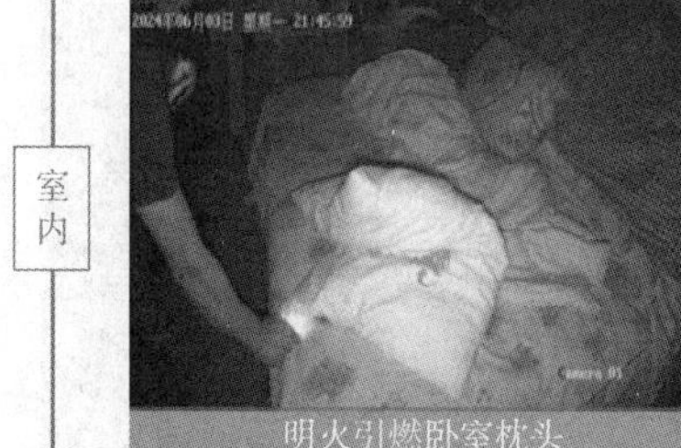

室外

图 7　明火引燃实验过程照片

图 8　调查实验窗户亮度定量分析图片

序号	火灾视频			调查实验视频		
1	北京时间	间隔时间	视频特征	北京时间	间隔时间	视频特征
2	21:37:55	0	2110房东窗出现微光	21:45:59	0	明火引燃枕头和其他可燃物
3	21:40:42	2min47s	东窗出现明显火光	21:51:00	5min1s	窗户可见光逐渐增加
4	21:41:07	3min12s	东窗火光逐渐减弱	21:54:08	8min9s	走廊烟感探头报警,窗户有明显火光
5	21:44:07	6min12s	东窗火光开始变大	21:56:00	10min1s	窗户可见光开始下降
6	21:44:14	6min19s	走廊烟感探头报火警	21:59:00	13min1s	窗户可见度基本消失
7	22:02:00	24min25s	东窗火光变小	22:07:00	21min1s	自行熄灭

图 9　调查实验火灾视频特征与火场视频特征对比表

2.2.5　火灾原因认定

通过调查实验可辨别 2110 房起火亮光变化特征与遗留火种起火燃烧的亮度变化特征不吻合，与明火引燃床褥起火的亮度变化特征吻合，调查组综合分析认定起火原因存在人为放火嫌疑，移交公安部门立案侦查。

3　调查实验在火灾原因认定中作用的思考

3.1　科学设计调查实验方案是核心

调查实验结果越科学，其结论越具有说服力，因此要求火灾调查人员不仅要重视对实验过程的严谨设计，相同条件反复进行实验，并根据调查进程不断优化实验方法，确保实验结果的可靠性和真实性，还要求火灾调查人员对于实验结果的分析和解读应当基于科学原理和方法。上述放火案例中运用“视频分析 + 调查实验”相结合的定性定量分析手段，并根据燃烧亮光变化规律成功认定火灾原因，调查实验对该起案件移交起到了重要的支撑作用。

3.2　客观还原事故发生经过是目标

灭蟑烟剂在公共场所以及密闭空间应用较多，对于其引燃能力的研究很少，相关实验数据和案例也缺乏，通过灭蟑烟剂引燃调查实验将火灾发生的过程加以全景再现，验证了初期分析意见，对火灾原因认定提供了重要证据支撑，也在一定程度上让公众对灭蟑烟剂在使用过程中的火灾风险有了清晰的认识。

3.3　辩证运用调查实验结论是保障

调查实验能够展示火灾的某些特定现象或事故发生的可能性，火灾调查人员通过调查实验能够验证调查初期的假设判断,进而认定火灾原因,但是火灾现场是复杂的、充满不确定性的,有限的调查实验结果不足以确立事故发生的必然性,这就要求火灾调查人员全面收集火灾现场的显性和隐性证据,对火灾现场进行细致分析后,筛选出拥有充分事实依据和证据支持的分析结论,以确立调查实验的条件和方法,减少调查实验的盲目性和局限性。

3.4　准确认识调查实验结论的作用

火灾原因的认定,需要火灾调查人员根据科学原理、经验法则、逻辑规则来研判证据和认定事实,火灾调查实验是显著增强火灾调查人员内心确定性的重要方法,我们也应看到火灾调查实验报告不是直接证据,但其可以与言词证据、实物证据形成互相验证、互相补强的完整证据链,能够更容易让当事人接受和信服认定的原因。因此,根据调查需要开展调查实验时,必须依据法定原则和方法进行实验,注重实验过程的记录,可邀请火灾当事人见证,这样才能在火灾案件司法诉讼中掌握主动权。

4　结语

调查实验在当前法治背景下扮演着重要角色,它不仅是精准认定火灾原因的重要手段,也是更能说服当事人接受火灾原因的直观证据,有助于提高火灾调查的透明度和公信力。因此,在火灾调查过程中,要重视火灾调查实验的价值和意义;在开展调查实验过程中,要通过科学的实验方法验证火灾起因的可能性,并与火场重构、视频分析、音频分析、电子数据分析等技术手段相结合,增加火灾调查结论的科学性、客观性和权威性,维护火灾当事人的合法权益。

参考文献

[1] 中华人民共和国应急管理部. 火灾原因认定规则: XF 1301—2016[S]. 北京:中国标准出版社,2016.

[2] 吴钢. 火场调查实验在火灾认定中的重要性探讨 [J]. 消防科学与技术,2021,40(8):1263-1265.

[3] 刘培江. 火灾现场实验在火灾事故调查中的作用分析 [J]. 今日消防,2022,7(7):115-117.

[4] 应急管理部消防救援局. 火灾调查与处理(中级篇)[M]. 北京:新华出版社,2021.

浅谈调查询问在一起粉尘爆炸火灾调查中的应用

杨　锐

（惠来县消防救援大队，广东　揭阳　522000）

摘　要：本文以一起粉尘爆炸火灾事故调查为背景，探讨调查询问在该起火灾调查中的应用，通过对当事人的调查询问获取关键证据，结合现场勘查、视频分析和调查实验等技术手段，查明火灾原因。该起火灾调查案例，使火灾调查人员进一步了解调查询问的重要性和调查询问技战术，为火灾事故调查同行提供借鉴与参考。

关键词：搅拌机；视频分析；调查询问；粉尘爆炸

1　引言

调查询问是火灾调查人员第一时间掌握火灾现场基本情况最经济、快捷的渠道，可以帮助调查人员缩小调查范围，明确调查方向。但现实中，被询问人会因利害关系做出包庇或陷害他人的不实证言，也会为了转移目标、推卸责任而在调查询问过程中刻意隐瞒不利于自己的情节。因此，火灾调查人员必须结合现场勘查、音视频分析、电子数据分析等技术手段对被询问人的证言进行甄别和查验。

2　火灾调查案例

2.1　基本情况

2024 年 7 月 8 日 11 时 23 分许，某市一工厂发生火灾，2 号厂房最先起火，该厂房为钢筋混凝土墙面和彩钢板屋顶结构的单层结构建筑，过火面积约 200 m^2，如图 1 所示。火灾烧毁存放的增韧剂（MBS）、丙烯酸树脂（S-2001）、工程塑胶助剂（GM-701）和相溶剂（马来酸酐接枝 PP、PE、ABS）一批，造成 2 人死亡（死者均为打包封装人员）、4 人受伤，在当地造成较大的社会影响。

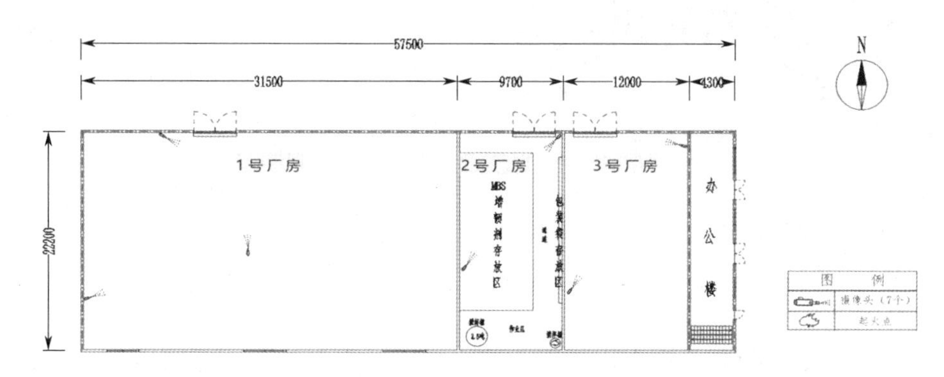

图 1　起火工厂平面图

2.2　工艺流程

将丙烯酸树脂和工程塑胶助剂按 9∶1 的比例倒入搅拌机进料口，通过搅拌机内螺旋杆将物料混合搅拌均匀，搅拌时间为 10 min，员工从出料口倒出成品进行称重、打包和封装。

作者简介：杨锐（1991—），男，土家族，广东省揭阳市惠来县消防救援大队，初级专业技术职务，主要从事火灾调查、防火监督工作。地址：广东省揭阳市榕城区，522000。电话：13580189119。邮箱：371683614@qq.com

2.3　调查询问

调查人员第一时间对 2 号厂房老板魏某和现场逃生员工进行询问。事故发生时，魏某以及 5 名工作人员正在 2 号厂房东南角的立式搅拌机周围打包、封装增韧剂，突然听到“砰”的一声响，搅拌机发生着火；事故发生前，大家都没有发现异常情况。

2.4　现场勘查

2 号厂房全部过火并发生坍塌，厂房内部的物料和机器设备全部过火，如图 2 和图 3 所示。

图 2　2 号厂房火灾后俯视图

图 3　2 号厂房东南角立式搅拌机残骸

2.5　音视频分析

调查人员在 2 号厂房西南角提取了 1 个视频监控（1 号监控，见图 4），受到摄像头角度影响，该监控无法直接拍到爆炸过程，且因主机损坏无法进行时间校准。但通过音频软件分析，发现在爆炸前 2 分钟的音频出现搅拌机“异响”声音，如图 5 所示。

2.6　调查小结

因救援需要，2 号厂房已经被挖掘机全面清理，大部分物品发生位移，现有证据无法准确认定起火时间、起火部位和起火原因，火灾调查工作进入瓶颈期。

图 4　1 号监控视频画面

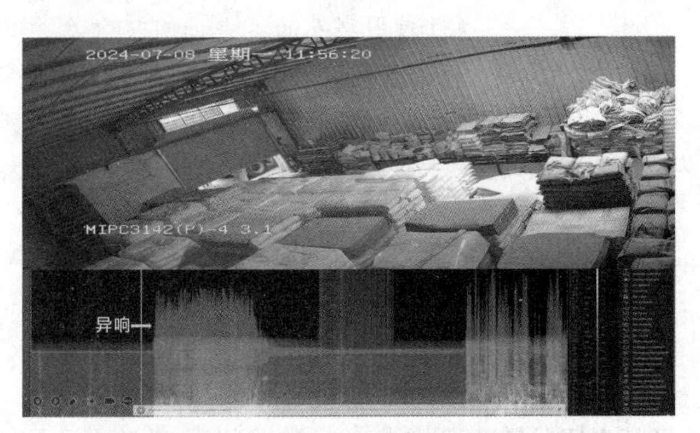

图 5　1 号监控音频产生“异响”的语谱图

调查人员进一步梳理现有证据，分析可能突破的方向，最终确定主攻调查询问现场逃生人员，摸查 4 方面问题：一是前期调查询问中所有人都说在爆炸发生前没看见或者听见任何异常情况，这与音视频分析结果不符，说明老板魏某和员工还存在戒备心理，向调查人员刻意隐瞒了某些情况；二是老板魏某反映工厂内部没有可以直接看到生产过程的监控，按照常理，工厂老板一般都会在关键位置安装监控，方便查看员工的工作状态；三是该厂房的搅拌机近期是否出现故障，平时的维修保养情况如何；四是找到涉事搅拌机的生产厂家或者生产增韧剂（MBS）成品的同行，详细了解正常工艺流程中会出现的危险点和易发故障点。

2.7　调查询问

2.7.1　对同类型搅拌机生产厂家询问

通过现场询问搅拌机生产厂家得知一个十分关键的信息：火灾现场的立式搅拌机适合搅拌颗粒状的物料，不适用于搅拌粉末状的物料，因为容易导致粉末进入轴承内部，造成轴承润滑失效，出现干磨、损坏等故障，粉末状的物料需使用卧式搅拌机搅拌，但是卧式搅拌机的价格会比立式搅拌机高，很多厂家为节省经费，错误选用立式搅拌机搅拌粉末状的物料，安全隐患大。

2.7.2 对搅拌机维修工询问

通过询问负责该厂房搅拌机日常维修的张某了解到:该厂房老板魏某共找他更换了3次立式搅拌机的轴承,更换的原因皆是粉末进入轴承,造成轴承损坏,3次更换轴承的时间分别为2023年10月14日、2024年5月15日、2024年6月29日。其中,第1次与第2次更换轴承的间隔时间为7个月,第2次与第3次更换轴承的间隔时间为1.5个月,时间间隔明显缩短。

2.7.3 对工厂老板询问

掌握了搅拌机生产厂家和维修工张某提供的关键信息后,调查组联合公安机关对该厂房老板魏某再次开展针对性询问,魏某得知调查组掌握的信息后,心理防线逐渐被击破,最终坦白交代:一是厂房内还安装有另一个监控(2号监控),可以在魏某手机软件上观察员工在搅拌机周围的工作状态;二是由于近期粉末状物料的订单较多,立式搅拌机的使用频率较高,轴承出现故障更换较快,购买轴承时才通过轴承卖家了解到立式搅拌机不适合搅拌粉末状的物料。

2.7.4 对该厂房主管询问

再次询问该厂房主管了解到:立式搅拌机在爆炸前,有员工向她反映搅拌机出现"异响",立刻叫工人把搅拌机停下来,但是由于出料太慢,后面工人打开了搅拌机,几分钟之后搅拌机就爆炸了。

2.7.5 视频分析

调查人员通过调查询问获取线索后,第一时间查看2号监控视频,发现起火爆炸时间为北京时间当11时21分36秒,如图6和图7所示。

图6 搅拌机上部冒烟

图7 搅拌机出现明火

2.8 火灾原因认定

2.8.1 排除搅拌机底部轴承故障引起火灾因素

一是搅拌机内的螺旋杆底部没有与搅拌机罐发生刮擦的痕迹;二是经过拆解发现底部轴承润滑油无异常;三是最先发生粉末状物料溢出的是上部观察孔,排除底部轴承故障发热,引燃增塑剂粉末起火,粉末和火焰从底部进料口溢出因素。

2.8.2 物证鉴定

经鉴定,搅拌机上部轴承内部残留物成分为搅拌的增塑剂;搅拌机内部残留增塑剂粉末为易燃粉末。

综上所述,该起火灾起火原因是2号厂房东南角立式搅拌机上部轴承故障发热引起粉尘起火爆炸。

3 关于调查询问技巧运用的几点思考

灵活运用多种调查询问技巧是成功开展调查询问的关键。调查询问人员必须熟练掌握细节判定、广泛询问、心理攻坚等询问技巧,以火场勘查结果和电子数据分析结论为基础,发现当事人笔录中的矛盾点,进而对被询问人进行第2次、第3次询问,逐步压缩被询问人的撒谎空间,直至坦白承认事实真相。

3.1 细节判定法

在实际工作中,被询问对象会通过编造谎言来实施谎供行为,谎供行为在火灾调查中较为普遍,如果不能快速辨别,将会带偏调查的方向,造成大量的人力、物力和精力的浪费,从而导致询问进程滞后,所以能否快速识别谎言是调查询问初期阶段的一个关键环节。有经验的调查人员会根据现场勘查情况和物证分析等事实运用"明知故问""无中生有"等技巧询问案情细节来判定。一是看与现有证据是否相互矛盾。被询问对象编造的谎言再完美,如果与调查人员已经掌握的证据相矛盾,谎言就会不攻自破。例如上述案件初次调查询问中发现在场的老板魏某和员工都说没有听到"异响"。而在1号视频监控中明显听见爆炸前2分钟搅拌机发出的"异响"。二是看供述本身是否存在逻辑矛盾。被询问对象所编造的供述,即使再精致、细致,都不会天衣无缝,供词之间必然会存在某些逻辑上的矛盾或无法用常理解释清楚的地方。例如上述案件老板魏某说"工厂只有1号监控视频,没有正对搅拌机视角的视频监控"就是一个与常理不符的供述。三是看供述内容与事实是否矛盾。有些被询问对象的供述明显与事实相矛盾。例如上述案件初期询问长期工作的员工，其“不清楚搅拌机以前是否发生过故障”的供述，可以判定被询问人员是否配合调查询问。

3.2 广泛询问法

在火灾事故调查中，凡是了解火灾经过、熟悉工艺流程的同行或者生产起火物件的厂家、熟悉火灾现场情况、与火灾发生有直接利害关系以及能够为调查火灾原因、统计火灾损失提供帮助的人都应该被列为询问对象。调查对象主要可分为以下 9 类人员：一是发现火灾的人和报警人；二是最后离开起火部位或在场工作的人；三是熟悉起火部位周围情况的人；四是熟悉生产工艺流程和生产同类型起火物件的技术人员或厂家；五是最先到达火场救火的人员；六是火灾责任人和受害人；七是起火单位的值班人员；八是目击起火的人和围观群众中议论起火原因、火灾蔓延情况的人；九是到达现场救火的消防救援人员。询问人员要有充分了解已有的与火灾相关的信息，包括火灾基本情况和现场勘查情况，对以上 9 类人员要有针对性地拟定询问提纲，特别是工厂类火灾，询问熟悉生产工艺流程和生产同类型起火物件的技术人员或厂家尤为重要，明确机器运转模式、材料特性以及生产工艺对于查清工厂类火灾起火原因是“必经之路”。例如上述案件中调查人员在火灾现场询问同类型搅拌机生产厂家和搅拌机维修工，两者都与此次火灾没有利害关系，通常情况下都会配合调查人员的询问。正是这两者的积极配合，调查人员才获取了“该搅拌机为立式搅拌机，不适合搅拌粉末状物料”和“轴承近期更换较为频繁”的重要线索。

3.3 心理攻坚法

火灾调查进入最后的认定阶段，火灾调查人员应当组建分工明确的调查团队，需要有指挥、主审、协助和记录人员。在特殊案件中，还可能需要测谎技术、监督和其他调查力量。同时，对于关键人物的询问次数不宜过多，切忌疲劳作战，争取“乘胜追击、一鼓作气”。因此，在这个阶段的询问工作应当制定详细的询问计划，争取一次性突破关键人物的心理防线，迫使其能如实供述，揭露火灾真相。例如上述案件中调查人员在获得“立式搅拌机不适合搅拌粉末状物料”“轴承近期更换较为频繁”“搅拌机出现异响”和“上部轴承和搅拌机残留物易燃”等关键线索后，制定周密的询问计划，通过与公安机关配合，更换调查询问环境和调派经验丰富的人员询问，直击工厂老板魏某撒谎的事实，然后再灵活运用“对比教育”“最后通牒”等技巧说明作伪证的后果，快速击溃老板魏某和工厂主管最后的心理防线，使其主动坦白手机里有 2 号视频监控和爆炸前有听到“异响”等事实真相，为此次火灾原因的调查画下了圆满的句号。

4 结语

调查询问在火灾事故调查中有着不可取代的地位，要求询问人员具有相应的专业技能和询问技巧，需要基于火灾类型和现场特点，灵活运用各种方式技巧开展调查询问，为尽快查明火灾原因提供有力支撑。

参考文献

[1] 郭佳智. 被询问人不同表现状态等级下火灾调查询问理论的探索[C]// 中国消防协会学术工作委员会消防科技论文集（2023）——火灾调查技术及其他.2023.

[2] 应急管理部消防救援局. 火灾调查专业技能：全国比武单项科目解析 [M]. 北京：新华出版社，2022.

行为习惯分析在一起疑难火灾调查中的应用

黄嘉明

（湛江市消防救援支队，广东　湛江　524000）

摘　要：本文以一起疑难住宅火灾调查案例为背景，探讨火灾当事人行为习惯分析在火灾调查中的作用。调查人员通过缜密的案情分析、细致的现场排查、全面的走访询问，剖析火灾发生前相关当事人短期行为异常和长期生活习惯中包含的每一个内在线索，为深入查明火灾原因提供调查指引和方向。通过该起火灾调查案例，使火灾调查人员充分认识当事人行为习惯分析在火灾调查中的重要性，为今后的火灾事故调查提供借鉴与参考。

关键词：住宅火灾；行为习惯；影像资料；火灾调查

1　引言

随着社会的发展和科技的进步，监控摄像头、手机、网络直播等摄录设备和宣传方式逐渐普及，时刻记录着人们生活和工作的方方面面。长期的火灾调查工作实践表明，火灾视频资料具有获取便捷、动态直观和证明力强等特点，部分与火灾相关的视频资料具有清晰还原事故发生经过，协助认定起火部位和原因，理清事故责任的作用，部分视频资料还完整记录了火灾相关当事人在起火前后一段时间内的日常行为，火灾调查人员若能深入挖掘和分析视频资料中反映的相关当事人短期行为习惯和长期生活习惯内在的显性和隐性反常线索，则可进一步缩小火灾调查范围，有效提升火灾调查工作效率，并能够更加科学、准确地还原火灾事实和真相。

2　典型案例分析

2.1　火灾基本情况

2024 年 5 月 15 日 21 时 50 分许，某市一住宅小区发生火灾，消防救援力量到场扑救，火灾于当日 22 时 10 分许被扑灭，在 3 栋（33 层钢筋混凝土住宅楼）2110 房内发现一名死者（许某，男，60 岁），如图 1 所示。

2.2　初步调查情况

2.2.1　现场勘验

着火住宅是 3 栋 2110 房，建筑面积为 37 m²，现场勘查发现，卧室东南角烧毁最严重，卧室内的木床、席梦思床垫、衣柜等家具以及生活用品过火，其余部位仅烟熏并未过火。灭火救援人员反映，到场破门时，入户门从内部反锁，门后有物品顶门。现场发现 3 瓶已打开的酒瓶且瓶内无酒液，还有 3 瓶未开封的酒；床边地面上发现 1 个已过火变形的一次性打火机、已开封的香烟和烟蒂等物品，如图 2 所示。

2.2.2　尸体检验

死者位于卧室东南角，双手环抱于腹部，背靠衣柜呈坐姿在地板上，其面部、四肢被烟熏且局部过火，尸斑呈樱红色，提取血液送司法鉴定，未检出毒鼠强、常见有机磷杀虫剂、常见安眠镇静类药物和常见毒品成分，检出碳氧血红蛋白成分含量为 55.6%，乙醇成分含量为 141.0 mg/100 mL，确定死者是被烧致一氧化碳中毒死亡。

2.2.3　前期视频分析

通过外围摸排，发现在距离 3 栋东侧 350 m 的治安监控拍摄到 2110 房东窗，将白天视频和晚上起火视频进行融合处理，定量分析 2110 房东窗亮度变化规律，如图 3 所示。最初起火时间为 21：37：55，此时 2110 房东窗最先出现微光；初期起火亮光变化特征与明火或阴燃起火特征吻合。

作者简介：黄嘉明（1990—），男，广东湛江人，广东省湛江市消防救援支队，初级专业技术职务，主要从事火灾调查工作。地址：广东省湛江市赤坎区海丰路 39 号，524000。电话：18898312819。邮箱：371904664@qq.com。

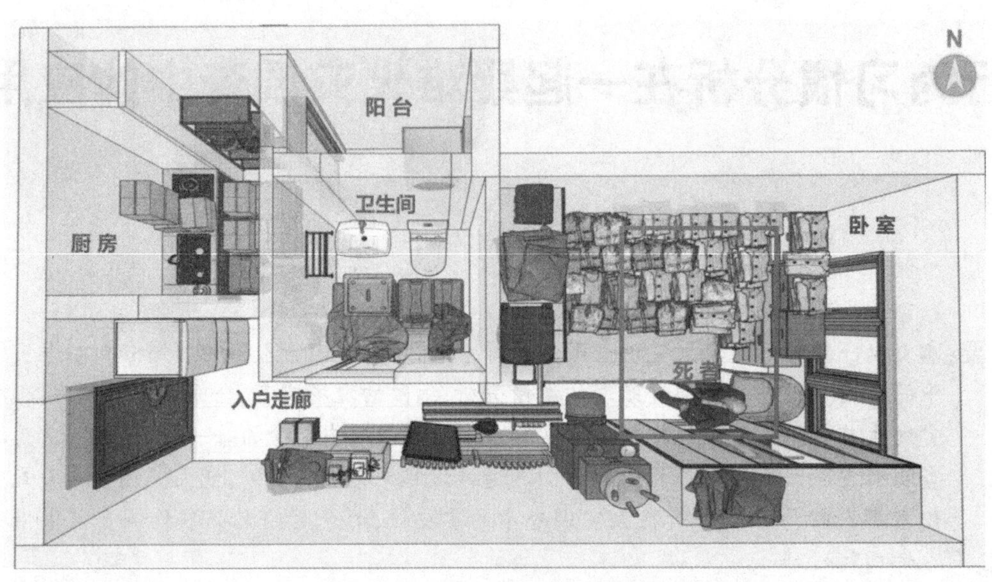

图 1　2110 房平面图(线框为过火区域)

图 2　现场勘验情况

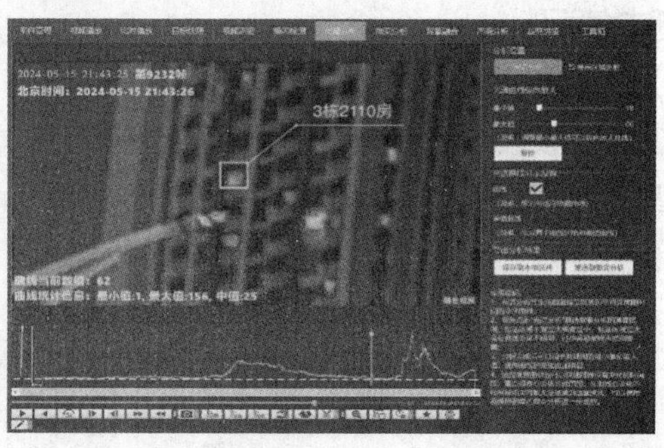

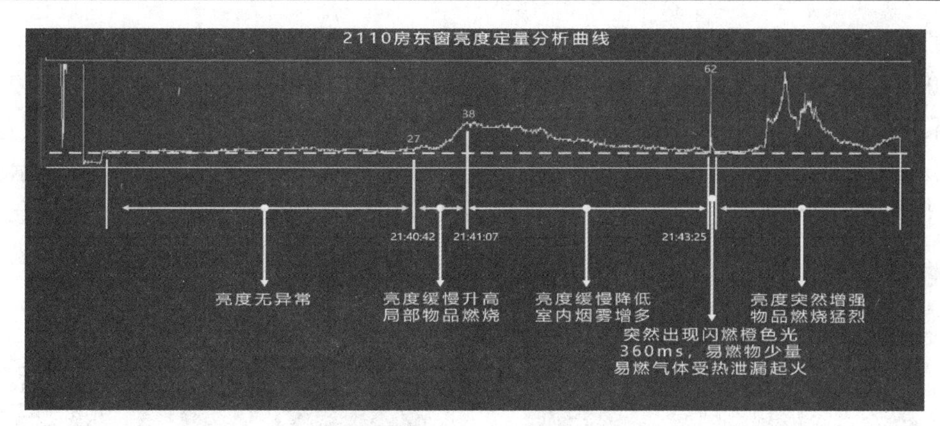

图3　2110房东窗亮度定量分析

2.2.4　调查询问

对死者妻子调查询问了解到：一是2110房为死者租用，平时用于存放物品，未居住；二是现场的酒和食品是死者从1栋3101房的家中拿到现场；三是15日09时29分，死者告诉妻子要陪战友，会离家数日；四是死者和妻子均有赌博的习惯，欠了不少债务。

对2110房邻居调查询问可知：起火前，都没发现2110房内有人员活动迹象；发现走廊有烟时，也未听到2110房内有人员呼救声音。

2.2.5　初步结论

火灾调查人员围绕现场勘查、调查询问、尸体检验、视频分析等方面开展的调查工作，可排除外来火源、雷击、电气故障、遗留火种等引起火灾因素，存在人为放火自杀的因素。但是死者妻子反映，虽然死者有赌博的习惯且外欠赌债，但其性格乐观，夫妻双方收入都较高，死者退休后生活压力并不大，不可能自杀。调查组掌握的现有线索有限，认定死者放火自杀的证据仍不充分，当事人家属也难以接受自杀的认定结论。如何获取、分析和认定死者放火自杀的动机和证据成为下一步调查工作的关键。

2.3　行为习惯分析

为进一步从死者（以下称许某）生前的行为活动分析其心理状态，调查人员重点从小区监控视频开展摸排，发现其最后一次在小区监控中出现的时间为5月14日，如图4所示。

详细分析许某5月14日的监控视频，火灾调查人员发现了几处不同寻常之处，并结合掌握的相关线索深入分析，绘制出许某火灾前的心理行为画像。

序号	北京时间	视频线索	监控编号
1	08:08:12	许某进入小区	监控点12-录像机4
2	08:08:49	许某经过小区花园先往1栋大堂方向走，见有路人后折返至1栋外围消防楼梯方向	监控点14-录像机4
3	08:08:52	许某从1栋B单元电梯间大门外经过	监控点05-录像机3
4	10:55:20	更换衣服的许某从1栋-1层坐电梯上31楼（家3101房），但未出电梯，到22楼离开电梯	监控点05-录像机15
5	11:02:08	许某从1栋21楼进入电梯，至-2楼离开电梯	监控点05-录像机15
6	11:03:31	许某从1栋B座-2楼电梯间出来	监控点05-录像机4
7	11:03:46	许某出现在1栋B座-2楼电梯厅处	监控点02-录像机1
8	11:04:49	许某从1栋-2楼往3栋方向走，后往北走	监控点02-录像机5
9	11:04:49	许某由3栋南侧出来往-2楼中间过道行走，后往3栋北侧社康人防通道走	监控点02-录像机9
10	11:05:57	许某从-2楼地下停车场往北走，徘徊10秒左右	监控点01-录像机6
11	11:06:26	许某从-2楼往社康北侧人防通道走	监控点01-录像机3
12	11:08:53	许某由中庭花园往3B栋单元大堂走	监控点11-录像机4
13	11:09:34	许某出现在3栋B单元电梯前室	监控点11-录像机5
14	11:09:37	许某进入3栋B单元电梯按下33楼按键，前往33楼，事发房间是3栋2110房	监控点05-录像机4
15	11:10:46	许某到33楼出电梯往通道走	监控点05-录像机4

图4　许某5月14日行为线索图

一是许某顾虑重、思想压力大。5月14日，许某送妻子上班后回到小区，并往其居住的1栋大堂方向行走时突然掉头转向，横跨草坪向其他方向走开，其反常行为引起路人关注，并多次转头向许某的方向观望；据许某妻子称，他们外欠的赌债为60万元左右，但经后期走访了解，许某多次向身边同事和朋友借钱，妻子的珠宝名表也全部被典当，所欠赌债估计远不止 60 万元；经了解，上述路人为许某退休前的同事，许某存在因欠赌债向身边的同事借钱，见到同事后既怕对方追讨又心感愧疚，因此出现避而远之的不寻常行为，如图 5 所示。

图 5　许某 5 月 14 日掉头跨草坪离开的异常行为

二是许某存在躲避邻居和摄像头行为。 许某乘坐电梯出现不直达目的地的情形，其从 1 栋负一层乘电梯到其家所在的 30 层，但并未走出电梯，而是下到 22 层才走出电梯；其回家后不仅更换了衣服，还在电梯里戴上了棒球帽和口罩，故意遮挡脸部和低头躲避摄像头和邻居，如图 6 所示；许某在 5 月 15 日早上给妻子发信息称“要陪战友，离家数日”，以上行为可见其并不想他人知道自己的行踪，存在不愿与外界交流的自我封闭情形。

图 6　许某 5 月 14 日乘坐电梯故意遮挡躲避

三是许某存在挣扎不定的轻生行为。 许某在地下二层车库反复徘徊，来回观望；到 3 栋 2110 房前，他先乘坐电梯到 33 楼（3 栋最高楼层），不排除其曾经走上楼顶试图轻生的可能，如图 7 所示；许某在 5 月 15 日早上给妻子发信息，称自己“食不甘味、夜不能睡”，并两次通过微信给妻子转账，以上异常行为判断许某存在轻生的念头，但仍处于自我挣扎过程中。

2.4　事故原因认定

通过分析死者生前表现出的顾虑重压力大、刻意绕行躲避、思想挣扎不定等异常行为，火灾调查人员判断许某存在自杀的意图和行为。综合现场勘查、调查询问、尸表检验、视频分析、电子数据分析和调查试验的证据和线索，最终认定该起事故存在人为故意放火的嫌疑，并移交公安机关立案侦查。

图7 许某5月14日在地下车库徘徊观望

3 行为习惯分析在火灾调查中的应用

3.1 行为习惯的产生根源

行为是个体与环境相互作用的结果，习惯则是行为日积月累的结果。鉴于环境因素的不可预测性，重点从生理因素和心理因素两个方面讨论行为习惯的形成，以正确认识其产生根源和本质，从而为火灾调查工作中针对相关当事人的行为习惯进行有效分析提供理论支撑。

3.1.1 生理因素

人的生理结构是行为习惯的基础，表现在身体器官特点和四肢行为能力上，如说话声音、身高体重、背驼腿瘸、性别差异等。身体反应、面部表情、情态动作等生理反应本身并不直接表达，而是一种无意识行为，但这种行为习惯却能够反映出行为人的真实内心想法。某些情况下，行为人的生理特点恰恰能为火灾调查工作提供关键突破口。例如，行为人实施纵火时往往企图隐藏自己的个人行踪和行为过程，但若其具有某些生理上的行为习惯特点，这些特点就容易暴露出来。2023年，某起纵火焚车的案件中，排查发现嫌疑人下肢身患残疾，行走时有右脚拖地现象以及上肢机能较弱的特点，其步行、开关门特征与火场音频中记录的步行、开关门特征吻合，最终依据这种生理上的行为习惯特点协助锁定嫌疑人。

3.1.2 心理因素

在行为习惯发生过程中，心理因素持续活跃并起到直接推动作用。**一是**对自己所做行为性质的认知，人自身的思维机制能够对自己的行为及其后果做出评价。当行为人意识到自己的纵火行为将会承担严重的刑事、民事责任或者自己选择放火自杀会导致身边亲人的极度悲痛而感到自责时，即使已经试图掩盖自己的心理压力，但在实际行为活动中仍然会因为紧张、不安、恐惧而出现行为异常。例如前文提到的许某生前因为压力大顾虑重、思想挣扎不定而做出刻意绕行躲避、向妻子谎称不在家的异常行为。**二是**长期养成的习惯特点，习惯是行为日积月累的结果，某些行为模式通过反复实践最终演变成日常生活中的自动化行为。从心理学角度来看，习惯的形成和持续是基于奖励机制。当某个行为能给人带来积极结果和心理满足时，我们的大脑便将其与愉悦感联系起来，从而更有可能在未来不断重复，久而久之就变成一种习惯。然而，这恰是习惯难以改变的原因，即使明知酗酒、吸烟是不良习惯，只要能够给行为人提供满足感，就可能变得根深蒂固，很难改变。例如2022年一起住宅火灾案例中，调查人员从屋内监控中发现了当事人长期有把烟叼在嘴中在屋内行走的习惯，综合其他调查证据认定起火原因是当事人在卧室抽烟不小心遗留火种所致。

3.2 行为习惯的基本特性

人的行为习惯具有真实性、稳定性、特殊性等特点，在心理学上称之为动力定型，可以较为精确地描绘出行为人的具体形象或某一侧面的行为特征，特别是在处理一些证据线索不充分的疑难火灾调查中，对涉嫌自杀、纵火等火灾相关当事人的行为习惯的分析意见，能为客观、全面地查明火灾原因提供有效的方向和指引。

3.2.1 行为习惯的真实性

弗洛伊德说过："如果一个人用眼睛去看，用耳朵去听，他确信没有一个凡人能保守住秘密，如果他的双唇紧闭，他会用指尖交谈，背叛无孔不入。"结合火灾调查工作来看，火灾相关当事人的情绪反应、表情变化、行为举止会受到已经实施或计划实施的行为影响而很难去掩饰和伪装，大量司法实践和生活经验告诉我们，人们的行为习惯透漏出的信息往往比语言所传递出的信息更加真实可信。

3.2.2 行为习惯的稳定性

无论火灾相关当事人怎样挖空心思、千方百计地掩盖行为习惯、伪装实际目的，他们绝不可能彻底抹掉相关行为在实施过程中产生的痕迹，也会在日常活动中暴露出他们无法克服或疏忽所产生的异常和矛盾行为线索，例如纵火者须携带点火工具或助燃剂而产生行为习惯的异常变化。

3.2.3　行为习惯的特殊性

任何事故的发生、发展和变化都有其内在的规律，人为制造的假象必然会违背日常公认的客观规律，破坏事情常态发展的逻辑关系，从而出现各种特殊的行为和不同以往的习惯，例如自杀者须与外界疏离、隔绝，以寻求点火自杀的时间和空间条件。

3.3　行为习惯分析应用与注意事项

3.3.1　行为习惯的观察捕捉必须细致准确

火灾当事人的行为活动是客观存在的，且贯穿于火灾起火全过程，我们也清楚了解，神情、姿态、动作往往都是稍纵即逝的，具有瞬时性、变化性、难以描述性的特征，这为捕捉分析当事人的行为习惯增加了不少困难，也就要求调查人员善于观察、发现当事人行为习惯中包含的隐性线索，当调查人员发现到其中的有效线索时，要及时固定下线索，调整调查方向和重点，以提高工作效率。将有限的人力和物力投入更高效、准确的行为习惯分析工作中，会产生意想不到的效果。

3.3.2　行为习惯的判断解读必须客观全面

为了保证行为习惯分析的客观性，火灾相关当事人的行为习惯应该是在自然、真实的条件下发生的，多数无意识条件下显现出来的行为能客观反映出行为人的真实感受和内在需求。对行为习惯进行判断解读时，还要考虑行为人的性别、年龄、职业、家庭背景、文化水平、民风民俗等诸多影响因素，在此基础上进行综合分析研判，才能最终客观、全面地研判出与其他证据之间的内在关联，进而指引调查方向、核实相关证据和缩小调查范围。

3.3.3　充分认识行为习惯分析的潜在风险

调查人员需要认识到，行为习惯分析实质上是基于行为人在普遍情况下按照人情常理和社会共识进行的内在心理的研判和解读，分析对象具有隐蔽性，不像语言那样显性、直白，在实践操作中需要依赖调查人员的丰富经验做出合理判断。可以看到，由于个体认知和工作经验的差异，不同调查人员拥有不同的知识背景和认知思维，这会导致对行为习惯的认知和判断不可避免地出现不统一性；有的时候，行为人具有反侦察能力，会故意制造假象，企图混淆视听，基于以上潜在的风险，规范和系统地建立一整套对火灾相关当事人行为习惯分析的标准势在必行。

4　结语

在火灾事故调查工作中，受摄录设备视野范围和拍摄角度限制，大量火灾视频资料并不能直接反映火灾现场的起火部位和起火过程，而仅记录了当事人在火灾发生前后的日常生活行为影像，火灾调查人员可从这些影像资料中分析当事人短期的异常行为和长期生活习惯包含的隐性线索，再结合现场勘查、调查询问、尸体检验、视频分析等技术分析手段，对火灾相关当事人的行为习惯开展详尽、科学的分析和精准画像。结合行为习惯分析获取的证据线索能够大大增强起火原因的说服力，提高当事人对认定结论的接受度，减少行政复议、行政诉讼甚至投诉上访的发生。

参考文献

[1]　梁军. 火灾音频分析与应用 [J]. 消防科学与技术，2023，42（6）：870-874.

[2]　应急管理部消防救援局. 火灾调查与处理（高级篇）[M]. 北京：新华出版社，2021.

[3]　党德强. 侦查询问中犯罪嫌疑人非言语行为研究 [J]. 江西警察学院学报，2023，7：2095-2031.

尸表检验在一起疑难船舶火灾调查中的应用

周雨芊

（江门市消防救援支队，广东 江门 529000）

摘 要：本文利用火灾现场尸表检验技术手段对一起疑难船舶亡人火灾进行调查分析，通过对尸表痕迹、尸体特征的分析，结合其他火灾调查技术，还原事故发生经过，目的在于阐述该起火灾中尸表现场检验为火灾案情分析提供的重要信息和线索，进而引发火灾调查人员对尸表检验乃至活体伤痕的重视及思考。

关键词：尸表检验；火灾调查；亡人火灾

亡人火灾中尸体检验是火场勘验中不可或缺的重要组成部分，尸体本身具有生前活体行为和死后尸体痕迹两种状态集为一体的特殊性，承载了大量与火灾相关的信息和线索。火灾调查中的尸体现场检验不同于法医的尸体检验，法医的尸体检验侧重于认定死亡原因，火灾尸体检验主要通过尸体位置、尸表痕迹和征象来分析起火部位、火灾蔓延方向和火灾性质等，特别是在火灾现场痕迹灭失、知情人"零口供"等线索信息稀少的疑难火灾案件调查中，尸体现场检验对火灾原因认定具有重要作用。因此，火场尸表检验与其延伸出的火灾活体烧伤痕迹分析，对火灾事故调查的案件还原和亡人火灾案件研究具有重要的参考价值。

1 火灾前情提要

2022 年 7 月 19 日 04 时许，海上两船只发生火灾，涉事船只为一艘大马力摩托艇和一艘加油船，大马力摩托艇为走私改装用船，加油船为某加油站的工作船，加油船上 3 人中 1 人获救、2 人死亡，大马力摩托艇上 3 人逃逸。由于船舶起火位置位于海上，相关线索较少，时隔 1 年，火灾原因迟迟未能认定，后涉事人员涉嫌危险物品肇事罪，检察院在起诉阶段需要补充相关证据。为查明真相，笔者根据有关部门提供的前期调查情况和现场勘查，通过照片进行尸表检验分析，对该起火灾亡人事故进行了分析认定。

2 现场勘查和询问情况

2.1 现场勘查

火灾发生后，加油船和摩托艇被打捞起并运送至邻市，且起火海域开阔，无监控视频资料。加油船上共有 3 人，其中朱某于事故发生当日 4 时许游到岸边获救，谢某尸体于 7 月 20 日在一沙滩被发现，方某尸体于 7 月 24 日在某地海滩被发现。

大马力摩托艇整体烧损程度自船头向船尾逐渐加重，自摩托艇中部加油口至船尾整体过火，左侧船体变色、缺失程度较右侧重，摩托艇上装的白色编织袋货物（时隔一年已遗失）有少量烟熏烧损，摩托艇油箱盖处于旋开状态，未发现加油管残留物，如图 1 所示。

图 1 烧损摩托艇概貌（一年后）

加油船分为船头、中段甲板、船尾控制室等三部分。其中，船头基本完好未过火，沾有少量油污及烟熏；中段甲板及船尾控制室完全过火，烧损严重，金属船体变形变色锈蚀严重，中段甲板呈现自船头向后过火变色痕迹逐渐加重，船尾控制室呈现整体过

作者简介：周雨芊（1999— ），女，江西赣州人，广东省江门市消防救援支队，初级专业技术职务，主要从事火灾调查工作。地址：广东省江门市蓬江区跃进路 96 号，529000。电话：17303169451。邮箱：1728893940@qq.com。

火相对均匀的情况;俯视观察中段甲板,呈现中段甲板金属船体过火变色区与残余漆面船体区域分界线较明显,且自右前向左后过渡,如图 2 所示。

图 2　烧损加油船概貌(一年后)

加油船中段甲板上左侧为 2 个小型汽油加油机,中部有一根纵向的大口径加油管道,右侧有一处向下通往船舱内开启总油管阀门的入口,前侧有一横向贴地铺设的进油管道以及 6 个余油回收罐,整体加油机、大口径加油管道、通向下部船舱入口的盖板以及靠船尾的两个余油回收罐整体变色锈蚀严重;船尾控制室前端外侧搭设的加油管道上方金属棚架向船头处的端口断裂塌落,金属棚架前侧支撑架向加油管道方向弯曲;船尾控制室前三扇窗户铝合金边框缺失,且自右向左逐渐减轻,如图 3 所示。

图 3　加油船中段甲板过火情况(一年后)

中段甲板处除小型加油机内部线路外无电气线路,勘验小型加油机内部线路,未发现电气线路故障痕迹。船舱内部油泵控制开关处于闭合状态。

中段甲板上小型加油机铝质加油枪头及加油管掉落在加油机附近,管道盘绕规整;大口径加油管掉落在加油管管口下方并向前延伸至靠船尾的两个余油回收罐附近,且加油管近船头一端附近散落铝质转接头残留物,大口径加油管口铝质盖板被取走放置在附近铁箱上,大口径加油管甲板上部明杆控制阀门旋至“上 7 下 8”螺纹处,甲板下方 6 个总油管明杆控制阀门其中五个旋至明杆顶部,剩余一个处于“上 12 下 3”螺纹处,如图 4 所示。

图 4　大口径加油管明杆控制阀门开启状态(上)和总油管明杆控制阀门开启状态(下)

2.2　调查询问

加油船船主陈某在起火前一周接手加油船管理工作,后联系谢某商量第一次出海加油,7 月 18 日天黑时分,陈某在公路旁把 24 000 元人民币现金给谢某去出海加油。幸存人员朱某为某加油站雇员,7 月 18 日大约 22 时许,谢某、朱某和方某 3 人一起出海加油,22 时 40 分左右将加油船开到起火海域附近抛锚,19 日 01 时许,一条大马力摩托艇开过来加油,方某站在靠近船头处,朱某前往机房着机准备泵油,在回到船舱安装油管头时听见谢某呼喊,回头发现起火后跳入海中,游至岸边获救。相关部门共进行 3 次询问,当事人朱某均表示不了解火灾发生过程,是摩托艇先起火才烧到加油船,对起火时加油船人员的操作及位置避而不谈。

3　尸体检验

由于案件发生时间相对久远,尸体本身无法获取,只能根据当时法医鉴定时拍摄的照片进行分析,虽然死者因落水导致被发现时间距起火时间相隔数天,尸体遭到不同程度的腐败和破坏,但尸体在起火后远离火源,未遭到二次烧损,火灾发生时造成的痕迹在尸体上保存相对完整,有利于进一步分析和获取线索。

3.1 法医鉴定情况

两具尸体分别于7月20日、24日被发现，受家属意见等因素影响，未对尸体进行解剖，法医当场对尸体进行尸表检验，未发现机械暴力致命伤，最终给出鉴定意见为7月20日发现的死者为谢某，7月24日发现的死者为方某，二人死亡原因均为溺水死亡。

3.2 火灾调查尸表检验

3.2.1 谢某尸表检验

谢某尸体发现时间为7月20日，距火灾发生时间相隔1天。尸体整体过火烧伤，衣物基本完好，上身T恤有血迹浸染，从血迹浸染痕迹来看，受伤出血时死者上身衣物向上堆叠至胸部，且尸体无明显烧失缺损痕迹，如图5所示。

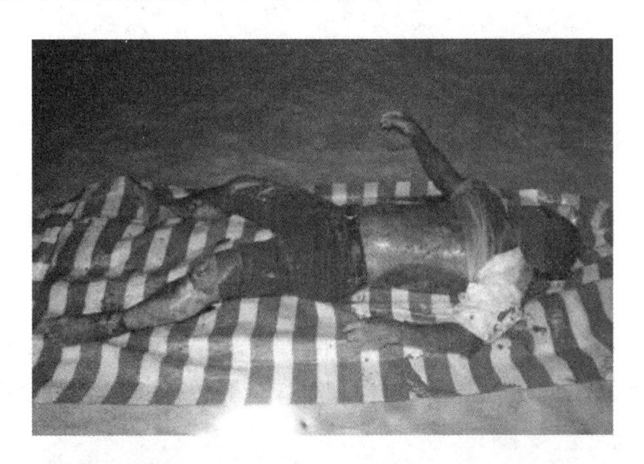

图5 谢某尸体正、背面整体情况

尸体头脸部正面被灼伤，烟熏痕迹较重，右侧脸部表皮脱落，脖颈部正面存在烟熏痕迹且未见灼伤痕迹，脑后及颈后基本完好，且未见灼伤痕迹，右侧头部有一处6 cm长的创伤，双目紧闭，口鼻烟熏痕迹较重，牙齿紧咬舌尖，如图6所示。

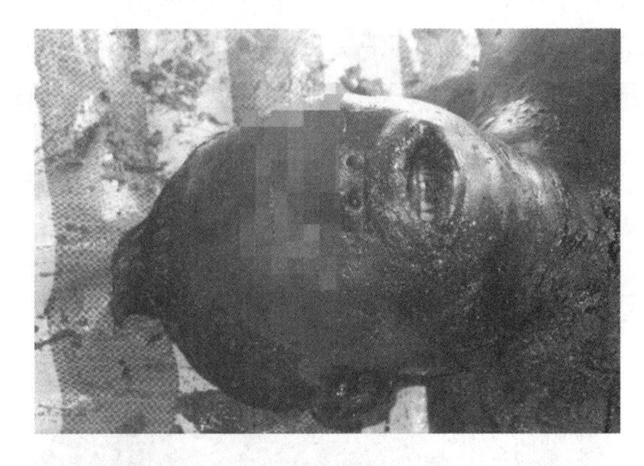

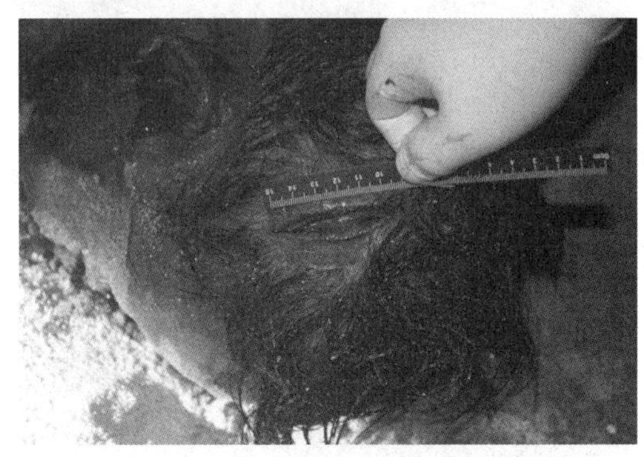

图6 谢某尸体头部情况

尸体前胸腹部大面积水疱破裂，伤及真皮深层，为深二度烧伤；腰背部存在大面积水疱，伤及真皮浅层，为浅二度烧伤，如图7所示。

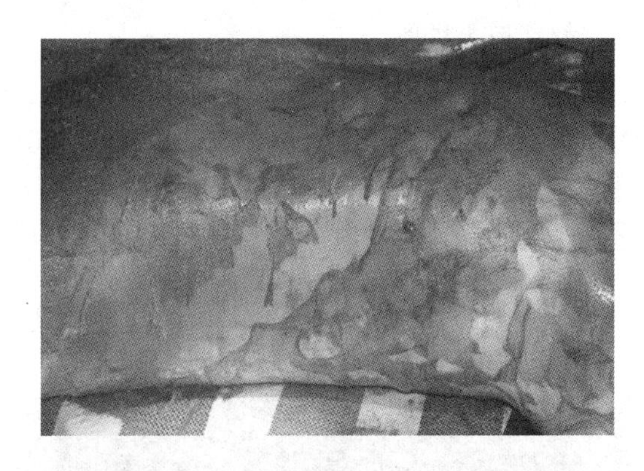

图7 谢某尸体躯干情况

尸体两臂有少量水疱破裂，双手发皱，指尖呈青紫色，右臂比左臂烧伤相对严重；大腿相对完好，小腿表皮层完全被破坏消失，左小腿烧损相对较轻，右小腿皮下组织发生坏死和凝固，为三度烧伤；双脚出现“人皮脚套”现象，如图 8 所示。

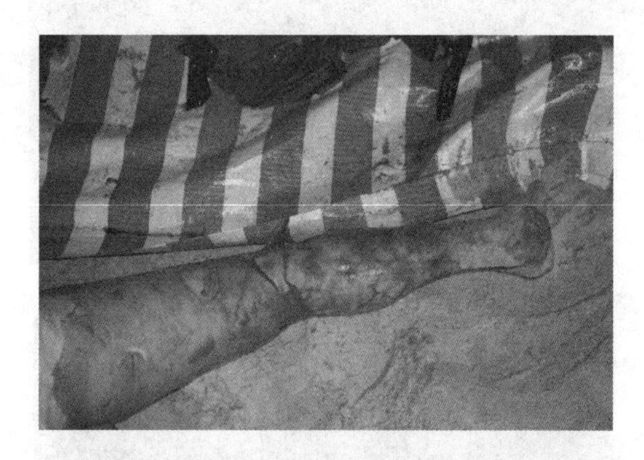

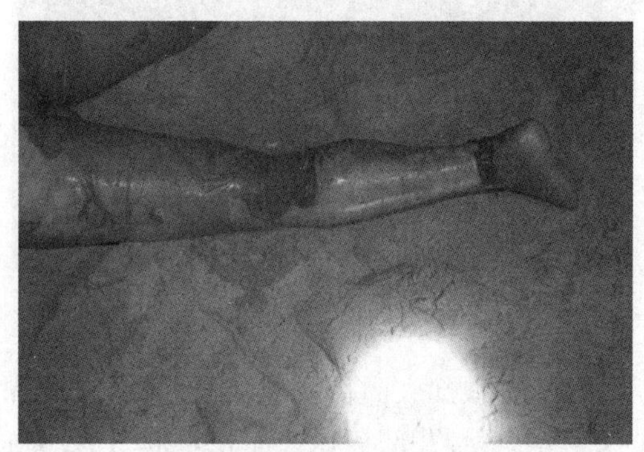

图 8　谢某尸体腿部情况

3.2.2　方某尸表检验

方某尸体发现时间为 7 月 24 日，距火灾发生时间相隔 5 天。尸体基本未过火烧伤，衣物基本完好，无明显烧损缺失痕迹；尸体头脸部腐烂严重，基本白骨化，未见明显机械性损伤和过火烧损痕迹；尸体双手、双臂腐烂程度较高，且左右无明显差异，双手可见白骨和筋膜，如图 9 所示。

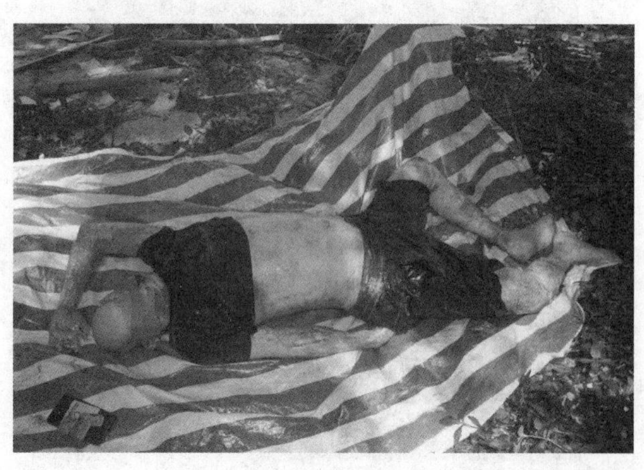

图 9　方某尸体情况

尸体胸腹部相对完好，肩膀处轻度腐烂，腰背部呈现焦黄轻度灼伤痕迹，未形成水疱，为一度烧伤，如图 10 所示。

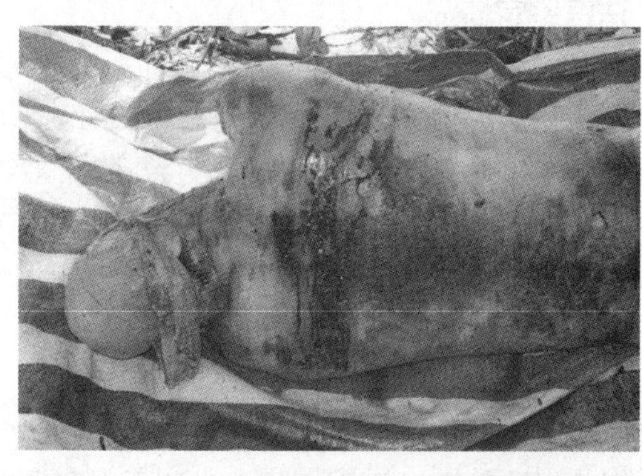

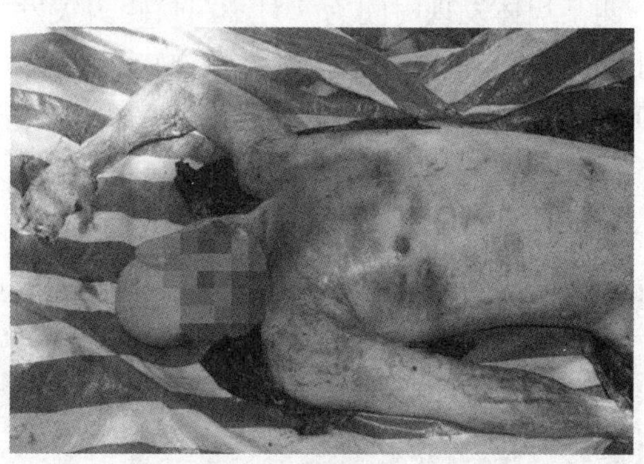

图 10　方某尸体躯干情况

尸体下肢无有明显腐烂痕迹，腐烂程度中等，两边大腿前侧有纹身图样，臀部与腰部之间有明显裤子遮挡的痕迹，臀部有衣物粘连褪色痕迹，无明显灼烧痕迹，如图 11 所示。

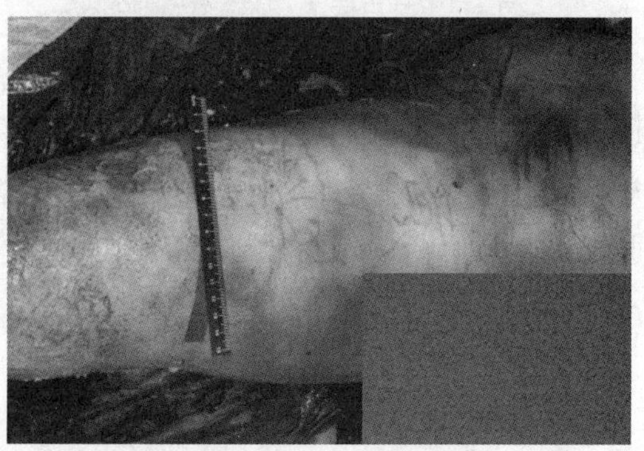

图 11　方某尸体下肢及臀部情况

4 事故调查

4.1 起火时间

根据朱某询问笔录及现场勘验情况可知，起火时间为大马力摩托艇与加油船过驳汽油时，即 2022 年 7 月 19 日 01 时许。

4.2 起火区域（点）

起火区域（点）位于某地海域加油船中段甲板大口径加油管处。

4.3 事故原因认定

4.3.1 现场痕迹呈现起火部位位于加油船中部

现场加油船与摩托艇整体烧损情况对比，加油船烧损程度明显重于摩托艇，且加油船中段甲板与船尾控制室完全过火，烧损严重，金属船体变形变色锈蚀严重，中段甲板呈现自船头向后过火变色痕迹逐渐加重，俯视观察中段甲板呈现中段甲板金属船体过火变色区与残余漆面船体区域分界线较明显，船尾控制室呈现整体过火相对均匀，符合可燃液体猛烈燃烧形成；船尾控制室前端外侧搭设的加油管道上方金属棚架向船头处的端口断裂塌落，金属棚架前侧支撑架向加油管道方向弯曲倾斜，说明起火点靠近金属棚架倾倒一侧。

4.3.2 加油船供油系统处于运行状态

加油船总油管阀门呈开启状态，中段甲板上大口径加油管控制阀门也处于半开状态，加油管管口管盖处于打开状态，且船舱内油泵开关处于闭合状态，连接大口径加油管的管道掉落在管道口下方，另一端延伸至余油回收罐附近，说明起火时加油船大口径加油管内有带压汽油，且加油管未与摩托艇相连接。

4.3.3 尸体烧伤程度表明起火时谢某在阀门附近作业

谢某全身不同程度烧伤，较朱某、方某最为严重，谢某正面烧损较背部严重，说明事发时谢某最接近起火部位，且火势迅猛、起火突然，谢某正面遭受火势冲击，未能第一时间做出逃离反应；朱某基本未烧伤，说明起火时朱某距离起火部位较远或被遮挡，未遭受到突然出现的火势的侵害；方某仅背部轻微烧伤，说明方某起火时位于距离起火点稍远处，且起火时背部朝向起火部位。

4.3.4 尸体表面特征反映主要燃烧物为汽油

谢某小腿表皮完全脱落，双脚出现“人皮脚套”现象，双手无明显烧损，说明其腿部及双脚沾染可燃液体，起火形势突然，处于起火区域内，无法及时躲避。结合现场环境，判断符合汽油大量带压泄漏情况，且根据谢某小腿及双脚出现“人皮脚套”的范围可以判断汽油泄漏高度基本与谢某小腿高度一致，与根据现场痕迹判断的起火点——加油船大口径加油管距地面高度相符。两具尸体随身物品未发现大量现金，说明加油船与摩托艇未完成交易，推测起火时正处于准备加油阶段。

4.3.5 尸体随身物品及相关特征可排除人为放火因素

起火时两艘船只上涉及人员无明显社会矛盾，现场无打斗痕迹，且两名死者尸体上无打斗或抵抗伤；现场找到唯一一个打火机在死者方某口袋中，且方某为背面烧伤（即背对起火部位）。

4.4 综合尸体信息和现场痕迹，可基本还原起火情景

2022 年 7 月 19 日 01 时许，大马力摩托艇与加油船在广东省某地附近海域准备过驳汽油，方某前往船头缆绳处将加油船及摩托艇固定，朱某前往甲板下开启总油管阀门，谢某旋开大口径加油管接口金属盖，准备连接输油管时，朱某回到船舱启动油泵开关，大口径加油管管口处带压汽油大量喷出泄漏，朱某迅速返回船舱准备关闭油泵，谢某靠近大口径加油管准备关闭阀门，泄漏的汽油挥发蒸气被静电引燃，谢某身上起火后慌乱后撤摔倒，磕伤头部，后呼叫朱某一起跳入水中失联，最后溺水死亡；方某发现火情后跳入水中失联，最后溺水死亡；朱某未受伤，跳入水中后游至岸边获救。

5 结语

尸表检验技术在亡人火灾中获取丰富的信息和线索，对火灾调查具有不可忽视的重要意义。从燃烧残留物的角度来看，尸体本身具有对称的特点，是对比分析火灾蔓延方向的重要物证；从人物行为本能角度来看，对于意外火灾，死者生前具有逃生避火本能，对于我们判断火灾的发生特征具有重要参考价值；从案情线索角度来看，尸体本身携带的物品也具有一定的指向性和还原起火前情景的作用，尸表特征对于幸存者或者目击者等人员口供内容的真实性也存在一定的印证作用。现阶段，基层火灾调查人员普遍对于尸表痕迹检验的经验和认识相对缺乏，甚至对于尸表检验存在抗拒心理，使得尸表痕迹所承载的信息和线索被发现和利用的程度不足，火灾调查降低了人员调查的效率。因此，加深火灾调

查人员对尸表检验技术的接受度和掌握程度，通过完善尸表痕迹这一角度的证据链条为火灾调查工作提供更加丰富的支撑线索，也是未来火灾调查的必备课程。

参考文献

[1] 应急管理部消防救援局. 火灾调查与处理（高级篇）[M]. 北京：新华出版社，2021.

[2] 刘胜，袁政. 谈对火场尸体表面的勘验 [J]. 消防技术与产品信息，2012（10）：30-32.

典型案例调查与分析

对一起员工宿舍亡人火灾事故的调查与认定体会

王 亮

（甘肃省消防救援总队，甘肃 兰州 730070）

摘 要：本文介绍一起因插座故障引发员工宿舍火灾事故的调查与认定。通过现场勘验、物证鉴定、走访询问、尸体检验等，全面分析各类证据的关联耦合，准确认定火灾特征和起火原因。同时，从重视火灾死亡原因全要素分析、准确把握电气火灾原因认定要素和转化调查成果、增强电气火灾防范治理的精准性等方面讨论火灾调查的体会，为今后开展此类火灾事故调查提供参考。

关键词：员工宿舍；电气故障；火灾调查

2023 年 4 月 24 日 23 时 11 分，某市某农业科技有限公司员工宿舍发生火灾，造成 1 人死亡，过火面积 13.5 m^2，直接财产损失 7 740 元。

1 基本情况

某市某农业科技有限公司厂区坐南朝北，北侧为大门及铁栅栏围墙，南侧为一栋单层钢结构岩棉夹芯彩钢板农机设备库，建筑面积为 2 100 m^2，东、西两侧各设置一排单层岩棉夹芯彩钢板生活设备用房，每排 6 间，每间房间建筑面积为 13.5 m^2（长 3 m、进深 4.5 m），其中东侧由北向南依次为 2 号办公室、1 号办公室、餐厅、厨房、淋浴间、卫生间，西侧由北向南依次为 2 号备件库、1 号备件库、2 号员工宿舍、1 号员工宿舍、肥料库、农药库，如图 1 所示。

起火房间为西侧 2 号员工宿舍，该宿舍内西侧窗户下方设置 1 个钢木长条桌，西北角设置 1 个木质床、该床东侧设置 2 个布衣柜，布衣柜东侧靠近窗户设置 1 个铁架高低床，西南角设置 1 个铁架高低床，如图 2 所示。

2 起火部位认定

现场勘验发现，2 号员工宿舍及 1 号备件库门窗上方有较重烟熏痕迹，2 号员工宿舍西侧立面窗户变形严重。进入室内勘验发现，2 号员工宿舍室内全部过火，贴邻该房间北侧 1 号备件库的高低床被褥、木凳面板等部位炭化，其余部位有烟熏痕迹；贴邻该房间南侧 1 号员工宿舍的室内墙面及地面仅有烟熏痕迹，证明火势由 2 号员工宿舍向 1 号员工宿舍蔓延，由此确定起火房间为 2 号员工宿舍。对 2 号员工宿舍南、北两侧隔墙勘验发现，北侧隔墙变形变色重于南侧，且北侧彩钢板隔墙在中部拼接处烧损变形开裂、内部夹芯岩棉灰化，南侧隔墙内部夹芯岩棉残留。对顶板勘验发现，2 号员工宿舍顶板中部及北侧变色明显重于其他区域，如图 3 所示。

调取厂区内部监控视频发现，该厂区装设有两处监控摄像头，但拍摄角度均未正对起火房间。通过调取 2 号监控摄像头监控视频发现，当晚 23 时 02 分 54 秒位于起火房间东南侧农业机械车保险杆前面出现亮光，经监控视频比对，该亮光来自 2 号员工宿舍窗户，如图 4 所示。经询问现场扑救人员曹某得知，其救火时 2 号员工宿舍北侧区域火势最大。综上所述，认定起火部位为 2 号员工宿舍北侧区域。

作者简介：王亮，男，汉族，甘肃省消防救援总队，高级专业技术职务，主要从事火灾事故调查。地址：甘肃省兰州市安宁区安宁西路 84 号，730070。电话：13893640165。邮箱：250435416@qq.com。

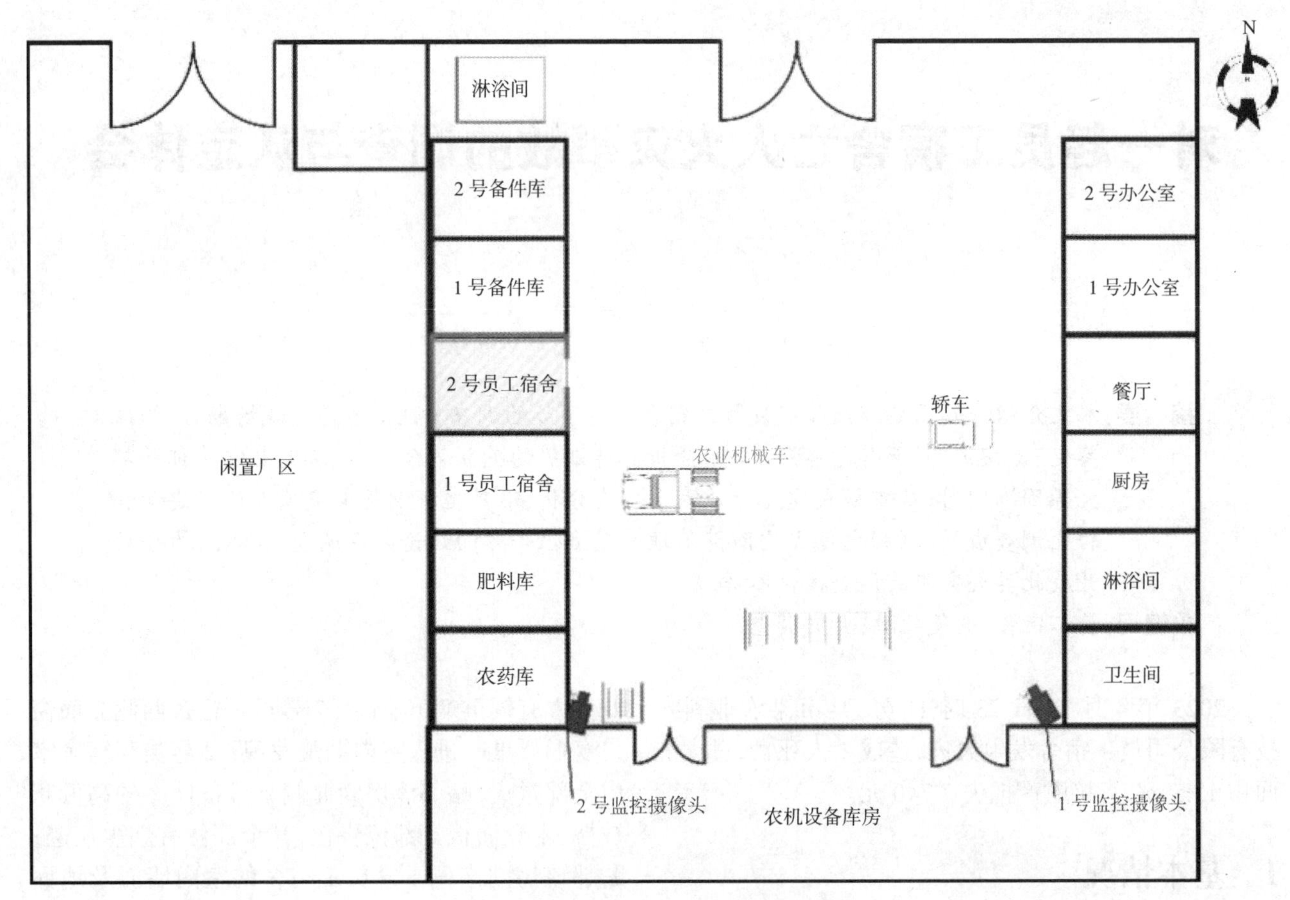

图 1　起火厂区现场平面图

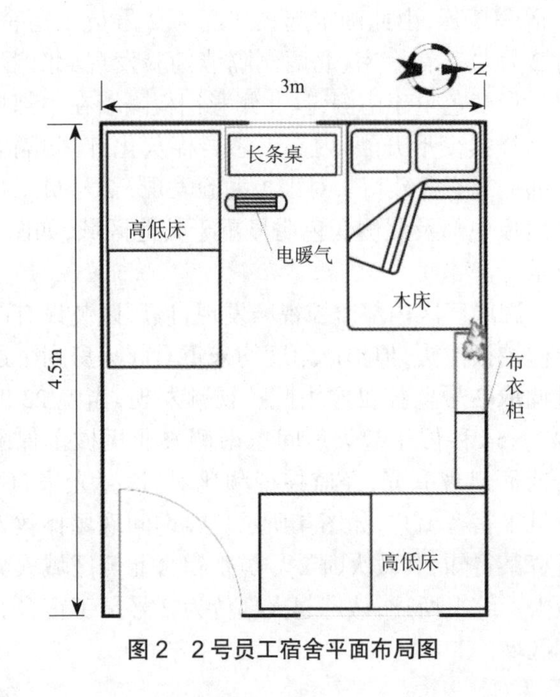

图 2　2 号员工宿舍平面布局图

图 3　2 号员工宿舍顶板及北侧隔墙烧损变形痕迹

3　起火点认定

对 2 号员工宿舍北侧区域进行细项勘验，发现该侧中部放置两组布衣柜，该布衣柜及衣物全部烧损灰化，仅残留金属支架；该侧靠西设置一张木质床，床体及被褥全部烧损炭化，仅近地面部位木质框架残留靠近布衣柜一侧炭化物呈细碎炭末状，远离布衣柜一侧呈大块龟裂纹状;该侧靠东倚窗设置一组铁架高低床,该床靠近布衣柜一侧扭曲变形重于相反一侧,证明火势以北侧布衣柜为中心向东、西两侧及其他区域蔓延,如图5所示。对布衣柜对应地面炭化物进行勘验,筛洗提取到部分残留单股铜芯导线、插座插片及熔珠,上述铜芯导线绝缘层全部烧损,插片插头熔化缺失,如图6所示。

图4 厂区2号监控摄像头拍摄农业机械车反射火光

图5 2号员工宿舍北侧布衣柜对应墙面烧损变色痕迹

图6 提取插座插片局部熔化缺失

经询问厂区当事人曹某,上述铜芯导线、插座插片是宿舍内插座线路及移动插线板插片。对宿舍电气线路进行勘验发现,该房间电气线路由北侧室外配电柜引入,经顶板由北向南敷设,房间内共设置两个回路,分别为敷设于北侧隔墙的插座回路和敷设于东侧门口的照明开关回路(图7),室外配电柜对应2号员工宿舍空气开关处于断开状态,其余房间均为闭合状态。询问第一目击证人齐某得知,最先发现起火部位为布衣柜下方地面。综上所述,认定起火点为2号员工宿舍北侧布衣柜处。

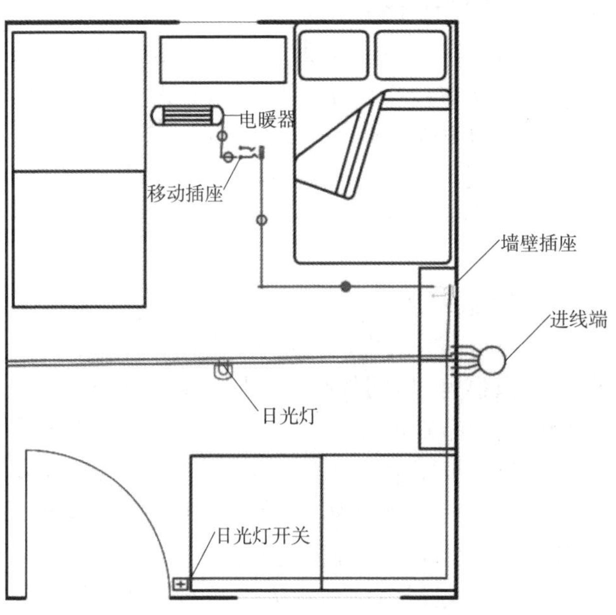

图7 起火房间电气线路敷设图

4 起火时间认定

通过询问第一报警人曹某得知,4月24日23时许其在1号备件库休息玩手机,听到隔壁2号员工宿舍有“嘭”的响声;23时06分许其发现窗外有闪烁亮光,遂出门查看,发现2号员工宿舍发生火灾。经视频分析发现,23时02分54秒,厂区2号监控摄像头拍摄到起火宿舍东南侧农业机械车保险杆前面出现亮光;23时05分48秒,厂区1号监控摄像头拍摄到起火宿舍东侧地面出现亮光。结合火灾发展蔓延规律,综合认定起火时间为2023年4月24日23时许。

5 火灾原因认定

5.1 排除人为放火

对死者王某尸表检验发现,尸体位于2号员工宿舍西侧钢木长条桌上方,上肢屈曲呈拳斗状,相对生前睡觉位置有明显位移,结合起火部位、起火点认定，证明火灾发生后其有向远离起火部位逃生行为。尸检进一步发现，死者气管管腔内有烟尘、尸体表面无钝器击伤痕迹，证明火灾发生前死者生命体征正常。经公安机关走访询问得知，起火当晚王某与第一目击证人齐某同在 2 号员工宿舍休息，两人未发生口角争端和矛盾纠纷，起火房间及周围未见助燃剂或盛装容器及其他人为放火燃烧残留痕迹。由此，可排除人为放火。

5.2　排除雷击及自燃

根据气象资料显示，起火当日该地区无雷击天气。经现场勘验及走访询问得知，起火点处未存放任何自燃性物质，起火当日环境温度为 9.3 ℃，起火点处无漏雨渗水等现象，起火部位处低温干燥，现场不具备自燃条件。由此，可排除雷击及自燃起火。

5.3　排除烟头遗留火种

经现场勘验发现，2 号员工宿舍墙面及地面无明显烟熏痕迹，房间物品均呈明火燃烧痕迹，起火点处设置的布衣柜、地面农机工具包均不属于多孔阴燃材料。根据第一目击证人齐某供述，其最先发现火灾时起火点处即为明火燃烧，此时房间内烟气较少。根据公安机关血液检测报告显示，死者王某心血碳氧血红蛋白饱和度为 18.39%，说明死者生前吸入一氧化碳浓度未达到中毒致死剂量，火灾烟气中一氧化碳浓度较低，该检验结果与第一目击证人供述的明火起火特征相吻合。经询问与死者同屋住宿人员齐某得知，火灾前王某因过量饮酒而昏睡，未见其有吸烟行为。由此，可排除烟头遗留火种阴燃起火。

5.4　认定为插座电气故障引发火灾

经现场勘验发现，起火点处除敷设墙壁插座及油汀电暖器插线板外，无其他任何引火源。厂区配电柜空气开关除 2 号员工宿舍断开外，其余空气开关均处于闭合状态，证明火灾前 2 号员工宿舍电气线路发生故障。经调取厂区用户侧电流曲线发现，火灾前厂区用电量与 2 号员工宿舍油汀电暖器工作状态下用电量基本吻合，说明火灾前该油汀电暖器处于工作状态。经对起火点处提取的墙壁插座及金属插片鉴定发现，插片金相组织具有电热熔痕（图 8），证明墙壁插座及金属插片接触部位发生了电气故障。发生电气故障的墙壁插座紧贴布衣柜，具备电气故障引燃可燃物造成事故扩大成灾的条件。同时，经对当事人曹某、第一目击证人齐某询问得知，起火前厂区电气线路运行正常，死者王某生前有使用油汀电暖器的行为，该油汀电暖器插座接线由起火点处北侧布衣柜墙壁插座接出。综上所述，认定起火原因为 2 号员工宿舍插座发生电气故障引燃布衣柜引发火灾。

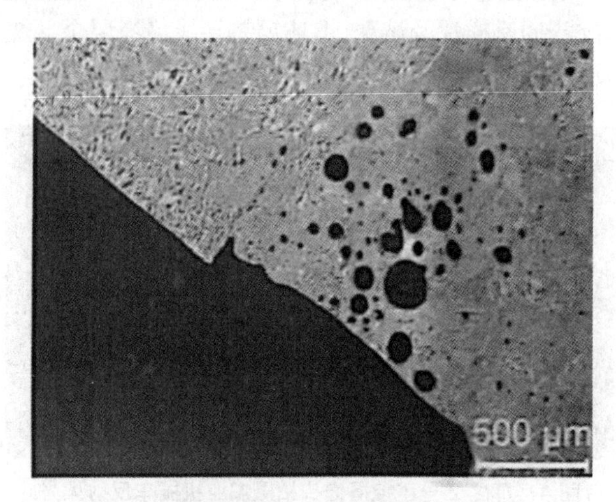

图 8　电暖器插片电热熔痕金相组织照片

6　几点体会

（1）高度重视人员死亡原因的全要素调查。火灾中人员死亡的直接原因有吸入烟气中毒窒息死亡、直接烧死、房屋倒塌压死和逃生失误致死，上述原因均与火灾现场可燃物种类关系密切。本案中，通过对死者尸检发现，其血液中酒精含量达 196.84 mg/mL，属于严重醉酒状态，存在醉酒窒息可能。但通过尸检发现，死者气管、胃部有大量烟尘，可判断是生前吸入，进一步检测发现，碳氧血红蛋白饱和度为 18.39%，可排除单纯一氧化碳中毒致死。上述鉴定结论对死亡原因认定、火灾类型分析具有重要参考价值，可为正确认定起火原因提供坚实证据支撑，最终判定该起火灾为明火燃烧特征，与电气故障致灾特点相吻合。

（2）严格对照电气火灾成因机理分析认定。认定为电气故障火灾，应当具备必要的认定条件，如起火时或者起火前有效时间内，电气线路、电器设备处于通电或带电状态，起火前电气线路或电器设备发生了故障，电气故障点或发热点处存在能够被引燃的可燃物，同时还须排除其他起火原因。本案中，发生故障的插座插片处于通电状态，经鉴定起火点处插座插片存在电热熔痕，布衣柜紧贴插座插片也是造成电气故障成灾的关键因素。赵维敏的研究发现，插线板被放置于家具夹缝、家具底部、床铺被褥附近或悬空搭接，容易造成插线板聚热快、积聚灰尘，增加插线板故障的概率。

（3）注重加强电气火灾综合防范治理。据统计，2021 年全国共发生电气火灾事故 219 615 起，占火灾总起数的 28.7%，在各类致灾因素中占比最高，可见加强电气消防安全治理是现阶段火灾防控精准治理的重要环节。相较于其他形态的火灾，民用建筑内部的电气火灾往往具备隐蔽性、突发性特点，且由于火源与社会公众日常生活较为接近，一旦发生，易引发严重损失。因此，消防救援机构应加强民用建筑电气消防宣传教育工作，针对建筑内部电气火灾的特点、成因、规避措施及消防灭火策略，对社会公众进行全方位的科普与宣传，使其充分了解电气火灾危害，提升建筑防火效果。

参考文献

[1] 李海江，火灾死亡人员统计分析 [J]. 火灾科学，2017（46）：60-64.

[2] 赵维敏. 一起住宅插线板电气线路过负荷火灾事故的调查与分析 [C]// 中国消防协会学术工作委员会消防科技论文集（2022），2022：338-343.

[3] 应急管理部消防救援局. 中国消防救援年鉴（2020 年卷）[M]. 北京：应急管理出版社，2022.

[4] 朱晖. 民用建筑电气火灾原因调查及防范策略 [J]. 工程建设与设计，2023（6）：40-42.

一起重型轿运车火灾事故的调查

管崇然

（枣庄市消防救援支队，山东　枣庄　277100）

摘　要：通过对一起轿运车火灾事故现场痕迹的特征分析，推论与起火部位、起火点、起火原因的逻辑关系；通过拆解车轮，比较制动系统内部烟熏，制动底板、制动蹄、弹簧变形、变色情况以及制动凸轮与制动蹄接触部位间隙变化情况，分析判断起火点、起火原因。

关键词：轿运车；制动系统；痕迹变化

1　引言

2021 年 09 月 15 日 19 时 11 分，一辆双层重型轿运车（简称牵引车）挂重型中置轴运输车（简称半挂车）在行驶过程中发生火灾。接到报警后，当地消防救援站迅速出动将火扑灭。此起火灾造成重型轿运车以及运输的 6 辆小型轿车全部烧毁，无人员伤亡，直接财产损失 50 余万元。

2　调查询问情况

据驾驶员刘某陈述，其驾驶的轿运车于 2018 年 11 月开始营运，刘某于 2020 年 3 月接手，期间更换过轮胎、灯泡，但未换刹车片；其中右侧转向轮二桥的轮胎是 2021 年 4 月份换的。2021 年 9 月 15 日，轿运车上装运了 8 辆二手车，自清晨 6 点 40 分许出发，至 19 时许发生火灾，除休息、吃饭时间，共行驶了 9 个多小时，行程约 600 公里，途中未加油加水，也未发现车辆有任何异常状况。9 月 15 日 19 时许，刘某在行驶过程中，通过后视镜发现右侧转向轮二桥处向外冒烟，立即靠边停车。刘某在向轮胎缝隙往里浇水灭火时，看到二桥里面轮毂或轴承部位有烟冒出（具体位置不清楚）。

作者简介：管崇然（1970—），男，山东省枣庄市消防救援支队，高级专业技术职务，主要从事火灾事故调查和防火监督工作，山东省枣庄市薛城区黑龙江路 1 号，277100。

3　现场勘验情况

现场勘验时，起火车辆已移至停车场，牵引车与半挂车已分离，呈南北方向排列，车头方向朝南（见图 1）。

图 1　现场牵引车概览

3.1　车辆勘验情况

整体勘验，牵引车烧损程度重于半挂车。

牵引整车全部过火烧毁。驾驶室前脸护板、左右后视镜烧损缺失，前围板左部合金构件少量残留，右部合金构件全部缺失，后立柱、后围板局部外壳漆膜脱落，前保险杠总成外壳中部漆膜残留，驾驶室其余部位外壳漆膜锈蚀；前后挡风及左右车窗玻璃呈破碎状破碎脱落；前灯罩烧损缺失，灯座脱落；左右车门外侧金属脚踏板、内衬板整体保留较好；驾驶室内底板上炭化物残留较多，暖风水箱上部烧损，下部残留。

第 2 轮缺失轴右轮胎橡胶层贴近地面处少量残留，第 1、2 轮轴其余轮胎橡胶层均上部缺失，下部残留,第3轮轴轮胎橡胶层局部烧损。牵引车车厢为上下两层,上层底板前部脱落;装运的四辆轿车全部烧毁,车辆变形及漆膜脱落、变色情况呈下层车辆重于上层,前车重于后车,右侧重于左侧。

半挂车装运4辆轿车,整体烧损情况为南侧重于北侧(北侧上下层车辆未过火)、下层重于上层(见图2)。

图2 现场半挂车概览

3.2 车辆油路、电路系统勘验情况

位于牵引车驾驶室下方的柴油发动机、变速箱、空调冷凝器、发动机散热器整体保留较好,左右纵梁漆膜变色,涡轮增压器压气机壳、橡胶进气管路、软管等缺失;位于车厢左侧的铅酸电瓶外壳、接线柱、极板链条缺失,内部极板层次分明未炭化,正负极线束端子及连接导线未见异常;位于车厢右侧的柴油箱外壳上部缺失,油箱内有液体残留;车厢下层由前向后第1辆哈弗H6白色小型轿车前机舱内左部的软管、空气滤芯等少量残留,铅酸电瓶外壳、内部极板、线束端子大部分缺失,该区域内有多处导线熔痕,作为物证予以提取。

3.3 车轮勘验情况

拆卸牵引车的第1、2轮轴左轮及第2轮轴右轮,未见碰撞痕迹,对应的左右纵梁、轮轴总成支撑钢梁漆膜锈蚀、变色,第2轮轴右轮上方车厢侧板局部金属被烧变色;第2轮轴右侧弓形减震板局部变形,固定销未脱落,轮轴润滑脂盖、右轮轮辋局部漆膜锈蚀,其余弓形减震板、轮轴润滑脂盖及轮辋表面烟熏(见图3、图4)。

图3 牵引车第2轮轴左轮烧损概览

图4 牵引车第2轮轴右轮烧损概览

第1、2轮轴左轮制动系统内部烟熏,制动底板、制动蹄、弹簧未变形,制动凸轮与制动蹄接触部位未完全复位且最大间隙约0.7 cm,制动鼓内壁无明显划痕且大部分表面烟熏,无烟熏区域与摩擦衬片轮廓相吻合,摩擦衬片无破损、缺失,铆钉紧贴制动蹄表面未见露头;第2轮轴右轮制动系统局部金属高温变色,制动蹄、弹簧未变形,制动凸轮与制动蹄接触部位未完全复位且最大间隙约0.8 cm,制动鼓内壁有多处摩擦划痕及金属高温变色,制动鼓边缘约30 cm区域金属高温变色,摩擦衬片有多处破损及局部高温变色。(见图5、图6、图7、图8)

图 5　牵引车第 2 轮轴左轮制动底板、制动蹄、制动凸轮等概览

图 6　牵引车第 2 轮轴右轮制动底板、制动蹄接触制动凸轮等概览

图 7　牵引车第 2 轮轴右轮制动鼓内壁多处摩擦划痕及金属高温变色等概览

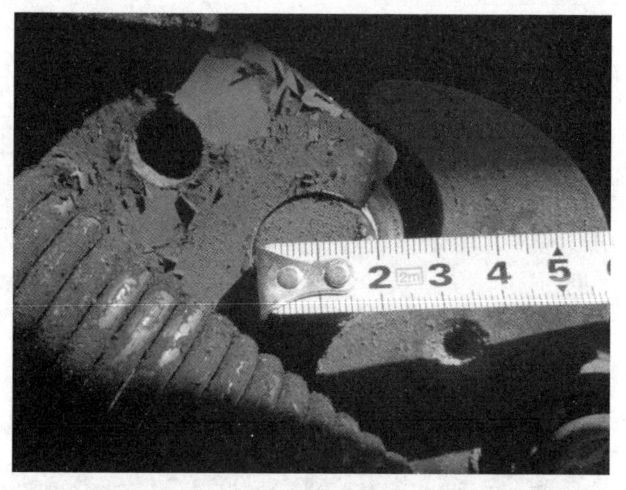

图 8　牵引车第 2 轮轴右轮制动凸轮与制动蹄接触部位未完全复位及最大间隙

4　综合分析情况

4.1　根据车辆烧损进行分析

对比牵引车与外挂车烧损情况，可推断火势是由牵引车蔓延至外挂车；对比牵引车部件及外壳漆膜烧损情况，前围板左部合金构件少量残留，右部合金构件全部缺失，后立柱、后围板局部外壳漆膜脱落，前保险杠总成外壳中部漆膜残留，符合驾驶室火势由后向前、由右向左蔓延的特征；车窗玻璃残骸呈碎片状，证明其未经历由低温到高温的火场升温过程；左右车门外侧金属脚踏板、内衬板整体保留较好，驾驶室内底板部分炭化残留较多，暖风水箱下部残留等痕迹与起火部位痕迹特征不符；对比牵引车各轮轴轮胎烧损情况，可排除牵引车后部先起火的可能性；车厢上层底板前部脱落，由前向后第 1 辆轿车前机舱盖、右前车门大部分外壳漆膜脱落，驾驶室顶盖右侧合金压条中部缺失，与下层由前向后第 1 辆哈弗 H6 白色小型轿车烧损情况相一致，证明该区域经历了局部火场高温。以上情况证明火势由牵引车车厢右前部向周围蔓延，可排除牵引车驾驶室内及半挂车先起火的可能性。

4.2　根据车辆油路系统、电路系统及设备故障进行分析

牵引车发动机、变速箱等整体保留较好，铅酸电瓶内部极板层次分明未炭化，正负极线束端子及连接导线未见异常；牵引车柴油箱外壳上部缺失，油箱内有液体残留，可排除柴油箱内柴油泄漏引发火灾的可能性；车厢下层由前向后第 1 辆哈弗 H6 白色小型轿车前机舱内左部的软管、空气滤芯等少量残

留,不具备起火部位特征;提取物证金相组织符合二次短路熔痕特征(见图9),以上情况可排除车辆油路系统、电路系统及设备故障引发火灾的可能性。

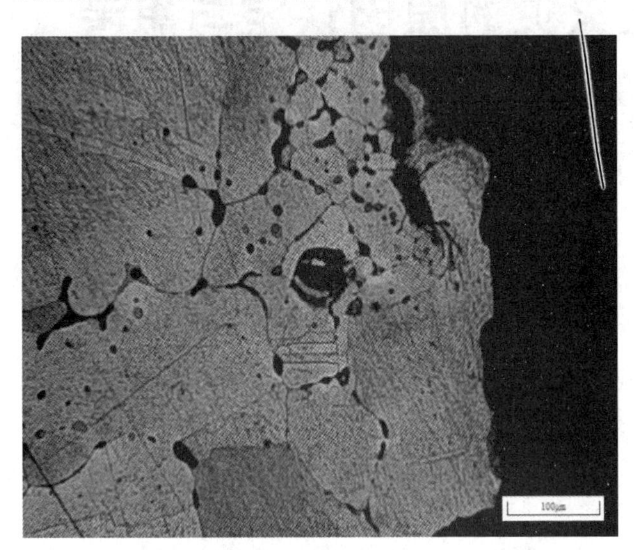

图9 哈弗H6白色小型轿车前机舱内左部导线的金相照片

4.3 牵引车车轮专项分析

对比牵引车各轮轴轮胎烧损情况,第2轮轴右轮轮胎橡胶层烧损较重,其上方车厢侧板局部金属高温变色,右侧弓形减震板局部变形,轮轴润滑脂盖、右轮轮辋局部漆膜锈蚀,与车厢内轿车烧损情况相一致,证明第2轮轴右轮经历了局部火场高温;对比第1、2轮轴左轮及第2轮轴右轮制动系统烧损,第2轮轴右轮制动凸轮与制动蹄接触部位未完全复位且间隙最大,制动鼓、摩擦衬片有多处摩擦划痕及金属高温变色,证明第2轮轴右轮制动鼓与摩擦衬片局部摩擦且产生高温;从火灾原理分析,一旦车辆行驶中轮制动凸轮与制动蹄未完全复位,导致制动鼓与摩擦衬片长时间局部摩擦产生高温,能引燃轮胎橡胶层或渗漏的轮轴润滑脂等,以上情况证明第2轮轴右轮制动系统发生故障,导致制动鼓与摩擦衬片长时间局部摩擦产生高温。

4.4 火灾原因认定

经过调查询问及现场勘验,综合认定起火部位位于牵引车第2轮轴右轮区域;起火点为牵引车第2轮轴右轮制动鼓与摩擦衬片之间;起火原因为牵引车第2轮轴右轮制动系统发生故障,导致制动鼓与摩擦衬片长时间局部摩擦产生高温,引发火灾。灾害成因为制动系统长期未保养,刹车片未及时更换,加上高温天气、长时间行驶等因素的影响,致使制动系统出现故障,且用于给轮胎降温的水桶未及时补水,导致因故障引发摩擦产生高温继而引发火灾。

5 调查体会

大型货车轮胎部位起火案件的调查中,应认真分析调查获得信息的逻辑关系,前因后果要相互印证;勘验现场要全面细致,逐一分析痕迹物证的成因,并且要与最终的起火原因相吻合,或即使存在矛盾也能够合理解释。除常见的调查手段外,还可通过测量各个车轮制动凸轮与制动蹄之间间隙尺寸,找出明显偏大的车轮,结合制动鼓、摩擦衬片出现的摩擦划痕及金属高温变色等分析判断起火点、起火原因。

参考文献

[1] 《道路交通事故痕迹物证检验》GA41-2019

[2] 向格,一起汽车电气故障火灾的调查与思考.中国人民警察大学学报,2022,4:11-15.

一起店面改居住场所较大火灾的原因认定与思考

林勇河

（厦门市消防救援支队，福建　厦门　361012）

摘　要：本文介绍一起店面改居住场所较大火灾的原因调查过程，重点介绍应用视频恢复和分析、X光机照相、用电量核算、模拟试验等调查方法和手段，详细介绍监控探头、存储卡和手机卡全部烧毁且手机主人死亡情况下的监控视频恢复，并针对该类场所的火灾防控进行思考，且提出相应的对策。

关键词：居住场所；火灾证据；视频恢复；对策

1　事故基本情况

2022年5月10日，福建省厦门市某地发生火灾，造成3人死亡。起火场所位于厦门某地的店面及夹层（火灾时实际使用功能为居住场所，未作为店面使用），建筑面积为126 m²，过火面积约为80 m²，如图1所示。火灾烧毁或烧损店面及夹层内的家具、家电、衣物和日用品等，直接经济损失统计为287.73万元，另有若干陶瓷、古玩字画、工艺品等私人珍藏品（真伪不详）在火灾中烧毁或烧损。

图1　火灾概况

作者简介：林勇河（1974—），男，福建省厦门市消防救援支队，高级专业技术职务，主要从事火灾事故调查工作。地址：福建省厦门市湖滨中路532-1号，361012。

2　火灾调查与认定

2.1　起火时间的认定

根据接警记录、宽带账号结束时间、施救保安和目击证人证言、室内监控发现火光映射的时间，结合火灾发生、发展规律，认定起火时间为2022年5月10日03时50分许。

2.2　起火部位、起火点的认定

2.2.1　证人证言

根据店面男主人、报警人的证言，最初发现火在一层会客厅根雕茶几处，其他位置尚未着火。

2.2.2　视频监控分析

根据起火建筑内一层东部陈列架上监控探头云端视频截图显示，5月10日03时58分56秒一层会客厅西北处放置的花盆底部及西北侧玻璃门出现火光映射，烟气已向房间内下部区域扩散。

根据起火场所相邻的菜鸟驿站门口监控视频显示，5月10日04时08分26秒，男主人拉开起火场所卷帘门时，小腿正面有轻微火光映射；5月10日04时09分50秒，男主人跑出起火场所，地面映射强度极大，映射影子较长。

以上视频说明：①起火点位于一层会客厅，且与卷帘门有一定距离；②起火点位于靠近地面的低位处。

2.2.3　现场勘验痕迹

经勘验，过火区域为一层店面及夹层，如图2和图3所示。

图 2　一层店面及夹层火灾后外观

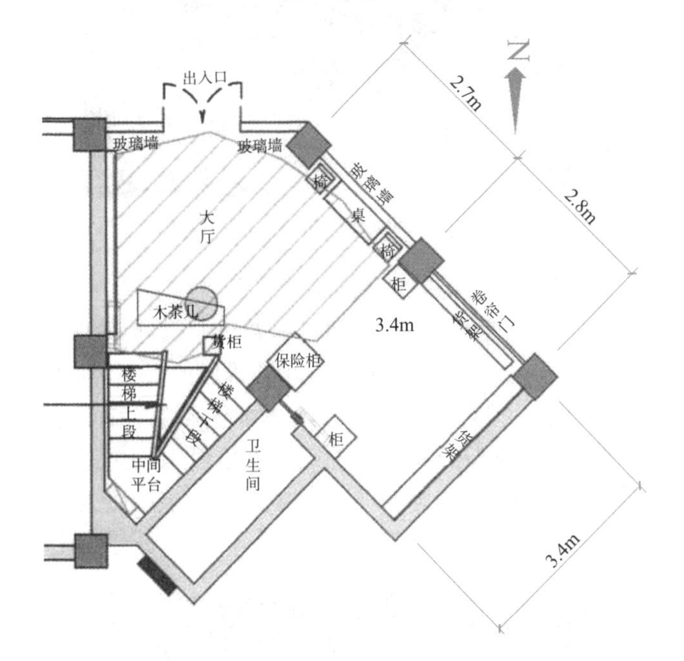

图 3　一层店面平面图

（1）对夹层、楼梯进行勘验：夹层设有卧室、餐厅、厨房、卫生间等（死者均位于保姆房窗台附近，为女主人、保姆、小孩），整个夹层烧损情况呈现以夹层楼梯间处的房门最重并向四周蔓延扩散的痕迹；楼梯口附近的顶板和墙面泛黄，出现清洁燃烧痕迹。

（2）对起火场所内的楼梯进行勘验：一层通往夹层的楼梯分为两个梯段，两个梯段的每级台阶表面均敷设有木地板；整个楼梯间烧损严重，墙面、板顶泛黄，呈现清洁燃烧痕迹；板顶石灰抹层局部剥落；两个梯段的每级台阶上的木地板台面均烧损，烧损面均朝向一层。

（3）对起火场所一层店面进行勘验（图 4 至图 7）：一层店面西部会客厅的泡茶区物品烧毁最为严重、最为细碎；泡茶区上方的顶板石灰抹层剥落最为严重；泡茶区四周墙面泛黄，呈现清洁燃烧痕迹，顶板石灰抹层剥落最为严重。

图 4　一层店面会客厅烧损概况

图 5　一层店面会客厅根雕茶几烧损概况

图 6　一层店面会客厅早期照片

图 7　起火前 3 天拍到的视频

根据一层店面会客厅内多个陈列架、矮柜、边几、根雕木凳的烧损或烧缺炭化痕迹、顶板烟熏剥落痕迹、墙面清洁燃烧痕迹以及石膏板墙烧毁塌落痕迹、四根轻钢龙骨变形变色后形成的“V”形痕迹、塑料垃圾桶软化方向，发现火灾呈现以一层店面会客厅根雕茶桌为中心向四周辐射蔓延的特征（这里不再赘述）。对根雕茶桌几个表面测试炭化深度，发现桌面底部最深（数值为 1.8~2.7 cm）。

综合上述证人证言、视频分析和现场勘验，认定起火部位位于一层店面会客厅，起火点位于一层店面会客厅根雕茶桌下方地面处。

2.3　起火原因的认定

本起火灾女主人先后组建过三次家庭，生育过三个子女，与父亲、子女、现任男友关系复杂且继承权纠纷严重；现任男友起火前未住在店里，但在起火初期却出现在门口；女主人有收藏古玩字画的爱好，家里有大量藏品，时有买卖赠送，与多个卖家有经济纠纷；起火前一天晚上，有多个朋友在一层店面会客厅泡茶区泡茶；泡茶区电气线路复杂；起火点处有电陶炉、地插，起火点附近的边几上有电热水壶。起火部位、起火点的认定有多个证人指认和火灾痕迹予以支持，但起火原因的认定却因多种电器、多种因素的存在成为本起火灾认定的难点。

2.3.1　最终认定根雕茶桌下方地面处的电陶炉持续干烧发热，引燃周围可燃物蔓延成灾。

（1）据男主人证言：“柜子的下方放了一个电陶炉……一个多月前有发生过茶几旁边的电陶炉没有关，温度很高，我还说了我老婆她们。（电陶炉）要用手按一下按钮，会响一下并通电发热，不用时得用手再按一下，开关才能关掉，不然电不会停，会一直加热。”

（2）据现场勘验。

①使用万用表对起火点南墙上固定插座引出的排插电源线与电陶炉的电源进线之间的电阻进行测量，万用表显示电阻值为 0.2~0.3 Ω，证明电陶炉取电线路处于连通状态（图 8）。

图 8　电陶炉取电线路处于连通状态

②使用 X 光机照相机对起火点南墙墙面插座、移动排插、电陶炉控制板塑料熔融物及其线路进行拍摄，发现该墙面插座上插有移动排插插头，移动排插上插有一个三脚插头（为电热水壶插头）和一个两脚插头，两脚插头通过电源线连接至电陶炉控制器，控制器连接至电陶炉，证明电陶炉取电线路处于连通状态（图 9 至图 11）。

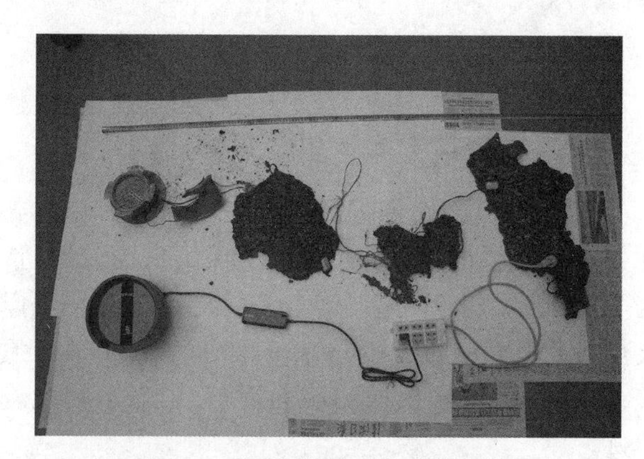

图 9　三团塑料熔融物对应实物

③根雕茶桌下方地面处的用电设备除该电陶炉外，未发现其他用电设备残骸。

④电陶炉位于根雕茶桌下方地面处，炉体上表面的钢化玻璃保持完好，炉体为陶制品，裂成 3 大块，轻微触碰后碎成若干小块；电陶炉底部的木地板炭化，呈轻度的圆形炭化痕迹，周边木地板保持原色；电陶炉上未放置烧水壶，配套的金属烧水壶放置在电陶炉东南侧地面处。

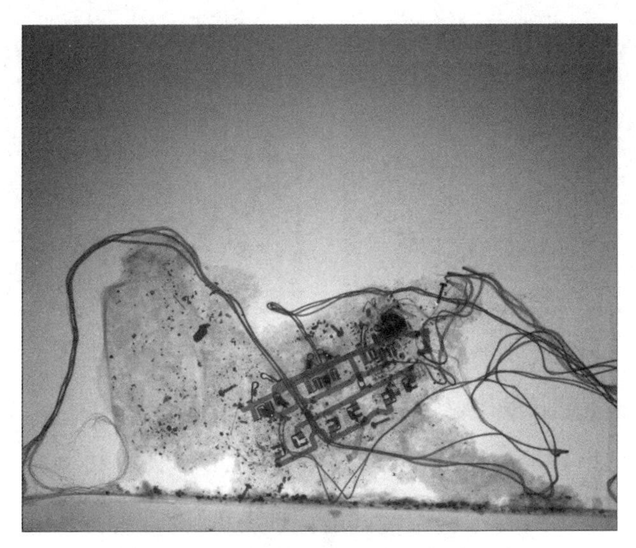

图 10　X 光机拍摄移动排插上插有 1 个三脚插头和 1 个两脚插头

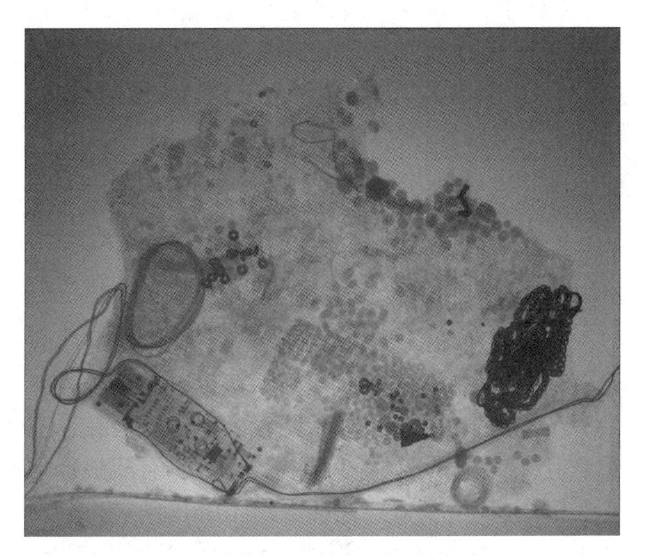

图 11　控制器连接至电陶炉

⑤电陶炉炉体内部的发热电阻丝完整，未见故障熔痕，发热电阻丝元件变色；发热电阻丝与电源进线及插片连接完好；断开电陶炉与控制板连接线，用万用表测量发热电阻丝两端连接的供电插片阻值为 48.3 Ω，核算电功率为 1 002 W。

⑥采用炭化深度测试仪对根雕茶桌各表面进行测量，根雕茶桌底部炭化深度最深，最大数值为 2.7 cm，位于茶桌底部距地面最高点。

（3）据电子数据。

①根据国家电网福建省电力有限公司厦门供电公司出具的起火场所智能电表数据显示，该户最后一次停电事件发生时间为 2022 年 5 月 10 日 05 时 25 分，晚于起火时间，证明起火前起火场所区域供电正常。

②根据国家电网福建省电力有限公司厦门供电公司出具的起火场所智能电表数据显示，5 月 10 日 0 时至 24 时，该户用电量为 2.88 kW·h。

（4）据用电量核算：起火场所与隔壁菜鸟驿站合用一个智能电表，经对智能电表后端用电设备进行用电量核算，5 月 10 日 0 时至 4 时菜鸟驿站用电量为 0.308 kW · h，起火场所用电量为 0.627 kW · h，合计用电量为 0.935 kW · h，与智能电表记录的总用电量 2.88 kW·h 存在 1.945 kW·h 的用电量差距。

（5）据模拟实验：使用与现场同品牌同型号电陶炉进行模拟温升、功能、电功率测试实验。

①电陶炉干烧对根雕茶桌和周边可燃物热作用实验：在实验条件下，接通电陶炉后，炉面迅速升温并保持在 490 ℃左右；根雕茶桌底部温度每隔 5~10 分钟升高 1~5 ℃，实验 50 分钟后桌面底部出现炭化痕迹，实验 90 分钟突破 100 ℃，实验 180 分钟后桌面向上拱起变形。

②电陶炉功能实验：经测试，电陶炉控制板开关按键为触摸式，开机默认直接进入最高功率挡位（第 6 挡，1 000 W），不放烧水壶情况下干烧 10 秒后挡位不变，但电功率自动降为 500 W 持续加热。

③电陶炉用电量实验：经测试，电陶炉持续干烧 4 小时的用电量为 1.913 kW·h，与用电量核算中存在的用电量差距 1.945 kW·h 基本一致。

综上所述，认定起火原因为一层店面会客厅根雕茶桌下方地面处的电陶炉持续干烧发热，引燃周围可燃物蔓延成灾。

2.3.2　排除其他多种原因引起火灾的可能

根据刑侦部门的《调查情况说明》、气象部门的《雷电查询情况》、天津火灾物证鉴定中心的《鉴定报告》、室内外的监控视频、现场勘验痕迹，排除人为放火、雷击、外来飞火、自燃、敬神香火、遗留火种、电气线路故障、电热水壶故障引起火灾的可能。

3　室内监控的恢复

在本起火灾中，安装在一层店面会客厅的室内监控探头、存储卡和手机卡全部烧毁，手机主人死亡，室内监控的恢复成为一大难点，一般情况下无法恢复。所幸的是，在消防、刑侦、家属、监控厂商的全力配合下，在本起火灾发生的第 3 天提取到了起火前的多张监控截屏，为火灾原因的准确认定提供了扎实可靠的证据依据。

（1）补办手机卡。因手机卡关系到银行、财产和个人隐私，通信运营机构相当谨慎。依据相关规定，对于机主死亡的情况，要补办手机卡应当先进行遗产公证，得到授权的继承人才可以补办手机卡。没有开通云空间的，一般在 24 h 内能提取到部分监控截屏或连续视频，超出 24 h 就会被覆盖，进而无法提取；开通云空间的，一般在 72 h 内能提取到部分监控截屏或连续视频，超出 72 h 就会被覆盖，进而无法提取。所以，监控的恢复时限非常重要，而补办手机卡是最大的难点，要在短时间内梳理出所有的继承人并做财产公证难度很大。各地可以详细跟当地手机运营商（移动、电信、联通）沟通，商讨有没有解决的其他途径，能否由公安机关和消防机构提供相关公函、承诺书，限制和保证手机卡的使用仅限于案件办理，案件办结后及时销毁手机卡。

（2）登录手机监控 App，采用手机密码验证的方式重置密码，并获取后台监控起火前的多张截屏（监控在发现声音或影像发生变化时会自动截屏，并存储在云空间和品牌服务器），如图 12 至图 14 所示。

图 12　监控恢复的起火前的多张截屏

图 13　恢复的监控记录到起火前人员最后的活动情况

图 14　恢复的监控记录到起火初期和起火前火光映射情况

（3）厦门警方发函给深圳警方，深圳警方从监控厂家服务器也获取到起火前的多张截屏（与手机监控 App 获取的截屏一致）。

（4）手机卡补办后，采用手机短信验证的方式重置密码，登录淘宝、京东、拼多多等常用购物 App，找到电陶炉、桌布、古玩等多个与现场一致的物品，用于火灾实验和物品比对分析。

4　事故防范措施和建议

4.1　要全面落实消防安全责任

各级消防安全委员会要充分发挥平台作用，强化多部门联合执法机制，始终保持火灾隐患排查整治高压态势；消防救援机构要落实消防安全综合监管职能，统筹指导行业部门并精准发力；各职能部门要严格落实《中华人民共和国消防法》《消防安全责任制实施办法》《福建省消防安全责任制实施办法》和安全生产“三管三必须”要求，不折不扣地开展本行业、本系统的消防安全大检查，坚决清理行业消防隐患；各区要组织街道、居（村）民委员会、物业管理单位以及公安派出所依法履行消防管理职责，督促居（村）民落实防火安全公约，加强开展日常消防安全检查，及时消除安全隐患。

4.2　要科学系统推进火灾高发频发领域治理工作

各区要以文明城市创建、出租房治理等工作为突破口，按照“先易后难、先急后缓”两个原则，优先抓好消防安全隐患点排查整治，全面开展以老旧小区、城中村、出租房为重点的消防安全大检查，加快城中村“补短板”，加强水源、道路、电动自行车停放充电场所、“保命墙”、简易消防设施等建设，夯实消防安全基础。针对擅自改变建筑使用性质和违规设置影响逃生防盗网等行为，各区政府要统筹调度各部门联合行动,发动群众群防群治,科学改造店面防盗网,打通应急逃生通道,组织拆除防盗网或开设易于开启的逃生窗口,便于人员疏散逃生,坚决杜绝“小火亡人”事故发生。

4.3 要打通基层火灾治理“最后一公里”

各区政府要针对这起火灾事故暴露出的街道基层消防组织机构不健全、专职力量不足、责任落实不到位、对第三方机构管理质效不高等瓶颈性难题,加快推进基层消防组织和消防力量建设,尽快落实人员、装备、经费,打通基层火灾治理“最后一公里”。要结合消防行政执法事项赋权工作,加强对基层人员的消防安全培训和指导,切实提升综合执法人员的业务素养和履职能力,充分发挥“消防安全明白人”在基层火灾治理工作中的引领作用。要切实履行委托单位职责,规范、科学、加强对第三方机构的日常管理考评,强化督查考核结果运用,切实发挥第三方机构的专业优势,提升安全监管质效,筑牢安全生产“防火墙”。

4.4 要加强针对性的社会化宣传教育

各级人民政府和各部门要积极拓展消防安全宣传教育广度与力度,要重点针对老旧居民住宅、城乡接合部、城中村、出租房、“九小”场所等居住、租住人员特点,发动基层网格组织和消防志愿者,开展火灾案例警示教育和“消防安全送上门”,以案说法、以案明责、以案为戒,普及安全用火用电常识、消防设施器材使用方法和逃生自救技能,切实提高群众安全防范意识和自防自救能力。

4.5 加强多种形式消防力量建设

各区要大力推进小型消防站、社区(村居)微型消防站建设,按要求配齐配强人员力量、器材装备,配备适用于城中村道路的小型消防车辆。严格制定并落实经费预算、值守备勤、管理训练、防火巡查、联勤联训、考核奖惩等管理制度,发挥微型消防站最大效能,实现“打早灭小”的作用。消防救援机构要加强消防救援站熟悉演练,完善多点调派的指挥调度机制,进一步加强对小型消防站、专职消防队、微型消防站等多种形式消防力量的统筹调度、检查考核,开展联勤联训联战,确保一旦发生险情能及时有效处置。

参考文献

[1] 中华人民共和国应急管理部. 火灾原因认定规则: XF 1301—2016[S]. 北京:中国标准出版社,2016.

[2] 中华人民共和国应急管理部. 火灾现场勘验规则: XF 839—2009[S]. 北京:中国标准出版社,2009.

[3] 傅荣生,庄韦戎. 一起金属热处理厂房火灾的调查与思考 [C]// 火灾调查科学与技术 2022. 全国火灾调查技术学术工作委员会. 天津:天津大学出版社,2022.

[4] 黄志强. 一起导热油泄漏爆炸事故的调查认定与思考 [C]. 全国火灾调查技术学术工作委员会. 火灾调查科学与技术 2021. 天津:天津大学出版社,2021.

一起 10 kV 高压线路故障疑难火灾的调查与分析

谭　洋

（清远市消防救援支队，广东　清远　511500）

摘　要：本文综合利用现场勘查、调查询问、视频分析、数据分析、物证鉴定等技术手段，对一起 10 kV 高压线路故障引发的火灾进行全面剖析，准确认定火灾原因，对此类火灾调查工作进行深入分析与思考，可为火灾调查人员提供参考和借鉴。

关键词：10 kV 高压；火灾调查；污闪；线路故障

1　引言

高压电气线路和设备故障引发的火灾往往涉及设备数量多且类型广、数据量大和参考文献少的难题，导致此类火灾调查难度大，极易引起涉访涉诉案件的发生，全面、客观和科学地查明高压电气线路和设备火灾原因意义重大。

2019 年 4 月 11 日深夜，广东某地一仓库发生火灾，过火面积为 960 m²，烧毁家电、酒类及包装盒等物品一批，无人员伤亡，直接财产损失 709 万元。起火仓库为 1 层钢混结构建筑，坐东朝西。起火仓库中部用彩钢板分隔成南北两部分，南部为家电仓库，北部为酒仓库，仓库东侧贴邻办公楼，西侧为马路，如图 1 所示。

（a）火场概貌

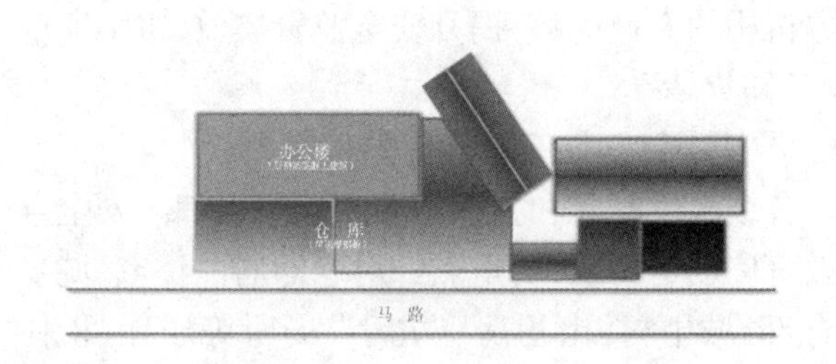

（b）总平面图

图 1　火灾现场概貌

2　火灾调查情况

2.1　现场勘查

2.1.1　仓库勘查

仓库彩钢板屋顶被烧变色、变形和坍塌程度呈现出南重北轻；南部家电仓库彩钢板屋顶被烧变色、变形呈现出以 #66 电线杆为中心向四周减轻的痕迹特征，其中 #66 电线杆紧挨彩钢板屋顶处被烧变形、坍塌最严重；南部家电仓库物品被烧损和变色程度呈现出上重下轻，如图 2 所示。以上变形、变色痕迹特征表明 #66 电线杆处物品的顶部最先起火。

作者简介：谭洋（1990—），男，广东省清远市消防救援支队，初级专业技术职务，主要从事火灾事故调查、防火监督工作。地址：广东省清远市高新区，511500。电话：18826616119。邮箱：312676017@qq.com。

(a)仓库彩钢板屋顶烧损情况

(b)#66电线杆下方的家电仓库顶棚烧损情况

(c)北部酒仓库内物品烧损情况

(d)南部家电仓库内部物品烧损情况

图2　仓库内外部烧损情况

2.1.2　#66电线杆专项勘查

#66电线杆上C相导线断落,如图3所示;#66电线杆下方家电仓库顶棚上跌落有数段铝导线残骸,顶棚上出现多个孔洞;C相导线电源侧掉落在仓库中部屋顶上,C相导线负载侧掉落在南侧空地上;C相导线是由2根LGJ-35/6钢芯铝绞线搭接缠绕而成,#66电线杆角钢横担上P-15T型瓷质针式绝缘子上部宽130 mm,C相导线断口位于该绝缘子顶部扎线中部,C相电源侧残存72 mm,负载侧残存最长50 mm,C相导线在瓷质针式绝缘子顶部缺失8 mm,如图4所示。

图3　#66电线杆上10 kV高压线路C相导线断落

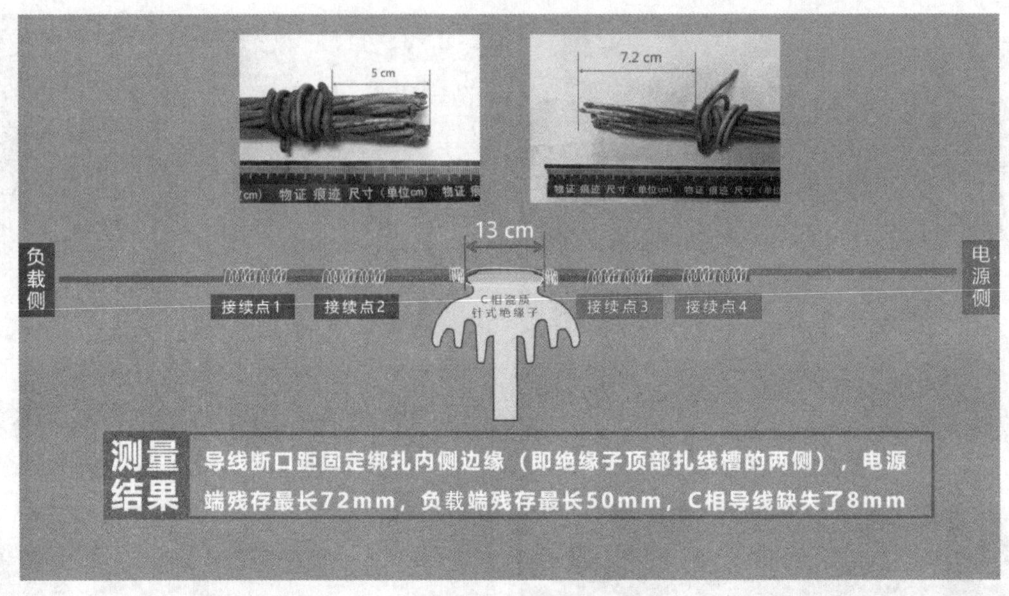

图 4　C 相导线断口位置示意图

2.2　调查询问

酒仓库和家电仓库管理员反映,起火前他们在办公楼二层突然听到“嘣”的一声巨响,接着就停电了,办公楼、仓库和周边都停电了,连马路上的路灯也停电了;两个人都看到家电仓库高压线下方的仓库顶棚上有火光;家电仓库管理员林某打开仓库卷闸门,看到家电仓库位于高压电线杆下方的顶棚和空调上部的包装纸箱都着火了,其他顶棚和家电还没有着火,火势蔓延得很快,当拿灭火器灭火时火势已经蔓延开了;家电仓库管理员和工人均反映仓库屋顶没有发现孔洞漏雨等问题,电线杆与屋顶连接处有防水材料封堵,也没有孔洞出现;多名在场员工均反映听到一声巨响后,全部的照明和用电设备断电,高压线下仓库顶棚最先起火,初期火势很大。调查询问线索表明,事故的原因与家电仓库顶棚上的高压线有密切联系。

2.3　现场勘查

2.3.1　#66 电线杆剩磁测量

对火灾后残存的 #66 电线杆(残留高度 2.6 m,端口距 C 相导线垂直距离约 9.4 m)内的钢筋测量剩磁发现,#66 电线杆内部钢筋受到异常强的磁场作用,剩磁强度非常大(平均值为 1.63 mT,最大值为 2.82 mT,最小值为 0.64 mT),且剩磁强度呈现出东部重、西部轻(东部 7 根钢筋剩磁强度平均值为 1.66 mT,西部 8 根钢筋剩磁强度平均值为 1.60 mT),如图 5 所示。

(a)#66 电线杆内 15 根钢筋编号(12 号钢筋在最北端)

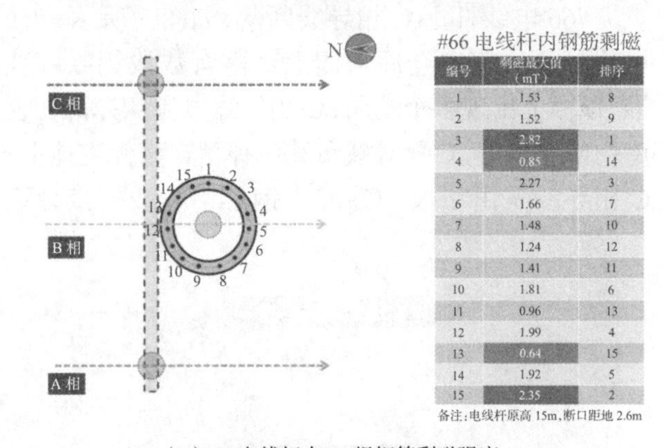

#66 电线杆内钢筋剩磁

编号	剩磁最大值(mT)	排序
1	1.53	8
2	1.52	9
3	2.82	1
4	0.85	14
5	2.27	3
6	1.66	7
7	1.48	10
8	1.24	12
9	1.41	11
10	1.81	6
11	0.96	13
12	1.99	4
13	0.64	15
14	1.92	5
15	2.35	2

备注:电线杆原高 15m、断口距地 2.6m

(b)#66 电线杆内 15 根钢筋剩磁强度

图 5　#66 电线杆内 15 根钢筋编号与剩磁数值

2.3.2　铁皮屋顶剩磁测量

对 #66 电线杆下方仓库铁皮屋顶测量剩磁发现,#66 电线杆下方建筑铁皮屋顶均受到异常强磁场作用,剩磁强度非常大(24 个测量点平均值为 1.749 mT,最大值为 4.61 mT,最小值为 0.78 mT);与起火仓库相连接的建筑铁皮屋顶剩磁较高(4 个测量点平均值为 2.155 mT,最大值为 2.85 mT,最小值为 1.25 mT)；与起火仓库不相连接的建筑铁皮屋顶剩磁较低(2 个测量点平均值为 0.41 mT，最大值为 0.48 mT，最小值为 0.34 mT)，如图 6 所示。

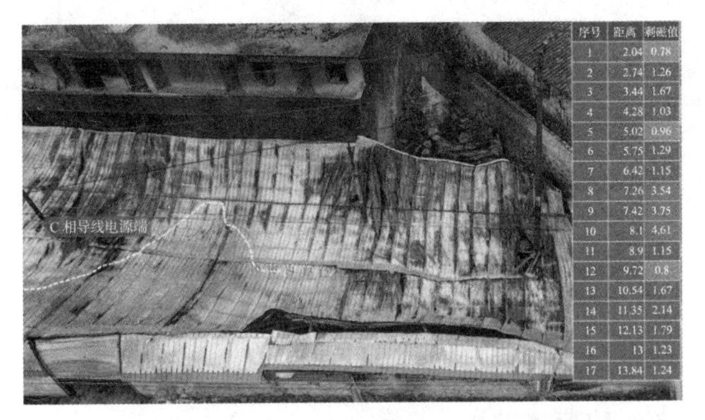

(a)#66 电线杆下方仓库铁皮屋顶等距剩磁强度值

(b)与起火仓库铁皮屋顶相连的铁皮屋顶剩磁强度值

图 6 #66 电线杆下方等距剩磁强度值与相邻铁皮屋顶剩磁强度值

3 视频分析

酒仓库和办公楼室内外总共安装 11 个监控摄像头，监控视频均显示画面中断前起火单位供电正常，电流、电压无异常，人员活动正常，无雷击现象发生。在市电供电正常情况下，酒仓库和办公楼全部 11 路监控视频画面在 107 秒内(11：48：33—11：50：20)分 9 次先后无规律地中断，表明最后一个监控视频画面中断前(11：50：20)，监控系统的主机(硬盘录像机)工作正常，且供电电源正常。调查人员初步分析，监控视频画面中断的原因是视频监控系统受到至少 9 次无规律的大电流侵入视频传输线路，造成视频数据传输信号中断所致，如图 7 所示。

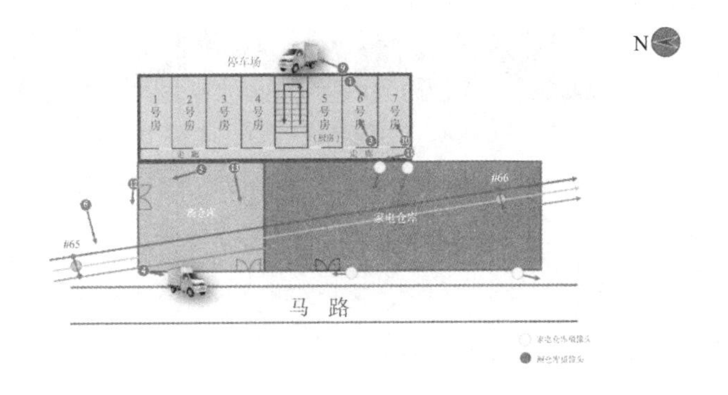

(a)起火建筑周边监控分布图

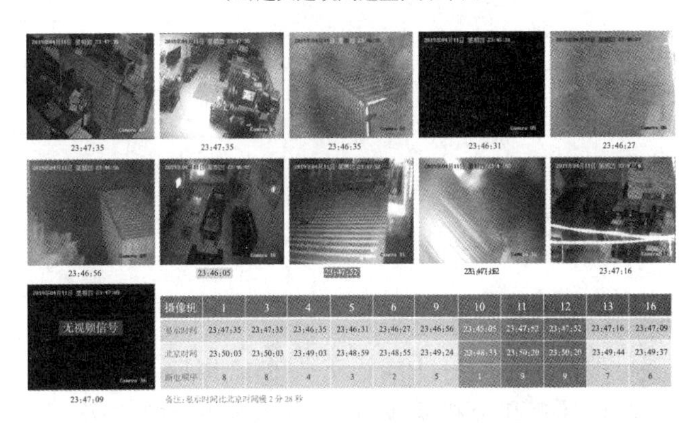

(b)监控视频画面中断情况分析

图 7 起火仓库监控分布与监控画面中断情况分析

4 电子数据分析

4.1 变电站站端数据分析

分析变电站站端数据发现，事故发生前(23：50：33：326)，10 kV 支线 C 相导线电流无异常变化，随后在 1 秒内 10 kV 支线杆与 #70 电线杆之间高压线路发生接地故障，进而造成断路(高压线路停电)。同时，10 kV 支线的 712 开关探测到接地故障后动作跳闸，这表明该起事故最初发生的是 10 kV 支线的 C 相导线接地故障(C 相导线对地漏电)。

4.2 配电网运行数据分析

事故发生 6 秒后，110 kV 配电站 10 kV 线的 712 开关零序过流 Ⅰ 段动作跳闸，后重合成功；52 秒后，故障点被隔离，表明 10 kV 支线 C 相导线发生接地故障；断线后，C 相导线电源端在一段时间内还依然带电，如图 8 所示。

序号	北京时间	电气设备反馈动作信息	分析结论
1	23:50:33:326	110kV富强站10kV富都线南郊支线#48杆48T1,线路接地告警,动作	#48杆后端线路发生接地故障
2	23:50:33:997	110kV富强站10kV富都线南郊支线#48杆48T1,线路失压，恢复	#48杆后端线路发生断路故障
3	23:50:34	110kV富强站10kV富强线712开关零序过流 I段动作跳闸	富强线发生接地故障
4	23:50:34:963	110kV富强站10kV富都线南郊支线#70杆70T1,线路失压，动作	#70杆前端线路发生断路故障
5	23:50:34:994	110kV富强站10kV富都线南郊支线#70杆70T1,开关位置，中间态00	#70杆前端线路发生断路故障
6	23:50:34:997	110kV富强站10kV富都线南郊支线#70杆70T1,开关位置，分闸	#70杆前端线路发生断路故障
7	23:50:39	110kV富强站10kV富强线712开关重合成功	
8	23:51:25	10kV富都线南郊支线#48杆48T1开关自动化闭锁合闸，隔离故障点	#48~#70杆线路设备完全断电

图 8　配电网运行数据概况

5　物证鉴定

5.1　C 相导线物证鉴定

对 #66 电线杆 10 kV 支线的 C 相导线样品进行宏观观察和金相组织分析，送检样品均为一次短路（电弧）作用形成的熔痕，如图 9 所示。

（a）#66 电线杆 10 kV 支线的 C 相导线样品

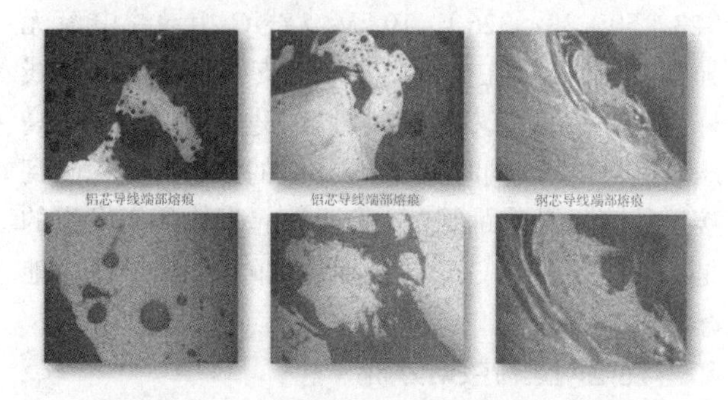

（b）判定送检样品均为一次短路（电弧）作用形成的熔痕

图 9　C 相导线物证鉴定情况

5.2　铁皮屋顶样品检验

对 #66 电线杆下方家电仓库铁皮屋顶孔洞（熔坑）采用扫描电镜 - 能谱分析仪分析，铁皮屋顶熔坑存在少量铝元素成分，并结合宏观观察和金相组织分析，判定样品均为火烧作用形成的热腐蚀孔洞（熔痕），而非铝导线与铁皮屋顶短路打火形成。

5.3　鉴定结果分析

（1）#66 电线杆 10 kV 支线 C 相导线发生电短路故障，高温电弧熔断 C 相导线。

（2）#66 电线杆 10 kV 支线 C 相导线短路产生的高温铝、铁熔珠跌落到下方家电仓库铁皮屋顶，在火场高温作用下，在铁皮屋顶形成热腐蚀孔洞。

6　火灾原因认定

6.1　火灾线索分析

（1）对第一发现人和救火人员的询问调查证实，该起火灾发生突然，火势蔓延快，表明该起火灾点火源能量大，符合明火起火特征。

（2）对电力数据分析发现，供电系统瞬间出现超出额定值的电流峰值，产生浪涌现象，分析供电系统浪涌的来源涉及外部（雷电原因）和内部（电气设备启停和故障等）因素。

（3）家电仓库管理员和工人均反映，仓库屋顶火灾发生前没有发现孔洞漏雨等问题，电线杆与屋顶连接处已经用防水材料封堵，没有孔洞出现。

6.2　排除雷击引起火灾因素

导线受直击雷或绕击雷侵袭引起断线故障是指导线受直击雷或绕击雷（即雷电放电路径是绕过最高的导体后击中位于其下方的导体）侵袭，落雷点就在导线上，能量巨大的超高温电弧在极短的时间内直接熔断导线，产生的断口主要特征是断口变形小、相对平整、有熔体凝固痕迹，通常伴有闪电、巨响现象。通过调查发现，该起事故不存在以上现象。

（1）火灾视频分析均未发现线路打火、火光、闪电、人员惊慌等异常现象。调查人员分析，起火仓库电源受到了“非规律性大电流侵入”，导致监控摄像头故障，画面中断。

（2）供电系统 SOE 数据均无雷电侵入的报警、动作的记录。

（3）未发现雷电侵入造成周边居民家中电气线路、设备异常损坏情况。

（4）证人证言均未反映火灾前有打雷、闪电等现象。

6.3 排除导线对地（铁横担）放电故障因素

导线对地（铁横担）放电是指线路在额定电压下（即未受到雷电过电压作用），由于绝缘失效或导线脱落在铁横担上导致带电导线对铁横担放电的故障。在出现此类故障时，线路接地电流较小（未达到触发零序电流保护动作的水平），产生的热能需持续较长的一段时间才能把导线烧断，导线烧伤面较大，且烧伤面呈蜂窝麻点状熔化痕迹。通过调查发现，该起事故不存在以上现象。

（1）配电网运行数据记录到 110 kV 段 10 kV 线 712 开关零序过流 I 段动作跳闸，触发了零序电流保护动作。

（2）C 相导线断口处无烧蚀打火蜂窝麻点状熔化痕迹。

（3）#66 电线杆上铁横担无短路打火熔痕。

6.4 排除导线相间短路断线故障因素

裸导线架空电力线路受雷击时，两相或两相以上发生绝缘闪络，导致相间短路，形成持续的工频续流，这种情况一般都会触发线路保护动作切断电源，从而保护设备不被损坏，一般不会导致断线故障。

6.5 污闪因素分析

查询文献了解到，高压线路发生电击穿，易形成很强的电弧。常发生在绝缘子表面的沿面放电现象（沿面放电是指固体绝缘表面的放电，俗称爬电）发展到气体或液体破坏性放电，则称为闪络。污闪是闪络的一种，指在潮湿条件下电气设备绝缘表面附着的污秽物中的可溶物质逐渐溶于水，在绝缘表面形成一层导电膜，使绝缘子的绝缘水平大大降低，在电力场作用下出现强烈放电现象。在雾、露、雪、毛毛雨气候条件下，极易发生污闪现象。绝缘子污闪对地漏电故障主要包括绝缘子表面积污和使表面附着污秽物润湿的气象状态，在空气干燥的情况下，表面附着有污秽物层的绝缘子可以保持与未被污染时相近的绝缘水平。然而，当遇到雨、雾和露等潮湿天气时，绝缘子表面会形成一层水膜，污秽物中的可溶性盐会溶于水，进而形成一层导电的水膜，从而使绝缘子的表面电阻大大降低，导致绝缘子表面形成沿面闪络，甚至形成贯穿性放电通道，进而导致电力传输中断。

（1）火灾发生时段正值雷雨天气，气象部门数据显示当地相对湿度达到了 89%~95%。

（2）起火仓库位于水泥厂旁边，水泥厂常年排放的灰尘主要是氧化硅和氧化钙，含导电性颗粒的烟尘和化学性污秽物极易附着在绝缘子表面，使绝缘子的绝缘水平降低。

（3）火灾发生前的 3 个月，#66 电线杆的飞巡照片显示 C 相导线绝缘子表面附着明显的污秽物，电力部门对于线路中覆盖的污秽物层并未及时清除，如图 10 所示；火灾发生后，电力部门意识到这个隐患，将未受火灾高温影响的 #65、#67 电线杆绝缘子全部更换为新的、绝缘防护性能更好的绝缘子。

（a）#65、#67 电线杆绝缘子的对比照片

（b）火灾发生前 3 个月拍摄的 #66 电线杆飞巡照片

图 10 #65、#67 电线杆绝缘子对比照片与火灾发生前 3 个月 #66 电线杆飞巡照片

（4）火灾发生后，#66 电线杆 C 相导线断落，局部缺失，C 相绝缘子表面出现受到大电弧高温崩裂现象，如图 11 所示。

（a）#66 电线杆 C 相导线断落缺失

（b）C 相绝缘子特写照片

图 11 #66 电线杆 C 相导线断落与绝缘子火灾后痕迹

6.6 起火原因认定

综上所述，认定该起火灾的原因是 #66 电线杆 C 相导线绝缘子表面发生污闪，造成 C 相导线对地漏电，漏电电流产生的高温引燃电线杆与仓库屋顶连接处的防水材料，蔓延成灾。

7 思考与总结

目前，火灾调查人员对于高压线路知识的了解及对高压线路火灾调查技术手段的掌握还有待加强。进一步研究和分析高压线路火灾原因，特别是深入分析高压线路火灾发生的诱因意义十分重大。本文通过该起事故的调查和研究，对高压线路火灾进行了一些浅析，为高压电气线路和设备火灾的调查与安全防控提供了参考样本。

7.1 迅速封闭火灾现场，做好物证保护

高压线路火灾发生后，所影响的正常供电区域大、范围广，对周边生活、生产秩序造成严重影响，相关部门往往在火灾扑救过程中就开始抢修线路，特别是若涉及室外架空高压线路，如果第一时间不对现场进行有效封闭以及做好物证保护，很可能导致关键物证的丢失。在该起火灾调查中，由于前期对火灾现场的保护不及时，相关部门在抢修电力的过程中将 #66 电线杆架空线路上半部分截断，截断过程中又对铁皮屋顶造成二次破坏，给火场勘查和物证提取工作造成了较大影响。

7.2 强化部门沟通协作，提升调查效果

高低压电气线路设备火灾现场勘查涉及智能电表、变电站站端、后台用电调度系统、配电网管理平台、设备定期飞巡记录等设备，这些设备和系统均能调取大量电子数据信息，并解读故障数据含义，从而可大大提升故障原因的查找准确度。湿度、雷电、降水、风向、气温等气象资料的调取，对火灾原因的认定也是非常重要的。在开展此类火灾事故调查的过程中，相关部门会有所顾忌，在数据的提供上可能会有所保留，需要调查人员与相关部门积极协调沟通，建立良好的协作机制。

7.3 注重高低压电气线路设备知识积累

在该起火灾调查过程中，电力部门委托电机工程学会电力技术专家进行了调查分析，其出具的事故原因技术分析报告与火灾调查人员认定的原因截然相反，后期火灾调查人员通过开展高压电线现场痕迹勘查、绝缘子结构特征分析、电力数据分析、视频分析、物证鉴定、剩磁测量等工作，在获取大量证据相互补强佐证基础上，查清了高压电线浪涌产生的原因不是雷击，而是高压电线杆绝缘子表面污闪造成的电源线对地漏电。如果没有对相关知识的掌握和积累，将不能有效甄别线路故障特征，就容易受到外界“专业意见”的影响。

7.4 增强高压电气线路设备调查技术水平

通过该起火灾调查，调查人员充分了解了架空线路常见故障类型、形成机理和主要特征，重点针对人员询问、气象信息、断口熔痕特征、放电烧蚀痕特征、电击穿孔洞等方面开展深入调查，充分利用剩磁仪测量架空线铁横担、电线杆内钢筋等金属构件的剩磁，并与周边未波及区域做比对，结合对线路熔痕的技术鉴定，综合认定火灾原因。

7.5 综合调查手段，科学认定起火原因

调查初期，由于调查人员对高压架空线路缺乏深入了解，未对现场开展全面细致的勘查，在 #66 电线杆 10 kV 的 C 相导线经鉴定均为一次短路（电弧）作用形成的熔痕后，做出了“10 kV 架空线线路短路产生高温熔融物，跌落在仓库顶部熔穿夹芯板，引燃下方可燃物蔓延成灾”的错误认定，教训非常深刻。此类架空线路火灾涉及三方责任认定与财产损失赔偿纠纷问题，起火原因属于自然灾害还是设备故障影响面广，一定要结合现场勘查、调查询问、视频分析、物证鉴定等综合调查手段认定起火原因，提高调查结论的客观性和科学性。

参考文献

[1] 刘德利，黄志强. 一起进口风力发电机火灾事故调查 [J]. 消防科学与技术，2009，28（7）：546-548.

[2] 卫世超，孟晓凯，芦竹茂，等. 输电线路绝缘子污闪原因分析及防治方法 [J]. 设备管理与维修，2024（3）：65-68.

[3] 杨云. 一起室外架空线路火灾事故的调查分析 [J]. 消防科学与技术，2017，36（4）：575-578.

一起硅胶液加工厂火灾调查与体会

廖嘉美

（肇庆市消防救援支队，广东 肇庆 526000）

摘 要：本文通过对一家硅胶液加工厂生产作业过程中发生的火灾事故展开深入调查，综合应用现场勘查、调查询问、视频分析等技术手段，系统阐述该起火灾调查经过和心得体会，并对事故教训进行剖析总结，为今后同类型火灾事故调查工作提供借鉴和参考。

关键词：火灾调查；硅胶液；危险化学品

1 引言

生产加工硅胶液类产品的工厂的原料、半成品大多为具有易燃、易爆、有毒、有害等特性的危险化学品，此类场所火灾往往存在燃烧猛烈、爆炸风险大、现场破坏严重、易造成群死群伤和事故原因复杂等特点，给灭火救援和火灾调查工作带来极大困难。本文以2024年一起硅胶液加工厂火灾案例为切入点，深入分析该起火灾事故调查全过程，并对硅胶液加工场所的火灾调查提出思路和建议。

2 火灾基本情况

某地一家硅胶液加工厂发生火灾事故，期间发生2次爆炸，有3名人员受伤，造成的社会影响较大。着火的厂区内共有3栋简易厂房，分别为1、2车间和3号仓库，均为砖混结构建筑，且为彩钢板屋顶，总建筑面积约2 600 m²，如图1所示。

3 火灾事故调查情况

3.1 现场勘查

该加工厂1号车间、2号车间、3号仓库全部过火，所有建筑、物品受明火爆炸影响全部损毁，且爆炸使得1号车间地面形成1个长8 m、宽4.5 m、深1.8 m的坑，如图2所示。通过调查人员现场勘查，在该加工厂周边找到多块反应釜碎片（最远处距离为200 m），如图3和图4所示。

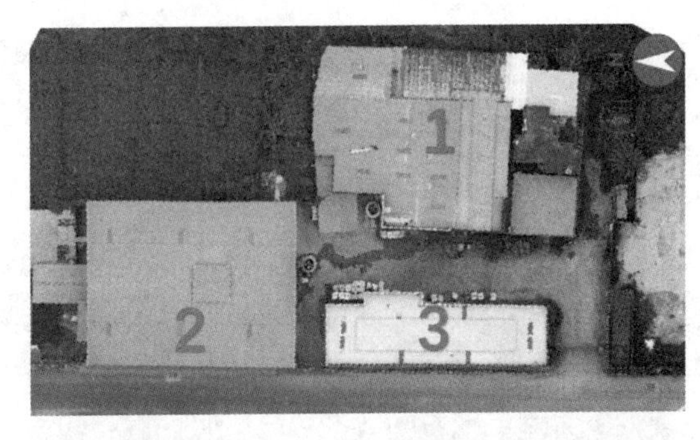

图1 硅胶液加工厂起火前后俯视图

3.2 1号车间工艺流程

1号车间工艺流程：将叔丁醇、硅油、液碱、BPO（过氧化二苯甲酰）、硅胶先后加入反应釜（1号车间2号和3号反应釜）混合搅拌5 h，化验合格后再投入元明粉搅拌10~20 min，最后用循环冷盐水降温至常温，即可得到成品硅胶液。

作者简介：廖嘉美（1999—），女，广东省肇庆市消防救援支队，初级专业技术职务，主要从事火灾调查、防火监督工作。地址：广东省肇庆市端州区城东街道端州三路28号，526000。电话：15813962751。邮箱：1584717532@qq.com。

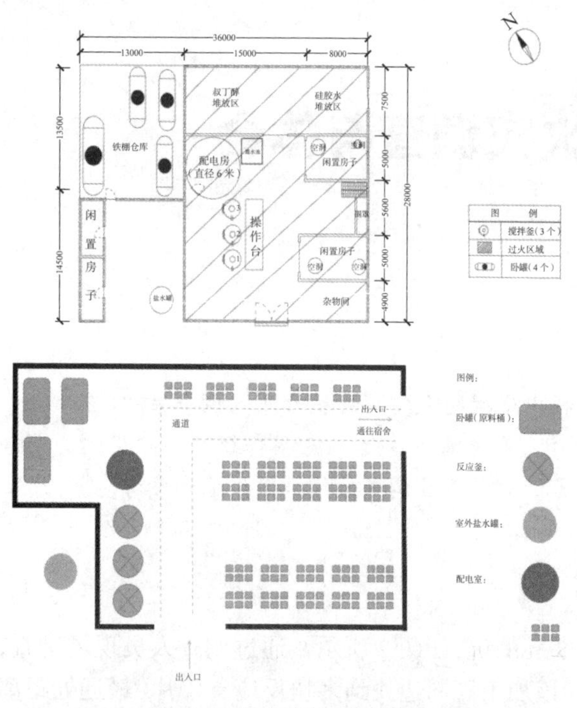

图2　1号车间平面示意图

图3　反应釜碎片分布图

3.3　调查询问

该加工厂着火时，1号车间只有李某和王某(女)两人在场。

3.3.1　操作员李某

李某表示，在王某打开反应釜釜盖准备投放元明粉时，瞬间反应釜内出现明火，王某被反应釜内窜出的明火烧到腹部衣物。同时，询问李某吸烟情况，其表示有吸烟习惯，但从不会在车间内吸烟。

图4　反应釜碎片照片

3.3.2　操作员王某(女)

王某表示，她一上反应釜二层平台就看到3号反应釜釜口有火光，并且表示打开釜盖加料这项工作一直由李某来完成，她当时并没有打开3号反应釜釜盖，她身上的伤是用灭火器救火时被火的高温烫伤。

两人均反映是3号反应釜最先出现火光，但关于是谁打开3号反应釜釜盖的关键环节，两人初次笔录时出现了明显的矛盾。王某烧伤部位主要是腹部和双臂，左手伤情重于右手，且左手臂内侧重于外侧，王某伤情与李某表述内容存在明显矛盾，如图5所示。

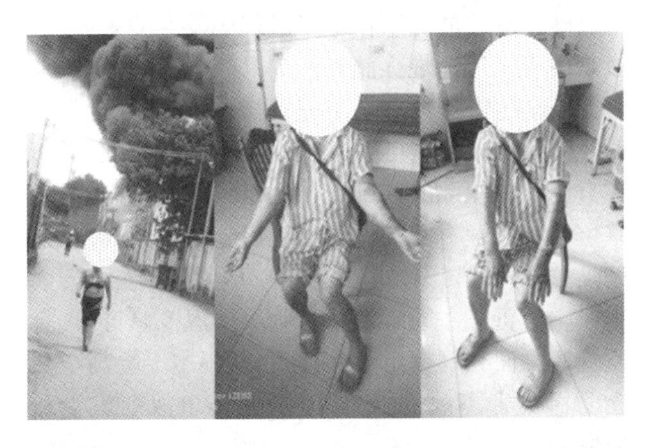

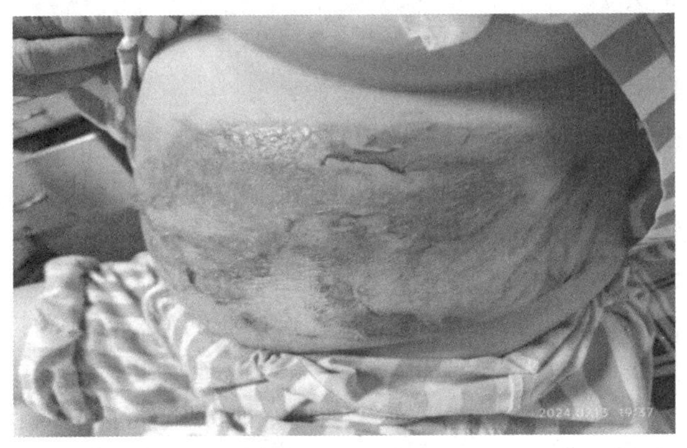

图5 王某受伤情况

调查组联合公安机关调查人员开展共同询问，王某最终承认她在打开3号反应釜投料盖时，反应釜内有红光，同时腹部、双臂外侧传来剧痛，她意识到是着火了。王某在事发当天身着涤纶短袖衣物，当她双手握住投料盖把手，准备抬起投料盖往右侧平移时，刚打开一个小口就看到明火窜出，烧到她的腹部、手背，然后她就把反应釜投料盖放下。

3.4 视频分析

监控视频显示，事发当天11时19分13秒该加工厂顶部开始冒烟；11时34分32秒该加工厂发生第1次爆炸；11时54分32秒发生第2次爆炸，爆炸碎片掉入相邻的河内，如图6所示。

4 火灾原因认定

（1）排除电气故障引发火灾因素。对该加工厂内的电气线路进行专项勘查，未发现短路打火可疑痕迹。

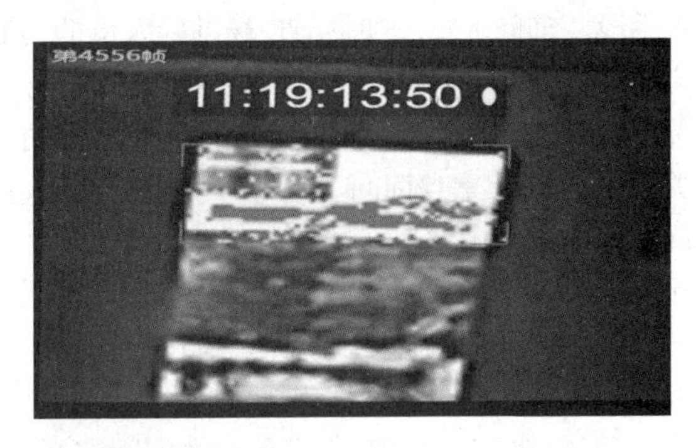

图6 监控视频分析图片

（2）排除雷击引起火灾因素。事发当天9到12时的气温有30~34 ℃，湿度为54%~80%，累计降雨量为0.4 mm，东南风2到3级，瞬时最大风速为1.4~6.5 m/s，无雷击现象。

（3）排除吸烟引起火灾因素。1号车间员工李某有吸烟习惯；经对其多次询问均否认在车间内及反应釜处吸烟；该加工厂为易燃易爆场所，内部有严厉的吸烟惩处规定；操作员王某也证实李某在该加工厂内无吸烟行为。

（4）排除人为放火的因素。经公安机关排查，排除人为放火的因素。

综上所述，该起火灾起火原因是李某和王某在生产过程中违规作业产生火花，引燃反应釜内可燃蒸气，蔓延成灾。

5 火灾调查的体会与思考

5.1 要恰当运用调查询问方法与技巧

调查询问是了解和掌握火灾发生、发展和蔓延最经济快捷的途径，在与火灾现场勘查结论相互印证的情况下，共同构成火灾调查的重要证据。为提高调查询问的效率，需选取合适的询问人员和有针对性的询问方式。询问人员在全面掌握火灾现场痕迹、电子数据分析和视频分析结论等综合证据情况下，要有针对性地制定询问提纲，适时采用测谎仪等技术手段。询问人员应加强与现场勘验人员的沟通交流，及时调整询问内容，避免因出现信息不对称等状况导致调查进展缓慢，必要时可联合公安部门对相关当事人进行重点询问。上述案例中，调查人员在调查询问过程中发现现场目击者王某对于发现最先起火这个关键场景的描述与李某的表述存在明显矛盾，其所述内容与自身伤情形成条件相矛盾，通过调整询问策略并联合公安部门抓住这个矛盾点进行重点突破，以事实为基础，制定针对性询问方案，以攻破其心理防线，从而得到客观、真实、准确的证言，成功解决了调查过程中遇到的瓶颈问题。

5.2　要综合分析事故原因

硅胶液类加工厂所采用工艺复杂多样，且使用的原料中含有较多的易燃易爆危险品等，火灾事故往往易发生在生产过程或设备停车、检修时段，常见原因有违章动火、违规操作、设备（装置、管道）泄漏、工艺失控、安全装置失效等，此类火灾燃烧猛烈、过火面积大，火灾调查难度大。因此，调查人员要第一时间掌握生产工艺流程和涉及的危险化学品的理化性质，重点围绕起火部位的工艺流程、化学物料的理化性质和引火源进行调查，必要时可邀请相关化工专家开展技术综合分析，分析点火源和燃烧物质，厘清引燃引爆机理，必要时可通过进行调查实验还原火灾发生经过。此外，证人证言、现场勘查、电子数据分析等多项火灾调查技术手段都有其各自的优势和局限性，正确的、经得起检验的火灾原因认定必须是多个手段、多项证据相互补强和验证的，综合分析事故原因。

5.3　要做好个人防护措施

硅胶液加工厂由于日常生产的需要，厂区内通常会存有大量的危险化学品，着火后容易产生大量有毒有害气体，且短时间内难以挥发完全。因此，此类火灾调查工作应遵照“先辨识、再评估、后进入”的原则，尽快排查出火灾现场残留的易燃、易爆、毒害、辐射、易腐蚀物质等，根据危害因素及评估结果确定相应的防护等级，对于通风不良的室内空间以及有毒有害气体持续释放的现场，应采取通风换气和不间断监测等措施，并佩戴合适的个人防护装备，在确保安全的情况下方可进场调查，避免职业暴露和二次伤害。

5.4　要深刻汲取火灾教训

硅胶液类加工厂在生产过程中发生的火灾，很多是由于工厂违规存储和使用易燃易爆化学品、未履行安全生产制度和员工违规操作、初期处置不力等。因此，在调查中应联合相关部门协同开展工作，在查明火灾原因的基础上做好延伸调查，查明事故单位日常管理、规章制度、安全措施落实情况，总结经验教训，提出针对性防范措施，压紧压实企业安全生产主体责任。同时，对规划设计、规范修订、政府监管等方面分别提出工作建议，从根本上提高全社会防御灾害事故的能力，减少此类事故的发生和损失。

6　结语

硅胶液类加工厂通常会使用并存有大量易燃易爆危险化学品，若发生火灾，现场破坏性大，火灾调查较为困难，火灾原因调查工作应做到细致、严谨、科学。此外，火灾调查应服务于行业的消防安全，对发现的各类安全隐患应进行深入调查，同时还需对易燃易爆危险化学品起火现场特征、烟气特征、火焰特征以及残留物痕迹和物证分析鉴定相关技术等方面进行更加深入的研究，完善危险化学品火灾事故调查数据库，为火灾调查工作提供技术和理论支撑。

参考文献

[1]　赵禹忱，金静，邓兆鋆，等. 危化品火灾危险性及事故调查技术研究进展 [J]. 消防科学与技术，2020，39（1）：132-135.

[2]　郜锋. 基于视频分析技术的火灾事故调查研究 [J]. 今日消防，2022，7（3）：97-99.

[3]　应急管理部消防救援局. 火灾调查与处理（中级篇）[M]. 北京：新华出版社，2021.

[4]　秦建剑. 化工火灾事故调查方法分析 [C]// 新疆市场监督管理局.2023 新疆标准化论文集.2023：4.

一起医院氧气瓶火灾调查和思考

王晓怀
（汕尾市消防救援支队，广东　汕尾　516600）

摘　要：本文详细剖析一起医院手术室氧气瓶火灾事故的调查经过，除了按照传统火灾调查程序实施调查外，还针对火灾的引火源和起火物进行了详细的分析。调查组综合应用多种调查手段查明火灾是一起发生在富氧环境下的金属火灾，该起火灾可供火灾调查、防火监督和灭火救援人员参考借鉴。

关键词：医院火灾；金属燃烧；火灾调查

2023年4月，北京市长峰医院发生重大火灾，造成29人死亡、42人受伤，医院火灾引起各级政府、职能部门及社会各界的广泛关注。本起火灾就发生在这个时期，引起了各方的高度重视。

1　火灾基本情况

2023年5月5日14时许，某地一综合医院手术室发生火灾。火灾烧损手术设备一批，过火面积28 m²，过火区域集中在7楼2号手术室，直接财产损失约100万元，造成1名麻醉师受轻伤。

医院建筑共7层，建筑高度23 m，每层建筑面积1 000 m²，起火楼层位于建筑7楼，内设手术室，值班室等功能间。最先起火房间为7楼2号手术室，内设两张妇科手术床，2个氧气瓶和其他手术设备，见图1。

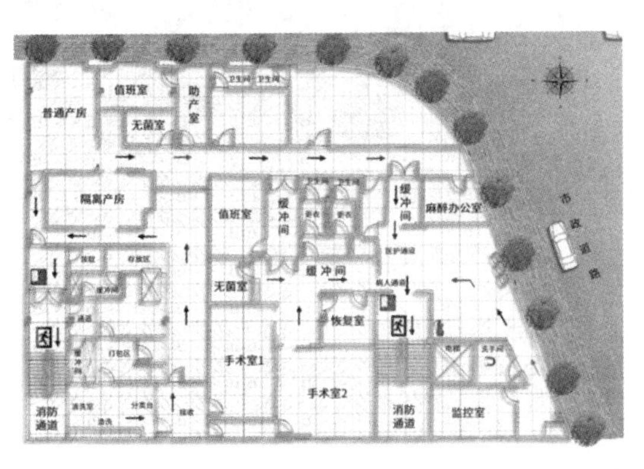

图1　7楼平面图

2　现场勘验情况

2.1　现场勘验

2号手术室烧毁严重，室内物品均过火，可燃物呈现富氧条件下猛烈燃烧、局部被烧变色、变形严重的痕迹特征。2号手术室的金属储物柜被烧，变色程度较四周中重，呈上重下轻；东、南部天花敷设的金属空调管被烧变色、变形最严重，局部被烧呈现锈红色，金属管大部分呈锈黄色，见图2。

2号手术室有两个40 L医用氧气瓶，编号为1、2号，1号氧气瓶供病人吸氧；2号氧气瓶供麻醉机，起火时麻醉机未使用。1号氧气瓶距离底部80 cm以上瓶体有浓厚的烟熏，氧气开关阀、氧气吸入器压力表、减压阀进气连杆缺失，氧气瓶紧固螺母部分被烧蚀（火场温度高于金属铜熔点1 083 ℃），见图3。2号氧气瓶瓶体整体烟熏浓厚，构件完整，无缺失。

作者简介：王晓怀（1985—），女，汕尾市消防救援支队，高级专业技术职务，主要从事火灾事故调查工作，广东省汕尾市城区政和路8号，516600，13302680518，337294566@qq.com。

图 2　2 号手术室全景拼图

图 3　2 号手术室 1 号氧气瓶照片

2.2　调查询问

护士钱某、护士廖某和手术医生陈某均表示，麻醉师曾某打开氧气瓶开关阀后，突然“嘭”的一声响，氧气瓶开关阀下方的瓶口喷出一大簇金色火花，火花长 60~80 cm，像一条火龙喷出，随后有黑烟出来，烟气味道很浓很臭，还能听到氧气瓶发出哧哧的声响，像高压锅放气的声音。

麻醉师曾某称，发生火灾前，他面向氧气瓶，左手下垂，右手拧 1 号氧气瓶的开关阀，快速打开阀门后，氧气瓶出气口处喷出来一团手臂长的火苗，火焰 80%~90% 是红色的，夹杂一点蓝色的火焰，几秒后喷出黑色的烟雾。

以上笔录反映：起火点位于供患者吸氧的 1 号氧气瓶出气口处，事故的原因与氧气瓶有着密切联系，燃烧现象符合富氧条件下的物品燃烧特征。

2.3　视频分析

医院 7 楼手术室内部无视监控频，手术室门外有一监控，摄像机对着手术室的大门口，见图 4。

对监控视频分析发现：14：06：17（北京时间，下同，监控视频显示时间比北京时间慢 1 s）2 名患者进入手术室；14：16：14 麻醉师曾某进入手术室；14：18：26（曾某进入手术室 2 分 12 秒后）手术室观察窗出现慌张的人影；14：18：37 手术室跑出 7 人（2 名患者和 5 名医护人员），麻醉师曾某白大褂右侧肩部被熏黑，其他人员未见被火烧伤的迹象。而后，其他工作人员闻讯前来，使用灭火器进行灭火，见图 5。

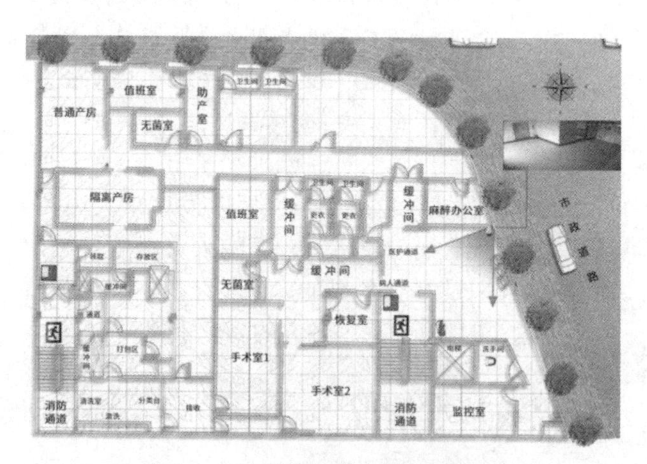

图 4　7 楼手术室门口监控位置图

图 5　手术室人员逃生时的监控画面

2.4　初步分析结论

结合现场勘查、调查询问和视频分析线索证据，调查组做出初步分析结论。

2.4.1　起火点

起火点位于 1 号氧气瓶距地约 1.4 m 处。主要依据是麻醉师曾某被火灾初期突然喷出的火焰、高温灼伤；其白大褂和 T 恤局部被烧炭化、穿孔，位于右侧肩部；麻醉师身高 1.68 m，根据男性成人头部平均高度 0.25 m，认定起火点位于距地面 1.4 m 处。

2.4.2 起火特征

火灾发生突然，引燃时间短。主要依据是麻醉师曾某进入手术室 2 分 12 秒后发生事故，且手臂和脸部等对温度敏感、反应敏捷部位无法躲避最初火焰、高温，被高温火焰烧伤出现严重红肿和大水泡，说明火灾发生突然迅猛，人员无法躲避。

2.4.3 火焰特征

初期火焰具有燃烧温度高、蔓延具有方向性的特点。主要依据是麻醉师曾某身体右前臂内侧、右侧颈部、右侧脸颊均被高温烫伤，皮肤、衣物出现高温炭化、烧穿孔的现象都集中在右侧，表明初期火焰具有温度高、波及区域小和方向性强特点。

3 起火原因认定

3.1 起火物分析

3.1.1 氧气瓶燃烧残留物分析

对 1 号氧气瓶专项勘验发现：氧气瓶阀门接口有高温熔化痕迹，阀门接口及内侧附有黑褐色残留物，见图 6。对残留物进行扫描电镜 EDS 成分分析，其主要成分为 O(41.6%)、Al(24.9%)、C(17.9%)，见图 7，表明 1 号氧气瓶阀门接口及内侧残留物主要为金属铝的氧化物，且残留物未发现油脂成分，排除油脂类物质遇到纯氧自燃的可能。

图 6 1 号氧气瓶阀门接口熔化痕迹

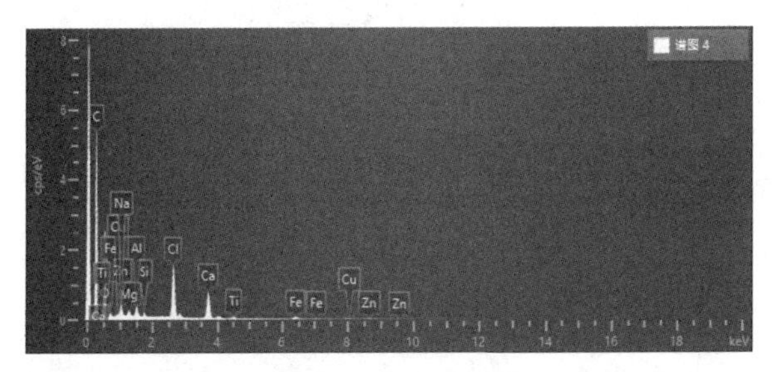

图 7 1 号氧气瓶阀门接口及内侧残留物扫描电镜 EDS 成分分析

3.1.2 衣物表面残留物分析

麻醉师曾某右前臂内侧、右侧颈部、右侧脸颊均被高温烫伤，衣物出现高温炭化、烧穿孔的现象，且衣服表面附有浅灰色残留物，见图 8。对衣服残留物进行 EDS 成分分析，主要成分为 Al(78.12%)、O(14.17%)、Fe(5.57%)、Cu(0.23%)、Si(1.56%)、Ca(0.36%)，见图 9，表明火灾初期麻醉师被高温的金属铝、铁氧化物灼伤，衣服被烧穿孔。

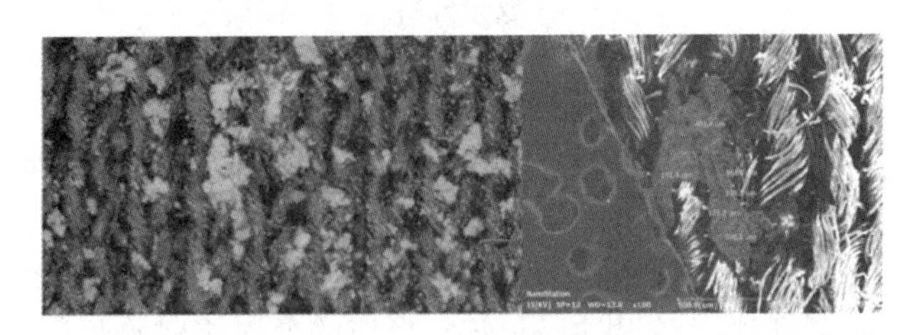

图 8 衣物表面残留物照片

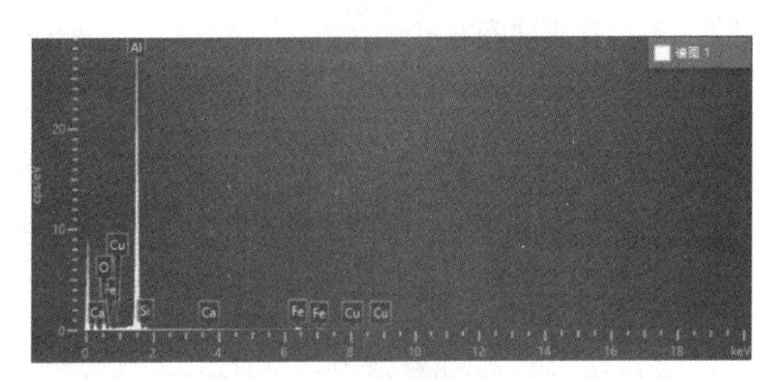

图 9 衣物表面残留物及扫描电镜 EDS 成分分析

3.1.3 氧气瓶紧固螺母成分分析

对氧气瓶减压阀六角紧固螺母进行专项勘验，六角螺母表面锈蚀，光泽度弱，见图 10，金属金相组织为等轴晶，是高温熔化形成；对氧气减压阀紧固六角螺母内残留物进行扫描电镜 EDS 成分分析，主要成分为 Fe(51.17%)、O(39.55%)、Al(4.02%)、Cl(2.21%)、Si(2.06%)、Cu(1.00%)，见图 11。六角螺母内残留物为铁、铝、铜金属氧化物，为 Fe-Al-Cu 互熔体成分。

图 10 1 号氧气瓶紧固螺母外观照片

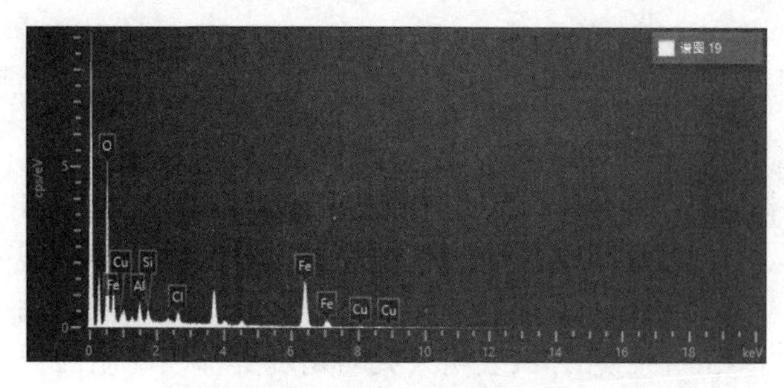

图 11 1 号氧气瓶减压阀紧固螺母残留物扫描电镜 EDS 成分分析

成分分析结论表明：1 号氧气瓶表面及麻醉师衣服附着的金属铝和铁元素物质来自氧气瓶铁质紧固螺母和铝质进气连杆，1 号氧气瓶减压阀的紧固螺母和铝质进气连杆在高温条件下发生熔化，伴随着氧气喷出，发生剧烈燃烧，形成的金属熔融物喷溅到氧气瓶阀门表面和麻醉师衣服上。

3.2 引火源和诱因分析

据麻醉师反映，1 号氧气瓶里的纯氧通常充满是 15 格（备注：15 MPa），已经使用 2 格，事发时还剩 13 格；麻醉师快速拧动阀门后，有耀眼红色、蓝色火焰从氧气瓶阀门与减压阀连接部位高速喷出，符合金属在氧气中燃烧火焰的特征；燃烧残留物成分分析也表明氧气瓶阀门的金属铝和铁部件参与最初的猛烈燃烧；高速喷出的氧气与金属阀门摩擦所产生静电无法引起金属铁、铝部件发生燃烧。

检索文献发现：高压气瓶内气体被快速排空时，在瓶口处会因流速过快产生激波，激波的产生会伴随着巨大声响和气体温度升高的现象，声响特征吻合在场人员最先听到的声音。在激波作用下，排空气体温度显著升高。例如气瓶内压力 13 MPa，外界压力 0.1 MPa 排空气体，其压力比 130，气体温升接近 20 倍，按照理论值计算，气体温度最高可以达到 5 700 ℃，实际情况下，在压力比 20 倍以下，气体温度最高可达 1 200 ℃，产生的高温可使铝、铜质瓶阀发生形变和熔化，在富氧环境下发生猛烈燃烧。

3.3 起火原因分析

综上所述，该起火灾的原因是麻醉师违规操作氧气瓶，高压氧气喷出摩擦产生高温，使铝质进气连杆在高压富氧条件下熔化燃烧，产生的高温喷溅物引燃相邻可燃物蔓延成灾。

4 调查反思

4.1 燃烧机理是火灾调查理论的根本

火灾原因的认定需紧紧围绕燃烧的三要素（可燃物、引火源和助燃剂）及其相互之间的联系进行深入分析，如文中助燃剂不难确认，但是火灾初期究竟是何种物质参与燃烧，引火源的点火温度能否达到燃烧物的最低点火能量，这是我们必须解决的。

4.2 运用火灾调查中发现的新问题推动相关法律法规的修订

随着社会的进步，现行的一些技术标准不同程度存在滞后的现象。火调人员要将火灾调查过程中发现的问题反馈给标准起草部门及时修正，推动社会安全领域标准的完善，这是火灾调查人员肩负的新时代重任[2]。该起火灾发现国家标准对氧气瓶减压阀各个零配件材料的准入门槛较低，市面上该类产品的质量可能存在先天性缺陷，调查人员将相关调查结论通报给相关职能部门，力争为之后修订相关标准提供参考价值。

4.3 充分发挥高新技术在火调工作中的作用

医院火灾的调查，除了常见的调查方向，我们还应该关注医疗设备及其配套设施的功能特点、存放和使用方法等，了解各个配件之间有可能发生何种故障，进而深入调查可能出现引起火灾的种种可能，根据现场燃烧特征，最终认定起火原因和灾害成因。

参考文献

[1] 应急管理部消防救援局. 火灾调查与处理（高级篇）[M]. 北京：新华出版社，2021：125-169.

[2] 金静，李洋，张金专，等. 火灾事故调查创新机制的构建 [J]. 消防科学与技术，2017，36（5）：724-726.

[3] 梁军. 火灾音频分析与应用 [J]. 消防科学与技术，2023，4（6）：870-874.

关于一起汽车修理厂的火灾原因调查及思考

朱志雄，黄青青

（平乐县消防救援大队，广西　桂林　542400）

摘　要：2024年5月12日18时13分许，桂林市平乐县月城街宝丰汽车售后部发生火灾，过火区域包括汽车售后维修车间、办公室及接待处。本文通过结构化拆解的调查方法分析此次火灾发生的部位及原因，并就此次火灾的发生对调查询问及延伸调查等方面提出几点思考。

关键词：火灾痕迹；延伸调查；应急充电电源；询问心理

1　基本情况

2024年5月12日18时13分许，桂林市消防救援支队指挥中心接到报警，称平乐县月城街宝丰汽车售后部发生一起火灾事故，平乐县消防救援大队昭州站出动三辆水罐车、一辆泡沫车赶赴火灾现场，当日20时左右大火被扑灭，该起火灾过火面积为30 m^2，无人员伤亡。火灾事故后，辖区消防救援大队对该起火灾进行了调查，认定该起火灾由办公室货架上应急充电电源电气线路故障引发。火灾事故调查完毕后，辖区消防救援大队组织辖区内修理厂负责人及消防安全网格员赴火灾事故现场进行警示教育活动，警醒全体人员注意防范此类火灾事故的再次发生。本文对此次火灾调查进行分析，并对调查询问与事后延伸调查的关系做出几点相关思考。

2　现场勘验

2.1　环境勘验

平乐县月城街宝丰汽车售后部位于平乐县平乐镇月城街273号，四周均为居民楼，过火场地为宝丰汽车售后部内部办公室、接待室、汽车维修间。（图1）

图1　宝丰汽车售后部所处环境概况

2.2　初步勘验

汽车维修间：北面所停靠近办公室的两辆汽车均过火，其中更靠近办公室的一辆汽车烧损重于另一辆，其前轮均烧损，靠近办公室一侧的轮胎前轮烧损只剩下轮毂，且烧损程度重于另一侧轮胎，该汽车前部呈现“U”形痕迹。维修间与办公室连通门的上部分墙体有黑色烟熏痕迹，维修间与办公室及接待室的连接墙体上部分玻璃均被烧损呈现流淌痕迹，部分玻璃破裂掉落至地面，呈现颗粒碎裂状。（图2）

作者简介：朱志雄（1985—），男，广西全州人，桂林市平乐县消防救援大队。黄青青（1999—），女，广西灵川人，桂林市平乐县消防救援大队。

图 2　维修间北面所停放车辆前部车轮及轮毂烧毁严重

接待室：接待室与办公室连接处的木质隔板被烧毁，接待室西墙由北至南第一根钢柱上部呈现裸露状态，接待室上方吊顶东、西两侧部分被烧毁掉落，烧损程度由北至南逐渐减轻，西墙上方南北方向横梁木质板上方脱落，西墙上方南北方向横梁烧损程度由北向南逐渐减轻，吊顶有严重烟熏痕迹，西墙塑料模型右上角烧损呈现熔融状；接待室东墙有烟熏痕迹，接近吊顶处墙面有洗涤痕迹；接待室整体烧损程度由北至南逐渐减轻，接待室靠南部分未过火，仅有轻微烟熏痕迹。（图 3）

图 3　办公室与接待室烧毁情况

办公室：办公室烧损程度较维修间与接待室重，办公室吊顶全部烧毁掉落，实体墙上方玻璃全部烧毁掉落至地面，墙面均呈现洗涤痕迹，吊顶上方由北至南数第二与第三根东西方向横梁弯曲变形，办公室门烧损脱落并向东倾倒至地面。

2.3　细项勘验

对办公室进行细项勘验发现，办公室上方天花板吊顶全部烧毁掉落，南部接待室上方天花板吊顶西侧与东侧出现部分脱落，脱落程度由北往南逐渐减轻；办公室吊顶掉落并裸露其钢架结构的一楼楼顶，由北往南数第二与第三根钢梁受热向下弯曲，第二和第三根钢梁的烧损程度由西至东逐渐减轻，靠近西墙的钢架吊顶以及钢梁呈白色圆形图痕，靠近东墙的钢架吊顶以及钢梁呈黑白相间色，整个钢架吊顶及钢梁变色锈蚀由南往北逐渐减轻；西墙正上方玻璃烧毁掉落至地面，玻璃钢制框架上部（南北方向）南侧烧损出现脱落及向下变形弯曲，北侧保留原状，烟熏过火变色较轻，东墙正上方玻璃烧毁掉落至地面，玻璃钢制框架保留原状。办公室西墙的上方玻璃残留物呈现流淌痕迹，沿西墙抹灰层向下流淌；北墙、东墙的上方玻璃残留物流淌痕迹较少，靠近办公室西南角墙的玻璃流淌痕迹堆积较北墙与东墙多。

办公室北墙西侧抹灰层烧损掉落程度重于东侧，钢柱表面的木质办公桌烧损残留物高度较东侧残留物低，西墙两侧钢柱表面的木质残留物高度较东墙两侧钢柱表面的木质残留物低，西墙北侧铁质门烧损脱落并向东倒至地面，门内侧烧损变色锈蚀较外侧重。

保险柜西侧柜面被烧呈白色，东侧呈黑色，西南面柜面呈现出“U”形燃烧痕迹，西侧烧损程度重于东侧。

靠西墙的金属货架被烧损并向东倒塌掉落至地面，靠东墙金属货架的横向钢条由上至下弯曲程度逐渐减轻，由上往下数第四根钢条几乎未出现变形，靠西墙货架烧损程度重于靠东墙货架，靠南墙竖钢条向西北方向弯曲，上方弯曲程度大于下方弯曲程度。

图 4　办公室烧毁情况

办公室西南墙角处灭火器东北表面被烧至瓶漆掉落，西南表面呈灭火器本色，未过火；南墙木质隔断被烧毁，靠南墙有桌椅残骸，地面掉落大量烧损的木炭，呈龟裂状。（图 4）

2.4　专项勘验

对办公室靠南墙的木桌椅残骸进行专项勘验发现，在距北墙 3.86 m、西墙 1.5 m 处发现一充电设备

残骸(连接零火线搭接线路,含有电池包烧损残骸),零火线搭接线被烧掉落,线路一端有熔珠。(图5)

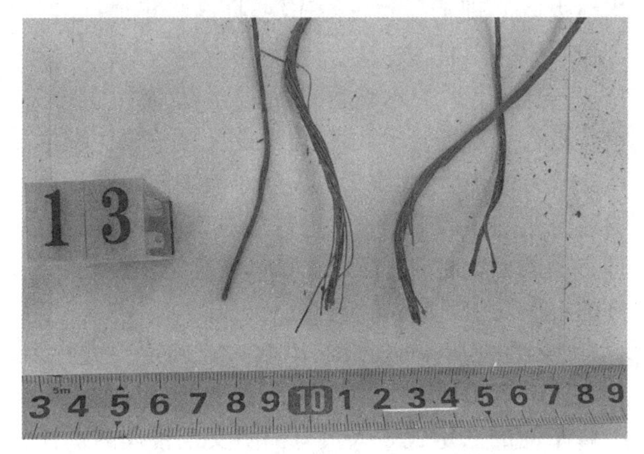

图5　锂电池包接线残骸裸露末端有大量短路熔珠

对办公室西墙墙面插孔进行专项勘验发现,插孔上面有两片金属插片所连接铜导线端头有熔珠,其下方地面处有多股铜导线,且铜导线两端有熔珠。(图6)

图6　西墙墙面插孔处烧毁呈现熔融状态,插槽内残留插片残骸

现场提取1个充电设备残骸、固定墙插残骸以及多股墙插铜质连接导线数段。

3　起火点的认定

办公室整体呈现洗涤痕迹,初步判断起火点位于办公室内部,因此对办公室进行细项勘验,并对办公室空间建立x、y、z坐标轴。z轴方向判断的依据:①根据东墙货架南北方向横架的变形程度,最下部的横架几乎未出现变形,由下往上数第二根横架只出现轻微变形,第三根横架出现较大程度变形;②办公室四角木质柱在z轴方向的炭化程度从东墙货架第三根横架高度处向上炭化,靠近地面几乎未出现炭化。综上可以得出,在空间中的z轴方向起火位置应该处于东墙货架由下往上数第三根横架同等高度位置。在由x、y轴组成的平面位置中,火场中火灾痕迹体系均将火点指向办公室的西南方向:①在x、y轴组成的平面中,z轴最高处位置的平面即天花板处的燃烧图痕有明显的烟熏痕迹与洗涤痕迹的过渡段,西南角处的洗涤图痕最严重,天花板处的痕迹随该处洗涤痕迹向外慢慢拓展为烟熏痕迹;②在同等z轴高度的x、y轴平面中,西南角处的烧损程度远重于其他方向。综上所述,初步认定起火点位于办公室的西南角东墙货架由下往上数第三节横架处。(图7)

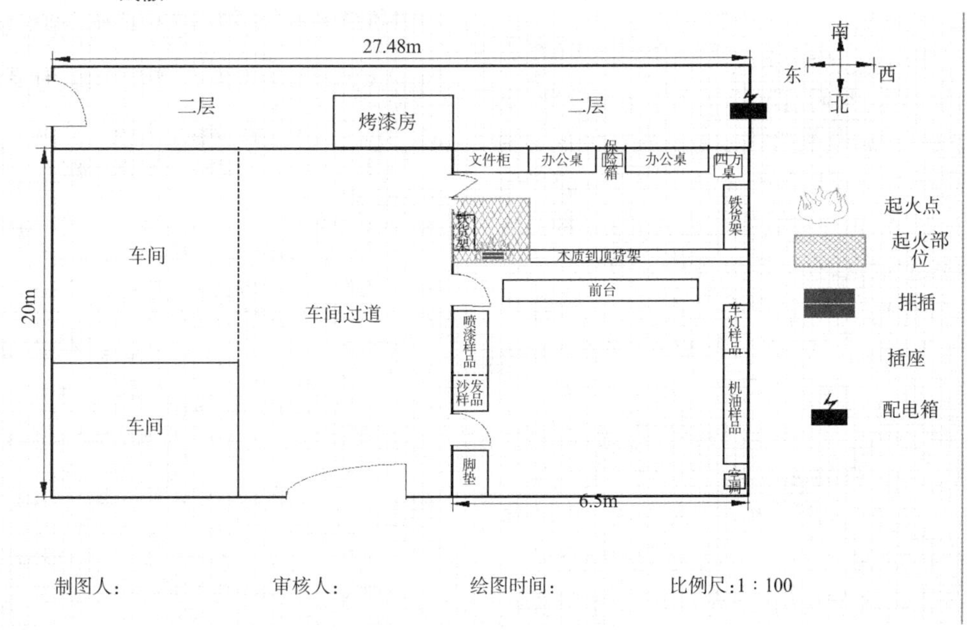

图7　宝丰汽车售后部平面图

在此次火灾的询问过程中，当事人对引火源存在隐瞒行为，并不承认办公室西南角存在引火源。于是我们根据火灾发生前一段时间当事人的活动轨迹对当事人的事实行为进行了细节性的提问，发现当事人下班后存在向办公室西南角货架放置应急电源的行为，对应急电源进行分析，确定应急电源属于引火源，在发生短路时极易过热引燃周边可燃物。对应急电源的细节进行进一步询问，此时当事人在细节描述上出现了规避性语言，并且产生了心理带来的身体抵抗行为，以身体突然出现不适为由请求休息片刻。对此异常行为，我们对存疑的起火源残骸进行了专项勘验，发现在西墙的中部插孔内存在金属插片残骸，残留应急电源燃烧残骸的金属插片连接的铜导线上面存在细小熔珠，初步判定该熔珠为短路熔珠，由此判断在此次火灾中发生过电气线路故障行为。

人为放火、自燃及自然因素引发火灾的排除：一是本起火灾发生于18时左右，此时处于工作期间，人流量大，根据调取的监控视频与火灾现场的证人证言发现，并不存在可疑人员进入汽车修理厂，排除人为放火的原因；二是当日天气晴朗，并未出现极端天气，排除自然因素引发火灾；三是对办公室存在的化学物质进行排查，办公室内的可燃物及易燃物中并不存在自燃物质，排除物质自燃导致火灾。综上所述，推断该起火灾由办公室西南角货架上应急充电电源电气线路故障引发。

4　对该起火灾的几点思考

（1）对于快速确定起火大致空间位置方面：一是建立空间坐标系，我们通过建立 x、y、z 坐标轴，根据 z 轴方向的物质燃烧程度确定起火物空间的 z 轴大致高度，在平面中根据各平面的燃烧程度的指向性将起火空间认定位于办公室的西南角；二是关注火场中过渡性的痕迹，在此次火灾中关键性的痕迹为火场中的洗涤痕迹，火场存在烟熏痕迹与洗涤痕迹的过渡，迅速抓住火场中的洗涤痕迹，能够快速确定起火位置。

（2）在询问证人时如何规避直接立场性问题，降低主观因素对证言的影响，我们采取了通过询问一系列过程性的事实行为，围绕火灾发生前后当事人下班后的具体活动轨迹，采取抓细节的方式，将当事人陈述、证人证言与现场提取的物证形成证据链闭环，引导出接近于客观事实的证言。在询问当事人的手段方面，必要时可与公安部门协同询问，增加当事人的心理干预和震慑作用，提高收集证据链的工作效率。

（3）在事后警示教育方面，我们及时组织相关单位进行了现场警示教育，避免此类事故再次发生。从心理方面来看，此次火灾发生于周围同行的身边，通过身边的惨痛教训和火灾现场对于人视觉以及心理方面的巨大冲击，能够警醒同行避免此类偶然事件的再次发生，提高警惕防范意识。

（4）在延伸调查方面，本起火灾确定起火物为应急充电电源，起火原因为电气线路故障引发火灾。维修车间的法定代表人负有消防安全管理的责任，根据《中华人民共和国消防法》第六十四条第二项的规定和广西消防救援总队行政处罚自由裁量相关规定“过失引发火灾，且直接经济损失 20 万元以上的，处 10 日至 15 日行政拘留处罚的决定”，辖区大队提请公安机关依据相关法律法规，对企业法定代表人和直接责任人进行拘留；同时，提请县政府对负有监督检查责任的辖区镇政府、派出所、社区和网格人员进行相应的问责追责。

参考文献

[1] 周志钻，王博轩，宋露露，等. 锂离子电池热失控行为及火灾危险性研究综述 [J]. 消防科学与技术，2024，43（5）：605-612.
[2] 管洁. 一起火灾事故的调查难点和思考总结 [J]. 水上安全，2024（5）：112-114.
[3] 戴忠. 锂电池储存安全现状及处置对策研究 [J]. 今日消防，2023，8（12）：71-74.
[4] 袁清堂. 防范处置锂电池火灾的策略 [J]. 今日消防，2024，9（4）：50-52.
[5] 刘荔维. 火灾调查如何做好现场询问 [J]. 科技资讯，2017，15（26）：77-78.
[6] 关洋. 火灾事故调查中被询问对象的心理研究 [C]// 中国消防协会学术工作委员会消防科技论文集（2023）——火灾调查技术及其他，2023.
[7] 郑策，韩泽巍. 常见火灾事故调查询问笔录的树状流程系统 [J]. 中国人民警察大学学报，2023，39（2）：28-32.
[8] 何彪. 对火灾延伸调查的几点思考 [J]. 今日消防，2023，8（8）：13-15.
[9] 李晗. 火灾延伸调查中消防产品质量责任追究的探讨 [C]// 中国消防协会学术工作委员会消防科技论文集（2023）——火灾调查技术及其他，2023：3.
[10] Law Enforcement. Investigators questioning employees after fire at Moscow region psychiatric hospital[M].Interfax：Russia & CIS Military Daily，2013.
[11] ZHU N，TANG F .Experimental study on flame morphology，ceiling temperature and carbon monoxide generation characteristic of prismatic lithium iron phosphate battery fires with different states of charge in a tunnel[J].Energy，2024，301131725.

一起水泥厂矿石传送带火灾事故调查与分析

卢 志

（贺州市消防救援支队，广西 贺州 542899）

摘 要：本文通过对一起水泥厂矿石传送带火灾事故的调查，分析火灾发生的原因，总结事故的经验教训。因为该起火灾在水泥行业比较罕见，且涉及事故调查的归属问题，需要与应急部门进行深入沟通交流才能确认事故归口调查。该起火灾较为典型，通过细致分析事故成因，督促企业严格落实制度要求，杜绝再次发生此类火灾。

关键词：矿石传送带；摩擦起火；调查分析

1 火灾基本情况

2024年3月12日10时17分，广西某国有水泥厂用于矿石输送的传送带栈桥发生火灾，该起火灾烧毁部分矿石传送带及防护罩，过火面积约200 m²，直接财产损失为31.48万元。火灾发生后，当地消防救援大队及时前往火灾现场开展事故调查。

该水泥厂属国有大型企业，设置有1条综合水泥生产线，采用国际上最先进的窑外分解生产工艺，年产量约200万吨。由于生产水泥需要大量的石灰石作为原料，故该水泥厂设置在山区，其附属石灰石矿山距生产厂区较远，因此需要通过7.3 km长的矿石传送带将矿石运送至生产厂区。（图1）

图1 该水泥厂及石灰石矿山方位图

作者简介：卢志（1984—），男，广西壮族自治区贺州市消防救援支队，中级专业技术职务10级，主要从事火灾事故调查。地址：广西壮族自治区贺州市八步区贺州大道南段，542899。电话：15907745827。邮箱：359624305@qq.com。

2 火灾事故调查归属

当地消防救援大队到场后，发现该起火灾起火部位位于矿山至厂区的矿石传送带栈桥上，而不在厂区范围，遂对该起火灾事故调查归属产生了疑义，该起火灾是归属消防部门调查还是归属应急部门调查，需要与应急部门进行沟通交流。

经了解，该水泥厂的公司架构为厂区和矿山为两个企业，生产厂区为公司主体，矿山及矿石传送带栈桥为公司独立的子公司，但又隶属于主体公司的矿山部管理。该矿石传送带栈桥为线形工程，长达7.3 km，无人员停留作业，不属于建筑物，因此不确定矿石传送带栈桥是否由应急部门的矿山科负责监管。

经与应急部门的矿山科沟通交流，其只对采矿许可证规定范围内的设施进行监管，在其监管范围内的矿石传送带栈桥发生火灾归属他们调查，而超出采矿许可证规定范围的矿石传送带栈桥属于应急部门的工贸科监管，故离开矿山至水泥厂矿石卸料端的栈桥应视为生产厂区的工艺流程，应该纳入生产厂区的安全监管范围，由此可以认定发生火灾的那段栈桥也属于消防部门的监管范围，在此范围内发生的火灾应由消防部门开展事故调查。因此，该起火灾由当地消防救援大队开展调查。

3　火灾事故调查认定情况

3.1　事故经过

（1）事发当日 10 时 17 分，有微弱的黑色烟雾在栈桥上方弥散开来。

（2）10 时 48 分左右，有水泥厂员工发现矿石传送带栈桥方向不远处的山头有烟冒出，以为是附近村民在地里焚烧杂草，就没有在意。（图 2）

图 2　在栈桥冒出可观察到黑烟的时段有村民在附近焚烧杂草

（3）10 时 49 分左右，矿石传送带两侧的平衡力牵引绳触发报警，传送机停止工作，水泥厂中控室通过视频监控发现矿石传送带栈桥已经冒出大量黑烟，确认发生了火灾，于是赶紧组织厂里员工携带干粉灭火器登上栈桥前往着火点进行灭火。

（4）员工从厂区登上栈桥步行至起火部位需要 10 分钟左右，抵达着火点时传送带在防护罩下已处于猛烈燃烧状态，随后不久下传送带断裂并携带着明火和浓烟迅速往厂区方向回抽，并在距离厂区卸料口约 100 m 处停下继续猛烈燃烧。在处置了约 20 分钟无果后拨打了 119 报警。消防队到场后，发现起火部位位于山头处，消防车根本无法抵近出水灭火，于是组织更多员工携带大量干粉灭火器进行灭火，最终将火灾扑灭。火灾最终烧毁近 100 米的传送带和防护罩以及部分太阳能光伏板。（图 3）

图 3　栈桥冒出的浓烟迅速往厂区方向移动

3.2　火灾现场勘验

（1）经勘验，该传送带栈桥由钢架、传送带和铁皮防护罩构成，传送带为普通用途钢丝绳芯橡胶输送带，不具备阻燃性能，可分为上、下传送带，其中上传送带由矿山运送矿石到厂区，下传送带空载返回矿山。栈桥的着火痕迹位于栈桥第 262 节段至第 270 节段之间，在第 262 节段和第 268 节段处有两处燃烧特别重的点位形成 2 处起火点。（图 4）

图 4　栈桥上的 2 处起火点（第 1 处起火点为监控拍摄到最先冒烟处）

（2）在第 268 节段处（第 1 起火点），传送带两侧的支撑钢梁已严重变形变色，对应山体的混凝土挡墙有被火焰灼烧的痕迹，周边的杂草丛以该处为圆心向外形成半圆状的燃烧痕迹。（图 5）

图 5　第 268 节段处支撑钢梁严重变形变色（该处为监控视频拍摄到的最先冒烟处）

（3）在第 262 节段处（第 2 起火点），传送带两侧的支撑钢梁和防护罩也严重变形变色，对应的光伏板顶棚被烧穿。（图 6）

图 6　第 262 节段处支撑钢梁和防护罩严重变形变色，对应的光伏板顶棚已被烧穿

（4）经对整个过火区域的上、下传送带进行勘验，发现下传送带燃烧重于上传送带。下传送带朝下一面过火痕迹重于朝上一面，朝下一面呈焦炭状，钢丝绳已裸露，朝上一面较为完好，说明是下传送带朝下一面先起火。（图 7）

图 7　下传送带燃烧残骸（可见栈桥地面集聚有树叶、干草）

（5）经对传送带栈桥上方的监控视频分析，可还原起火经过，见表 1。

表 1　由监控视频分析还原起火经过

序号	监控时间	火灾信息	信息分析研判
1	10:17:35	栈桥穿越山头处有少量浓烟冒出	橡胶传送带处于阴燃或微弱火势状态
2	10:49:18	一股柱状的黑烟向上喷出	传送机停机，橡胶传送带被点燃
3	10:50:12	翻滚状的黑烟向上喷出	橡胶传送带火势扩大
4	10:53:15	浓烟呈现出猛烈燃烧状态	橡胶传送带开始猛烈燃烧
5	11:03:55	浓烟开始向监控探头方向移动	橡胶传送带的钢丝绳被烧断，导致下传送带因重力作用往厂区回抽
6	11:05:02	浓烟通过监控探头	断裂的橡胶传送带携带明火和浓烟向栈桥迅速移动
7	11:05:36	黑烟继续在最先起火处弥散	断裂的橡胶传送带另一端继续往矿山方向燃烧

4　火灾原因分析

因该起火灾在水泥行业极其少见，该水泥厂的技术部门对起火原因进行了猜测，认为该传送带栈桥长度 7.3 km，跨越数个山头，附近村民经常借道栈桥进山耕种，且该栈桥地面集聚有树叶、干草，怀疑是村民路过时遗留烟头引燃树叶、杂草，继而引燃了橡胶传送带。对此，消防部门对起火原因进行了深入分析。

4.1　排除遗留火种的原因

（1）经比对，树叶、杂草燃烧时冒出的是白色的烟雾，监控也拍摄到村民焚烧杂草、树叶时产生的白色烟雾。对现场采样的橡胶条做燃烧试验时，可见燃烧产生的是黑色烟雾，监控也拍摄到从一开始冒出的就是黑色烟雾，且长时间从一个定点位置冒出。如果是地面树叶、杂草先起火，那其火势会不断蔓延，不会长期停留在一个部位。因此，从烟雾的颜色和冒出的位置不变可以排除树叶、杂草起火引燃橡胶传送带的可能。（图 8）

（2）经了解，该橡胶传送带可耐 300 ℃高温，且下传送带距离地面约 50 cm，并以 3 m/s 的速度运行，地面树叶、杂草燃烧的温度不足以引燃速度达 10 km/h 的橡胶传送带，由此可以排除遗留火种引燃树叶、杂草继而引发火灾的可能。

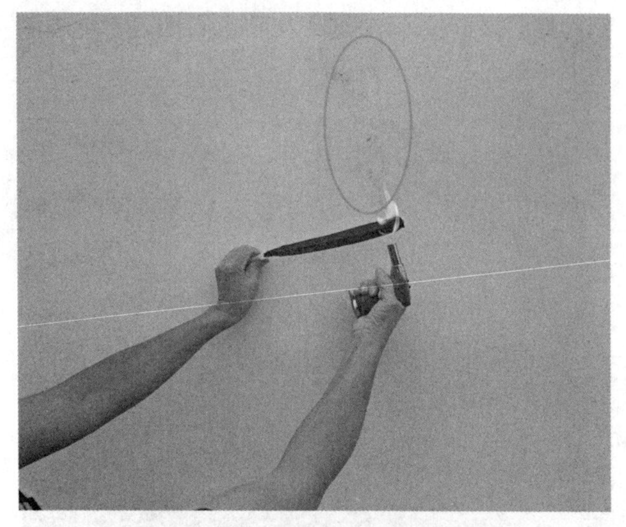

图 8 橡胶传送带样品燃烧试验（需用高温喷枪才能引燃并产生黑色烟雾）

4.2 不排除从动滚筒（托辊）摩擦橡胶碎片起火的可能

（1）对栈桥第 268 节段处（第 1 起火点）的滚筒进行勘验，未发现有滚筒卡壳不能运转的情况，排除橡胶传送带与滚筒直接摩擦起火的可能。

（2）对未过火区域的橡胶传送带进行勘验，发现在一定范围内橡胶传送带出现几处边缘撕裂的情况，而边缘撕裂可形成较小长条状的橡胶碎片。从上传送带的 3 个滚筒和下传送带的 2 个滚筒设置可以看出，滚筒间形成了夹角，撕裂的条状橡胶完全有可能被滚筒的滚轴卷入夹角，卷入夹角的橡胶碎片在滚筒的不断摩擦下可以达到橡胶的燃点，并先引燃卷入夹角的橡胶碎片形成较小的火势。从监控视频可以看出，少量的黑烟持续冒出约 30 分钟，说明微小的火势持续了很久。（图 9 和图 10）

图 9 橡胶传送带边缘撕裂

图 10 滚筒间形成的夹角（滚筒与支撑钢板间均能卷入条状橡胶碎片）

（3）对未过火区域的橡胶传送带进行勘验，发现橡胶传送带中间区域存在较多破损的情况，破损的洞口边缘存在较为细小的橡胶条。可以推测，当传送机停机而刚好有破损洞口的橡胶传送带停留在起火点处时，可以通过破损洞口边缘细小的橡胶条引燃整条橡胶传送带。

综上所述，不排除橡胶条卷入滚轴而因摩擦起火的可能，且最先引燃的是空载的下传送带。

5 火灾事故暴露的工作问题

（1）企业对橡胶传送带的完整性检查不到位，该传送带全线都采用防护罩进行封闭，且处于不间断运行状态，不便于高频次的检查，存在的隐患问题没有及时发现并整改。

（2）橡胶传送带使用年限为 10 年，但该水泥厂自从 2010 年投产至今只对传送带进行过修补，没有按规定的使用年限进行整体更换，导致强度下降的橡胶传送带较容易被撕裂，继而导致发生火灾事故。

（3）从该起火灾事故来看，火灾直接财产损失虽然有 30 余万元，但该水泥厂因事故停产了两周时间，造成的间接经济损失数倍于直接财产损失，因此建议此类需要设置长距离的矿石传送系统的水泥厂，参照地下煤矿传送系统设置火灾报警系统或者温度监测系统，对火灾进行预警监测，并沿栈桥设置消防供水系统，以利于扑救火灾，最大限度减少损失。

6 几点心得体会

（1）在“大应急”管理的背景下，消防安全监督和安全生产监管高度融合，消防部门原来对工矿企业的消防工作监督检查较少，认为矿山企业不属于消防监管范畴，导致企业存在的消防安全隐患未能发现并整改。根据《中华人民共和国消防法（2021年版）》第四条第一款“军事设施的消防工作，由其主管单位监督管理；消防救援机构协助；矿井地下部分、核电厂、海上石油天然气设施的消防工作，由其主管单位监督管理”的规定，明确工矿企业的矿井地下部分的消防工作不归消防部门监管，但工矿企业地上部分的建筑和生产设施应纳入日常的消防监管中。

（2）消防部门对矿山火灾事故接触较少，类似该起矿石传送带火灾更加罕见，对这样的火灾事故调查经验欠缺。因此，消防部门应主动向应急部门学习其主管的矿井火灾事故调查。2020 年 9 月 27 日，重庆能投渝新能源有限公司松藻煤矿发生火灾，造成 16 人遇难；2023 年 9 月 24 日，贵州省盘州市盘关镇山脚树煤矿发生火灾，造成 16 人遇难。这 2 起火灾都是由用于运输的橡胶传送带引发的，火灾的事故调查值得借鉴学习。

（3）地面矿山企业的作业面和生产设施发生火灾的概率较小，但是一旦发生火灾也会造成人员伤亡和财产损失。该起火灾发生在运送矿石的传送带栈桥上，火灾部位位于山头处，消防车无法抵近开展灭火救援作业，因此消防部门要联合矿山救护队对矿山企业开展灭火救援演练，制定有针对性的灭火救援预案，提升处置矿山企业火灾事故的能力。

参考文献

[1] 国家矿山安全监察局重庆局. 重庆能投渝新能源有限公司松藻煤矿“9·27”重大火灾事故调查报告及处理情况 [Z]. 2021.

[2] 中华人民共和国国家质量监督检验检疫总局. 普通用途钢丝绳芯输送带：GB/T 9770—2013[S]. 北京：中国标准出版社，2014.

[3] 中华人民共和国住房和城乡建设部. 带式输送机工程技术标准：GB 50431—2020[S]. 北京：中国计划出版社，2021.

[4] 林松. 燃烧规律与图痕 [J]. 消防技术与产品信息，2004（12）：70-74.

一起乙醇生产企业静电火灾事故调查及思考

李泽林，辛曙光

（巴彦淖尔市消防救援支队，内蒙古 巴彦淖尔 015000）

摘 要：本文介绍巴彦淖尔市临河区某乙醇生产企业的一起静电火灾事故及调查情况，通过现场勘查、调查走访、调取监控、技术分析等方法，综合分析静电火灾事故认定要点和判定依据，对类似场所静电引发火灾爆炸事故的调查认定提供借鉴。同时，通过对火灾原因的深入分析，探究杜绝类似火灾发生的有效措施，从生产原料、工艺流程、设备维护、安全管理等方面提出对策，为预防静电火灾提供依据。

关键词：静电火灾；火灾调查；静电火灾预防

1 引言

近年来，由静电引发的化工企业火灾爆炸事故屡有发生，在造成重大财产损失和人员伤亡的同时，也造成了一定的社会影响。火灾事故通常现场破坏严重，勘验难度大，起火部位和引火源认定困难，往往难以直接认定火灾事故原因，难以提炼形成有效经验和为同类静电火灾预防提供参考价值。2024年3月6日，巴彦淖尔市临河区某生物科技有限公司厂房发生火灾事故，无人员伤亡，经调查为厂房内一台酒精压滤机软管松动导致酒精喷射泄漏，遇到静电引发火灾。

2 事故单位基本情况

起火建筑位于巴彦淖尔临河区某生物科技有限公司院内，着火车间整体为岩棉夹心彩钢板结构，西侧与洁净区相邻，中间使用石膏板相隔；着火车间南侧为辅料库房，中间使用岩棉夹心彩钢板相隔，东侧、北侧为道路；起火车间一层、二层放有12个酒精罐，三层设置5个酒精压滤机。

作者简介：李泽林（1986—），男，汉族，内蒙古巴彦淖尔市消防救援支队，专业技术职务，主要从事火灾调查、防火监督等工作。地址：内蒙古巴彦淖尔市临河区利民西街，015000。电话：15164813639。邮箱：lizelin1528@163.com。

3 事故发生经过

起火车间工人证言证实，火灾发生前生产车间有2名工人在三楼卸料，发现三楼北侧靠窗户的五号酒精压滤机在送料过程中突然软管崩开，并不断向外喷料，1名工人立即下到二楼关泵，关泵以后走到五号酒精压滤机南侧时发现起火，火灾迅速引燃附近的滤布并扩散蔓延至整个厂房。

4 事故调查情况

4.1 现场情况勘验

着火车间整体为岩棉夹心彩钢板结构，西侧与洁净区相邻，中间使用石膏板相隔；着火车间南侧为辅料库房，中间使用岩棉夹心彩钢板相隔，东侧、北侧为道路。起火车间一层、二层放有12个酒精罐，三层设有5台酒精压滤机，分别为靠西侧两台，自南向北依次为一号、二号；靠东侧两台，自南向北依次为三号、四号酒精压滤机；靠北侧一台，为五号酒精压滤机。（图1）

4.2 起火部位认定

起火车间北侧一层有两扇窗户，靠东侧窗户完好，靠西侧窗户玻璃全部炸裂，相邻洁净区的两扇窗户完好；三层北侧有两扇窗户，窗框和玻璃全部烧毁，西侧窗户较东侧窗户烧毁严重，且西侧窗户相邻洁净区的两个窗户过火严重；起火车间东侧一层三个窗户完好，三楼三个窗户烧毁严重。起火车间顶

部靠近北侧靠西面窗户位置烧毁最为严重，且向内塌陷。综上确定起火部位为起火车间三楼5号酒精压滤机处。（图2和图3）

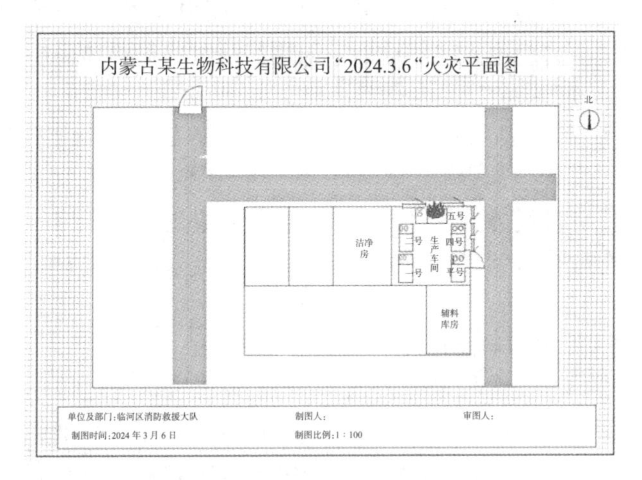

图1 火灾现场平面图

图2 起火厂房西侧

图3 起火厂房顶部

4.3 起火点认定

起火车间一层酒精罐体未过火；二层酒精罐顶部部分过火，二层地板部分塌陷；三层地板全部塌陷且只剩钢架，三层自西向东烧毁逐渐严重，北侧自南向北烧毁逐渐严重，三号和四号酒精压滤机较一号和二号酒精压滤机烧毁严重，四号酒精压滤机较三号酒精压滤机烧毁严重，且四号酒精压滤机北侧较南侧烧毁严重，五号酒精压滤机烧毁最为严重，顶部在四号酒精压滤机和五号酒精压滤机之间塌陷。对五号酒精压滤机进行专项勘验，其北侧较南侧烧毁严重，呈黄铜色，南侧酒精软管部分烧毁，北侧酒精软管全部烧毁；压滤机北侧钢架较南侧钢架过火严重，五号酒精压滤机防爆电机较其他酒精压滤机烧毁严重。（图4和图5）

图4 4号酒精压滤机

图5 5号酒精压滤机南侧

4.4 引火源认定

4.4.1 排除引火源分析

根据在场人员口供，可以排除人为纵火引发火灾的可能；根据当时天气情况，可以排除雷击引发火灾的可能；勘查现场电气线路布置与可燃物未发生重叠区域，可以排除电气线路引发火灾的可能。

4.4.2 确定引火源分析

（1）火灾事故发生时正值春季，当地气候干燥、湿度低，易产生静电。

（2）现场勘验表明，酒精压滤机软管为聚乙烯塑料材质，电阻率为1 016 Ω·cm，绝缘性能特别好，是良好的非导体，系统没有静电导除设施。

（3）喷射液体主要成分为乙醇，常温下为无色透明、易燃易挥发液体，相对密度为 0.79，闪点为 14 ℃，爆炸下限为 3.3%，爆炸上限为 19%，最小点火能为 0.63 mJ。乙醇易挥发的特性使其很容易短时间内形成乙醇蒸气和空气爆炸性混合物。

综上分析，有压液体乙醇从聚乙烯塑料软管高速喷出由于摩擦行程产生电势差，由于软管为绝缘体，无法一次性全部放电，从而积聚形成静电火花，成为引火源。

4.5　起火原因的认定与分析

起火时间为 2024 年 3 月 6 日 7 时 32 分许；起火部位为生产车间三层五号酒精压滤机；起火点为五号酒精压滤机北侧；起火原因为有压液体乙醇从聚乙烯塑料软管高速喷出由于摩擦行程产生电势差，由于软管为绝缘体，无法一次性全部放电，从而积聚形成静电火花，引燃周围乙醇蒸气，进而引发火灾。

5　本次火灾启示

酒精压滤机软管脱落是本次事故的直接原因，说明企业未定期对生产设备进行检查、维护；其次设备未设置有效排除静电设施，导致泄漏液体与软管摩擦形成静电火花；虽然工人第一时间关阀断料操作正确，但未有效利用灭火器控制火势；同时生产车间或设备未配套设置相应自动灭火设施。

化工生产过程普遍存在摩擦、输送、装卸、喷射、搅拌、冲刷等极易产生静电聚积的操作工序，同时介质有易燃、易爆的生产特点，因此由静电导致的火灾、爆炸事故时有发生。防止静电火灾事故的措施较多，如减少静电的产生；采取接地等有效措施导走或中和静电荷，使其不能积聚；防止爆炸性气体混合物的形成等。因此，对防止静电火灾事故，不是完全消除静电荷，而是控制各项指标值不致引起火灾事故。

5.1　设备选材控制

凡储存或输送易燃易爆介质的设备和管道，应尽量选用导电性能良好的金属材质。当必须采用绝缘材料（如塑料、玻璃、陶瓷等）时，则可在其内、外壁喷涂导电性涂料或装设金属导体。

5.2　控制液体流速

由于在液体管道中流动所产生的电流与液体流速的 2 次方成正比，因此控制液体流速是减少静电产生的有效方法。在化工工艺设计时，应根据液体的电阻率或管径计算物料的最大允许流速，尽量降低摩擦速度或流速以限制静电的产生。

5.3　在厂房设置防静电措施

为防止地面因摩擦打出火花而引发爆炸，应采用不会产生火花的地面。采用绝缘材料做整体面层时，应采取防静电措施。散发可燃粉尘、纤维的厂房，其内表面应平整、光滑，并易于清扫；厂房内不宜设置地沟，确需设置时，其盖板应严密，应采取防止可燃气体、可燃蒸气和粉尘、纤维在地沟内积聚的有效措施，且应在与相邻厂房连通处采用防火材料密封。

5.4　静电导出控制

对易燃易爆介质设备、管道设置进行等电位连接和静电接地，形成相等电位和最小电阻值，以消除静电的积聚，或在装置上安装静电中和器等。对有可能发生易燃介质泄漏的场所，应设置消除人体静电装置。采取管道跨接将管道用金属导线相连，使设备和管道与大地形成一个等电位体，防止静电的电位差形成火花放电，而引起火灾事故。管道跨接还有一个作用，即当有杂散电流时，可以避免在断路处产生电火花而造成火灾事故。

5.5　加强组织管理

控制和防止静电灾害，必须加强组织管理工作。

（1）要使操作人员有一定的静电防范知识。

（2）要有完整的管理制度和操作规程。①建立静电安全管理体制，如建立静电安全操作规范、静电测试方法标准；建立用于检测、取样及衣、鞋等器具标准。②测定现场安全状况，如在现场安装可燃气体测爆和报警装置；确定静电危险源场所，测定接地电阻值，设置静电接地检测报警仪。③加强防静电的研究与教育，如定期举办普及防静电知识技术讲座，增强防静电意识。④加强人身静电的预防，如人体在正常活动时也会产生静电，要严格规定相关人员在进入具有高浓度爆炸性气体混合物场所作业时，必须穿着防静电工作服、防静电鞋等。

6　结语

通过该起事故的调查和分析，对于化工建设项目，在设计、制造、生产过程中，必须对装置、设备的静电危害进行详细分析，制订有效的静电防护及导除措施，确保消防安全。静电火灾事故一般难以对火灾现场特定的残留物进行鉴定，该类火灾事故原因调查应当在现场勘查和调查访问的基础上认定起火部位和起火点，采取间接排除法和静电放电可能性分析，综合认定得出结论。

参考文献

[1] 翟艳东. 一起化工企业静电火灾爆炸事故的调查与体会 [J]. 水上消防，2017(3)：26-28.
[2] 王春俊. 石油静电火灾事故的原因及预防措施 [J]. 化工管理，2020(31)：132-133.
[3] 陆瑛. 化工生产静电安全防护 [J]. 化工技术与开发，2013，42(1)：64-65，28.

对一起化工厂房火灾事故的调查与分析

蒋　燕

（上饶市消防救援支队，江西　上饶　334000）

摘　要：本文以一起化工厂房的火灾事故调查为背景案例，调查人员通过缜密的案情分析、细致的现场勘查和全面的视频监控分析，寻找和发现火灾现场的燃烧痕迹，获取关键物证，结合证人证言线索，认定事故起火部位、起火点及起火原因，同时分析灾害成因，为今后同类型的火灾调查工作指出调查方向。

关键词：化工厂房火灾；火灾调查；灾害成因分析

1　火灾基本情况

2022 年 7 月 30 日，某市经济技术开发区某科技有限公司提纯车间发生爆炸引发火灾，过火面积为 420 m^2，主要起火物为甲苯及厂房内其他可燃物，火灾未造成人员伤亡，直接财产损失约为 40 万元。

该公司于 2005 年入驻该开发区，当时为有色金属加工企业。该公司于 2014—2015 年调整了产业链，目前生产 3- 氨基 -4- 氯苯甲酸十六烷酯（医用 CT 试剂），2021 年产量约为 32 t。该公司占地 37 亩（1 亩 ≈666.67 m^2），共有厂房 7 栋，其中 2 栋为生产车间、4 栋为仓库（存放设备及原材料）、1 栋为废品仓库。因 2022 年 1 月 20 日发生火灾，该公司停产整顿，6 月 21 日经该开发区安监局回复同意复工复产。

起火建筑为提纯车间（面积为 768 m^2），该车间用实体墙隔断为东、西两个部分，东侧为纯化车间（面积为 512 m^2），西侧为精制车间（面积为 256 m^2），设计用于 3- 氨基 -4- 氯苯甲酸十六烷酯纯化精炼。经调查了解，该公司于 2022 年 7 月 26 日接到环保部门通知停产后，7 月 30 日将酯化车间回收的 2 t 甲苯违规在提纯车间进行提纯，在提纯过程中发生事故。（图 1）

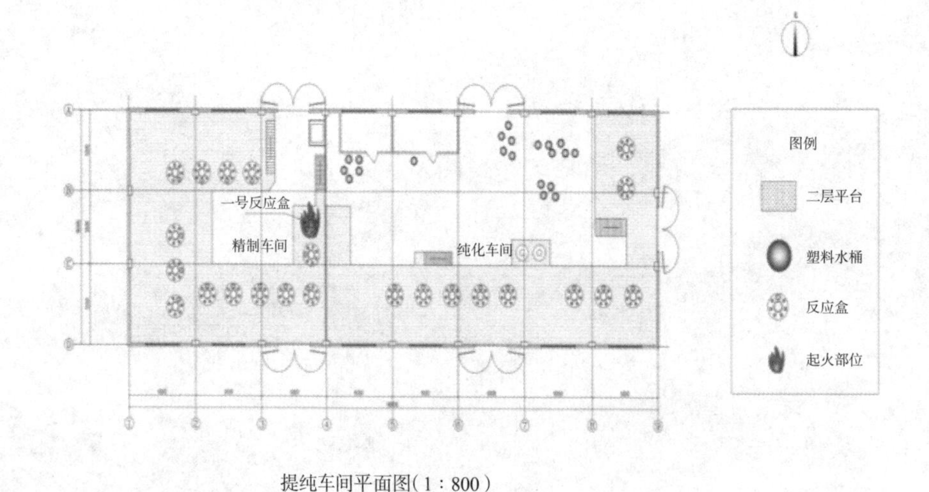

提纯车间平面图（1∶800）

图 1　火灾现场平面图

作者简介：蒋燕，女，江西省上饶市消防救援支队，工程师，主要从事火灾调查、防火监督工作。地址：江西省上饶市信州区吉阳中路 119 号，334000。

2 事故原因调查情况

火灾发生后，该市消防救援支队立即启动火灾调查跨区域协作机制，调集全市火灾调查骨干力量赴现场开展调查。该开发区应急管理局聘请化工专家到场提供技术支持。

2.1 起火时间的认定

通过查阅接处警时间、现场询问记录及查看监控视频，综合判定起火时间为 2022 年 7 月 30 日 13 时 35 分 25 秒许，具体依据如下：

（1）该市消防救援支队指挥中心接到首警电话时间为 2022 年 7 月 30 日 13 时 35 分；

（2）根据报警人吴某燕的询问笔录，2022 年 7 月 30 日中午在家午休时听到爆炸声，起来查看发现远处厂房有黑烟，随后立即报了火警，通话记录显示报警时间为 2022 年 7 月 30 日 13 时 35 分；

（3）根据监控视频显示（经校对），2022 年 7 月 30 日 13 时 35 分 10 秒，精制车间 1 号反应釜开始冒出白色烟雾，随后烟雾持续变大变浓，并于 13 时 35 分 24 秒发生爆炸，白色烟雾迅速扩散至纯化车间，13 时 35 分 25 秒出现火光，之后监控视频画面变黑。

2.2 起火部位的认定

经现场勘验、调查走访及监控视频分析，综合认定起火部位为精制车间 1 号反应釜，具体依据如下。

2.2.1 证人证言

根据现场工人李某杰的询问笔录可知，2022 年 7 月 30 日 13 时 25 分左右，听到较小的泄气声，且声音持续，遂到精制车间 1 号反应釜下方查看情况，未发现异常；13 时 35 分左右，精制车间 1 号反应釜上面有火光并伴有响声。

2.2.2 现场痕迹

提纯车间窗框、玻璃全部向建筑物外侧炸裂，并以提纯车间为中心向四周呈放射状散布，碎玻璃下表面无烟熏痕迹。提纯车间内的纯化车间未见明显过火及烟熏痕迹，部分反应釜表面开裂，钢质平台及顶棚钢质龙骨轻微变形，顶棚人字形工字钢梁无明显变形痕迹；精制车间内烧毁严重，顶棚钢质龙骨严重变形，部分龙骨烧损缺失，部分人字形工字钢梁向西侧扭曲变形（图 2）。

精制车间内 1 号反应釜紧靠中间隔墙设置，1 号反应釜北侧的配电箱金属壳受冲击向北侧凹陷；1 号反应釜上方钢质平台严重变形、踏板缺失，其余部位钢质平台踏板完整，未见明显变形；1 号反应釜塌落在地面上，其余反应釜悬空架设；位于 1 号反应釜南侧 1 m 左右的 2 号反应釜，靠近 1 号反应釜一侧的挂臂脱落并向 1 号反应釜倾斜（图 3）；1 号反应釜上部共 8 个接口，其中有 4 个接口脱落，其顶部与电机的接口处变形；1 号反应釜内部搅拌棒被抛出（图 4），其余反应釜内部搅拌棒未见异常。

图 2 精制车间部分人字形工字钢梁向西侧扭曲变形

图 3 2 号反应釜挂臂脱落并向 1 号反应釜倾斜

图 4 1 号反应釜内部搅拌棒被抛出

2.2.3 监控视频

根据监控视频显示，精制车间 1 号反应釜顶部有白色蒸气冒出，白色蒸气持续变大变浓，随即发生爆炸，白色蒸气迅速扩散至纯化车间，并出现火光。（图 5）

图 5　精制车间视频监控

2.2.4　起火原因的调查

经调查，精制车间 1 号反应釜原用途为 3- 氨基 -4- 氯苯甲酸十六烷酯纯化精炼（火灾危险性为丙类），发生火灾时用于甲苯（火灾危险性为甲类）的纯化精炼，工艺流程的改变、安全控制方式的缺失是导致火灾的直接原因。因此，综合认定起火原因为精制车间 1 号反应釜甲苯蒸气泄漏爆炸引起火灾。

3　灾害成因分析及调查心得

3.1　消防安全管理不到位

经现场调查，该公司未落实企业消防安全主体责任，企业内部无消防安全管理组织机构，未明确岗位消防安全职责，未确定各级、各岗位的消防安全责任人员，未落实消防安全检查、巡查制度，且无消防安全检查、巡查记录。2022 年 6 月底该公司复工复产后，仅有一名电工对电气线路进行了检修，未安排专人开展设备检修。

3.2　员工教育培训不全面

根据对员工的询问得知，该公司在员工入职时进行了简单的培训，但未就具体的火灾危险性及处置流程对员工开展专门培训。火灾发生当日，提纯车间现场工人均为最近两个月入职的员工，不知道工艺原理，不熟悉操作流程，不清楚火灾危险性就直接上岗，导致物料泄漏初期没有及时处理，错过了最佳处置时间。

3.3　厂房使用要求不合规

提纯车间设计用途为 3- 氨基 -4- 氯苯甲酸十六烷酯纯化精炼，生产火灾危险性为丙类，不具有爆炸危险性，电气设备未采取防爆措施，设备操作均为手动控制。2022 年 7 月 26 日接到环保部门通知停产后，精制车间 1 号反应釜被用于甲苯的提纯，致使设计火灾危险性为丙类的生产厂房用作火灾危险性为甲类物质的生产，该反应釜达不到甲苯的提纯要求，电气防爆、生产控制方式、防火间距、消防设施、建筑防爆等均不符合要求，导致甲苯泄漏爆炸引发火灾，并波及周边建筑。

3.4　应急处置预案不健全

经事后调查了解，该公司灭火和应急疏散预案形同虚设，不能辨识企业自身存在的各类风险点，不能找准企业的重点部位，员工未落实生产和安全的“一岗双责”，未开展有针对性的应急演练。企业未按要求建立工艺处置队，事故发生后不能按照工业要求采取有效的措施，未及时组织相关人员利用消火栓、灭火器等开展自救，只能坐视火灾发展蔓延，错失了灭火的最佳时机。

3.5　视频分析技术与现场勘验相结合为认定火灾原因提供有力证据

近年来，我国视频监控系统高速发展，机关、企事业单位和个人安装了大量的视频监控系统，视频监控资料被广泛应用于火灾调查工作中，并发挥越来越重要的作用。火灾调查人员在火灾发生时，必须对起火建筑内及周边的视频监控进行提取，避免火灾视频资料被火烧毁或损坏。在本案中，第一时间提取厂区内两个监控视频并进行细致的分析，为调查工作提供了直观、准确、全面的视频证据线索，全面还原了火灾发生、发展过程，为认定火灾原因提供了有利证据。

参考文献

[1]　中华人民共和国应急管理部. 火灾原因调查指南：XF/T 812—2008[S]. 北京：中国标准出版社，2008.

[2]　中华人民共和国应急管理部. 火灾原因认定规则：XF 1301—2016[S]. 北京：中国标准出版社，2016.

[3]　应急管理部消防救援局. 火灾调查与处理 [M]. 北京：新华出版社，2021.

[4]　金河龙. 火灾痕迹物证与原因认定 [M]. 长春：吉林科学技术出版社，2005.

关于一起组合烟花引发的较大亡人火灾事故调查与分析

杨秉轩，蒋　燕

（萍乡市消防救援支队，江西　萍乡　337000）

摘　要：本文以一起组合烟花引发的较大亡人火灾事故调查为背景案例，调查人员通过缜密的案情分析、细致的现场勘查和在场人员所拍摄的手机视频分析，寻找和发现火灾现场的燃烧痕迹，获取关键物证，结合证人证言，认定事故起火部位、起火点及起火原因，同时分析灾害成因，为今后同类型的火灾调查工作提供参考，并指出调查方向。

关键词：烟花；火灾调查；灾害成因分析

1　火灾基本情况

某年2月15日17时40分许，萍乡市某县文凤大道一民房发生火灾，造成3人死亡。根据《中华人民共和国安全生产法》《安全生产事故报告和调查处理条例》（国务院令第493号）等法律法规的规定，市政府成立了“2·15”较大火灾事故调查组。该调查组坚持“科学严谨、依法依规、实事求是、注重实效”的原则，通过现场勘验、调查取证、检测鉴定，查明了事故发生的经过、原因、人员伤亡和直接经济损失情况，认定了事故性质和责任，提出了对有关责任人员的处理意见以及加强和改进工作的措施及建议。

1.1　起火建筑情况

起火建筑位于萍乡市某县文凤大道，属砖混结构，共四层，每层建筑面积约80 m²，总建筑面积约320 m²，建筑高度为13 m；建筑内部只有一个楼梯连通各层，其中一楼为店面，经营五金杂货，二至三楼为住宅，四楼为佛堂和杂物间，且楼梯间为敞开式，可直通屋面，且顶部采用玻璃封闭。（图1）

图1　起火建筑火灾现场照片

1.2　事故处置情况

2月15日18时11分，支队指挥中心接警称某

作者简介：杨秉轩，男，汉族，江西省萍乡市消防救援支队，综合指导科科长，工程硕士，主要从事火灾调查工作。地址：江西省萍乡市武功山中大道365号，337000。电话：18307990000。邮箱：310881101@qq.com。

县文凤大道一民房着火，随即派出某大队 3 辆消防车、14 名消防员赶赴现场，并调派政府专职消防队、派出所微型消防站力量到场处置。支队指挥中心调派驻点执勤的特勤中队 2 辆水罐消防车赶赴现场增援，支队全勤指挥部随行出动，当日 20 时 48 分火灾被扑灭。

2　事故原因调查情况

2.1　调查走访情况

据目击证人（李某祥、黄某萍）反映，2 月 15 日 17 时 40 分许，起火建筑户主黄某茂和其妻子龙某华在一楼门口燃放了鞭炮和组合烟花。其中，黄某萍看到黄某茂和龙某华将燃放后的组合烟花拿回了家中。2 月 15 日 18 时 11 分许，钟某林（火灾第一报警人）在自家粮油水果店门前（间隔起火建筑两个店面距离），发现起火建筑关闭的卷帘门缝处冒出火苗，随即拨打了 119 报警。据钟某林回忆称，当他看到火苗时，卷帘门已经通体烧成了红色。李某祥、黄某萍、钟某林所在位置如图 2 所示。

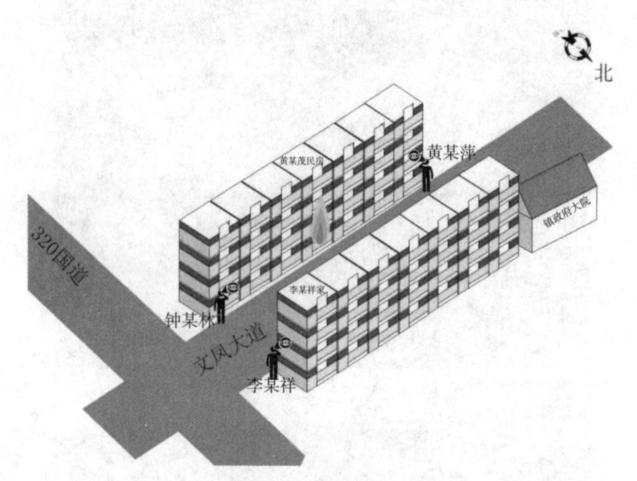

图 2　目击证人所在位置示意图

2.2　人员活动及逃生情况

火灾发生时，起火建筑内共有 3 人。其中，黄某茂和女儿黄某在二楼活动，发现一楼大火已经通过竖向天井蔓延至二楼无法逃生，随即逃至二楼北面卧室窗户呼救，由于北面卧室窗户安装铁质防盗网，防盗网未设置逃生出口，故被困二楼无法逃生；龙某华在四楼南面佛堂拜神，发现起火时，烟气已从一楼迅速蔓延至四楼，无法从楼梯逃生，故被困在四楼南侧佛堂。（图 3）

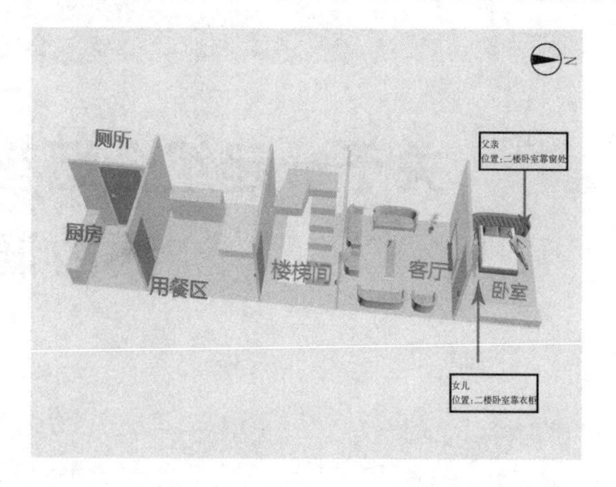

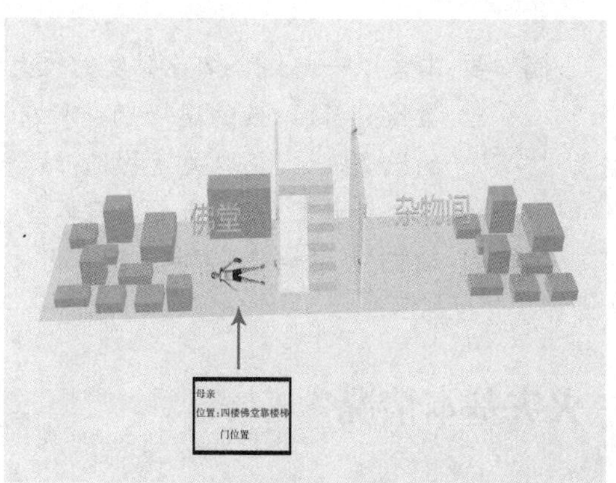

图 3　遇难者所在位置示意图

2.3　火灾现场勘验情况

起火建筑一、二楼全部过火。其中，一楼店面内电动车、空油桶、铝合金卷闸门、铝质广告牌及其他五金货物等烧损严重；二楼卧室、客厅、餐厅、厨房及卫生间全部烧毁。起火建筑三楼由北向南依次为卧室、客厅、天井楼梯间走道、卧室、麻将房及卫生间，房间内烟熏痕迹明显；四楼由北向南依次为杂物间、天井楼梯间走道、佛堂，房间内烟熏痕迹较三层烟熏程度轻。通过现场勘验，发现起火建筑一楼烧损程度重于其他楼层，二至四楼北侧铝合金窗受损程度逐渐减轻；一楼店面内北门铝合金卷闸门烧损程度西重东轻，一楼北门上部卷闸门铁质部件中部烧损变形变色严重，一楼屋顶烧损程度均北重南轻，其中店面内中部铁质货架烧损严重，货架东侧一辆电动车烧损严重并朝西倒塌，电动车车架及后轮轮胎整体烧损程度西重东轻。在起火建筑一楼店面中部靠北门内部地面处发现有组合烟花底座残留物；在一楼店面内距西墙 1.3 m、南墙 4.17 m 处提取到电取暖器，电取暖器发热丝均完好，电气线路完整。对一楼店面中部靠北门内部电动车西侧地面处发现的组合烟花底座残留物进行拍照和物证提取；在一楼店面内东墙北侧提取两段带有明显电熔痕及插座静片的铜质多股导线，该导线静片完整，未发现动片插入痕迹。此次火灾事故过火面积约 170 m²，造成 3 人死亡，分别为户主黄某茂、户主妻子龙某华、户主女儿黄某。（图 4）

图 4　一楼店面烧损情况及目击证人提供的手机拍摄的火灾视频截图

3　起火原因的分析

3.1　起火部位认定情况

综合目前调查情况，调查组认定起火部位位于起火建筑一层店面北侧入口处卷闸门中部内侧 0.5 m 处。

3.1.1　目击者指证

第一报警人钟某林发现的起火部位位于起火建筑一楼店面中部；关键目击证人李某祥提供的手机拍摄的火灾视频也证实起火部位位于起火建筑一楼店面中部。

3.1.2　现场痕迹支撑

通过现场勘验，发现起火建筑一楼烧损程度重于其他楼层，二至四楼的北侧铝合金窗烧损程度逐渐减轻；一楼店面内北门铝合金卷闸门烧损程度西重东轻；一楼店面北门上部卷闸门铁质部件中部烧损变形变色严重；一楼店面屋顶烧损程度均北重南轻，其中店面内中部铁质货架烧损严重，货架东侧一辆电动车烧损严重，并朝西倒塌，电动车车架及后轮轮胎整体烧损程度西重东轻。

3.2　起火原因认定情况

根据目前掌握的火灾发生时的气象条件、起火建筑使用功能布局、有关当事人生活习惯、现场勘验取证、证人指证、调查询问及公安机关出具的鉴定和调查报告等，调查组重点围绕起火部位可能存在的外来火源、室外供电线路及室内电气线路、遗留火种等四种致灾因素展开调查。

3.2.1　排除放火的可能

某县公安局刑侦大队组成专案组重点对放火线索进行了细致的排查，走访了周围群众 20 余人，调取了相关路口的监控视频，根据刑侦部门出具的排除放火意见书可以排除放火的可能。

3.2.2　排除供电线路故障引起火灾的可能

室外供电线路沿起火建筑北侧挑檐下方铺设，经调查，据第一报警人钟某林的反映，他发现起火的时候起火建筑门口的电气线路及广告牌位置并没有起火，与李某祥提供的手机拍摄的火灾视频相吻合。综合以上调查情况，可以排除供电线路故障引起火灾的可能。

3.2.3　排除使用电热器具不当引发火灾的可能

在现场勘验中，在起火建筑一楼店面内距西墙 1.3 m、南墙 4.17 m 处发现电取暖器，电取暖器发热丝均完好，电气线路完整，且该电取暖器不在起火部位内，可以排除电取暖器使用不当引发火灾的可能。

3.2.4　排除室内电气线路故障引发火灾的可能

在起火建筑一楼店面东墙北侧提取到两段带有明显电熔痕及插座静片的铜质多股导线，该导线静片完整，未发现动片插入痕迹。对该段导线进行拍照和物证提取，送应急管理部天津火灾物证鉴定中心进行分析，检测结果为二次短路熔痕。勘验电动车四周未发现充电线路，电动车朝西倒塌，电动车电瓶、车架及后轮轮胎整体烧损程度西重东轻，呈明显的外火烧毁蔓延特征，可以排除电动车充电故障引发火灾的可能。

3.2.5　燃放后的组合烟花遗留火种引燃包装纸壳

现场勘验中，在起火建筑一楼店面中部靠北门内部电动车西侧地面处发现组合烟花底座残留物。且根据关键目击证人李某祥、黄某萍均发现黄某茂和龙某华在一楼门口燃放鞭炮和组合烟花后，将组合烟花底座拿回家中的异常线索，并经现场勘验取证、证人指证、调查询问及公安机关和应急管理部天津火灾物证鉴定中心出具的鉴定书及调查报告等，排除放火、自燃、雷击、生活用火不慎、公共线路故障、电动车及电取暖器等因素引起火灾的可能。最后认定此起火灾事故的直接原因为燃放后的组合烟花遗留火种引燃包装纸壳蔓延成灾。（图 5）

图 5　起火建筑一楼店面中部靠北门内部电动车西侧地面处发现组合烟花底座残留物

4　灾害成因分析

4.1　火灾隐患检查整治不到位

某镇政府、派出所及村委会日常监督检查工作不到位，对合用场所消防安全整治不彻底，住宿与生产、经营、储存场所合用的未进行物理分隔或者设置独立式感烟火灾探测报警器和简易喷淋装置，基层消防安全网格化管理流于形式。

4.2　消防宣传教育不深入

消防宣传教育形式单一、力度不够，群众违规用火用电、私自增设防盗网现象普遍，消防安全意识和逃生自救能力匮乏。

4.3　公共基础设施建设薄弱

按照《某镇总体规划（2009—2030 年）》，该镇主要道路市政消火栓规划建设数应为 13 个，实际仅建成 7 个。而专职消防队成立才 40 天，队员均由镇政府工作人员兼职，未完成两个月的岗前培训，基本灭火救援器材配备也不齐全，未形成实质战斗力，不能满足 24 小时执勤需求。加之火灾发生当天（除夕），消防队员一直在忙于山火预防和扑救，延误了到场处置时间。

5　调查总结与心得

5.1　提升基础建设是确保火灾快速扑救的最有力保障

此次火灾暴露出偏远山村的消防基础薄弱，在偏远和缺水地区建设消防应急取水码头、建立微型消防站、组建义务消防队伍尤为紧迫与必要。要进一步强化乡镇专职消防队建设，强化 24 小时战备执勤，科学合理配备适用于农村山路的小型化、轻型化消防车辆，因地制宜地提升消防车辆装备水平。

5.2　电子证据对火灾调查有重要作用，但证据提取审查的规章依据有待完善

视频分析和电子数据提取已经成为当前火灾调查的重要手段。消防改制后，公安机关办理行政案件、刑事案件的程序和规定已经不适用消防救援机构开展火灾事故调查，消防救援机构进行火灾证据提取审查存在制度缺位，如对个人消费记录、通话记录等电子证据调查时容易出现取证不规范、调取难等问题，故需要完善火灾调查法律法规制度，并强化与公安机关网安、刑侦等部门在电子数据方面的协作。

5.3　火灾调查人员坚韧不拔的工作作风是火灾调查工作攻坚克难的保障

江西萍乡上栗县是“爆竹祖师”李畋的故乡，也是中国鞭炮生产的正宗发祥地，上栗花炮是萍乡一大传统产业，在全国花炮行业中产销总量仅次于湖南浏阳，位居第二，花炮从业人员近 10 万人，火灾发生当天刚好是除夕，燃放烟花爆竹人员众多，火灾防控形势严峻。火灾调查是一个复杂而严谨、不断追求真相的过程，需要严格按照勘查程序，耐心细致地开展每一项调查工作，烦琐而漫长的调查过程需要调查人员具备坚韧不拔、吃苦耐劳的工作作风，才能够查清火灾发生原因，厘清事故责任。对每名火灾调查人员来说，不但需要具备精湛的火灾调查专业知识，还必须具备坚韧不拔的工作作风，才能够无愧于火灾调查事业和人民群众。

参考文献

[1]　中华人民共和国应急管理部. 火灾原因调查指南：XF/T 812—2008[S]. 北京：中国标准出版社，2008.

[2]　中华人民共和国应急管理部. 火灾原因认定规则：XF 1301—2016[S]. 北京：中国标准出版社，2016.

[3]　应急管理部消防救援局. 火灾调查与处理 [M]. 北京：新华出版社，2021.

[4]　金河龙. 火灾痕迹物证与原因认定 [M]. 长春：吉林科学技术出版社，2005.